节能减排安全环保
坚持不懈貢献社会

為《外保温技术理论与应用》题

二〇一一年三月 邹家華

原全国人大常委会副委员长、国务院副总理邹家华题词

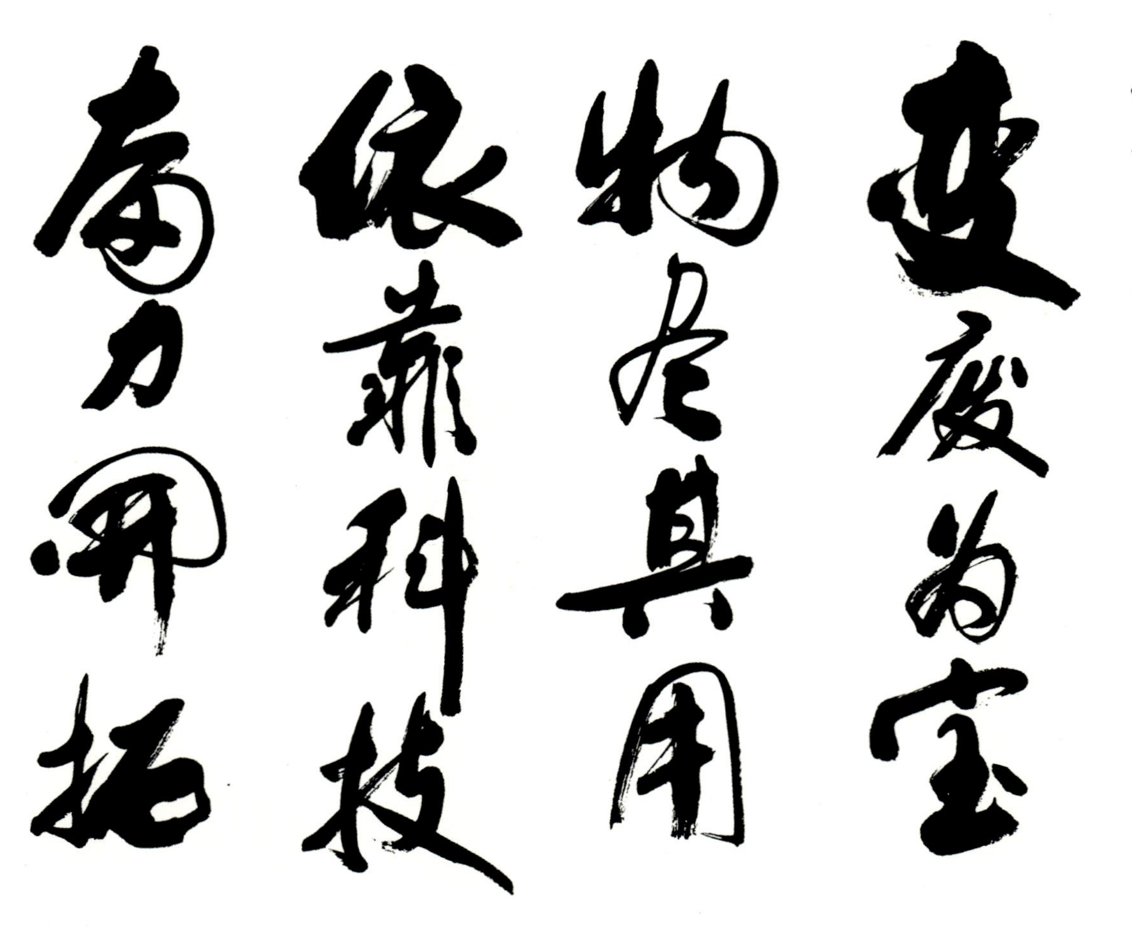

原城乡建设环境保护部部长、全国人大环资委副主任委员叶如棠题词

不断创新墙体保温技术
为节能减排做出新贡献

郑一军
二〇一一年三月十日

中国建筑业协会会长、原建设部副部长郑一军题词

《外保温技术理论与应用》出版

创新保温理论

推广应用技术

宋春华题

中国建筑学会理事长、原建设部副部长宋春华题词

外保温技术理论与应用

主编单位：北京振利节能环保科技股份有限公司
住房和城乡建设部科技发展促进中心
北京中建建筑科学研究院
参编单位：中国建筑科学研究院
建筑环境与节能研究院
住房和城乡建设部住宅产业化促进中心
清华大学土木工程系
中国建筑标准设计研究院
嘉兴学院土木工程研究所
北京市消防科学研究所
北京市房地产科学技术研究所
国家住宅和居住环境工程技术研究中心
中国建筑节能减排产业联盟

中国建筑工业出版社

图书在版编目（CIP）数据

外保温技术理论与应用/北京振利节能环保科技股份有限公司等主编.
北京：中国建筑工业出版社，2011.3
ISBN 978-7-112-13003-0

Ⅰ.①外… Ⅱ.①北… Ⅲ.①建筑物-外墙-保温 Ⅳ.①TU111.4

中国版本图书馆CIP数据核字（2011）第038840号

本书详细介绍了建筑外墙保温技术原理与应用方法，共十章。作者经过对国内外建筑外墙外保温技术大量调查、试验、研究和工程实践的基础上，总结分析我国建筑外墙外保温技术的经验和教训，提出用有限差分法建立温度场和热应力的数学模型，对外保温、内保温、夹芯保温和自保温墙体形式进行对比，分析了墙体湿迁移现象产生的危害和应对措施，分析了大型耐候性试验、抗震试验和大尺寸模型火试验的结果，分析了风压对保温层空腔结构的破坏作用，研究出多种工业废弃物在外保温墙体的应用可能性。

本书对于从事建筑节能技术的研究人员、设计人员和施工人员有着较高的参考指导作用，也可作为大专院校相关专业教学参考资料。

责任编辑：曲汝铎
责任设计：赵明霞
责任校对：赵 颖 王雪竹

外保温技术理论与应用

主编单位：北京振利节能环保科技股份有限公司
住房和城乡建设部科技发展促进中心
北京中建建筑科学研究院
参编单位：中国建筑科学研究院
建筑环境与节能研究院
住房和城乡建设部住宅产业化促进中心
清华大学土木工程系
中国建筑标准设计研究院
嘉兴学院土木工程研究所
北京市消防科学研究所
北京市房地产科学技术研究所
国家住宅和居住环境工程技术研究中心
中国建筑节能减排产业联盟

*

中国建筑工业出版社出版、发行（北京西郊百万庄）
各地新华书店、建筑书店经销
北京红光制版公司制版
北京富生印刷厂印刷

*

开本：880×1230毫米 1/16 印张：15½ 插页：10 字数：520千字
2011年4月第一版 2013年8月第三次印刷
定价：**56.00**元
ISBN 978-7-112-13003-0
（20454）

编写委员会

主　编： 黄振利

副主编： 涂逢祥　梁俊强

编写者：（按姓氏笔画顺序排列）

王　川　王立乾　王满生　付海明　朱春玲　任　琳
刘　锋　刘祥枝　孙晓丽　李文博　李志国　李春雷
宋长友　吴希晖　何柳东　邹海敏　张　君　张　明
张　磊　张磊磊　陈志豪　林燕成　季广其　郑金丽
居世宝　胡永腾　高汉章　涂逢祥　曹德军　续俊峰

审定委员会

主　审： 杨　榕

副主审： 金鸿祥　朱　青　杨西伟

审　核：（按姓氏笔画顺序排列）

丁万君　于青山　马　恒　马韵玉　王　健　王公山
王汉义　王庆生　王国君　王国辉　王春堂　王绍军
王振清　王满生　尤晓飞　方　明　方展和　叶金成
田灵江　冯　雅　冯金秋　冯葆纯　曲振彬　朱传晟
朱盈豹　刘小军　刘加平　刘幼农　刘怀玉　刘念雄
刘振东　刘振贤　刘晓钟　刘敬疆　安艳华　江成贵
许锦峰　孙四海　孙克放　孙洪明　苏　丹　苏向辉
李东毅　李金保　李晓明　李浩杰　李熙宽　杨宏海
杨惠忠　吴　钢　吴希晖　宋　波　张巨松　张国祥
张树君　张剑峰　张瑞晶　陆善后　陈　星　陈丹林
陈殿营　林国海　林海燕　郑义博　郑德金　郑襄勤
赵士琦　赵立华　赵成刚　郝　斌　胡小媛　祝根立
秦　钢　秦　铮　秦佑国　贾冬梅　顾泰昌　徐卫东
郭　丽　栾景阳　唐　亮　涂逢祥　陶驷骥　梅英亭
曹永敏　崔荣华　梁晓农　梁俊强　蒋　卫　粟冬青
韩宏伟　游广才　廖立兵　魏永祺

序　一

近二十年来，我国建筑节能的社会实践有了很大的发展。在墙体保温的各种技术发展过程中，外墙外保温技术发展最快，已经进入技术成熟期，成为我国建筑墙体节能领域的技术主导，形成了从设计、施工、材料、验收、评定等全过程的技术标准。成为实现节能减排这一基本国策的重要技术保障。

《外保温技术理论与应用》一书的出版，表明建筑节能的社会实践催生了建筑节能技术理论的发展。外墙外保温技术是研究热应力、水、火、风、地震作用等五种自然力在自身运动中对外保温系统造成影响的一门科学。研究这五种自然破坏力的运动，分析其内在的规律，提出适应其规律的技术措施，就是外保温技术从实践到理论的发展，是由必然王国向自由王国的进步。

外墙外保温构造为建筑结构提供了合理的温度场，外保温使建筑结构受环境温度的影响变化最小，外保温的技术构造延长了建筑的寿命，是墙体节能技术的主要手段。

研究延长外墙外保温的使用寿命，使外墙外保温的使用能与建筑结构寿命同步，是外保温技术进步的又一阶段。本书在研究五种自然力对外保温的影响方面开了个好头。

墙体保温技术还需要有大的发展，对外墙外保温技术也要有更多的探索，总结实践的经验上升为理论，可以更好地指导实践。让实践插上理论的翅膀，就能不断推进外保温技术的发展，拓宽外保温技术的应用领域，为建筑节能作出更大的贡献。

住房和城乡建设部建筑节能与科技司

2011年3月

序　二

《外保温技术理论与应用》一书出版了，这是节能行业应该庆贺的一件事。中国建筑节能领域关于外保温技术实践的路程走过二十多年了，在这前无古人的社会大实践中，我们一路攀登、一路抛洒着艰辛。本书中所述的两个减少，即“减少能源消耗量，减少垃圾生成量”，体现党的基本国策深植民心。在这个节能减排的社会大实践中产生了建筑节能方面的各种技术标准。在建筑节能领域有着巨大的标准宝库，这些标准门类繁多、配套齐全，外保温技术在其中居重要位置。这些标准功能巨大，成为以政府为主导的节能减排社会实践得以全面、广泛、深入开展的有力法宝。这些标准从节能实践中来，又对节能实践产生着指导、规范、提高和再发展的作用。

在编写标准的过程中，不断摸索那些带有规律性的实践经验，人们把这些成熟的实践经验归纳总结成为标准的条文，用这些标准来指导规范实践，在实践中这些标准又在不断被修改完善。在不断地否定中，不断认识新的规律，将标准中所包含的内在科学规律不断上升为理论。标准的社会实践催生了节能技术理论的形成。

理论是实践飞跃的产物，是内在规律的揭示和提炼，是在动态发展中反复被验证的，其轨迹是可由数学公式计算的。

近几年标准编制工作的不断发展，推进外保温技术理论的深化研究。特别是基础理论的研究，成为强势企业科研关注的焦点。相关基础理论的研究将促使标准成为科学、严谨的应用工具，构成先进生产力的优良要素。

本书的内容表述了我国外保温领域的一些技术理论，是建筑节能实践阶段性的标志。没有技术理论的形成，就没有技术领域连续不断地发展。本书集中了行业内很多人的科研成果，但是作为技术理论仍显稚嫩，还要在社会实践中碰撞，在不断探索过程中成熟发展。

节能减排基本国策的成功实践，要求我们都要搞点理论。理论能使强势企业不断在竞争中胜出，能使弱小企业跟进行业龙头企业飞舞，能使行政管理者正确决策实现科学行政。创新型国家鲜活的重要特征是：社会大实践中不断有阶段性的理论形成。注重理论研究无疑是科学发展观的重要事项。

住房和城乡建设部标准定额司
2011年3月

前　言

建筑物消耗了全球约1/3的自然资源和能源。随着人民生活条件的改善，我国的建筑能耗占社会总能耗的比例正在逐年提高，目前超过了1/4，在不久的将来将会达到更高的水平，因此推进建筑节能刻不容缓。外保温技术是建筑节能技术的一个重要组成部分，研究发展外保温技术，必将对建筑节能技术进步做出有益的贡献。

我国的外保温技术在经过二十多年的发展，取得了很大的成就。在我国节能减排基本国策的指引下，外保温技术不仅要求保温隔热、节约能源、绿色环保，满足低碳经济的需要，还必须十分重视工程质量，确保安全与使用寿命，众多的专家为此做出了不懈的努力。

《外保温技术理论与应用》一书的出版，是外保温技术发展到现阶段的产物，本书以十几年的工程实践和大量的试验数据为基础，研究五种自然破坏力（热应力、火、风、水和水蒸气、地震力）对外保温墙体的影响，总结了外保温技术发展至今的一些规律性认识，并结合工程应用对其技术理论进行研究讨论，让人们从过去着重关注墙体热阻发展到当前更加关注外保温的安全、耐久等各项性能指标和整体寿命的提高。

本书通过有限元法、有限差分法建立温度场热应力的数学模型进行数值模拟，研究保温层构造位置及构造措施对建筑物稳定性和安全性的影响；在五种自然破坏力中，以湿热应力和火灾对建筑外墙保温系统的影响和损害是十分严重的，本书以外保温系统整体构造为主的防火技术路线开展研究，积累和分析了燃烧试验过程中所采集的120万个数据，提出了外保温系统抗火灾攻击能力和适用建筑高度的技术数据；而湿热应力对建筑的影响和损害也不容低估，它不仅可能引起墙面开裂、起鼓，而且还可能造成饰面材料脱落，以致砸坏地面财物或导致人员伤亡，本书从理论和实践的结合上对其中影响最大的外饰面贴面砖做法进行了研究和探讨。本书还对外保温的资源综合利用进行了专项论述，体现了外保温技术与低碳经济相结合的思路，而采用低碳绿色技术可使我们的建筑更节能。

建筑节能技术的发展与外保温的技术理论研究与应用，需要得到社会各界人士的广泛关注，需要产、学、研各方面的共同支撑与协作，让我们共同努力，使建筑节能及外保温技术在自主创新的道路上更快、更好地发展。

本书主要编写及审查人员如下：

第一章执笔：林燕成、张君、任琳、宋长友；编审：梁俊强、涂逢祥、金鸿祥、杨西伟、王庆生、冯葆纯、孙克放、顾泰昌、祝根立、刘小军、方展和、游广才、郑襄勤、王国君

第二章执笔：张君、王满生、刘锋、吴希晖；编审：林海燕、金鸿祥、涂逢祥、杨西伟、许锦峰、冯雅、田灵江、刘幼农、张巨松、张树君、孙四海

第三章执笔：居世宝、刘锋；编审：刘念雄、秦佑国、刘加平、朱盈豹、金鸿祥、涂逢祥、杨西伟、苏向辉、赵立华、郝斌、刘敬疆、唐亮、韩宏伟、杨宏海、陈丹林

第四章执笔：胡永腾、刘锋、郑金丽；编审：宋波、冯金秋、杨西伟、涂逢祥、金鸿祥、孙洪明、方明、张国祥、魏永祺、张剑峰、刘怀玉、徐卫东

第五章执笔：朱春玲、季广其、张明、胡永腾、张磊磊、曹德军；编审：梁俊强、马恒、崔荣华、王国辉、赵成刚、金鸿祥、涂逢祥、杨西伟、丁万君、刘振东、贾冬梅、王绍军、陈星、苏丹、

梅英亭、曹永敏、梁晓农、吴钢、王健、吴希晖、尤晓飞

第六章执笔：刘锋、邹海敏；编审：金鸿祥、涂逢祥、杨西伟、王春堂、李东毅、李晓明、李熙宽、蒋卫、陶驷骥、李金保、曲振彬、秦铮、安艳华、郭丽、林国海

第七章执笔：李文博、刘锋、孙晓丽；编审：金鸿祥、涂逢祥、杨西伟、王满生、秦钢、江成贵、朱传晟、李浩杰、马韵玉

第八章执笔：付海明、张磊、续俊峰、刘锋、刘祥枝、陈志豪、李春雷；编审：金鸿祥、涂逢祥、杨西伟、杨惠忠、陆善后、刘晓钟、郑德金、陈殿营、张瑞晶、王汉义、王公山、王振清、粟冬青

第九章执笔：王川、何柳东、孙晓丽；编审：金鸿祥、涂逢祥、杨西伟、栾景阳、胡小媛、刘振贤、廖立兵、于青山、郑义博

第十章执笔：涂逢祥；编审：金鸿祥、梁俊强、叶金成、赵士琦

本书可供从事外墙保温技术的研究人员、设计人员和施工技术人员参考学习。

外墙保温技术发展迅速，存在许多尚待解决的问题，对于书中存在的一些不足和错讹之处，欢迎读者批评指正。

编　者

2011年3月

目 录

Contents

1 概　　述

1.1 国内外外墙外保温发展现状

从社会能源消费结构来看，工业、交通与建筑用能大体上三分天下。全世界建筑用能已达到能源消费总量的1/3左右；而我国建筑用能也已达到全国能源消费总量的1/4左右，并将随着人民生活水平的提高逐步增加。在所有的建筑能耗中，建筑围护结构的能耗所占比例较大，而外墙面积又占围护结构的大部分，因此，外墙的保温隔热技术处理对降低建筑能耗和提高室内舒适性关系甚大，外墙外保温技术应运而生。

目前，根据与建筑外墙的依存关系，外墙保温存在四种形式，即外墙外保温、外墙内保温、夹芯保温和自保温。纵观国内外墙体保温发展历史，无论从是理论分析研究还是工程实践验证，外墙外保温都是外墙节能最合理的方式。外墙外保温技术的研究历史最久，技术成果最多，应用也最为广泛。

未来的行业发展总离不开对过去的总结分析。因此，了解国内外外保温发展的历史可以让我们回顾过去并展望未来，有利于把握外保温行业发展的大方向，有利于高效推进建筑节能事业的发展。

1.1.1 外墙外保温在国外的技术发展与应用

外墙外保温技术起源于20世纪40年代的德国等欧洲国家，50年代，聚苯乙烯泡沫保温板在欧洲获得专利，建成了粘贴聚苯板薄抹灰外墙外保温工程；60年代，这种外保温系统流行于欧洲，进行了第一次耐候性测试；70年代初能源危机以后，建筑节能受到世界各国的重视，外保温也得到了广泛应用和研究发展。迄今为止，外保温已有60多年的发展历史，但后40年的研究、应用与发展更为快速，外保温技术也不断地走向成熟和完善。

外墙外保温技术在欧洲的应用，最初是为了弥补战后建筑外墙的裂缝。通过实际应用后发现，当把这种泡沫塑料板粘贴到建筑墙面以后，不仅能够有效地遮蔽外墙出现的裂缝等问题，还发现这种复合墙体具有良好的保温隔热性能。同时，重质墙体外侧复合轻质保温系统又是最合理的墙体结构组合方式，不但解决了保温问题，又减薄了对结构要求来说过于富足的墙体厚度，减少了土建成本，使得复合墙体在满足结构要求的同时还在隔声、防潮、热舒适性等方面具有最佳性能。

目前，在欧洲国家广泛应用的外墙外保温技术主要为外贴保温板薄抹灰技术，有两种保温材料：阻燃型的膨胀聚苯板及不燃型的岩棉板，通常以涂料为外饰面层。以德国为例，聚苯板（EPS）薄抹灰外墙外保温系统应用比例达82%，岩棉薄抹灰外墙外保温系统应用比例达15%。

20世纪70年代，美国从欧洲引入外保温技术，并根据本国的具体气候条件和建筑体系特点进行了改进和发展。由于建筑节能要求的提高，外墙外保温及装饰系统在美国的应用不断增加，至90年代末，其平均年增长率达到了20%～25%。至今此项技术在美国南部的炎热地区和寒冷的北部地区均有广泛的应用，效果显著。除了聚苯板薄抹灰外墙外保温系统外，美国以轻钢或木质结构填充保温材料居多，其中对保温材料的防火性能要求较高。

欧美在多年的应用历史中，对外墙外保温系统进行了大量的基础试验研究，如：薄抹灰外墙外保温系统的耐久性、防火安全性、含湿量变化的问题、在寒冷地区应用的结露问题、不同类型的系统在不同冲击荷载下的反应、实验室的性能测试结果与工程应用中实际性能的相关性等。

在大量的试验研究的基础上，欧美国家对外墙外保温开展了立法工作，包括建立外墙外保温系统的强制认证标准，以及对于系统中相关组成材料的技术标准等。由于这些国家有着健全的标准和严格的立法，对于外墙外保温系统的耐久性，可以保证有25年的使用年限。事实上，这种系统在上述地区的实际应用历史已大大超过25年，最早的工程已经超过50年。2000年，欧洲技术许可审批组织EOTA发布了名称为《具有抹面复合的外墙外保温系统欧洲技术认定指南》(ETAG 004)的标准。这个标准是欧洲外墙外保温技术几十年来成功实践的技术总结和规范。

1.1.2 外墙外保温在国内的技术发展与应用

1.1.2.1 国内外保温发展简史

1986年，我国颁布实施《民用建筑节能设计标准（采暖居住建筑部分）》(JGJ 26—86)，标志着我国建筑节能正式起步。在此之前，我国科研、设计、施工和建材生产单位就开展了多种形式外墙保温的技术研究，也对外保温技术进行了试验研究。从20世纪80年代后期到90年代初，以聚苯乙烯与石膏复合保温板为代表的多种外墙内保温技术，因其生产和施工比较简单，工程造价比较低，能满足当时30%节能率的需要，而成为外墙保温的主要形式。此外，膨胀珍珠岩、复合硅酸盐砂浆等产品，也占有一定的市场，但由于生产和施工质量难以控制，致使工程出现的问题较多，因而逐渐被市场所淘汰。

20世纪90年代以来，特别是我国发布实施建筑节能50%设计标准之后，加大了外墙外保温的研究和应用力度，自主开发了多种外墙保温技术，其中典型的有：粘贴EPS板薄抹灰外保温系统、ZL胶粉聚苯颗粒保温浆料系统、现浇混凝土复合有网/无网EPS板外保温系统和EPS钢丝网架板后锚固外保温系统等。1996年召开的全国第一次建筑节能工作会议，总结了前一阶段的工作经验，提出努力的方向，推广外墙外保温成为工作的重点。1998年1月1日，我国颁布实施《中华人民共和国节约能源法》，明确提出："节能是国家发展经济的一项长远战略方针。"

21世纪初，根据国情的需要，我国又自主开发了一些外保温技术，其中包括：喷涂硬泡聚氨酯外墙外保温系统、胶粉聚苯颗粒贴砌聚苯板外墙外保温系统、岩棉外墙外保温系统等。多种外墙外保温技术在工程大面积应用，行业内成立了外墙外保温理事会，有关单位还编撰出版了《外墙外保温技术》、《外墙保温应用技术》、《外墙外保温技术百问》等专著，从理论与实际的结合上对外墙外保温技术进行了论述。同时又制定了《膨胀聚苯板薄抹灰外墙外保温系统》(JG 149—2003)、《胶粉聚苯颗粒外墙外保温系统》(JG 158—2004)、《外墙外保温工程技术规程》(JG 144—2004)以及《现浇混凝土复合膨胀聚苯板外墙外保温技术要求》(JG/T 228—2007)等标准，这些工作都大大推动了外墙外保温技术和产业的发展。

进入本世纪以后，行业内开始了对外墙外保温防火技术和耐候性试验等基础试验研究，取得了相应的技术成果。近几年又有《外墙外保温施工工法》、《墙体保温技术探索》等书籍面世，发展了外墙外保温技术，在技术领域与欧美全面接轨的基础上，结合我国国情进行了新的探索。

2008年4月1日，新《节约能源法》颁布实施，"节约资源是我国的基本国策。国家实施节约与开发并举、把节约放在首位的能源发展战略"，新节能法进一步明确了节能执法主体，强化了节能法律责任。

2009年哥本哈根世界气候大会上，中国政府作出承诺：到2020年单位国内生产总值二氧化碳排放比2005年下降40%～45%，作为一个负责任的大国，从承诺的那一刻起，解决节能减排与经济持续增长协调问题将一直是我们要解决的重要课题。

我国自1997年开始强制实行建筑节能，已经从此前的节能30%过渡到了170多个城市必须节能50%。2004年，北京、天津等率先实行节能65%，现在已有更多城市开始执行节能65%的标准，而北京将在2011年发布实施新的居住建筑节能设计标准，其节能率将达到发达国家的先进水平。因此，国内外保温的发展历史是随着国家不同时期对节能减排要求的不断提高而得到不断发展的过程。

1.1.2.2 国内建筑节能标准介绍

1. 建筑节能设计标准

我国从20世纪80年代已经着手开展了建筑节能工作，并制定了一批标准。1986年颁布实施《民用建筑热工设计规程》（JGJ 24—86）和《民用建筑节能设计标准（采暖居住建筑部分）》（JGJ 26—86），1987年颁布实施《采暖通风与空气调节设计规范》（GBJ 19—87），1993年颁布实施《民用建筑热工设计规范》（GB 50176—93）。这些标准的颁布实施，对于节约能源、改善环境、提高经济和社会效益，起到了重要作用。

1995年，我国对《民用建筑节能设计标准（采暖居住建筑部分）》（JGJ 26—86）进行了修订，颁布实施《民用建筑节能设计标准（采暖居住建筑部分）》（JGJ 26—95），节能率提高到50%左右；2010年，我国对该标准进行了再次修订，发布了《严寒和寒冷地区居住建筑节能设计标准》（JGJ 26—2010），将我国北方地区的建筑节能提高到新的水平。2001年，我国颁布实施了《夏热冬冷地区居住建筑节能设计标准》（JGJ 134—2001）（2010年进行了修订），2003年颁布实施了《夏热冬暖地区居住建筑节能设计标准》（JGJ 75—2003），将我国的建筑节能事业从北方扩展到南方，要求南方地区的节能率也达到50%左右。2005年，我国颁布实施了《公共建筑节能设计标准》（GB 50189—2005），要求在保证相同的室内环境参数条件下，与未采取节能措施前相比，全年采暖、通风、空气调节和照明的总能耗应减少50%。部分省市为了更好地实施这些标准还制定本地区的地方标准。

2. 建筑节能工程建设标准

为了配合建筑节能设计标准的有效实施，我国还编制发布了相应的构造图集，主要有：《外墙外保温建筑构造（一）》（02J121—1）、《外墙外保温建筑构造（二）》（99J121—2）、《外墙外保温建筑构造（三）》（06J121—3）、《外墙内保温建筑构造》（03J122）、《墙体建筑节能构造》（06J123）、《既有建筑节能改造（一）》（06J908—7）、《外墙外保温建筑构造》（10J121）、《公共建筑节能构造（严寒和寒冷地区）》（06J908—1）、《公共建筑节能构造（夏热冬冷和夏热冬暖地区）》（06J908—2）、《屋面节能建筑构造》（06J204）等。各省市和地区也编制了相应的建筑节能构造图集，如北京市的《外墙外保温》（08BJ2—9）、《公共建筑节能构造》（88J2—10）等。同时，我国还发布了相应的检验标准和施工质量验收标准，主要有：《采暖居住建筑节能检验标准》（JGJ 132—2001），该标准2009年修订为《居住建筑节能检测标准》（JGJ/T 132—2009）；《公共建筑节能检测标准》（JGJ/T 177—2009）；《建筑节能工程施工质量验收规范》（GB 50411—2007），该标准目前正在进行新一轮修编，将重点关注防火性能方面的验收。部分省市也编制了建筑节能施工质量验收的地方标准，如北京市地方标准《居住建筑节能保温工程施工质量验收规程》（DBJ 01—97—2005）、《公共建筑节能施工质量验收规程》（DB11 510—2007）等。

在2003年以前，我国外保温工程出现过一些质量问题，主要是：保护层开裂和瓷砖空鼓脱落，雨水通过裂缝渗透到外墙内表面，也有个别工程出现外保温被大风刮掉等严重问题。为了规范外墙外保温工程技术要求，保证工程质量，做到技术先进、安全可靠、经济合理，由建设部科技发展促进中心主编、众多行业内科研单位和企业共同参与，编制了《外墙外保温工程技术规程》（JG 144—2004），该规程编制的目的，一是借鉴先进国家的成熟经验，指导我国外保温技术的研究和应用；二是控制外保温工程质量，促进外保温行业健康发展。该标准收入了5种外保温系统，分别是EPS板薄抹灰外墙外保温系统、胶粉EPS颗粒保温浆料外墙外保温系统、EPS板现浇混凝土外墙外保温系统、EPS钢丝网架板现浇混凝土外墙外保温系统、机械固定EPS钢丝网架板外墙外保温系统。该标准不仅规定了外保温工程的基本要求，还规定了外保温系统及其组成材料的性能要求和相应的试验方法、设计及施工要点，以及上述外墙外保温系统构造和技术要求、工程验收标准等内容。该标准是外保温行业中最重要的一本工程建设标准，对于规范各种外保温系统甚至新开发的外保温系统都具有指导性和可操作性，对于外保温行业的发展则具有保驾护航的功效。

由于我国的外保温技术开发起步较晚，外保温系统还在不断地发展完善中，外保温工程中也存在着不少问题，如：目前大量应用的高效保温材料是可燃材料，造成一些外保温系统防火性能较差，存在着火灾隐患，加之现有的施工消防管理不严，已发生了多起外保温施工火灾事故。同时，一些新的外保温技术发展已经相对成熟，工程应用量较大，具备了写入标准的条件，而不适应当前工程需要的外保温系统也需要从标准中删除。因此，2006年启动了对《外墙外保温工程技术规程》（JG 144—2004）的修订工作，目前已进入到征求意见阶段。新修订的标准中收入了7种外保温系统，包括：粘贴保温板外保温系统、胶粉EPS颗粒保温浆料外保温系统、EPS板现浇混凝土外保温系统、EPS钢丝网架板现浇混凝土外保温系统、胶粉EPS颗粒浆料贴砌EPS板外保温系统、现场喷涂硬泡聚氨酯外保温系统和保温装饰板外保温系统等。该标准修订的主要技术内容是：外墙外保温系统和主要组成材料性能要求，外墙外保温工程设计与施工，外墙外保温系统构造和技术要求，工程验收，现场检验项目和试验方法；增加了外墙外保温工程防火设计、加强外保温工程施工防火管理等内容。

3. 建筑节能产品标准

随着外保温行业的不断发展，形成了多个外保温系统产品的标准，主要有：《膨胀聚苯板薄抹灰外墙外保温系统》（JG 149—2003）、《胶粉聚苯颗粒外墙外保温系统》（JG 158—2004）、《现浇混凝土复合膨胀聚苯板外墙外保温技术要求》（JG/T 228—2007）等。还有一些外保温系统配套产品标准，如：《外墙外保温柔性耐水腻子》（JG/T 229—2007）、《墙体保温用膨胀聚苯乙烯板胶粘剂》（JC/T 992—2006）、《外墙外保温用膨胀聚苯乙烯板抹面胶浆》（JC/T 993—2006）等。现对最重要的三个外保温系统产品标准逐一进行介绍。

（1）《膨胀聚苯板薄抹灰外墙外保温系统》（JG 149—2003）

该标准是国内第一本外保温系统产品行业标准，于2003年发布。该标准中的产品是从国外引进的膨胀聚苯板薄抹灰外保温系统，在国内基础研究资料相对匮乏的情况下，参考该技术应用比较成熟的欧美标准，主要非等效采用了《具有抹面复合的外墙外保温系统欧洲技术认定指南》（EOTA ETAG 004）。当年该标准的编制，很大程度上推动了我国外保温技术的发展，规范了该系统的工程应用，该系统应用面积也逐年增加。

模塑聚苯板（即膨胀聚苯板）外保温系统在研究和工程应用中积累了大量的试验数据，同时，原有标准在发布之后通过大量的工程应用中也发现有需要修正之处。因此，为了充分反映相关的科研和应用成果，进一步推动模塑聚苯板外保温系统的技术进步，提高和保证其行业生产水平和技术质量，使之得以更好更快地发展，相关单位又对该标准进行修订，并准备提升为国家标准，初步命名为《模塑聚苯板薄抹灰外保温系统》，目前该标准已经报批。

（2）《胶粉聚苯颗粒外墙外保温系统》（JG 158—2004）

该标准是国内第二本外保温系统产品行业标准，于2004年发布。该标准中的产品是结合国情开发的具有自主知识产权的胶粉聚苯颗粒外保温系统，同样在基础研究并不充分的条件下，该系统产品非等效采用了《灰浆和面涂 由矿物胶凝剂和聚苯乙烯泡沫塑料（EPS）颗粒复合而成的保温浆料系统》（DIN 18550第三部分）和《具有抹面复合的外墙外保温系统欧洲技术认定指南》（EOTA ETAG 004），根据我国的工程实际，调整和增加了组成材料的部分技术性能指标。

该标准至今已实施了六年多时间，应用效果良好，充分消纳了粉煤灰及废旧聚苯等固体废弃物，发挥了资源综合利用的优势，促进了我国外墙外保温技术的发展，对我国实施建筑节能50%设计标准起到了重要作用。

通过几年的应用和实践，胶粉聚苯颗粒外保温技术又有了新的发展，不仅在防火技术和产品技术性能上有了一定的提升，还在构造做法上创新，开发出了胶粉聚苯颗粒浆料六面或五面包裹聚苯板的复合保温技术，拓宽了胶粉聚苯颗粒浆料和聚苯板的应用范围，可满足更高节能设计标准的要求。同时，原有标准内容也有需要修编完善的内容，部分试验方法也应与最新相关标准中的试验方法协调。因此，相关单位对该标准进行了修订，目前已经进行到征求意见阶段。

（3）《现浇混凝土复合膨胀聚苯板外墙外保温技术要求》（JG/T 228—2007）

该标准是国内第三本外保温系统产品行业标准，于2007年发布。该标准中的外模内置膨胀聚苯板现浇混凝土外墙外保温系统产品是我国自主开发研制的，其材料性能、构造做法已达到国际先进水平。外模内置膨胀聚苯板现浇混凝土外墙外保温系统采用将聚苯板与混凝土墙体一次浇筑成型的方式固定保温层，保温层与墙体紧密地结合。该系统包括外模内置竖向凹槽膨胀聚苯板现浇混凝土的外墙外保温系统和外模内置钢丝网架膨胀聚苯板现浇混凝土的外墙外保温系统两种。该系统产品在膨胀聚苯板保温层和抗裂防护层之间增加了特殊功能层——防火透气过渡层，由胶粉聚苯颗粒浆料构成，提高了保温系统的防火透气功能、耐候性能，并有利于材料导热系数的过渡，以及对施工误差进行纠偏。该标准的发布实施有效规范了外模内置膨胀聚苯板现浇混凝土外墙外保温技术，并提高系统的防火安全性。

1.1.3 国内外保温发展趋势—外保温是发展中的科学

外保温是一门发展中的科学，经历着不断完善、不断发展的过程。回顾历史，曾经历过：主流保温技术从内保温到外保温的发展，低建筑节能标准向高建筑节能标准的发展，单一外保温系统向适应国情的多类型外保温系统的发展，对外保温防火问题由不够重视到高度重视、合理解决的发展等。

那么，未来国内的外保温具有怎样的发展趋势呢？我们预测，未来国内的外保温技术发展和工程应用有六个趋势：(1) 高防火性能及综合性能优异的外保温系统的研发和应用；(2) 外保温和饰面的一体化系统及饰面层的多样化的研发和应用；(3) 完善外保温系统细部节点处理和提高外保温系统耐久性的研究和应用；(4) 既有建筑节能改造适用技术的研究和应用；(5) 简单、易行、综合性能平衡的经济型新农村建设的外保温工程将成为新的增长点；(6) 外保温系统中如何充分利用固体废弃物或不与化石能源争资源将成为重要课题。

1.2 国内外墙外保温基础理论研究相关进展

1.2.1 外墙外保温基础理论的基本点

外墙外保温基础理论研究的基本点主要有：

1) 外墙外保温工程应能适应基层的正常变形而不产生裂缝或空鼓。

2) 外墙外保温工程应能承受自重、风荷载和室外气候的长期反复作用而不产生有害的变形和破坏。

3) 外墙外保温工程应与基层墙体有可靠连接，避免在地震时脱落。

4) 外墙外保温工程应具有防止火焰蔓延的能力。

5) 外墙外保温工程应具有防水渗透性能。

6) 外保温复合墙体应具有良好的保温、隔热和防潮性能。

7) 外墙外保温工程各组成部分应具有物理—化学稳定性。

8) 外墙外保温工程应具有耐久性，使用寿命长。

从这些基本点可以看出，外保温是一门研究五种自然破坏力对建筑墙体影响的科学。五种自然破坏力包括热应力、火、水、风压、地震作用。

(1) 热应力：不同保温做法对结构层内一年四季温度变化影响显著，采用外保温做法的建筑结构层温度变化小，而采用内保温做法、夹芯保温做法、内外保温结合做法和不完全外保温做法的建筑结构层温度变化大，进而引发较大的温度应力是引起建筑结构层开裂的重要因素之一。保温层的构造位置不合理产生的温度应力对建筑结构的损害是目前墙体保温工程需要注意，并需投入人力、物力加以系统研究的课题之一。此外，在外墙外保温做法中，因保温层各构造层材料的性能设计不合理而造成墙体表面因温度应力引发的面层开裂、面砖脱落也是目前外墙保温工程急需解决的问题之一。

(2) 火：目前，外墙保温系统中，采用高效有机保温材料的比例高达80%以上，这就带来了外保温系统防火安全性较差和外保温施工火灾时有发生的问题，而随着建筑节能标准和建筑高度的提高，防火问题将更加凸显。因此，外保温系统的防火安全性是外保温工程合理使用的重要技术要求。如何正确看待和合理解决外保温防火问题，应从哪几个路径进行外保温防火技术研究，以及外保温防火是否需要分级等问题在本书中都将讨论。

（3）水：水以三种形式存在于自然环境之中，水的三相变化以及水的各种形式在外保温系统内外之间的运动与迁移，甚至发生在系统内部的相转变都将对外保温系统的耐久性和功能性造成重大影响。如何使得外保温系统做到防水透气和防结露是外保温系统基础理论研究非常重要的一个内容。

（4）风压：外保温系统被大风刮掉的现象在实际工程中并不少见，尤其是饰面为面砖的系统出现风压破坏后的安全性更是要重点解决的技术问题。

（5）地震作用：地震作用通常只针对面砖饰面外保温系统。外墙外保温系统是附着于外墙的非承重构造，不分担主体结构承受的荷载或地震作用。但需要研究外墙外保温系统应具有什么样的变形能力，才能适应主体结构的位移，当主体结构在较大地震作用下产生位移时，应不至于使外墙外保温系统产生过大的内应力和不能承受的变形。

另外，对于行业内重点关注的问题，比如面砖系统是否具备足够的安全性，以及如果做面砖饰面系统，对材料有哪些技术要求，固体废弃物在外保温系统中是如何应用并能节能环保兼顾，在外保温材料生产过程中到底消耗了多少能源或带来了多少污染等，诸如此类的问题在本书中都有提及。

1.2.2 国内基础理论研究的进展

目前，我国的外墙外保温技术研究已经开始向纵深发展：从缺乏基础研究资料和数据，到积累了大量相关信息；从直接引进国外先进技术，到结合我国国情开展研发工作；从自主研发适合我国国情的外墙外保温系统，到对技术体系的逐步完善。一些基础研究工作的空白不断得到填补，如：不同保温构造导致产生热应力进而对外保温系统产生影响的技术研究；各种外墙外保温系统防火安全性试验研究；外保温系统耐候性试验研究；面砖饰面的外墙外保温系统安全性研究等。

但是，尽管有了不错的工作基础，目前的外保温基础试验研究还处在探索阶段，还有大量的工作要做，或者是对以前的研究成果加以丰富，或者对其进行验证、修正。总之，外保温技术要得到长足的发展，外保温工程要保证有优异的耐久性，对基础试验的研究工作就应该坚持不懈地做下去。政府应该在这方面有所投入，支持相关研究课题。企业也应为求行业及自身的可持续发展，在此方面有所投入。同时，应积极地将基础理论研究与工程实践经验结合起来，推动外保温技术的发展，为社会提供与建筑寿命相适应的外保温产品，努力减少社会成本，为社会节约有限的能源作出贡献。

2　保温外墙体的温度场及温度应力数值模拟

保温外墙体属于复合墙体，包括结构层和保温层，结构层就是建筑物中承重受力的外墙体，称为基层或基层墙体，目前最常用的是混凝土或砌体材料；保温层是用保温隔热材料做成的非承重构造层，比较常见的有聚苯乙烯泡沫塑料板、保温砂浆等。复合墙体中的基层与保温层要通过一定的技术手段粘结在一起，外表面还要进行保护和装饰。因此，在基层与保温层之间和保温层的外表面，还有粘结层、保护层及饰面层等附加层。

按照保温层与基层在复合墙体中的相对位置划分，建筑外墙保温的具体形式有四种：保温层在基层室内一侧的外墙内保温；保温层在基层室外空气一侧的外墙外保温；保温层处于两层基层之间的夹芯保温；不做保温层，基层自身具有保温隔热效果的自保温。外墙内保温由于保温层在墙体结构层之内，墙体结构层温度变化较大，墙体结构层相应的温度应力变化也会较大。外墙外保温由于保温层在墙体结构层之外，保温层的隔热、隔冷作用使墙体结构层温度相对稳定，相应的温度应力变化也较小，可以对墙体进行保护，有利于提高建筑寿命。

工程的红外热像图表明，不同保温做法对墙体结构层内一年四季的温度变化影响显著，外保温做法的墙体结构层温度变化小，而内保温做法、夹芯保温做法、内外保温结合做法和不完全外保温做法的墙体结构层温度变化大，进而引发较大的温度应力，这是引起墙体结构开裂的重要因素之一。因此，保温层的位置不仅影响保温效果，而且会影响墙体结构层内部的温度场。不合理的保温层构造位置会产生有损于建筑结构的温度应力，所以选取合理的保温层构造位置是目前墙体保温工程需要注意的。

在建筑物的实际使用过程中，外界环境包括太阳辐射、大气温度等都在不断地发生变化，因此，常用的稳态传热分析方法得到的保温墙体内部温度场的分布结果与实际情况会存在较大差异。而随着计算机技术的发展和数值模拟理论的进步，数值模拟越来越多地应用于实际工程的分析，研究表明：对保温墙体的温度场进行实时数值计算分析是可行的，也是必要的。

本章前两节讨论保温层的构造位置对建筑外墙温度场（考虑成一维传热）及温度应力的影响，主要探讨了不同季节、方位（东西南北）的建筑外墙，采用典型外保温、内保温、夹芯保温、自保温等保温技术时墙体内温度场和温度应力随时间、位置的变化规律。通过理论计算，得到了不同保温层构造位置的建筑外墙温度场和温度应力的分布规律，通过对比基层的温度场和温度应力，得出了对建筑结构寿命最有利的外墙保温是外墙外保温。

本章第三节用 ANSYS 软件计算外保温外墙的某些出挑部位（热桥）的二维温度场和温度应力，得出外保温外墙出挑部位必须做外保温，否则墙体可能会出现空鼓、开裂和脱落等质量问题。

2.1　保温外墙体的温度场数值模拟

2.1.1　保温外墙体温度场计算模型

2.1.1.1　热传导方程

计算在大气温度变化及太阳辐射、空气对流等复杂边界条件下保温墙体内部温度场是对保温墙体进行应力及耐久性分析的基础。本章建立典型保温墙体在外界大气温度变化等条件下温度场的计算模型，包括外墙内保温、外墙外保温、夹芯保温和自保温，选取了各个季节典型天气条件下四个朝向墙体结构作为研究对象，同时为便于比较，对没有施加保温的普通墙体也建立了计算模型。模型中假设墙体为均匀连续、多层复合结构；层间紧密，并忽略层间热阻。墙体中任何时刻 t，任意位置 (x,y,z) 处的温度 T 满足：

$$\frac{\partial T}{\partial t}=\frac{\lambda}{c\rho}\left(\frac{\partial^2 T}{\partial x^2}+\frac{\partial^2 T}{\partial y^2}+\frac{\partial^2 T}{\partial z^2}\right) \tag{2-1-1}$$

式中 λ——导热系数，kJ/(m·h·℃)；

c——材料的比热，kJ/(kg·℃)；

t——时间，h；

ρ——材料的密度，kg/m^3。

对于建筑外墙（忽略门窗、出挑构造等部位的影响，针对门窗、出挑构造等热桥部分的传热过程将在本章的第 2.3 节用 ANSYS 软件进行数值模拟），其内部温度在长度（y）和 宽度（z）两个方向的温度变化很小，即 $\partial T/\partial y=\partial T/\partial z\approx 0$，仅在其厚度方向温度变化剧烈，所以通常条件下建筑外墙的热传导方程可简化为沿墙厚方向的一维的热传导方程，即

$$\frac{\partial T}{\partial t}=\frac{\lambda}{c\rho}\frac{\partial^2 T}{\partial x^2} \tag{2-1-2}$$

墙体内部沿厚度方向温度场的求解就是在给定边界条件和时间下对偏微分方程式（2-1-2）的求解问题。

2.1.1.2 初始条件和边界条件

热传导方程建立了物体内部温度与时间、空间的关系。但满足热传导方程的解有无限多，为了确定需要的温度场，还必须知道初始、边界条件。初始条件为在初始瞬时物体内部的温度分布，边界条件为外墙体表面与周围介质（如空气或水）之间温度相互作用的规律，初始条件和边界条件合称边值条件（或定解条件）。

热传导问题的边界条件通常有四类，本章中只有以下两类：

1. 第一类边界条件

经过物体表面的热流量与物体表面温度 T 和空气温度 T_a 之差成正比，即：

$$-\lambda\frac{\partial T}{\partial n}=\beta(T-T_a) \tag{2-1-3}$$

其中，β 为表面换热系数(单位面积物体单位时间内温度变化 1℃时放出或吸收的热量)，单位为 kJ/(m^2·h·℃)。

2. 第二类边界条件

当两种性质不同的固体相互接触时，如果接触良好，则在接触面上温度和热流量都是连续的，边界条件如下：

$$T_1=T_2,\ \lambda_1\frac{\partial T_1}{\partial n}=\lambda_2\frac{\partial T_2}{\partial n} \tag{2-1-4}$$

2.1.2 有限差分法求解保温外墙体的一维热传导方程

采用有限差分方法，对外墙保温系统温度场进行求解。有限差分法是求解微分方程的基本数值方法，其思想是把连续的定解区域用有限个离散点构成的网格来代替，这些离散点称作网格的节点；把连续定解区域上的连续变量的函数用在网格上定义的离散变量函数来近似；把原方程和定解条件中的微商用差商来近似，于是原微分方程和定解条件就近似地代之以代数方程组，即有限差分方程组，解此方程组就可以得到原问题在离散点上的近似解。

保温墙体结构按照其构成分成若干层面，对应各层面输入几何尺寸、材料性质等，为了对比内保温、外保温两种常见的保温模式的保温性能，在建立模型的过程中，将内保温和外保温的相对应各层的材料属性取相同的数值。图 2-1-1 为典型胶粉聚苯颗粒外墙外保温墙体各功能层结构图，以此为例，建立温度场求解的有限差分方程。

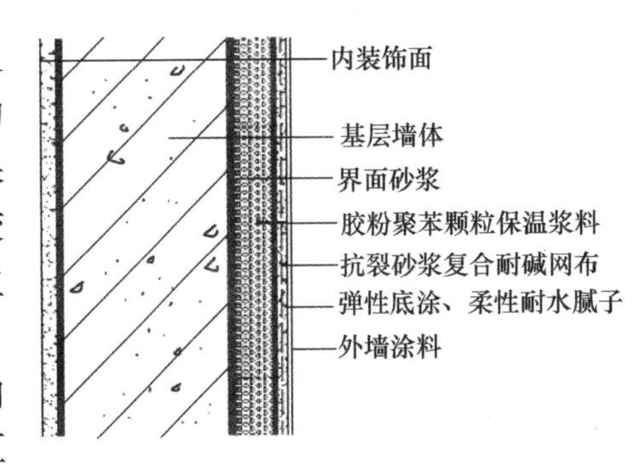

图 2-1-1 典型外保温墙体结构模型

保温墙体沿厚度方向的节点可分为内部节点（同一材料内部）、内表面节点、外表面节点和两种不同性质的材料的交汇点。内表面边界条件主要包括室内空气对流换热，外表面的边界条件包括太阳辐射、外表面辐射和室外空气对流等。

2.1.2.1 外墙体内表面的对流换热边界条件

对流是指流体内部各部分发生相对位移，依靠冷热流体互相混杂和移动引起的热量传递方式。墙体表面和流体之间在对流和导热同时作用下进行的能量传递称为对流换热。对流换热热流密度与壁面（墙体表面）和主流区（大气）温度之差成正比。对墙体内表面，设室内空气温度为 $T_{in}(t)$，室内空气与墙体内表面对流换热系数为 β_{in}，墙体内表面温度为 $T_1(t)$（第一个节点），忽略室内和墙体内表面之间以及各层墙体材料的相互热辐射。此时，墙体内表面与室内空气的对流热交换量可表达为：

$$q_{in}=\beta_{in}[T_{in}(t)-T_1(t)] \tag{2-1-5}$$

在我国《民用建筑热工设计规范》（GB 50176—93）中，详细规定了换热系数 β_{in} 的取值，在后续计算中，取 $\beta_{in}=8.7\mathrm{W/(m^2\cdot ℃)}$（见表 2-1-1）。

2.1.2.2 外墙体外表面的对流换热边界条件

与墙体内表面类似，对墙体外表面，设室外空气温度为 $T_{out}(t)$，室外空气与墙体外表面对流换热系数为 β_{out}，墙体外表面温度为 $T_n(t)$（第 n 个节点），忽略室内和墙体内表面之间以及各层墙体材料的相互热辐射。此时，墙体外表面与室外空气的对流热交换量可表达为：

$$q_{out}=\beta_{out}[T_{out}(t)-T_n(t)] \tag{2-1-6}$$

同样，我国《民用建筑热工设计规范》（GB 50176—93）中，详细规定了室换热系数 β_{out} 的详细取值问题。β_{out} 与室外建筑物表面风速 V_e 有关，在后续计算中，β_{out} 的取值见表 2-1-1。

2.1.2.3 太阳辐射

对于建筑物的热环境来说，太阳辐射是一项非常重要的外部影响因素。在寒冷季节，太阳辐射为人们提供免费的热源，而在气温较高的季节，人们又不得不花费一定的代价，以抵消其对房间温度的干扰。

到达地面的太阳辐射由两部分组成，一部分是方向未经过改变的，叫做直射辐射；另外一部分是由于大气中气体分子、液体或固体颗粒反射，达到地面时没有特定的方向，这部分叫散射辐射。直射辐射和散射辐射之和就是达到地面的太阳总辐射，简称太阳辐射。太阳辐射强度大小用单位面积、单位时间内接收的太阳辐射的能量来表示，分别叫做太阳直射辐射照度、太阳散射辐射照度和太阳总辐射照度，后者也简称为太阳辐射照度。

太阳辐射的问题实际上比较复杂，影响太阳辐射的因素很多。由于地球自转形成昼夜；地球公转形成四季，不同时间、不同季节的太阳入射角度、地球与太阳的距离等都有变化，直接影响太阳辐射强度；天气阴晴雨雪，大气透明度，地面情况，建筑物表面材料特性等对太阳辐射的影响也都比较大。本章的出发点是对典型条件下的保温墙体结构内部的温度场与应力场进行研究，因此在考虑各种因素时尽可能地避免特殊情况，对一些次要影响因素等作合理的简化和处理，避免研究过程复杂化，并保证最终的结果具有普遍性。下面描述太阳辐射强度的具体计算方法。

1. 直射辐射照度

直射辐射照度与大气透明度等因素有关，地球上某一垂直于太阳光线表面上的直射辐射照度可表达为：

$$I_{DN} = I_0 P^m \tag{2-1-7}$$

其中，I_{DN} 为太阳直射辐射照度；I_0 为太阳常数；m 为大气光学质量，$m=\dfrac{1}{\sin(h_s)}$；h_s 为太阳高度角；P 为大气透明度。水平面上和垂直面上的太阳直射照度 I_{DH} 的 I_{DV} 可分别表达为：

$$I_{DH} = I_{DN}\sin(h_s) \tag{2-1-8}$$

$$I_{DV} = I_{DN}\cos(h_s)\cos\gamma \tag{2-1-9}$$

其中，γ 为墙面法线在水平面上的投影与太阳光线在水平面投影之间的夹角，$\gamma = A_s - A_w$，A_s 与 A_w 分别为壁面太阳方位角（太阳光线在水平面投影与南向的夹角）和墙面方位角（壁面法线在水平面上的投影与正南向的交角）；太阳高度角 h_s（地球表面上某点和太阳的连线与地平面之间的夹角）可由下式计算：

$$\sin(h_s) = \sin\phi \cdot \sin\delta + \cos\phi \cdot \cos\delta \cdot \cos\omega \tag{2-1-10}$$

其中，ϕ 为地理纬度（某点与地球中心连线与地球赤道平面的夹角）；δ 为太阳赤纬角（地球中心与太阳中心连线与地球赤道平面的夹角）；ω 为时角，由下式计算：

$$\omega = 15(t-12) \tag{2-1-11}$$

其中，t 为地方太阳时。太阳方位角 A_s 由下式计算：

$$\cos A_s = \frac{\sin h_s \sin\phi - \sin\delta}{\cos h_s \cos\phi} \tag{2-1-12}$$

2. 散射辐射照度

墙体外表面从天空中所接受的散射辐射包括三个部分：天空散射辐射、地面反射和大气长波辐射。

（1）天空散射

天空散射辐射时，阳光经过大气层时由于大气层中薄雾、尘埃的作用，使光线向各个方向反射和折射，形成一个由整个天穹所照射的散射光。对于晴天水平地面的天空散射辐射照度，一般由贝拉格公式近似计算，即：

$$I_{SH} = 0.5 I_0 \frac{1-P^m}{1-1.4\ln P}\sin h_s \tag{2-1-13}$$

对于各朝向的垂直墙面上所受到的散射辐射照度为：

$$I_{SV} = 0.5 I_{SH} \tag{2-1-14}$$

（2）地面反射

太阳光线辐射到达地面之后，其中的一部分被地面反射。垂直墙面受到的地面反射辐射为：

$$I_{RV} = 0.5\rho_s(I_{DH} + I_{SH}) \tag{2-1-15}$$

其中，ρ_s 为地面对太阳辐射的反射率，一般城市地面反射率可近似取 0.2，有雪条件下取 0.7。

（3）长波辐射

大气吸收太阳直射辐射的同时，还吸收地面和墙面的反射辐射，具有一定的温度。考虑大气和地面、墙面之间进行辐射换热，这部分辐射称为长波辐射。其计算依照下式：

$$q_c = C_{a-e}[(T_c/100)^4 - (T_e/100)^4] \tag{2-1-16}$$

式中，q_c 为地面或墙面与大气之间辐射换热的辐射热流；C_{a-e} 为当量辐射系数；T_c、T_e 分别为墙面绝对温度和大气层的长波辐射温度。

3. 太阳总辐射照度

计算垂直墙面的辐射照度时，要考虑地面对墙面的辐射，所以垂直墙面的太阳辐射照度为：

$$I_Z = I_{DV} + I_{SV} + I_{RV} \tag{2-1-17}$$

式中，I_{DV}、I_{SV}、I_{RV} 分别为垂直墙面上的太阳直射辐射照度、天空散射辐射照度和地面反射辐射照度。

按上述计算过程，即可得到不同地区、不同方向上太阳辐射照度。同时，不同的表面材料对太阳辐射的吸收能力，即吸收率也各不相同。所以垂直墙面外表面的热流边界条件即太阳辐射边界条件为：

$$q_r = \alpha_s I_Z = \alpha_s(I_{DV} + I_{SV} + I_{RV}) \tag{2-1-18}$$

其中，α_s 为墙体外表面太阳辐射吸收率。

图 2-1-2 为按上述模型计算获得的北京地区一年四季东、西、南、北垂直墙面上的太阳辐射强度与时间关系图，太阳辐射常数及纬度取值见表 2-1-1。可见，墙面接收的太阳辐射强度受季节、朝向、时间影响异常显著，冬、春、秋季节南墙辐射强度最大，而夏季东西墙辐射强度较南墙大，四季中，北墙辐射强度最低。各墙面太阳辐射的时间在各季节也不相同。

对流及辐射参数 **表 2-1-1**

季 节	对流换热系数[W/(m²·K)]		赤纬角	太阳常数 (W/m²)
	内表面	外表面		
春季(3月)	8.7	21.0	0°	1365
夏季(6月)	8.7	19.0	+23.45°	1316
秋季(9月)	8.7	21.0	0°	1340
冬季(12月)	8.7	23.0	−23.45°	1392

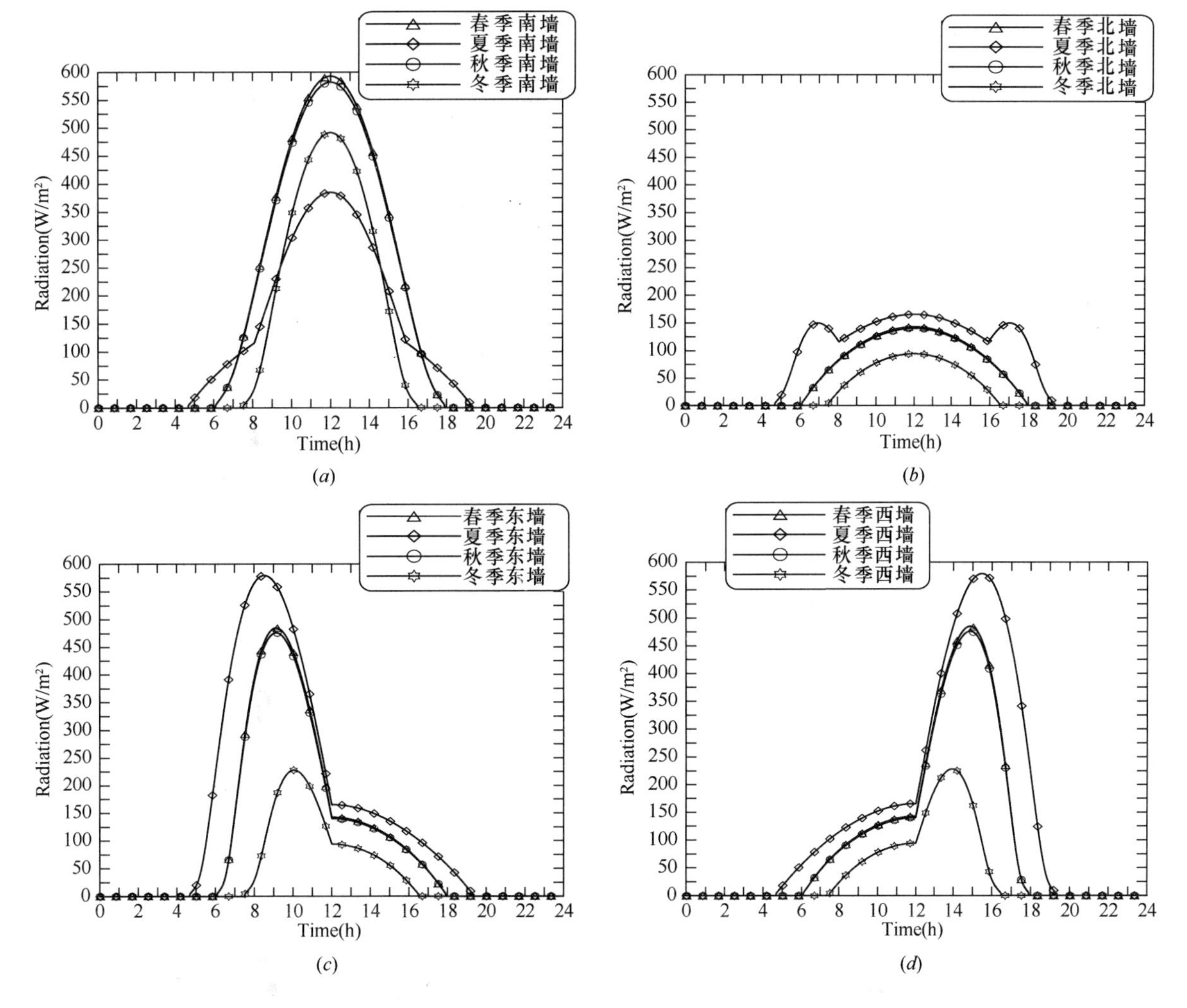

图 2-1-2 不同朝向、不同季节太阳辐射强度

2.1.2.4　保温外墙体温度场计算的有限差分方程

根据保温墙体的结构，可将有限差分计算节点分成四类，即内部节点（同一材料内部）、内表面节点（墙体内表面）、外部节点（墙体外表面）和两种性质相异的材料的结合点。节点图 2-1-3 为外墙板一维温度场求解中典型四类节点示意图，下面分别导出每类节点的差分方程。

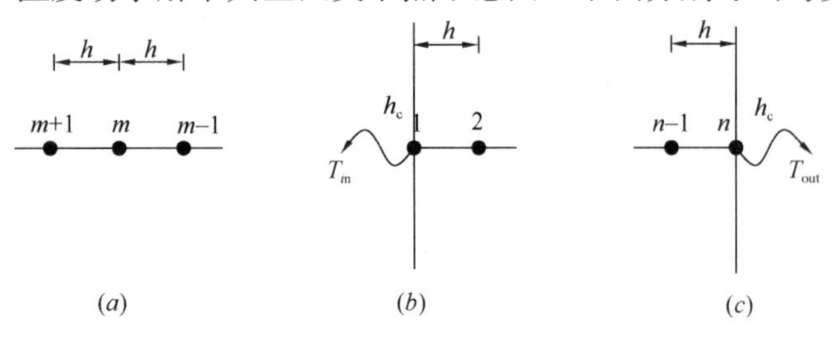

图 2-1-3　墙体中典型节点示意图
(*a*) 内部结点；(*b*) 墙体内表面结点；(*c*) 墙体外表面结点

1. 墙体内部节点

对内部节点 m（图 2-1-3a 所示），依据有限差分原理，t 时刻温度 T 对位 x 的二阶微分可近似表达为：

$$\left(\frac{\partial^2 T}{\partial x^2}\right)_{m,t} \cong \frac{1}{h^2}(T_{m+1,t}+T_{m-1,t}-2T_{m,t}) \tag{2-1-19}$$

节点 m 处温度 T 对时间 t 的变化率可近似为：

$$\frac{\partial T}{\partial t} \cong \frac{T_{m,t+\Delta t}-T_{m,t}}{\Delta t} \tag{2-1-20}$$

将式（2-1-19）、式（2-1-20）式代入到一维热传导方程式（2-1-2）中，得到节点 m 经过时间间隔（Δt）后温度计算表达式为：

$$T_{m,t+\Delta t}=(1-2r)T_{m,t}+r(T_{m+1,t}+T_{m-1,t}) \tag{2-1-21}$$

式中，$r=\lambda\Delta t/(c\rho h^2)$。利用式（2-1-21），根据 t 时刻相邻三个节点的温度，就可以直接求出 $t+\Delta t$ 时刻 m 点的温度 $T_{m,t+\Delta t}$，而不必求解方程组，故被称为显式差分法。由式（2-1-21）获得稳定解的条件为 $1-2r\geqslant 0$，即 $\Delta t\leqslant c\rho h^2/(2\lambda)$。

2. 墙体内表面节点

对与空气接触的墙体内表面节点（图 2-1-3b 所示），设混凝土表面对流换热系数为 β_{in}[kJ/(m^2·℃)]，由能量平衡原理有：

$$T_{1,t+\Delta t}=(1-2r-2rB_1)T_{1,t}+2r(T_{2,t}+B_1T_{in,t}) \tag{2-1-22}$$

式中，$r=\lambda\Delta t/(c\rho h^2)$；$B_1=\beta_{in}h/\lambda$，获得稳定解须满足 $\Delta t\leqslant c\rho h^2/2(\lambda+\beta_{in}h)$。

3. 墙体外表面节点

对与空气接触的墙体外表面节点（图 2-1-3c 所示），墙体表面换热需增加太阳辐射部分。设墙体外表面对流换热系数为 β_{out}[kJ/(m^2·℃)]，太阳总辐射量为 I_z[单位面积、单位时间内接收的太阳辐射能，kJ/(m^2·h)]，墙体表面对太阳辐射的吸收系数为 α_s，同样由能量平衡有：

$$T_{n.t+\Delta t}=(1-2r-2rB)T_{n,t}+2r(T_{n-1,t}+BT_{out,t})+\frac{2\alpha_s I_z\Delta t}{c\rho h} \tag{2-1-23}$$

式中，$r=\lambda\Delta t/(c\rho h^2)$；$B_1=\beta_{out}h/\lambda$，获得稳定解须满足 $\Delta t\leqslant c\rho h^2/2(\lambda+\beta_{.out}h)$ 。

4. 墙体内不同性能材料之间的连接点

设第 n 个节点左侧材料导热系数为 λ_1，节点间距为 h_1，右侧材料导热系数为 λ_2，节点间距为 h_2（与图 2-1-3a 所示类似），由前面所述的第二类边界条件，有：

$$T_{n,t+\Delta t}=\frac{\frac{\lambda_1}{h_1}(4T_{n-1,t+\Delta t}-T_{n-2,t+\Delta t})+\frac{\lambda_2}{h_2}(4T_{n+1,t+\Delta t}-T_{n+2,t+\Delta t})}{3\left(\frac{\lambda_1}{h_1}+\frac{\lambda_2}{h_2}\right)} \tag{2-1-24}$$

由式（2-1-24）即可由非界面节点（$t+\Delta t$）时刻的温度求出界面节点（$t+\Delta t$）时刻的温度。

2.1.3 温度场计算结果及分析

2.1.3.1 计算的墙体类型

应用以上计算模型，对北京地区采用胶粉聚苯颗粒保温浆料涂料饰面的外墙外保温做法（图 2-1-4 所示），及相对应的外墙内保温做法（调整各功能层位置使保温层位于墙体基层内侧），以及加气混凝土自保温墙体（以 20mm 厚水泥砂浆＋200mm 厚加气混凝土＋20mm 厚水泥砂浆复合墙体为例）、夹芯保温墙体（以 50mm 厚混凝土板＋50mm 厚岩棉板＋50mm 厚混凝土板复合保温墙板为例）的一年四季、东西南北四面墙体在室外太阳辐射及气温变化下的实时温度场进行了全面计算。

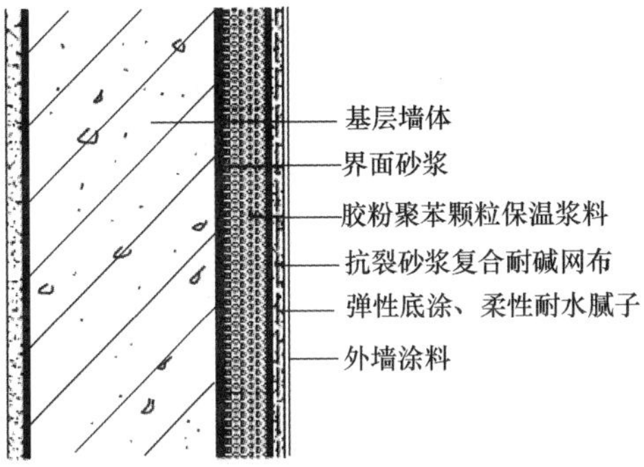

基层墙体
界面砂浆
胶粉聚苯颗粒保温浆料
抗裂砂浆复合耐碱网布
弹性底涂、柔性耐水腻子
外墙涂料

图 2-1-4 胶粉聚苯颗粒涂料饰面外墙外保温结构

2.1.3.2 室内外空气温度

为研究方便，对室内温度根据春、夏、秋、冬季节的变化各取一个典型温度，设定这个温度为恒定，具体见表 2-1-2。

而室外温度随着昼夜交替不断变化，由于天气（阴晴雨雪、风力等）和季节的影响，这个数值并不是理想地周期性变化。为了研究方便，取各个季节典型天气状态的日最高（T_{max}）和最低（T_{min}）温度数值（具体见表 2-1-2），并利用下式模拟大气温度的日周期性变化：

$$T_a = -\sin\left(\frac{2\pi(t_d + 2)}{24}\right)\left(\frac{T_{max} - T_{min}}{2}\right) + \left(\frac{T_{max} + T_{min}}{2}\right) \quad (2\text{-}1\text{-}25)$$

其中，T_a 为室外大气温度（时间及日最高、最低温度的函数）；t_d 为时间。

室内、室外温度参数 **表 2-1-2**

季　节	室内气温（℃）	室外最高温度（℃）	室外最低温度（℃）
春季（3 月）	23.0	25.3	4.4
夏季（6 月）	25.0	39.0	23.0
秋季（9 月）	23.0	26.5	9.7
冬季（12 月）	20.0	1.5	−11.5

本研究选取北京市春夏秋冬四个季节典型日最高、最低气温为计算输入参数（气温资料来自气象部门，见表 2-1-2），通过式（2-1-25）模拟日气温变化。北京市春夏秋冬四个季节典型日气温（24h）变化如图 2-1-5 所示。

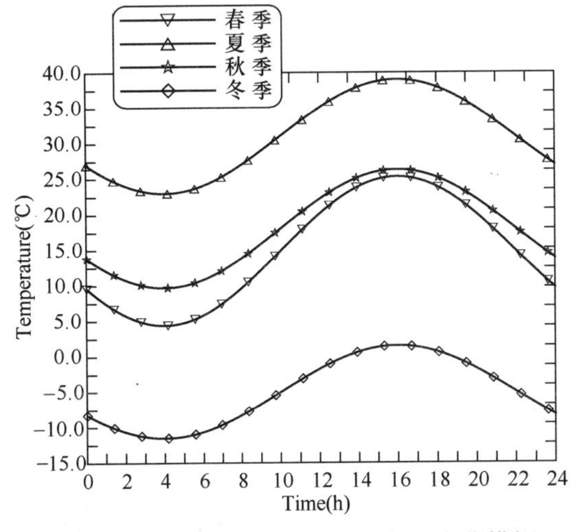

图 2-1-5 北京地区四季典型日气温变化模拟

2.1.3.3 初始条件及加载时间

在对外墙体温度场进行计算之前，需要设定 $t = 0$ 时刻外墙体内部的温度场。由于室外温度、太阳照度等边界条件是以 24h 为周期变化的，而在通过计算模型计算之前的特定时刻，外墙体内部的温度场是无法准确获得的。人为设定的初始条件与实际情况会存在一定的偏差，而这一偏差会影响到通过计算模型得到的结果的准确性。

如果设定的计算总时间为一个周期，即 24h，那么很显然初始条件的偏差会对计算结果产生较大的影响。对此，可以通过延长计算时间的方法，加载总时间越

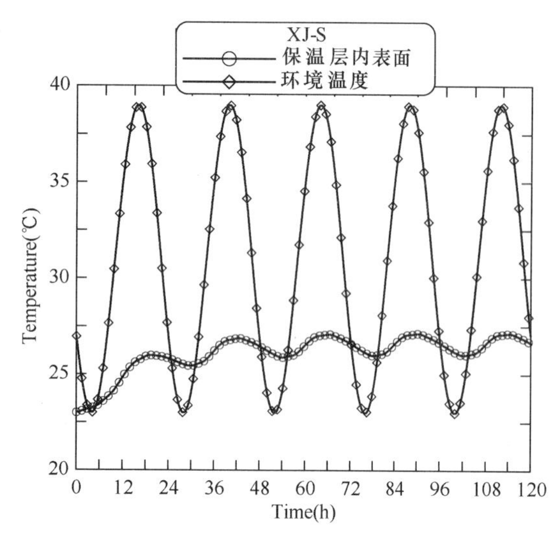

图 2-1-6　5 个周期内墙体内表面温度变化

长，初始条件的偏差对最后一个周期的计算结果的影响就越小。当然，加载总时间延长也会造成计算量增加，因此不可能无限延长下去，这就需要通过试算选择一个比较适中的加载时间，计算量既不会太大，计算结果的偏差也在可以接受的范围内。

以北京地区某建筑夏季南墙温度场分析为例，太阳辐射照度数据，各层材料参数，室内温度取 25℃恒定，加载时间初步设为 5 个周期，即 120h。计算得到 5 个周期内的墙体温度变化曲线如图 2-1-6 所示。通过计算结果可以看出，随着时间增长，墙体内温度变化越来越具有规律性，第 4、5 个周期的温度变化已经非常接近，说明从第 4 个周期开始初始条件造成的影响已经可以忽略。本节后续分析中采用计算得到的第 5 个周期的数据作为稳定的数据。

2.1.3.4　材料参数

按前面所述墙体保温的典型形式，对其温度场进行计算，计算过程采用的相关材料热物理参数及内外环境温度参数列于表 2-1-3 和表 2-1-4 中。

材料的物理参数之一（胶粉聚苯颗粒单一保温）　　表 2-1-3

结构形式	材料名称	厚　度 (mm)	密　度 (kg/m³)	比　热 [J/(kg·K)]	导热系数 [W/(m·K)]
胶粉聚苯颗粒外墙外保温涂料饰面	内饰面层	2	1300	1050	0.60
	基层墙体	200	2300	920	1.74
	界面砂浆	2	1500	1050	0.76
	保温浆料	60	250	1070	0.06
	抗裂砂浆	5	1600	1050	0.81
	涂料饰面	3	1100	1050	0.50
胶粉聚苯颗粒外墙内保温涂料饰面	内饰面层	2	1300	1050	0.60
	抗裂砂浆	5	1600	1050	0.81
	保温浆料	60	250	1070	0.06
	界面砂浆	2	1500	1050	0.76
	基层墙体	200	2300	920	1.74
	涂料饰面	3	1100	1050	0.50

材料的物理参数之二（加气混凝土自保温与混凝土岩棉夹芯保温墙体）　　表 2-1-4

结构形式	材料名称	厚　度 (mm)	密　度 (kg/m³)	比　热 [J/(kg·K)]	导热系数 [W/(m·K)]
加气混凝土自保温墙体涂料饰面	内饰面层	2	1300	1050	0.60
	内抹面砂浆	20	1800	1050	0.93
	加气混凝土	200	700	1050	0.22
	外抹面砂浆	20	1800	1050	0.93
	涂料饰面	3	1100	1050	0.50
混凝土岩棉夹芯保温墙体涂料饰面	内饰面层	2	1300	1050	0.60
	混凝土板	50	2300	920	1.74
	岩棉板	50	150	1220	0.045
	混凝土板	50	2300	920	1.74
	涂料饰面	3	1100	1050	0.50

2.1.3.5 计算结果与分析

采用表 2-1-3、表 2-1-4 中所列参数为模型输入数值，计算各类典型内保温、外保温、夹芯保温、自保温墙体的温度场，下面详细描述计算结果并对其进行对比分析。图 2-1-7、图 2-1-8 分别为胶粉聚苯颗粒涂料饰面的内外保温做法夏冬（春秋两个季节墙体温度相对较为平缓，在这里不给出结果）两个季节的东西南北各朝向墙体的典型位置温度随时间变化关系图。

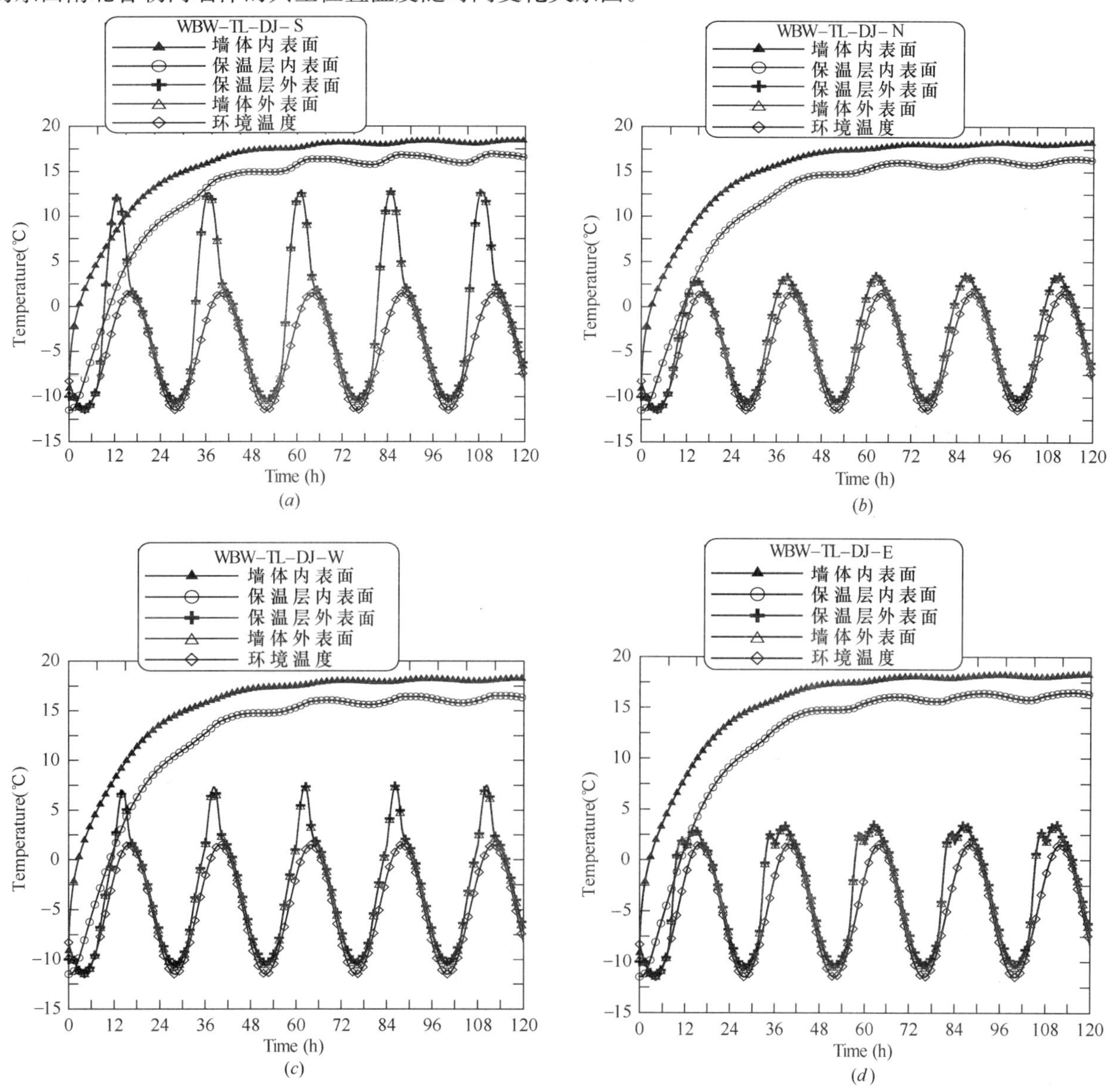

图 2-1-7 冬季不同朝向的胶粉聚苯颗粒涂料饰面外保温墙体不同层的温度随时间变化

(a) 南墙；(b) 北墙；(c) 西墙；(d) 东墙

1. 胶粉聚苯颗粒涂料饰面保温墙体

图 2-1-7 所示是冬季北京地区采用胶粉聚苯颗粒涂料饰面外保温做法的外墙体内部各层的温度在五天内随时间变化图。图中给出了墙体内各层由内到外，即墙体内表面（相当于结构层内表面）、保温层内表面（相当于结构层外表面）、保温层外表面、墙体外表面及外部环境温度随时间的发展变化曲线。从图示结果首先可以看出，本研究所建模型成功模拟了室外环境温度变化对墙体温度场的影响。

墙体内温度随室外大气温度的周期性变化而变化，变化幅度与墙体内位置有关。保温材料的使用大大减小了墙体与外部环境的热量传递，使室内温度受室外变温影响明显减小，例如墙体内表面的温度随时间的变化程度最小，日变化量在3℃以内，越靠近墙体外表面，节点温度受大气温度的影响程度越大。因此，墙体外表面温度变化幅度最大，且外墙体外表面温度变化幅度高于环境温度变化的幅度，具体差值与墙体方位有关。其次，太阳辐射强度及作用时间对墙体温度场影响明显，尤其是保温层以外的部分。各方位墙体太阳辐射强度及作用时间见图2-1-2。在冬季，各朝向墙体表面最高温度次序为南墙（12.7℃）＞西墙（7.5℃）＞东墙（3.4℃）≈北墙（3.4℃），各朝向最低温度与环境最低温度基本相同（−11.4℃）。因此，在冬季墙体外表面昼夜最大温差为24℃。在夏季，各朝向墙体表面最高温度次序为西墙（57℃）＞南墙（48℃）＞东墙（47℃）＞北墙（43℃），各朝向最低温度与环境最低温度基本相同（23℃）。因此，在夏季墙体外表面昼夜最大温差达34℃。

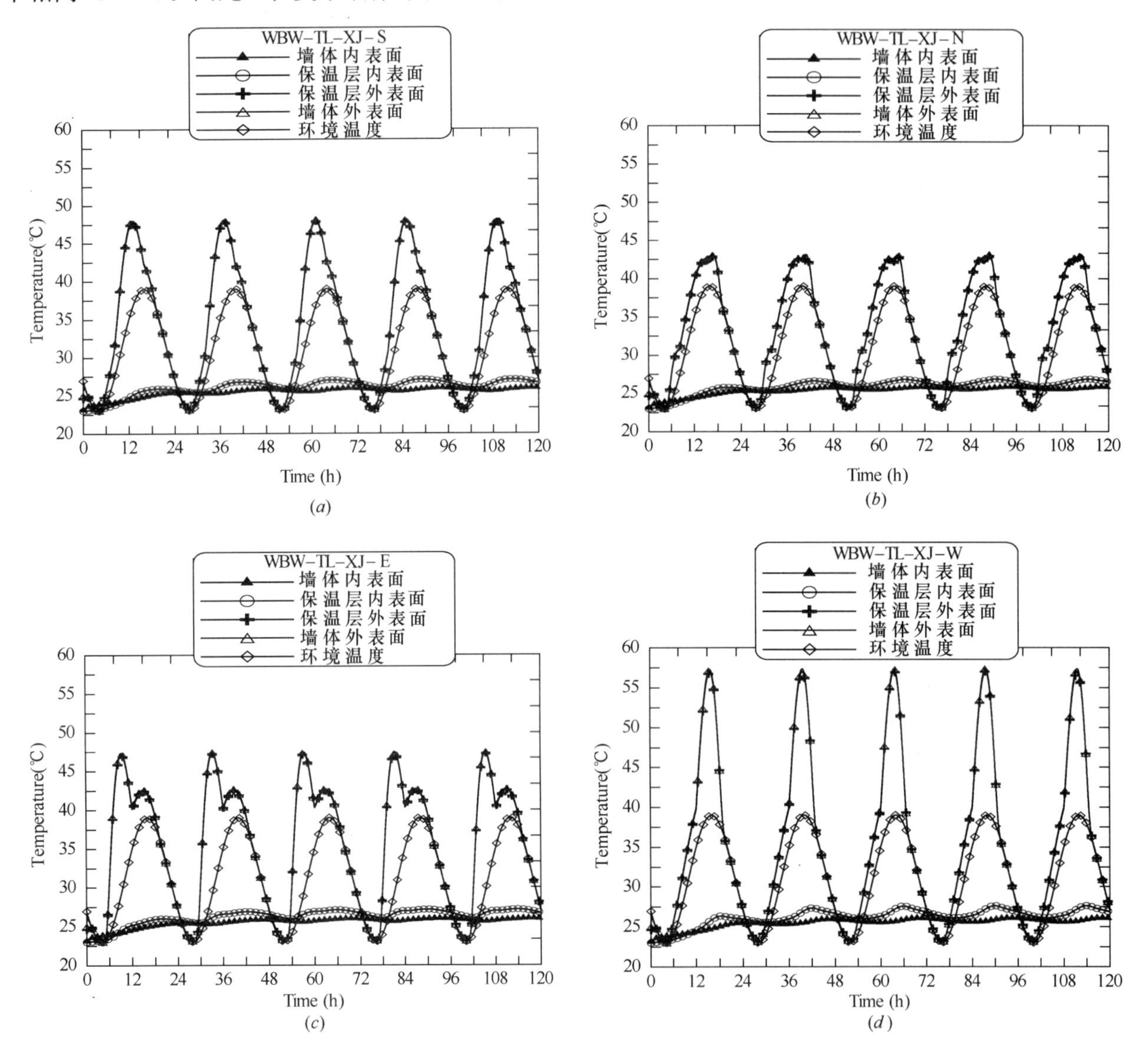

图2-1-8　夏季不同朝向的胶粉聚苯颗粒涂料饰面外保温墙体不同层的温度随时间变化

（*a*）南墙；（*b*）北墙；（*c*）东墙；（*d*）西墙

为了研究保温层位置对外墙保温系统温度场的影响，对胶粉聚苯颗粒涂料饰面内保温墙体的温度场进行计算。内保温墙体结构参数见表2-1-3。计算中除了保温层位置变化外，其他相关材料参数与外保温均相同（见表2-1-3）。图2-1-9、图2-1-10为胶粉聚苯颗粒涂料饰面内保温墙体夏冬两个季节的东西南北各朝向墙体的典型位置温度随时间变化关系图。

从胶粉聚苯颗粒涂料饰面内保温墙体不同层的温度随时间变化图可以看出：（1）由于保温层的作用，墙体内表面温度随时间的变化程度仍然很小，与外保温形式的墙体接近，也就是说，从墙体保温效

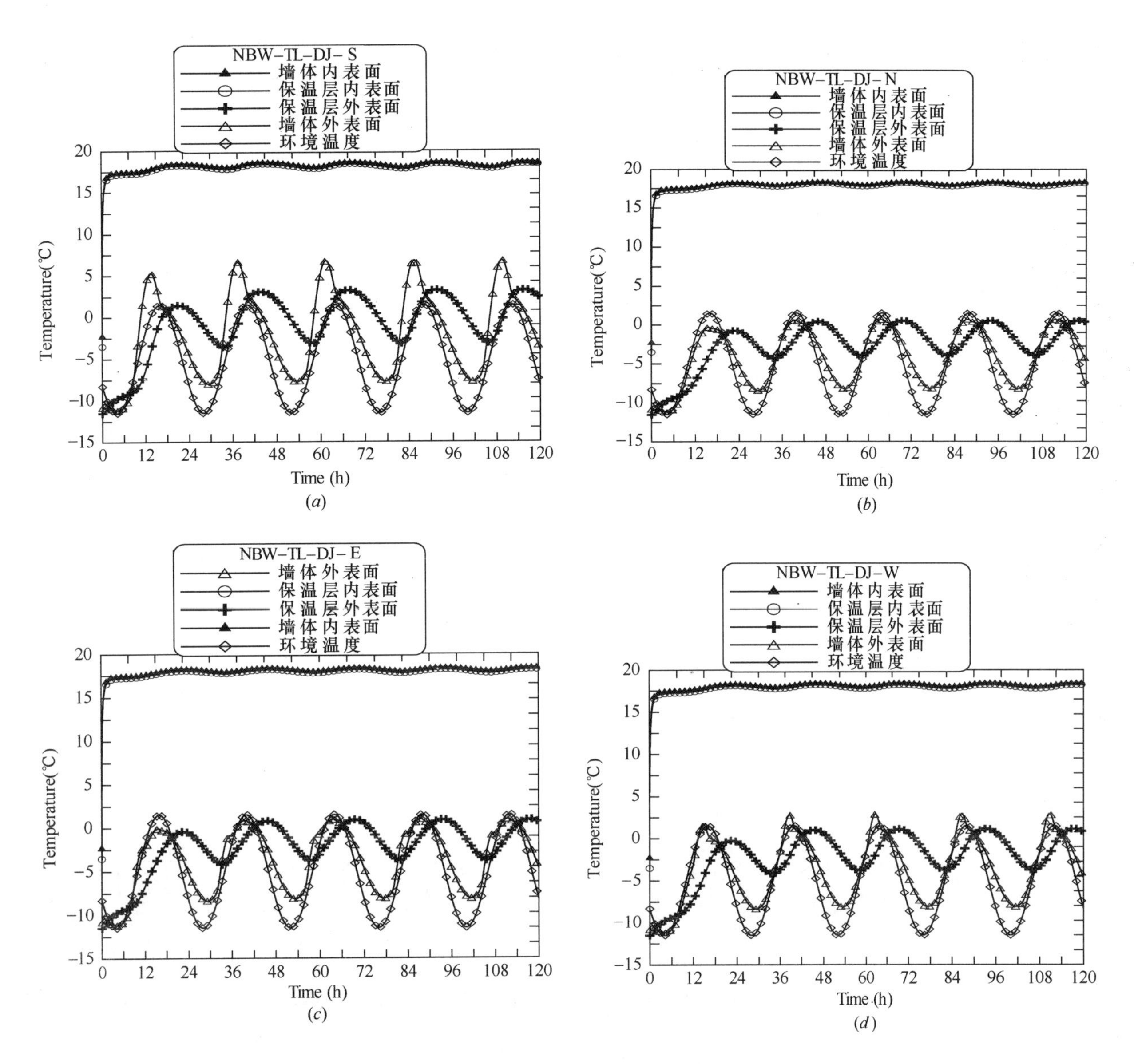

图 2-1-9 冬季不同朝向的胶粉聚苯颗粒涂料饰面内保温墙体不同层的温度随时间变化

(*a*) 南墙；(*b*) 北墙；(*c*) 东墙；(*d*) 西墙

果上看，只要保温层材料、厚度相当，内、外保温墙体的保温效果相差很小。(2) 与外保温类似，越靠近墙体外表面，墙体节点温度受大气温度的影响程度越大。但是，由于采用内保温形式，墙体结构层靠近外部，结构层内的温度变化明显大于外保温墙体结构层的温度变化。(3) 同样季节，同样朝向的墙体外表面最高温度，内保温较外保温低，例如采用胶粉聚苯颗粒涂料饰面内保温墙体外表面夏季最高温度次序为：西墙（48℃）＞南墙（42℃）＞东墙（40℃）＞北墙（39℃），而相应外保温墙体外表面温度为：西墙（57℃）＞南墙（48℃）＞东墙（47℃）＞北墙（43℃）。其原因在于外保温形式外墙体靠近外表面的是保温材料，由于其热阻较大，使得热量从外表面向墙体内部传递非常缓慢，即热量比较集中于墙体外表面。而采用内保温形式的墙体，接近外表面材料的热阻较小，热量能够比较快速地传递分散到墙体内部，避免了热量集中，从而降低了墙体外表面温度。(4) 采用外保温的墙体结构层内温度即使在冬季，在室内正常采暖条件下也能保持在水的冰点之上（16～17℃），而采用内保温形式的墙体结构层绝大部分在冬季处于0℃以下（－2.5℃左右）。况且在24h内有部分墙体将经受一个正负温度循环，结构层将材料经受冻融循环的耐久性考验。此外，采用内保温墙体外表面最低温度明显高于相应外保温墙体的外表面最低温度。在这一点上，外保温的饰面材料和砂浆防护层要能够满足比较高的温度变化范围而性能不发生明显变化，即要在温度变化幅度较大的条件下，保证原有的材性设计要求。(5) 采用内

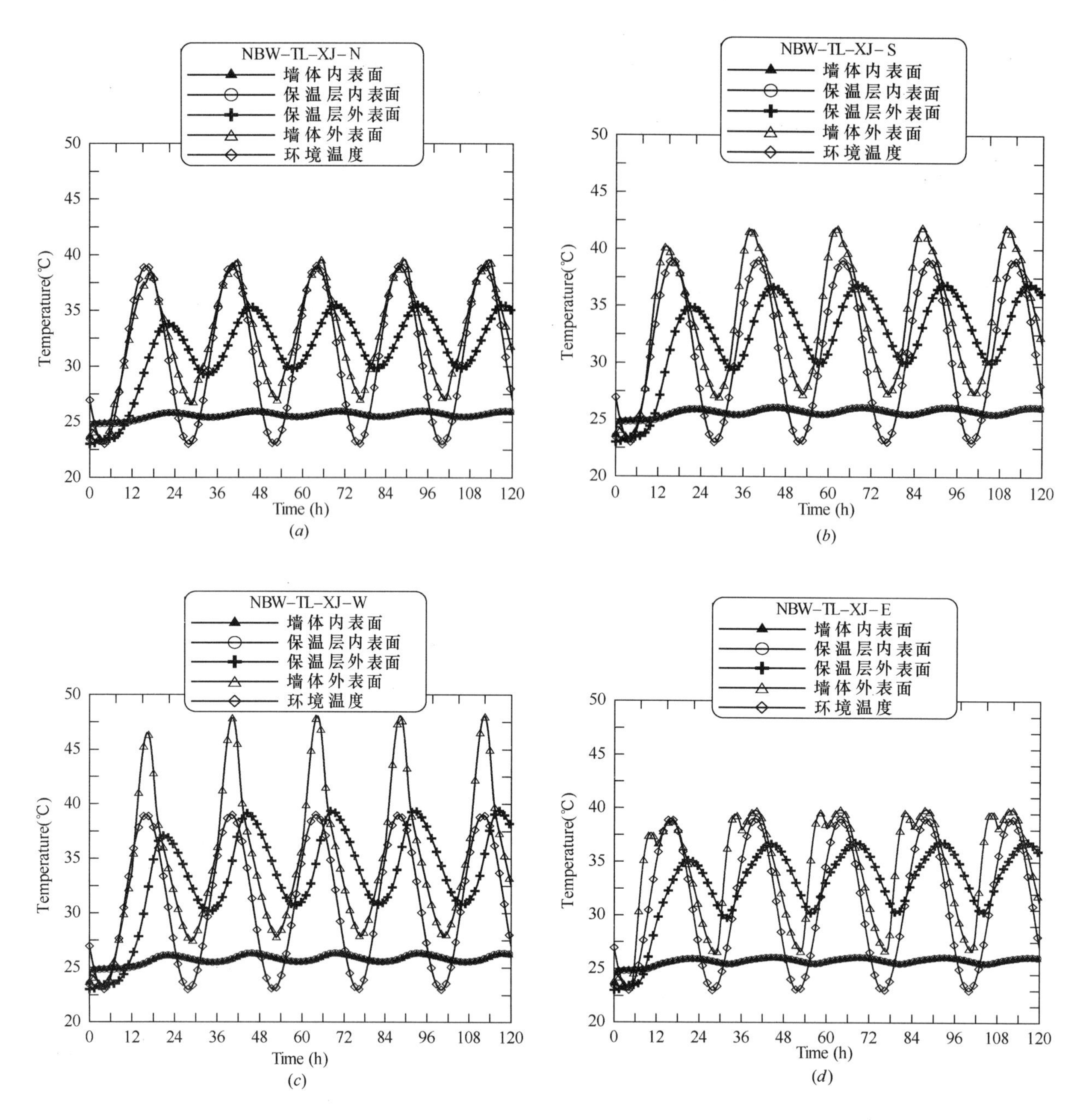

图 2-1-10 夏季不同朝向的胶粉聚苯颗粒涂料饰面内保温墙体不同层的温度随时间变化

(a) 北墙；(b) 南墙；(c) 西墙；(d) 东墙

保温的各个方位的墙体，其温度变化规律与外保温墙体类似，但温度数值不同。

墙体保温形式（内、外）对墙体温度场的影响将更明显地体现在给定时刻温度沿墙体厚度方向的分布上。图 2-1-11 所示为胶粉聚苯颗粒涂料饰面保温墙体西墙的冬季、夏季在温度稳定变化后墙体表面温度最高、最低时沿墙体厚度方向的温度分布图，其中横坐标零点为墙体内表面（室内）。保温墙体在其他季节、任意时刻的温度沿板厚分布都将落在图中两条边界线之内。

从图 2-1-11 所示结果可以看出：(1) 无论内保温形式还是外保温形式，保温层内温度变化均是最剧烈的，但相对而言，外保温保温层温度变化幅度更大，同样，夏季西墙，外保温时为 26～57℃，而内保温时为 25～35℃；冬季西墙，外保温时为(－10～17)℃，而内保温时为－2.5～17℃。(2) 基层墙体内温度变化幅度明显不同。采用外保温形式，结构层（基层）温度变化幅度很小，仅为 8℃（16～24℃），而采用内保温时，结构层（基层）温度变化幅度较大，为 55℃（－8～47℃），因此从这方面看外保温墙体将更有利于基层墙体的稳定。从后续温度应力的计算中也会发现外保温墙体相应的温度应力

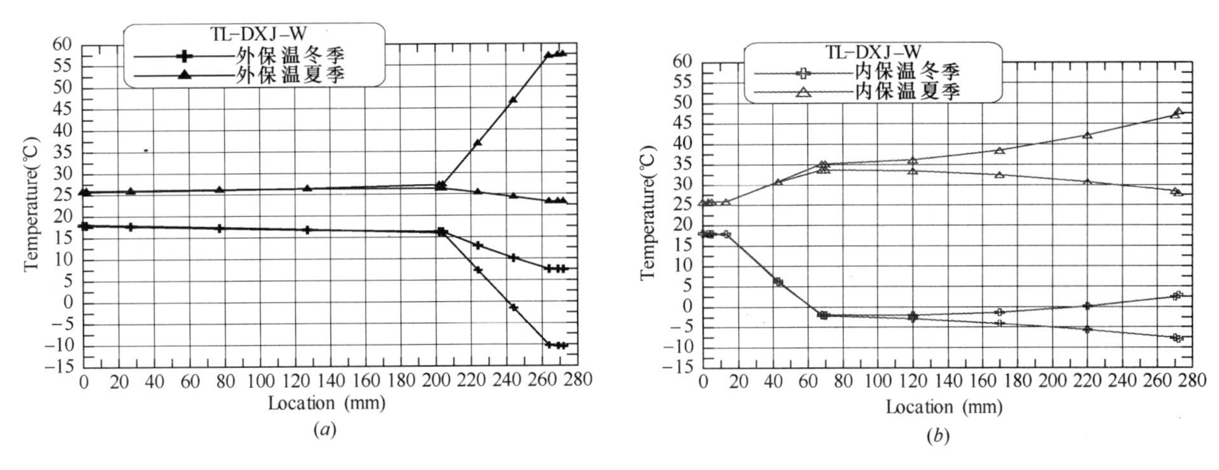

图 2-1-11　冬季、夏季西面墙体表面温度最高、最低时保温墙体沿墙厚方向温度分布

（a）外保温；（b）内保温

也会更小。(3) 外保温墙体保温及其装饰层内一年四季、白天黑夜温度变化较内保温大很多，因此对外保温墙体，其保温层、装饰层抵抗温度变形及疲劳温度应力的能力应该更强。其他方位的墙体的温度分布与西墙类似，但变化幅度低于西墙。

2. 不加保温层时墙体温度场

为比较保温层对变温动态条件下墙体温度场的影响，也对不加保温层的相应墙体温度场进行了计算，结果列于图 2-1-12 和图 2-1-13 中。

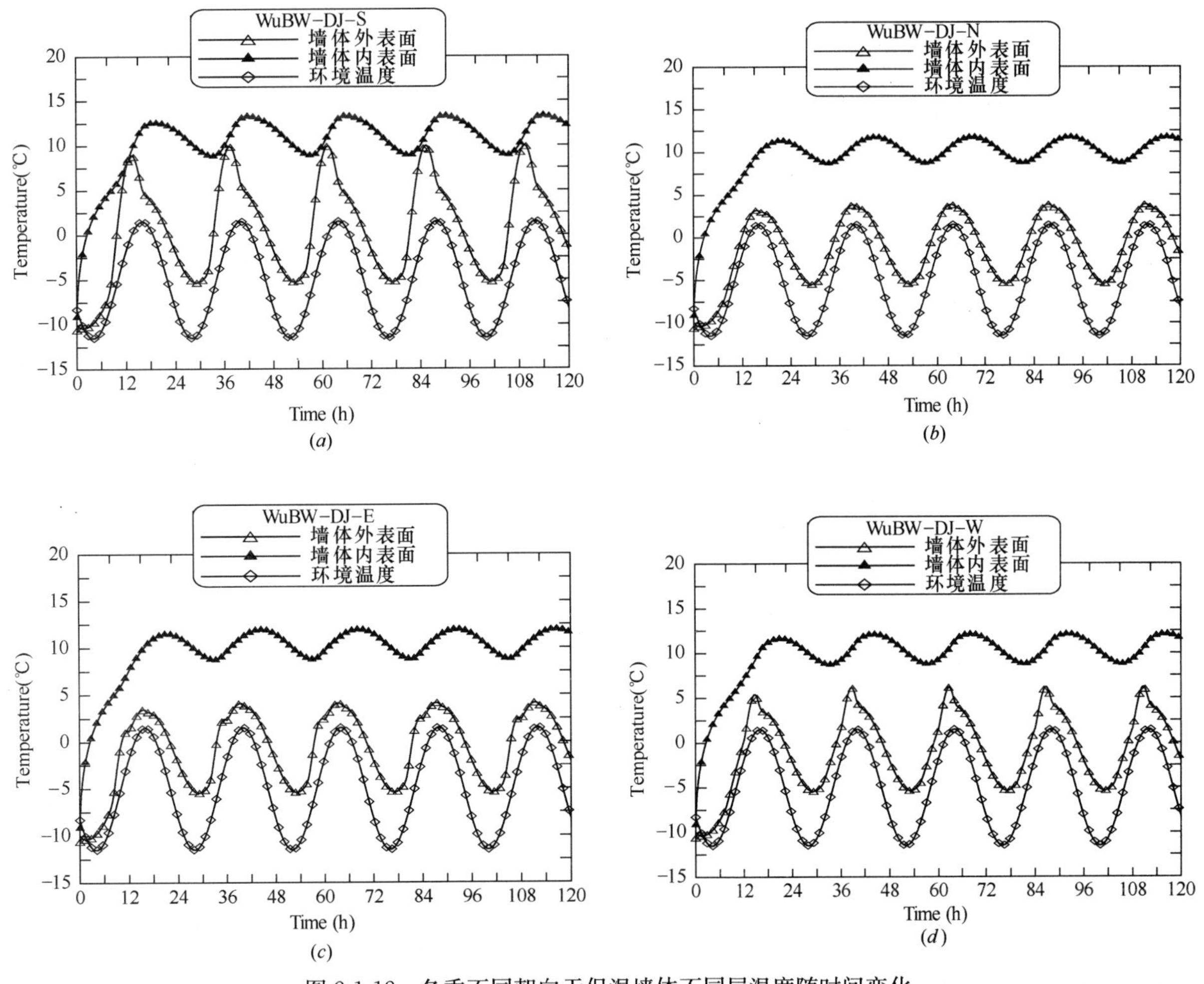

图 2-1-12　冬季不同朝向无保温墙体不同层温度随时间变化

（a）南墙；（b）北墙；（c）东墙；（d）西墙

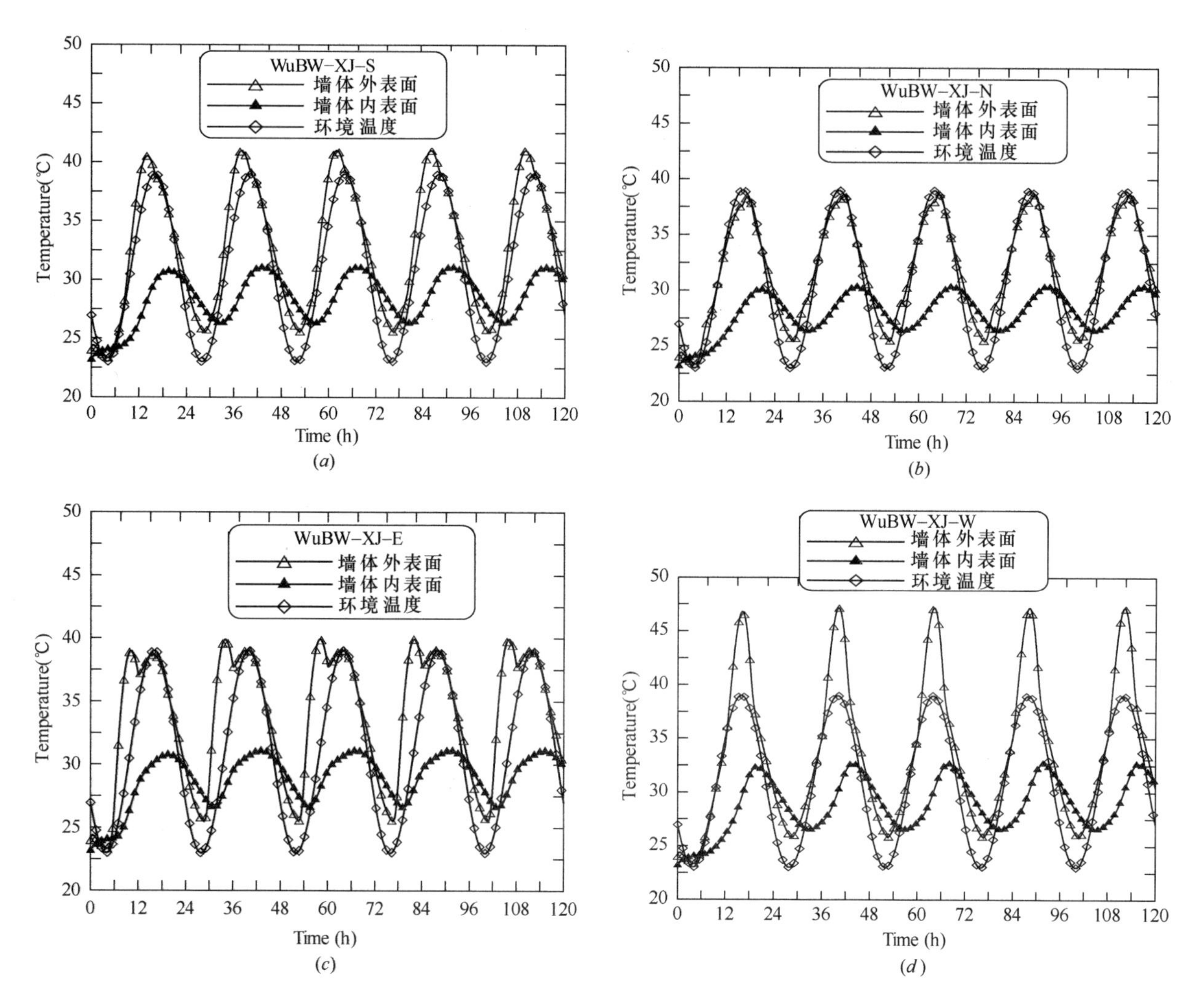

图 2-1-13 夏季不同朝向无保温墙体不同层温度随时间变化

(*a*) 南墙；(*b*) 北墙；(*c*) 东墙；(*d*) 西墙

由计算结果可以看出：(1) 与有保温层时相比，无保温层时墙体内表温度与室内恒定温度之间差距变大，温度波动变强。因此通过墙体传递的热量变大，维持室内恒定温度时需要的能量增大，能耗增加。(2) 墙体外表面夏季最高温度较有保温层时降低了近 10℃。冬季墙体外表面温度提高了近 3℃（有保温层时为−8℃，无保温层时为−5℃）。

图 2-1-14 为无保温墙体西墙在冬季、夏季温度稳定变化后墙体表面温度最高、最低时沿墙体厚度方向的温度分布图，其中横坐标零点为墙体内表面（室内）。其基层墙体内温度分布与内保温、外保温明显不同。其一为墙体内表面温度变化范围变大，无保温时为 10～30℃（室内春夏秋冬温度取恒定值），采用内、外保温时为 19～25℃，因此这类墙体必然是冬季采暖能耗高，夏季制冷能耗也高。其二为无保温时，墙体外表面夏季最高温度降低，冬季最低温度升高。墙体外表面装饰层所承受的温度变形及温度应力会有所下降。

3. 加气混凝土自保温墙体温度场

为比较不同保温结构对墙体温度场的影响，对自保温墙体（见表 2-1-3）冬夏两季的温度场进行计算，结果列于图 2-1-15 和图 2-1-16 中。

由计算结果可以看出：(1) 与施加内外保温层的外墙相比，200mm 厚加气混凝土自保温墙体内表温度与室内恒定温度之间差距大，温度波动稍强。自保温墙体的保温效果取决于加气混凝土的厚度。(2) 墙体外表面夏季最高温度和冬季墙体外表面最低温度与有保温层的墙体相比变化不大。

图 2-1-17 所示为加气混凝土自保温墙体在冬季、夏季温度稳定变化后西面墙体外表面温度最高、最

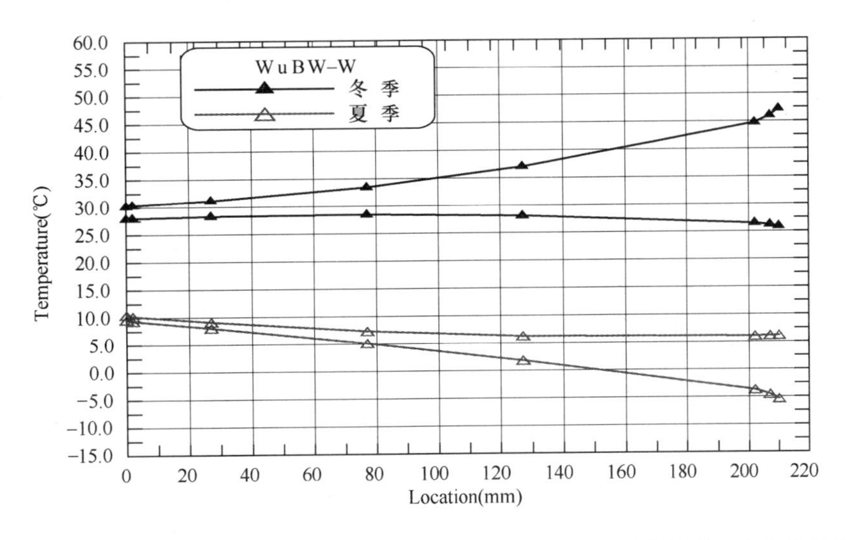

图 2-1-14　无保温层时冬夏季西面墙体表面温度最高、最低时墙体沿墙厚方向温度分布

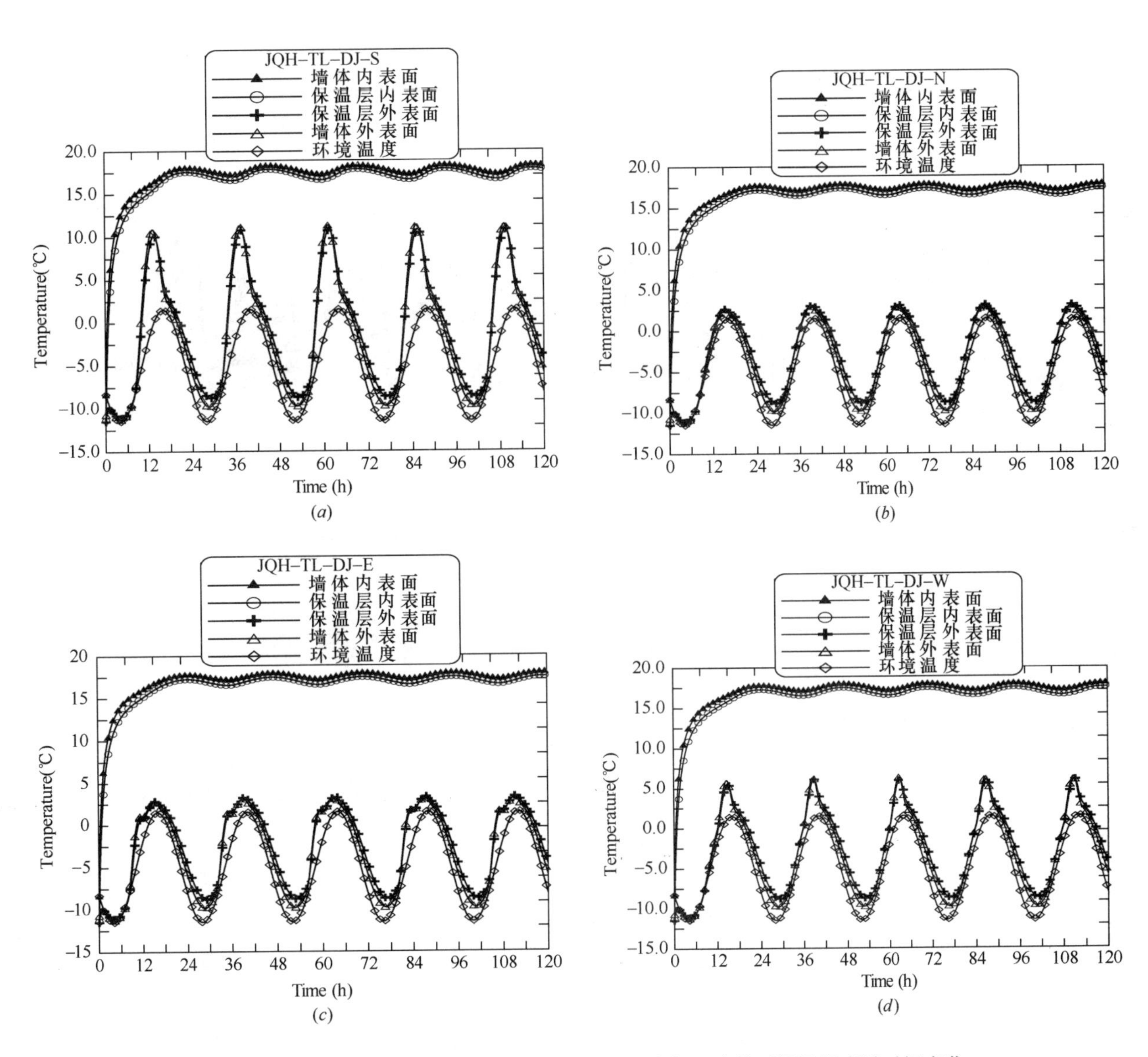

图 2-1-15　冬季不同朝向的加气混凝土涂料饰面自保温墙体不同层温度随时间变化

(*a*) 南墙；(*b*) 北墙；(*c*) 东墙；(*d*) 西墙

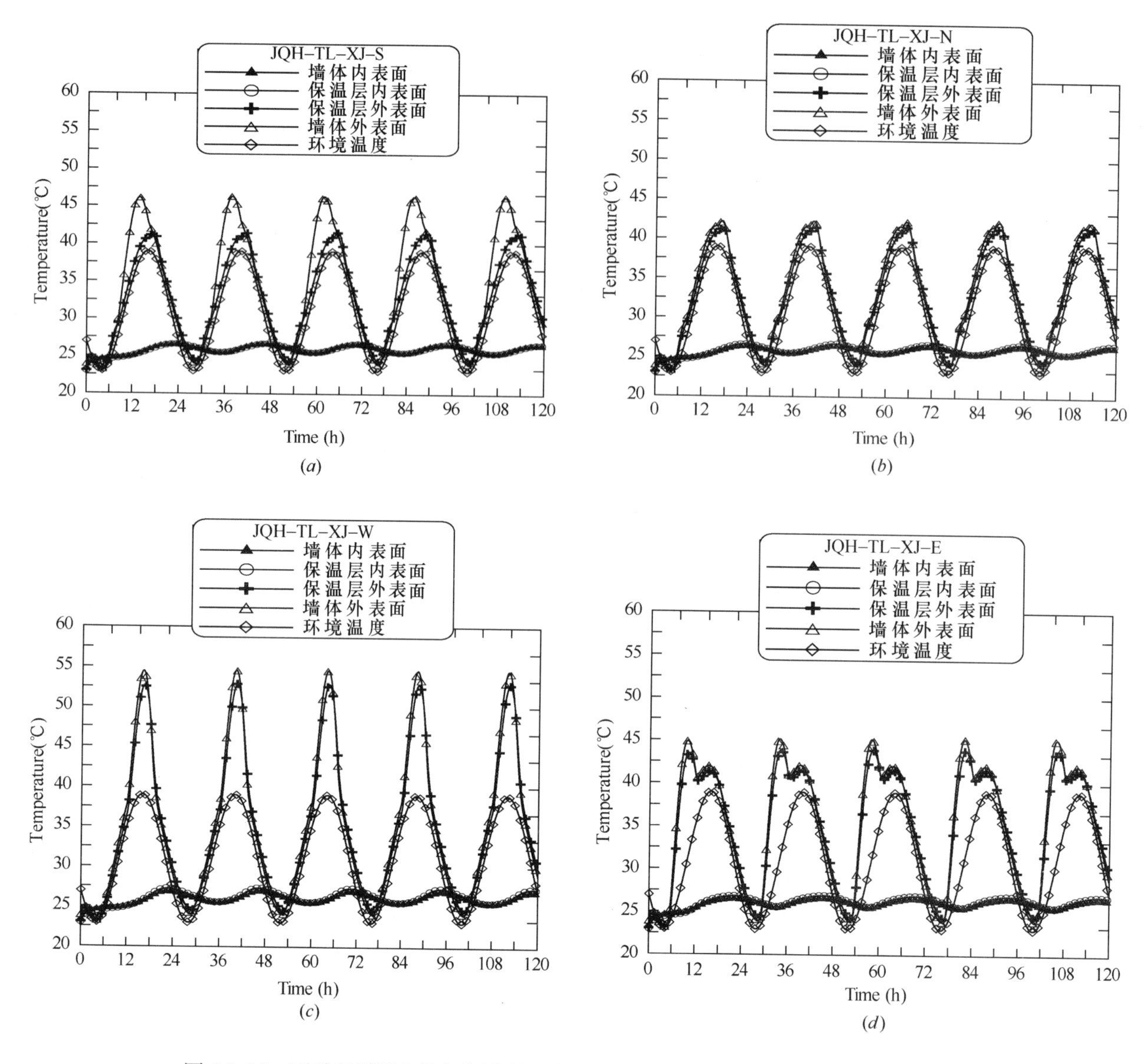

图 2-1-16　夏季不同朝向的加气混凝土涂料饰面自保温墙体不同层温度随时间变化

（a）南墙；（b）北墙；（c）东墙；（d）西墙

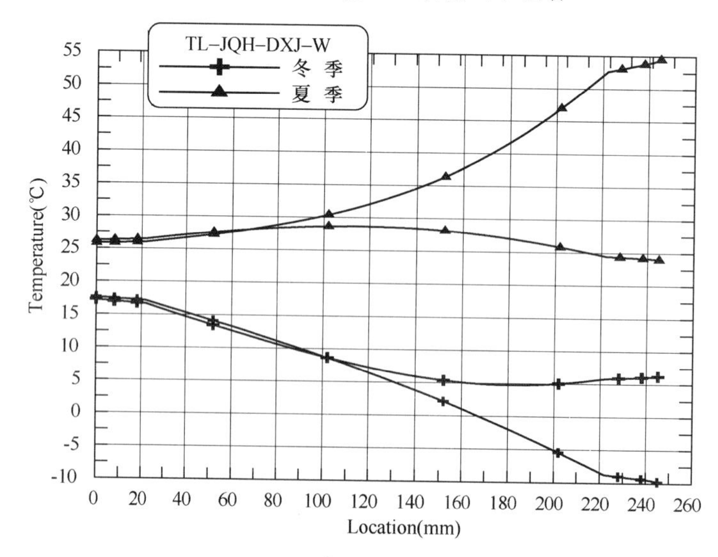

图 2-1-17　冬季、夏季西面墙体表面温度最高、最低时保温墙体沿墙厚方向温度分布

低时沿墙体厚度方向的温度分布图，其中横坐标零点为墙体内表面（室内）。可见，加气混凝土层内温度变化明显，墙体内表面温度变化范围变大，200mm厚加气混凝土墙体为18～26℃（室内春夏秋冬温度取恒定值），采用内、外保温时为19～25℃。另外，墙体外表面冬、夏季最低最高温度差较大，墙体外表面装饰层所承受的温度变形及温度应力与内外保温墙体相比变化不大。

4. 混凝土岩棉夹芯保温墙体温度场

为比较不同保温结构对墙体温度场的影响，对岩棉夹芯保温墙体（见表2-1-3）冬、夏两季的温度场进行计算，结果列于图2-1-18和图2-1-19中。

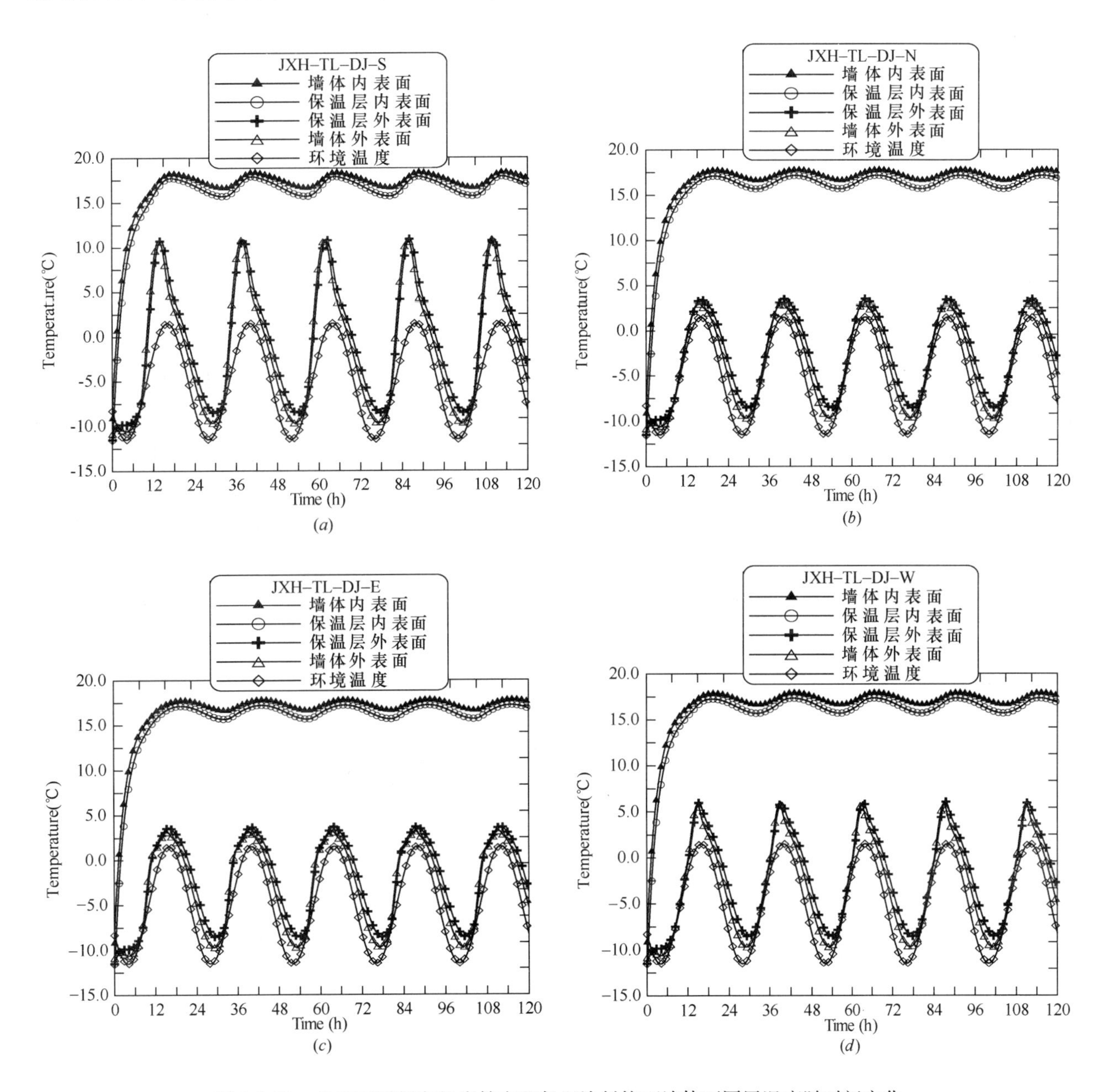

图2-1-18 冬季不同朝向的岩棉夹芯保温涂料饰面墙体不同层温度随时间变化

（a）南墙；（b）北墙；（c）东墙；（d）西墙

由上述计算结果可以看出，夹芯保温墙体只要保温层厚度得当，就可以达到预期的墙体保温效果。温度沿板厚方向分布规律与外保温墙体类似。图2-1-20为岩棉夹芯保温西面墙体在冬季、夏季温度稳定后墙体外表面温度最高、最低时沿墙体厚度方向的温度分布。外层混凝土在冬、夏两季温度变化达53℃，其温度应力及变温下的结构稳定性应引起重视。

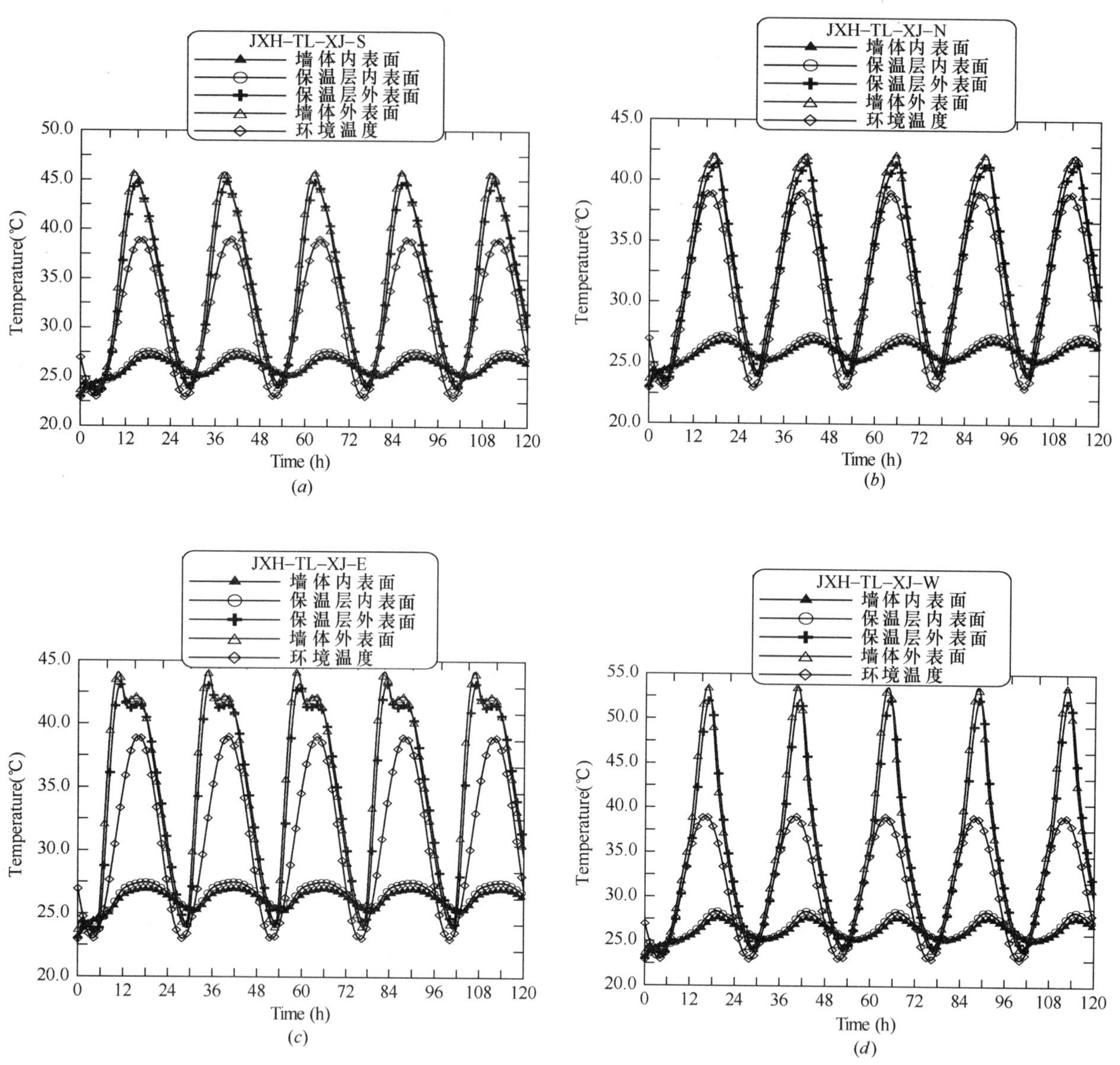

图 2-1-19　夏季不同朝向的岩棉夹芯保温涂料饰面墙体不同层温度随时间变化

(*a*) 南墙；(*b*) 北墙；(*c*) 东墙；(*d*) 西墙

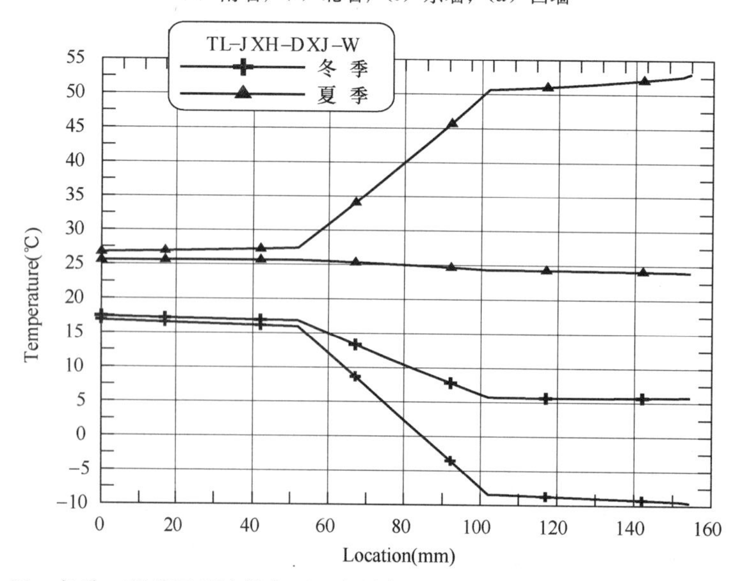

图 2-1-20　冬季、夏季西面墙体表面温度最高、最低时保温墙体沿墙厚方向温度分布

2.1.4 小结

综合对北京地区不同季节、不同朝向的各种保温形式墙体的温度场随时间及沿墙体厚度方向的变化规律计算、分析，可以得出如下结论：

(1) 建立了考虑太阳辐射作用、环境温度变化条件下建筑外墙实时温度场的数值计算模型。利用该模型，可以方便快捷地计算各时刻墙体的温度分布及其随时间的变化规律。该模型的建立为外墙保温系统各功能层温度应力的计算，打下了基础。

(2) 建筑外墙温度分布受太阳辐射影响显著，其影响程度与季节、朝向密切相关。夏季西墙表面温度峰值最高，温度波动最大；冬季南墙表面温度峰值最高，温度波动较大；所有季节北面墙体的平均温度最低，温度波动也最小；春秋两季墙体温度介于冬夏季之间。

(3) 无论内保温形式还是外保温形式，或者加气混凝土自保温形式、岩棉夹芯保温形式，保温层内温度变化均是最剧烈的，但外保温保温层温度变化幅度更大。保温层以外部分温度变化大，保温层以内部分温度变化小。

(4) 内外保温基层墙体内温度变化幅度明显不同。采用外保温形式，结构层(基层)年温度变化幅度只有8℃(16～24℃)，而采用内保温时，结构层(基层)温度变化幅度则有55℃(−8～47℃)，加气混凝土自保温墙体加气混凝土层温度变化幅度较大；岩棉夹芯保温外混凝土层温度变化幅度也较大。因此，从这方面看，外保温将更有利于基层墙体的稳定。

(5) 计算结果表明，外保温墙体结构层温度均在零度以上，而内保温墙体结构层温度有时处于零度以下。因此，外保温形式墙体的结构层工作环境温度更为理想。

(6) 外保温墙体的保护层及其装饰层一年四季白天、黑夜温度变化较其他保温形式（达到同样的节能要求）都要大，其中外保温外饰面年温度变化达到67℃（−10～57℃）。因此，外保温墙体对其保护层、装饰层抵抗温度变形及疲劳温度应力的能力有更高的要求。

2.2 保温墙体的温度应力计算

在上一节中，对带有保温结构的建筑物外墙的温度场进行了数值模拟，获得了北京地区在外界变温环境和太阳辐射作用下内保温、外保温、无保温、自保温、夹芯保温等不同形式的墙体的温度场变化规律。温度场的计算除了分析墙体温度变化、保温层保温效果、不同保温形式的差异，以及保温结构设计需要外，另外一个目的就是研究在各类保温形式下墙体内因温度变化引发的温度应力的大小及其变化规律；研究保温层及其附加功能层在使用条件下因温度变化而引发的长期耐久性问题。本节将对各种保温形式的墙体在外界变温环境下各层的温度应力进行数值模拟，分析因温度应力可能引发的墙体开裂以及饰面层的安全、耐久性问题。

2.2.1 保温墙体温度应力计算模型

2.2.1.1 单一墙板的温度应力模型

一般建筑外墙的长度、宽度比厚度大很多（通常15～20倍以上），在外部变温环境条件下，温度只在厚度方向（z）变化，因此墙体温度场（T）可以认为只是时间（t）和板厚（z）的函数，即：

$$T = f(t,z) \tag{2-2-1}$$

这样，在不考虑局部带有门窗等构件的影响的前提下，可以认为建筑外墙是沿长度和高度两个方向无限大的板体。因此，本研究将重点分析沿墙体厚度方向的温度应力分布及其大小。

设一建筑墙板的平面尺寸大于板厚的10倍（平面应力问题），高度方向为y，宽度方向为x，厚度方向为z（图2-2-1）。在给定时刻，温度只沿厚度方向变化。设材料弹性模量为E，泊松比为μ，热变形系

数为 α，初始温度（弹性模量为零时）为 T_0，则 $T_0 = f(z,t_0)$。根据广义虎克定律，有：

$$\begin{cases} \varepsilon_x = \dfrac{1}{E}(\sigma_x - \mu\sigma_y) + \alpha(T - T_0) \\ \varepsilon_y = \dfrac{1}{E}(\sigma_y - \mu\sigma_x) + \alpha(T - T_0) \end{cases} \tag{2-2-2}$$

下面根据墙板的约束情况分类计算因温度变化（$T - T_0$）引发温度应力的大小。

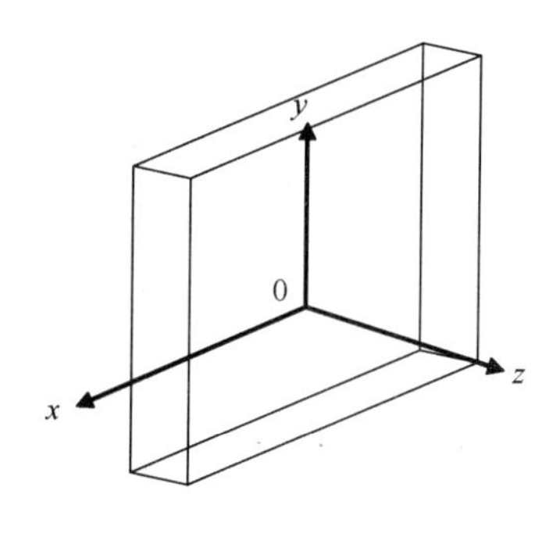

图 2-2-1 建筑外墙板温度应力计算坐标示意图

1. 嵌固板的温度应力

嵌固板指板的四周完全被约束（x，y 方向），既不能上下、左右移动，也不能转动。在完全嵌固条件下，$\varepsilon_x = 0$，$\varepsilon_y = 0$。将上述条件代入式（2-2-2），有：

$$\begin{cases} \dfrac{\sigma_x - \mu\sigma_y}{E} + \alpha(T - T_0) = 0 \\ \dfrac{\sigma_y - \mu\sigma_x}{E} + \alpha(T - T_0) = 0 \end{cases} \tag{2-2-3}$$

解此方程组，有：

$$\sigma_x = \sigma_y = -\frac{E\alpha(T - T_0)}{\mu - 1} \tag{2-2-4}$$

温度应力正负号规定如下：温度升高，（$T - T_0$）为正，σ_x 或 σ_y 为负，为压应力；温度降低，（$T - T_0$）为负，σ_x 或 σ_y 为正，为拉应力。后续温度应力的符号规定均与此相同。

2. 自由板的温度应力

自由板是完全不受外界约束，在各个方向都可以自由变形的板，自由板内的温度应力纯粹是由于板内温度分布不均匀而产生的自生应力。板内的正应力和正应变为：

$$\begin{cases} \sigma_x = \sigma_y = \sigma_3 \\ \sigma_z = 0 \\ \varepsilon_x = \varepsilon_y = \varepsilon \end{cases} \tag{2-2-5}$$

将上述条件代入式（2-2-5）有：

$$\sigma_x = \sigma_y = \sigma_3 = \frac{E[\varepsilon - \alpha(T - T_0)]}{1 - \mu} \tag{2-2-6}$$

墙板因温度变形后，应变沿板厚的分布应符合平截面假设，即 ε 可表达为：

$$\varepsilon = \alpha(A + Bz) \tag{2-2-7}$$

式中，A，B 为与坐标 z 无关的参数，把式（2-2-7）代入式（2-2-6），有：

$$\sigma_3 = \frac{E\alpha}{1 - \mu}[A + Bz - (T - T_0)] \tag{2-2-8}$$

在自由板内，任意时刻，任意截面上的轴向力和弯矩都应等于零，即：

$$\begin{gathered} \int_{-d/2}^{d/2} \sigma \cdot \mathrm{d}z = \int_{-d/2}^{d/2} \frac{E\alpha}{1 - \mu}[A + Bz - (T - T_0)]\mathrm{d}z = 0 \\ \int_{-d/2}^{d/2} \sigma \cdot z\mathrm{d}z = \int_{-d/2}^{d/2} \frac{E\alpha}{1 - \mu}[A + Bz - (T - T_0)]z\mathrm{d}z = 0 \end{gathered} \tag{2-2-9}$$

式中，d 为板厚。注意截面原点位于截面中心，由式（2-2-9）解得：

$$\begin{gathered} A = \frac{1}{d}\int_{-d/2}^{d/2}(T - T_0)\mathrm{d}z = T_a \\ B = \frac{12}{d^3}\int_{-d/2}^{d/2}(T - T_0)z\mathrm{d}z = \frac{12}{d^3}S = \frac{T_d}{d} \end{gathered} \tag{2-2-10}$$

其中，$T_d = \frac{12S}{d^2}, S = \int_{-d/2}^{d/2}(T-T_0)z\mathrm{d}z$，$T_a$ 为截面（沿 d）平均温度变化，即参数 A 为平均温度变化，T_d 为等效线性温度变化差；S 为沿断面 d 温度变化（$T-T_0$）的力矩。将式（2-2-10）代入式（2-2-8），有自由板温度应力：

$$\begin{aligned}\sigma_3 &= \frac{E\alpha}{1-\mu}A + \frac{E\alpha}{1-\mu}Bz - \frac{E\alpha(T-T_0)}{1-u}\\ &= -\left(-\frac{E\alpha}{1-\mu}A\right) - \left(-\frac{E\alpha}{1-\mu}Bz\right) + \left[-\frac{E\alpha(T-T_0)}{1-\mu}\right]\\ &= -\sigma_1 - \sigma_2 + \sigma_T \end{aligned} \tag{2-2-11}$$

其中，σ_1 为平均温度变化引发的应力；σ_2 为线性温度变化引发的应力；σ_T 为嵌固板温度应力（完全约束）。对式（2-2-11）进行简单变换，非线性温度场下嵌固板的温度应力 σ 由三个应力分量构成，即：

$$\begin{aligned}\sigma_T &= \left(-\frac{E\alpha}{1-\mu}A\right) + \left(-\frac{E\alpha}{1-\mu}Bz\right) + \left[-\frac{E\alpha[(T-T_0)-A-Bz]}{1-u}\right]\\ &= \sigma_1 + \sigma_2 + \sigma_3 \end{aligned} \tag{2-2-12}$$

式中，自由板温度应力 σ_3 可称为非线性温度变化应力。式（2-2-12）表明，完全约束墙板的温度应力可表达为平均温度变化引发的应力（σ_1），线性温度变化引发的应力（σ_2）和非线性温度变化引发的应力（σ_3）之和。如果温度分布为线性，则 $\sigma_3 = 0$。

实际墙板中温度应力的大小取决于临近结构对墙板四周的约束情况，通常可能遇到有如下四种情况：

1）墙板既能伸缩，又能转动（自由板），则：

$$\sigma = \sigma_3 = \sigma_T - \sigma_1 - \sigma_2 \tag{2-2-13}$$

2）板不能伸缩，只能转动，则：

$$\sigma = \sigma_T - \sigma_2 \tag{2-2-14}$$

3）板不能转动，只能伸缩，则：

$$\sigma = \sigma_T - \sigma_1 \tag{2-2-15}$$

4）板既不能伸缩，又不能转动，则：

$$\sigma = \sigma_T \tag{2-2-16}$$

上述自由板温度应力表达式确定了无限平板中的温度应力，对于有限平板，在靠近板的四边，应力分布与上式有所不同。但根据圣维南原理，在离板的边缘的距离超过板的厚度时，上述结果即可适用。

2.2.1.2 多层复合墙板的温度应力模型

对实施内保温或外保温的外墙板，墙体材料沿板厚方向并不是单一材料，为多种功能材料复合的建筑外墙板。其主要功能层包括内外装饰层、结构层、保温层及保温功能附加层等。下面建立时变温度场下多层复合墙板的温度应力计算模型。

假设各层间粘结完好，每层温度分布函数为 $T_i = f(z_i, t)$，$z_i = 0$ 位于每层的中间位置。根据平截面假定，设每层应变为：

$$\begin{cases}\varepsilon_1(z) = \alpha_1(A_1 + B_1 z_1)\\ \varepsilon_2(z) = \alpha_2(A_2 + B_2 z_2)\\ \varepsilon_3(z) = \alpha_3(A_3 + B_3 z_3)\\ \cdots\cdots\\ \varepsilon_n(z) = \alpha_n(A_n + B_n z_n)\end{cases} \tag{2-2-17}$$

其中，每层温度分布参数 A_i，B_i 可通过每层温度场获得，即：

$$\begin{cases} A_1 = \frac{1}{h_1}\int_{-d_1/2}^{d_1/2}[T_1(z_1) - T_{10}]dz_1 \\ B_1 = \frac{12}{d_1}\int_{-d_1/2}^{d_1/2}[T_1(z_2) - T_{10}]z_2 dz_2 \\ \cdots\cdots \\ A_n = \frac{1}{h_n}d\int_{-d_n/2}^{d_n/2}[T_n(z_n) - T_{n0}]dz_n \\ B_n = \frac{12}{h_n}\int_{-d_n/2}^{d_n/2}[T_n(z_n) - T_{n0}]z_n dz_n \end{cases} \tag{2-2-18}$$

因此，第 i 层板内温度应力分量可分别表达为：

$$\sigma_i = -\frac{E_i\alpha_i(T_i - T_{i0})}{1-\mu} \tag{2-2-19}$$

$$\sigma_i = -\frac{E_i\alpha_i}{1-\mu}A_i \tag{2-2-20}$$

$$\sigma_i = -\frac{E_i\alpha_i}{1-\mu}B_i z_i \tag{2-2-21}$$

其中，σ_{iT} 为第 i 层板完全约束的温度应力；σ_{i1} 为第 i 层板平均温度变化引发的应力；σ_{i2} 为第 i 层板线性温度变化引发的应力。

根据实际墙板所受约束情况，通常可能遇到有如下四种情况：

1）墙板既能伸缩，又能转动（自由板），则：

$$\sigma_i = \sigma_{i3} = \sigma_{iT} - \sigma_{i1} - \sigma_{i2} \tag{2-2-22}$$

2）板不能伸缩，只能转动，则：

$$\sigma_i = \sigma_{iT} - \sigma_{i2} \tag{2-2-23}$$

3）板不能转动，只能伸缩，则：

$$\sigma_i = \sigma_{iT} - \sigma_{i1} \tag{2-2-24}$$

4）板既不能伸缩，又不能转动，则：

$$\sigma_i = \sigma_{iT} \tag{2-2-25}$$

具有保温层的复合墙体，根据约束和受力情况，大体上可以划分成以混凝土或砌块基层为主体的结构层，和以保温层以及在保温层之上附着的防护构造等部分（可称为附加层）。其约束多数来自于和墙体基层之间的锚固等粘结手段，对比结构层，在力学性能上差异较大。对于以保温层为主体的附加层而言，一方面，它本身往往没有牢固的约束作用，更多的是随结构层一起发生形变；另一方面，附加层一般体积较小，材料的弹性模量等力学性能比结构层的混凝土等材料低得多，两者对比，明显可以看出一刚一柔，结构层对附加层的影响是占主导地位的，而反过来看，附加层对于结构层的作用则比较有限。建筑结构对结构层的约束比较复杂，通常可能来自楼板、相连接的梁板及相邻墙体的相互约束。这是通常条件下建筑结构内温度应力不好定量的基本原因。总之，对附加层的约束主要来自结构层，结构层与附加层的温度变形差异是在附加层内引发温度应力的主要原因之一。

下面将按上述温度应力计算模型，定量计算各种简单约束条件下各构造层内的温度应力大小。同时定性研究不同朝向、不同季节、不同时刻墙体内温度应力的分布及发展规律。为保温墙体结构设计，尤其是外保温装饰层材料设计及选择提供理论指导。

2.2.1.3　材料参数

按前文所述墙体保温的典型形式和所建模型，对温度应力进行计算。计算过程采用的相关材料热力学性能参数列于表 2-2-1、表 2-2-2 中。

材料热力学性能参数之一（胶粉聚苯颗粒单一保温） 表 2-2-1

结构形式	材料名称	厚度(mm)	密度(kg/m³)	热变形系数×10^{-6} (1/K)	弹性模量(GPa)
胶粉聚苯颗粒外墙外保温涂料饰面	内饰面层	2	1300	10	2.00
	基层墙体	200	2300	10	20.00
	界面砂浆	2	1500	8.5	2.76
	保温浆料	60	200	8.5	0.0001
	抗裂砂浆	5	1600	8.5	1.50
	涂料饰面	3	1100	8.5	2.00
胶粉聚苯颗粒外墙内保温涂料饰面	内饰面层	2	1300	10	2.00
	抗裂砂浆	5	1600	8.5	1.50
	保温浆料	60	200	8.5	0.0001
	界面砂浆	2	1500	10	0.76
	基层墙体	200	2300	10	20.00
	涂料饰面	3	1100	8.5	2.00
胶粉聚苯颗粒外墙外保温面砖饰面	内饰面层	2	1300	10	2.00
	基层墙体	200	2300	10	20.00
	界面砂浆	2	1500	8.5	2.76
	保温浆料	60	200	8.5	0.0001
	抗裂砂浆	10	1600	10	3.87
	粘结砂浆	5	1500	10	5.00
	面砖饰面	8	2600	10	20.00
胶粉聚苯颗粒外墙内保温面砖饰面	内饰面层	2	1300	10	2.00
	抗裂砂浆	5	1600	10	3.87
	保温浆料	60	200	8.5	0.0001
	界面砂浆	2	1500	8.5	2.76
	基层墙体	200	2300	10	20.00
	粘结砂浆	10	1500	10	5.00
	面砖饰面	8	2600	10	20.00

材料的热物理参数之二（加气混凝土自保温与岩棉夹芯保温墙体） 表 2-2-2

结构形式	材料名称	厚度(mm)	密度(kg/m³)	热变形系数(10−6 (1/K)	弹性模量(GPa)
加气混凝土自保温墙体涂料饰面	内饰面层	2	1300	10	2.00
	内抹面砂浆	20	1800	10	20.00
	加气混凝土	200	700	10	2.00
	外抹面砂浆	20	1800	10	20.00
	涂料饰面	3	1100	8.5	2.00
混凝土岩棉夹芯保温墙体涂料饰面	内饰面层	2	1300	10	2.00
	混凝土板	50	2300	10	20.00
	岩棉板	50	150	8.5	0.10
	混凝土板	50	2300	10	20.00
	涂料饰面	3	1100	8.5	2.00

2.2.2 保温墙体温度应力计算结果及分析

利用前面温度场计算结果，采用表 2-2-1、表 2-2-2 中所列参数作为模型输入数值，计算各类典型内外保温墙体、加气混凝土自保温墙体和混凝土岩棉板夹芯保温墙体的温度应力。计算中初始温度 T_0 取 15℃。该参数的真正物理意义为材料内温度应力为零时的温度数值，而这个数值在实际结构中是较难确定的，对现场浇筑的混凝土或砂浆，该值为混凝土或砂浆初凝（水泥浆由塑性向弹性转变的转变点）时的温度，该温度通常与施工季节、时间密切相关。由于高温季节时刻施工的混凝土结构更容易产生开裂，因此通常采用对原材料进行降温处理的方法，即降低 T_0 值。

对保温墙体，由于结构层、保温层及其附加层均在不同时刻施工完成，这给保温墙体温度应力计算中 T_0 的取值带来更大的困难。为统一比较计算结果，计算中各层材料的初始温度选取为一个相同的数值。

由于冬季、夏季温度变化最大，因此在这两个季节墙体内因温度变化引发的应力最大，所以计算中仅对冬夏两个季节中温度变化最大的墙体中的温度应力进行了计算。

2.2.2.1 胶粉聚苯颗粒涂料饰面外保温墙体

图 2-2-2～图 2-2-4 分别为胶粉聚苯颗粒外保温涂料饰面墙体（西墙）在冬季、夏季典型气候条件下外装饰表面、抗裂砂浆外表面、承重基层外表面温度应力与时间（24h 内）关系图。图中给出了处于四种典型约束状态，即：①板既不能伸缩，又不能转动（嵌固板）；②板不能伸缩，只能转动；③板不能转动，只能伸缩；④板既能伸缩又能转动（自由板）时相同温度变化条件下墙体表面温度应力的大小。

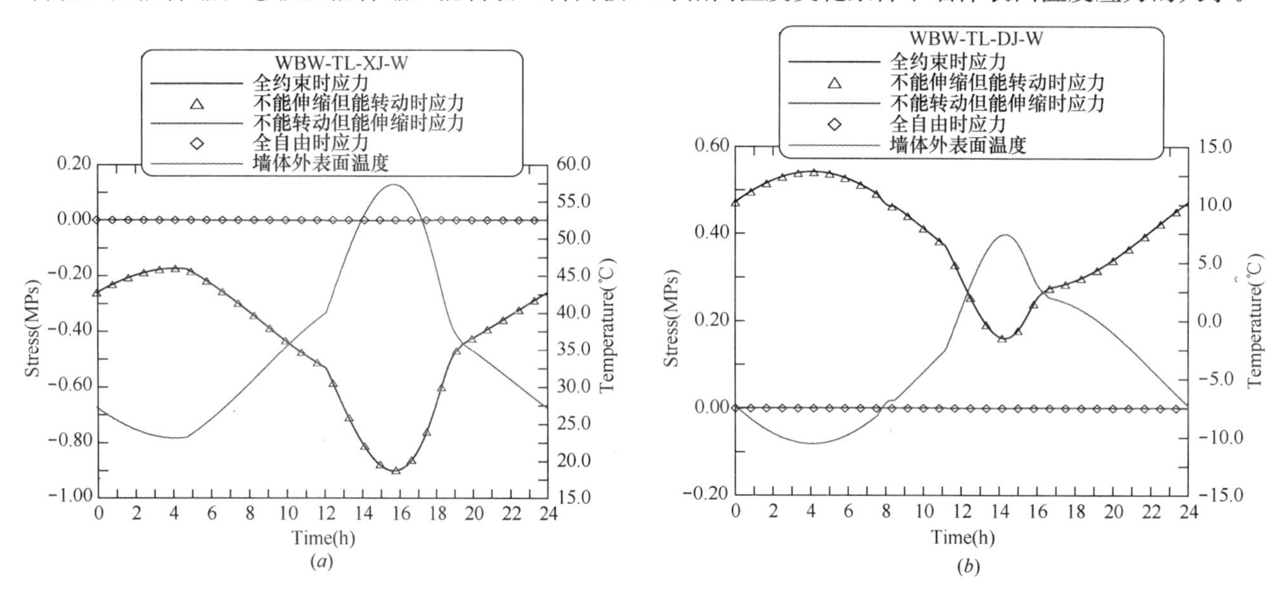

图 2-2-2 胶粉聚苯颗粒外保温涂料饰面墙体（西墙）外表面应力随时间变化

(*a*) 冬季；(*b*) 夏季

由图 2-2-2 可以看出：(1) 装饰层外表面在①、②两种约束情况时温度应力的差异很小，说明墙体外表面弯曲应力很小，装饰层内外表面温度相差很小，温度应力主要来自于横纵方向的约束。(2) 自由板温度应力接近于零，表明外装饰层内温度分布的非线性度很小（非线性度越大，自由应力越大）。(3) 温度升高，温度应力减小，温度降低，温度应力增大。温度峰值对应应力峰值。(4) 冬季墙体表面应力为拉应力，夏季为压应力，因此墙体表面冬季开裂风险大。(5) 初始温度 15℃时，冬季面层受拉，最大拉应力达 0.54MPa，夏季面层受压，最大拉应力为 0.9MPa。冬季墙体表面层应力每天变化幅度 0.54～0.16MPa，夏季墙体表面层应力每天变化幅度－0.90～－0.17MPa，因此一年内（冬夏季）表面层应力变化幅度将达 0.54～－0.90MPa。

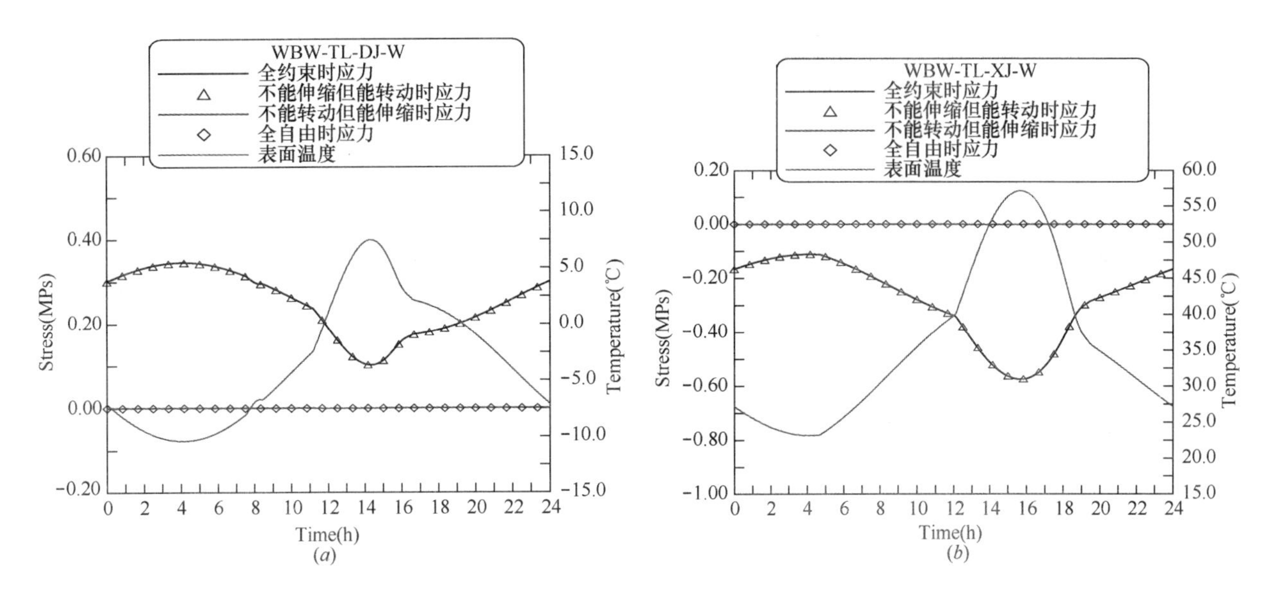

图 2-2-3　胶粉聚苯颗粒外保温涂料饰面墙体（西墙）抗裂砂浆层外表面应力随时间变化

(*a*) 冬季；(*b*) 夏季

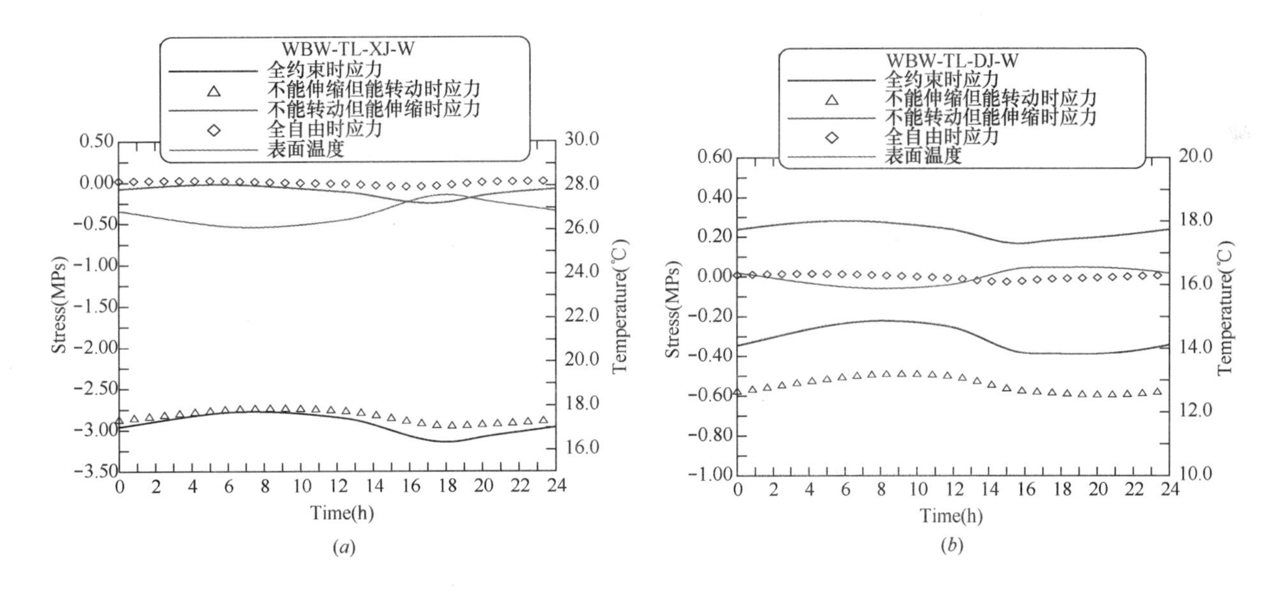

图 2-2-4　胶粉聚苯颗粒外保温涂料饰面墙体（西墙）基层表面应力随时间发展关系

(*a*) 冬季；(*b*) 夏季

实际的温度应力值将介于全约束温度应力与自由变形温度应力之间，大小取决于实际约束程度。(尽管实际约束程度不好确定，但所计算应力数值仍可作比较，其大小顺序不变)

由图 2-2-3 可以看出：(1) 与装饰层类似，①、②两种约束情况时温度应力的差异很小，说明该层内弯曲应力也比较小，即抗裂砂浆层内外表面温度差也比较小，温度应力主要来自于横纵方向的轴向约束作用。(2) 自由板温度应力同样接近于零，说明抗裂砂浆层内温度分布的非线性度很小（非线性度越大，自由应力越大）。(3) 温度升高，温度应力减小，温度降低，温度应力增大。温度峰值对应应力峰值。(4) 初始温度 15℃时，冬季抗裂砂浆层表面应力为拉应力，夏季为压应力，但拉、压应力幅值比外饰面层有所降低，24h 内最大拉、压应力分别为 0.35MPa 和－0.57MPa。(5) 初始温度 15℃时，冬季墙体表面层应力每天变化幅度 0.35～0.10MPa，夏季墙体表面层应力每天变化幅度为－0.57～－0.11MPa，因此一年内表面层应力变化幅度为 0.35～－0.57MPa。

由图 2-2-4 可以看出：(1) 尽管基层内外表面温度相差不大，但由于基层厚度较大，①、②两种约束情况下温度应力有所差异，说明墙体外表面弯曲应力与外饰面层、抗裂砂层相比有所增大。尽管如此，温度应力的主要部分仍来自于横纵方向的轴向约束（平均温度变化较大）。(2) 自由板温度应力仍接近于零，说明基层内温度分布的非线性度仍然很小。(3) 同样，温度升高，温度应力减小，温度降低，温度应力增大。温度峰值对应应力峰值，但基层内温度变化较小，所以应力变化幅度不大。(4) 初始温度 15℃时，即使在冬季，全约束时基层墙体表面应力仍为压应力，因此墙体做外保温后因温度变化而引发基层开裂的风险很小。(5)初始温度 15℃时，冬季基层表面应力每天变化幅度－0.39～－0.22MPa，夏季墙体表面层应力每天变化幅度－3.44～－2.78MPa。

上述应力分析中均没有考虑材料徐变对温度应力的松弛作用的影响，如考虑这一因素，温度应力数值会有所降低。

图 2-2-5 为冬、夏两个季节 24h 内保温墙体内典型功能层表面全约束温度应力随时间关系变化图，从图示结果可以清晰地了解各层温度应力随时间的发展情况。

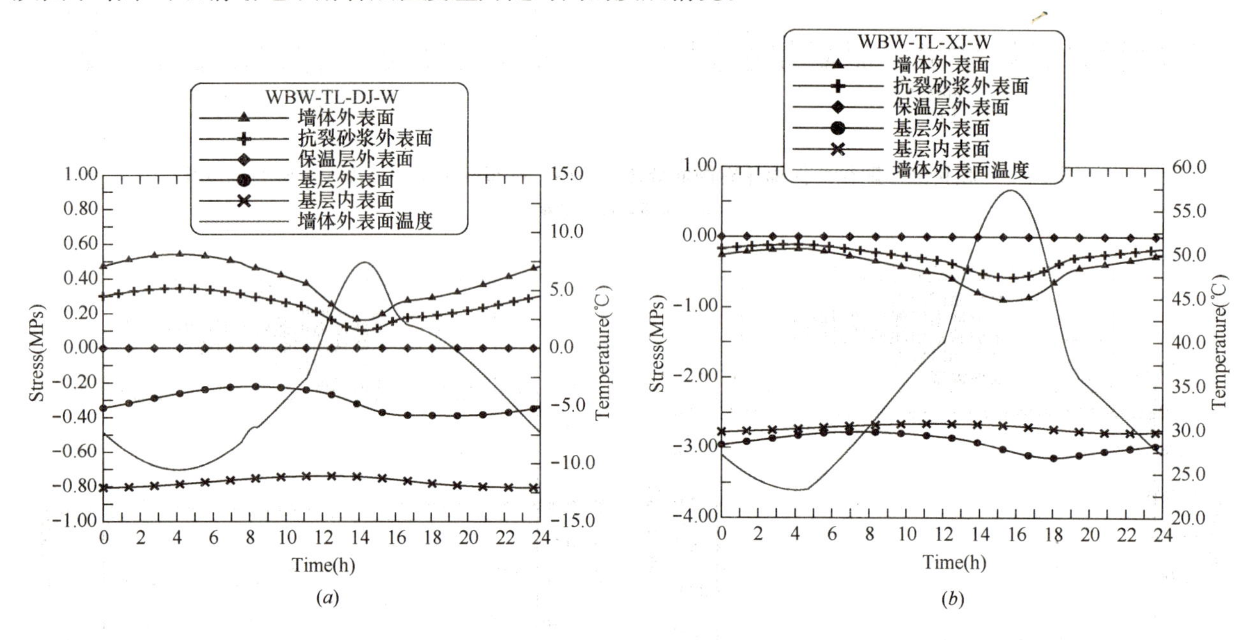

图 2-2-5 胶粉聚苯颗粒外保温涂料饰面墙体各典型层表面应力随时间关系变化图

(*a*) 冬季；(*b*) 夏季

保温墙体温度应力沿墙体厚度方向的分布将更能直观地表现各层温度应力的分布规律。图 2-2-6 为

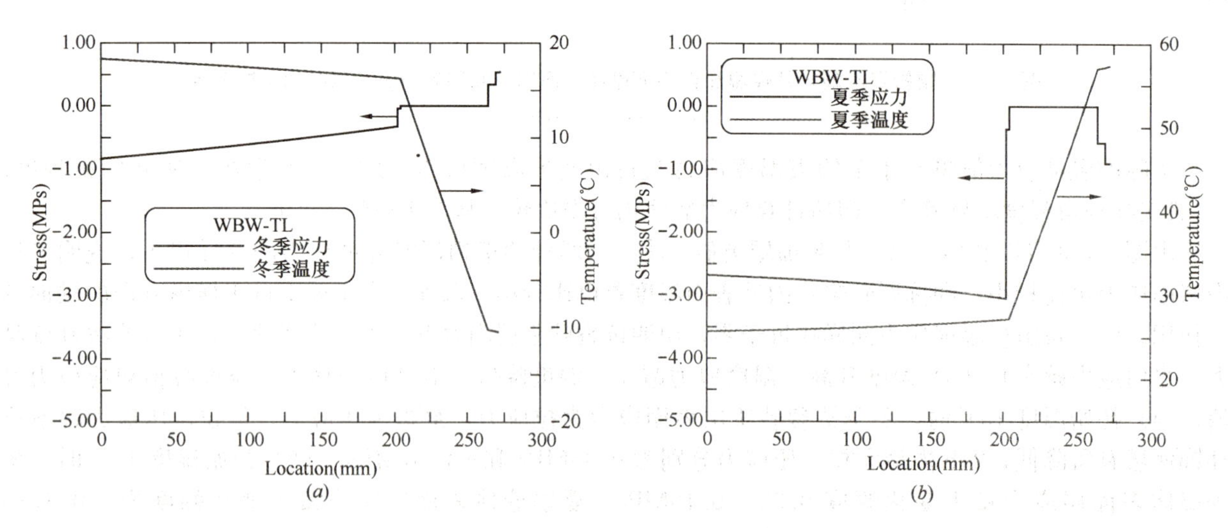

图 2-2-6 胶粉聚苯颗粒外保温涂料饰面墙体在冬、夏季外表面温度最低、最高时刻全约束温度应力沿墙体厚度方向的分布图

(*a*) 冬季；(*b*) 夏季

胶粉聚苯颗粒外保温涂料饰面墙体在冬季外表面温度最低时、夏季外表面温度最高时全约束温度应力沿墙体厚度方向的分布图。图中将该时刻温度沿板厚分布也列于其中。

由图 2-2-6 可见，全约束温度应力分布呈阶梯状。冬季由室内到室外，温度应力逐渐增大，基层墙体主要受压，抗裂砂浆层及装饰层受拉；保温层内应力几乎为零（保温材料弹性模量仅为 0.1MPa）；外装饰层最大拉应力为 0.54MPa。夏季由于墙体温度均高于初始温度 T_0，因此墙体主要部分均受压应力；由室内到室外，基层内温度应力逐渐增大，最大压应力为 3.44MPa；保温层内应力几乎为零，外装饰层最大压应力为 0.9MPa。

2.2.2.2 胶粉聚苯颗粒面砖饰面外保温墙体

图 2-2-7～图 2-2-10 所示分别为胶粉聚苯颗粒外保温面砖饰面墙体在冬季（南墙）、夏季（西墙）典型气候条件下外装饰表面、抗裂砂浆外表面、承重基层外表面温度应力与时间（24h 内）关系图。图中给出了处于四种典型约束状态，即①板既不能伸缩，又不能转动（嵌固板）；②板不能伸缩，只能转动；③板不能转动，只能伸缩；④板既能伸缩又能转动（自由板）时相同温度变化条件下墙体表面温度应力的大小。

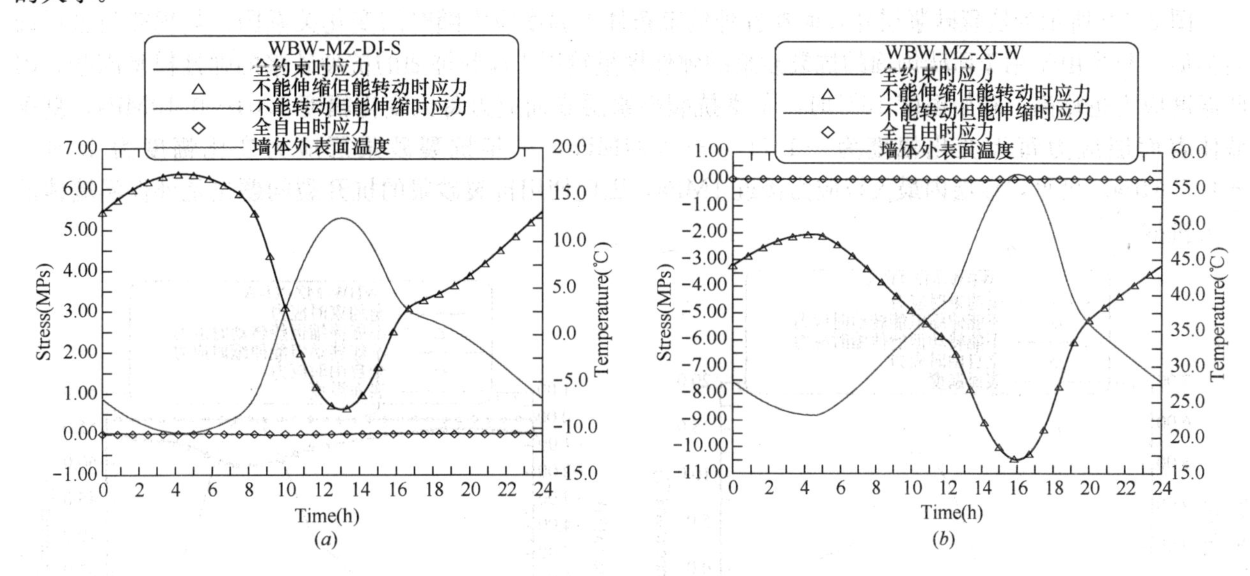

图 2-2-7 胶粉聚苯颗粒外保温面砖饰面墙体外表面应力随时间发展关系

(*a*) 冬季；(*b*) 夏季

由图 2-2-7 可以看出：(1) 与涂料饰面类似，装饰层外表面在①、②两种约束情况下温度应力的差异很小，说明墙体外表面弯曲应力很小，装饰层内外表面温度相差很小，温度应力主要来自于横纵方向的约束。(2) 自由板温度应力接近于零，表明外装饰层内温度分布的非线性度很小（非线性度越大，自由应力越大），这也可以从温度场计算结果得以证实。(3) 温度升高，温度应力减小，温度降低，温度应力增大。温度峰值对应应力峰值。(4) 冬季墙体表面应力为拉应力，夏季为压应力，因此墙体表面冬季开裂风险大。(5) 初始温度 15℃时，冬季面层受拉，最大拉应力达 6.38MPa，夏季面层受压，最大拉应力为 10.48MPa。冬季墙体表面层应力每天变化幅度 6.38～0.62MPa，夏季墙体表面层应力每天变化幅度－10.48～－0.17MPa，因此一年内（冬夏季）表面层应力变化幅度将达 6.38～－10.48MPa。

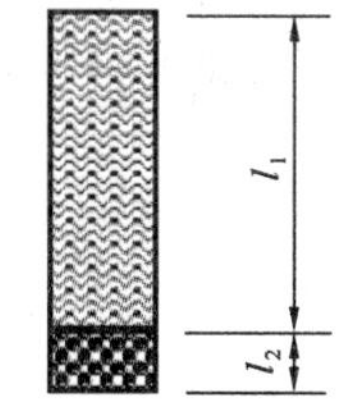

图 2-2-8 面砖与嵌缝材料代表单元示意图

面砖饰面与涂料饰面的面层温度应力的最大区别在于面砖饰面的面层温度应力较涂料饰面有大幅度上升，尽管二者面层温度变化幅度基本相同。这主要是由于面砖本身的弹性模量（$E\approx$20GPa）较涂料面层（$E\approx$2GPa）有大幅度增长，抗裂砂浆的弹性模量也有所提高（见表 2-2-1）。如果保温墙体面层装饰材料刚度过大，墙面开裂是不可避免的。例如，如果面层为普通砂浆层，则面层拉应力应该与瓷砖面层相当，达 6MPa 左右，开裂是不可避免的。

如果考虑面砖尺寸及嵌缝材料对面砖装饰层整体刚度的影响，面砖饰面的整体刚度应该比面砖本身的刚度低些。具体刚度推算如下：取面砖与嵌缝材料形成的代表单元（如图 2-2-8），设面砖弹性模量为 E_1，单块长度为 l_1，嵌缝材料弹性模量为 E_2，单块长度为 l_2。根据复合材料原理，复合后单元的弹性模量 E 可表达为：

$$E=\frac{(l_1+l_2)E_1E_2}{E_2l_1+E_1l_2} \tag{2-2-26}$$

可见，面砖饰面复合体的弹性模量是面砖、嵌缝材料的弹模及长度的函数，若 $E_1=20\text{GPa}$，$l_1=40\text{mm}$，$E_2=5\text{GPa}$，$l_2=5\text{mm}$，则有 $E=15\text{GPa}$。以 15GPa 为面砖饰面面层弹性模量，计算得到的面层温度应力与图 2-2-7 的结果趋势一致，但值有所下降。初始温度 15℃时，冬季面层最大拉应力降为 4.8MPa，夏季面层最大拉应力降为 7.875Pa。冬季墙体表面层应力每天变化幅度变为 4.8～0.45MPa，夏季墙体表面层应力每天变化幅度变为－7.875～－1.538MPa，一年内（冬夏季）表面层应力变化幅度变为（4.8～－7.875）MPa。尽管应力幅值有所降低，但面层开裂风险仍较大，面层在冬季抗拉周期性荷载作用下易发生抗拉疲劳脱落。

图 2-2-9 所示为抗裂砂浆层外表面在各种约束条件下温度应力随时间变化关系图，其规律与涂料饰面类似，只是由于用于面砖饰面的抗裂砂浆的弹性模量较用于涂料饰面的抗裂砂浆的弹性模量高些，因此温度应力也略高。初始温度 15℃时，冬季抗裂砂浆层表面应力每天变化幅度 1.04～0.10MPa，夏季墙体表面层应力每天变化幅度为－1.71～－0.34MPa，一年抗裂砂浆层应力变化幅度为 1.04～－1.71MPa。可见，该层内最大拉应力接近 1MPa，因此使用抗裂砂浆的抗开裂问题也是外保温墙体的一大挑战。

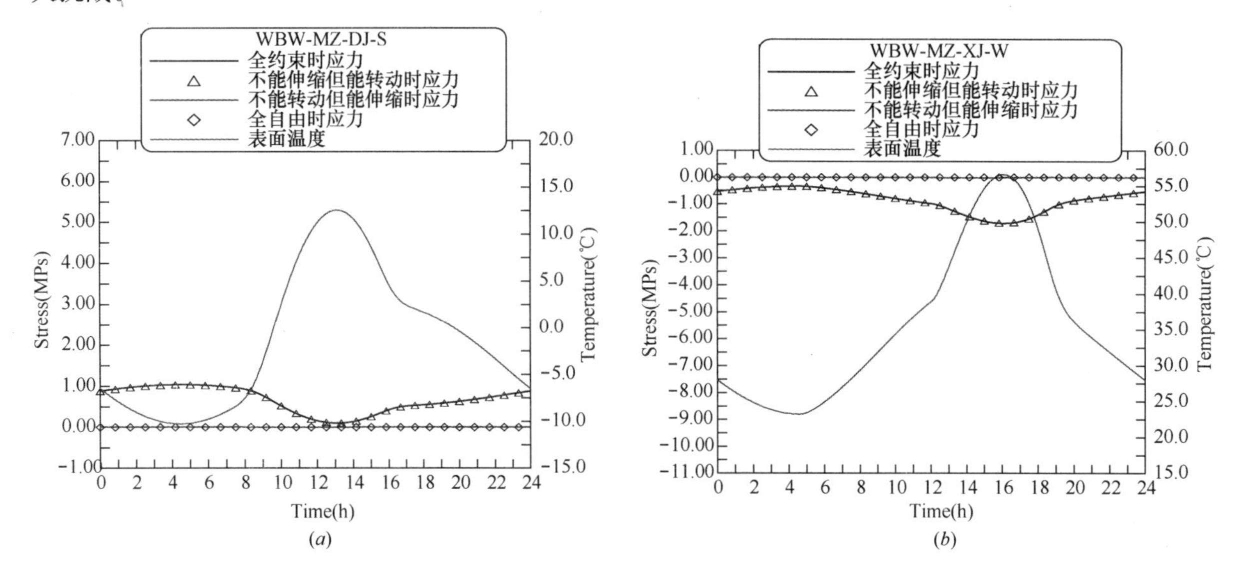

图 2-2-9 胶粉聚苯颗粒外保温面砖饰面墙体抗裂砂浆层表面应力随时间变化图

（a）冬季；（b）夏季

图 2-2-10 所示为胶粉聚苯颗粒外保温面砖饰面墙体基层外表面在各种约束条件下温度应力与时间关系图，结果与涂料饰面类似，应力相差不大。

图 2-2-11 所示为冬夏两个季节 24h 内面砖饰面保温墙体内典型功能层表面全约束温度应力与时间关系图，从图示结果可以清晰地了解各层温度应力随时间的发展情况。除了面层、抗裂砂浆层应力峰值较涂料饰面偏高外，其余与涂料饰面类似，发展规律也相同。

保温墙体温度应力沿墙厚度方向的分布将更能直观地表现各层温度应力的分布规律。图 2-2-12 所示饰面层刚度为 20GPa，胶粉聚苯颗粒外保温面砖饰面墙体在冬季外表面温度最低的时刻、夏季外表面温度最高的时刻全约束温度应力沿墙体厚度方向的分布图。图 2-2-12 中将该时刻温度沿板厚分布也列于

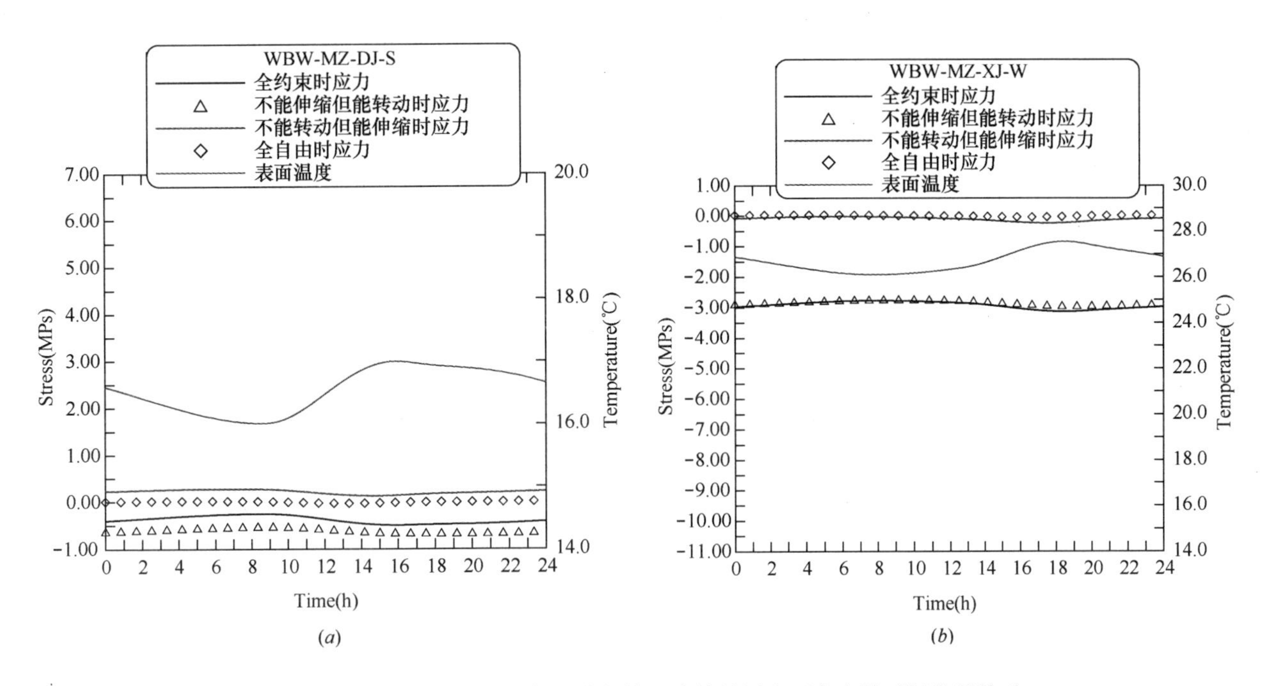

图 2-2-10　胶粉聚苯颗粒外保温涂料饰面墙体基层表面应力随时间发展关系

(a) 冬季；(b) 夏季

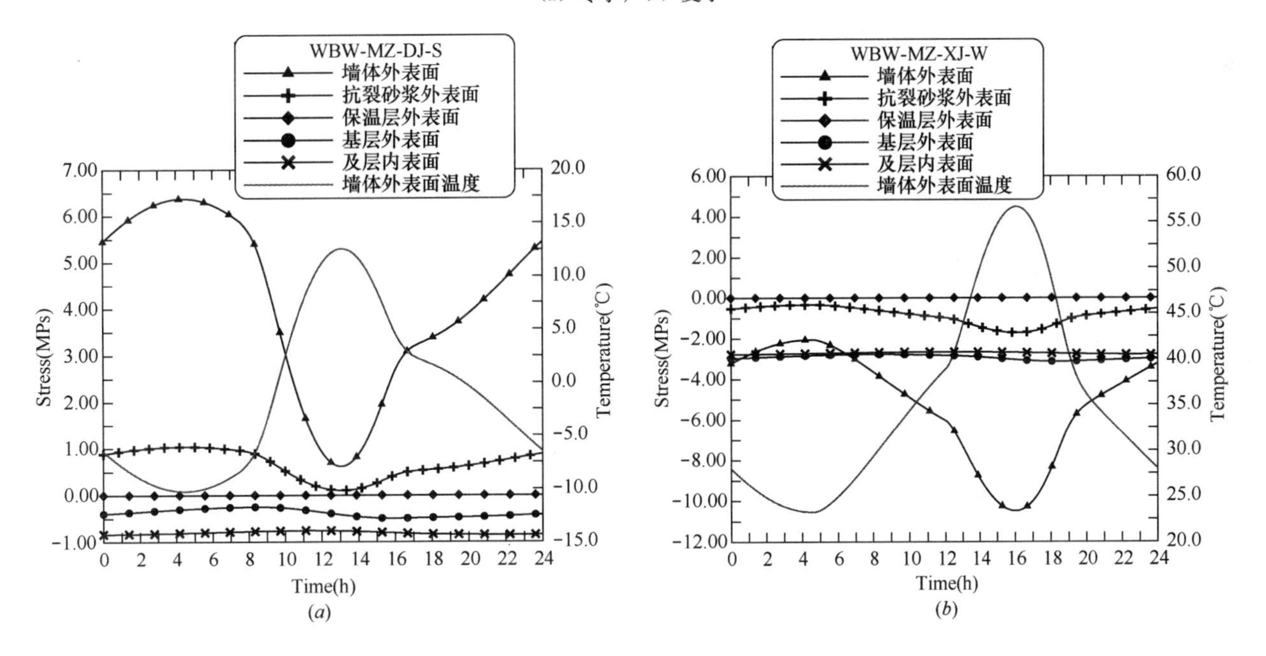

图 2-2-11　胶粉聚苯颗粒外保温面砖饰面墙体典型功能层表面应力随时间发展关系汇总

(a) 冬季；(b) 夏季

其中。

与涂料饰面类似，全约束温度应力分布呈阶梯状。无论在冬季还是在夏季，基层墙体均承受压应力，保温层内应力几乎为零（其弹性模量为 0.1MPa）。在冬季，保温层之外的抗裂砂浆层及装饰层受拉；在夏季，保温层之外的抗裂砂浆层及装饰层受压。外饰面层刚度对其应力大小有明显影响，面层弹性模量为 20GPa 时，饰面层最大拉、压应力分别为 6.38MPa 和－10.48MPa。面层弹性模量为 15GPa 时，饰面层最大拉、压应力分别为 4.8MPa 和 7.875MPa。且抗裂砂浆层内最大应力比涂料饰面内抗裂砂浆相应应力值高出许多，前者冬季最大拉应力为 1.04MPa，后者为 0.35MPa。这一差别主要是由其弹性模量（刚度）差异引起的。

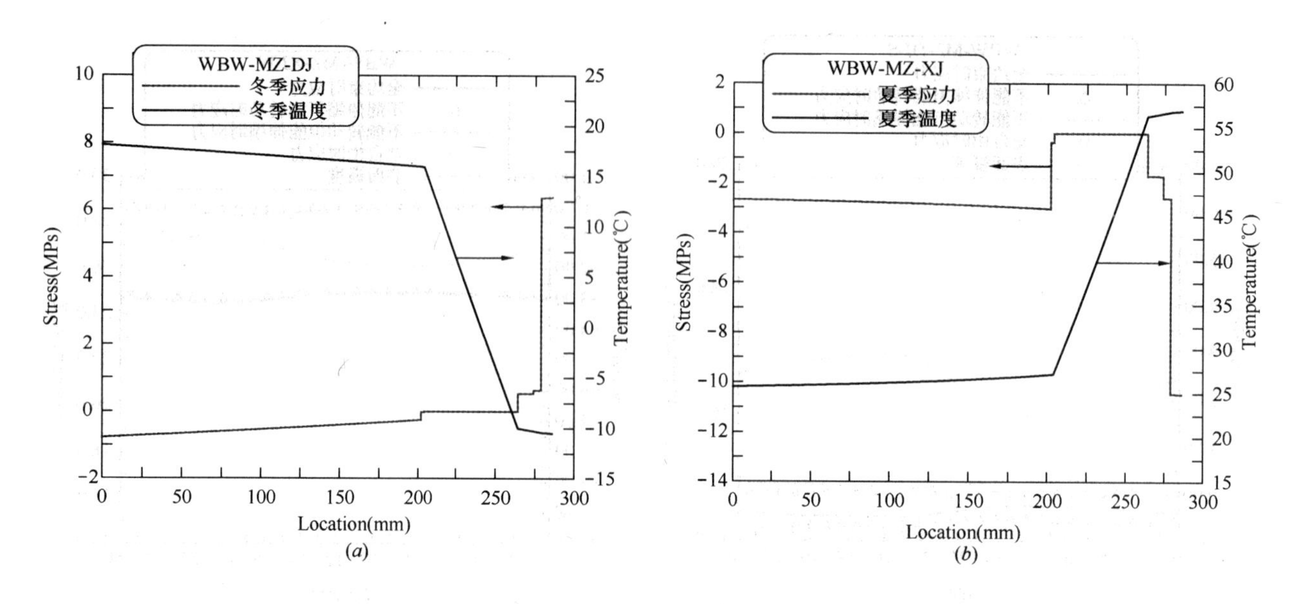

图 2-2-12　胶粉聚苯颗粒外保温面砖饰面墙体（面层刚度 20GPa）在冬、夏季外表面温度最低、最高时刻全约束温度应力沿墙体厚度方向的分布图

(*a*) 冬季；(*b*) 夏季

2.2.2.3　胶粉聚苯颗粒涂料饰面内保温墙体

为了研究保温层位置对外墙保温系统温度应力的影响，本研究也对胶粉聚苯颗粒涂料饰面内保温墙体（将保温及其附加层置于结构层之内）的温度应力场进行了计算。内保温墙体结构层尺寸及热力学参数见表 2-2-1。计算中除了保温层位置变化外，其他相关材料参数与外保温均相同。为了使结果的对比程度更明显，内保温各功能层做法对应于外保温形式的各功能层做法（见表 2-2-1）。

与相对应的外保温墙体类似，对内保温墙体，首先计算了不同约束条件下 24h 的温度应力。图 2-2-13～图 2-2-15 所示分别为胶粉聚苯颗粒外保温涂料饰面墙体（西墙）在冬季、夏季典型气候条件下外装饰表面、承重基层外表面及内装饰面温度应力与时间（24h 内）关系图。图中给出了处于四种典型约束状态，即：①板既不能伸缩，又不能转动（嵌固板）；②板不能伸缩，只能转动；③板不能转动，只能

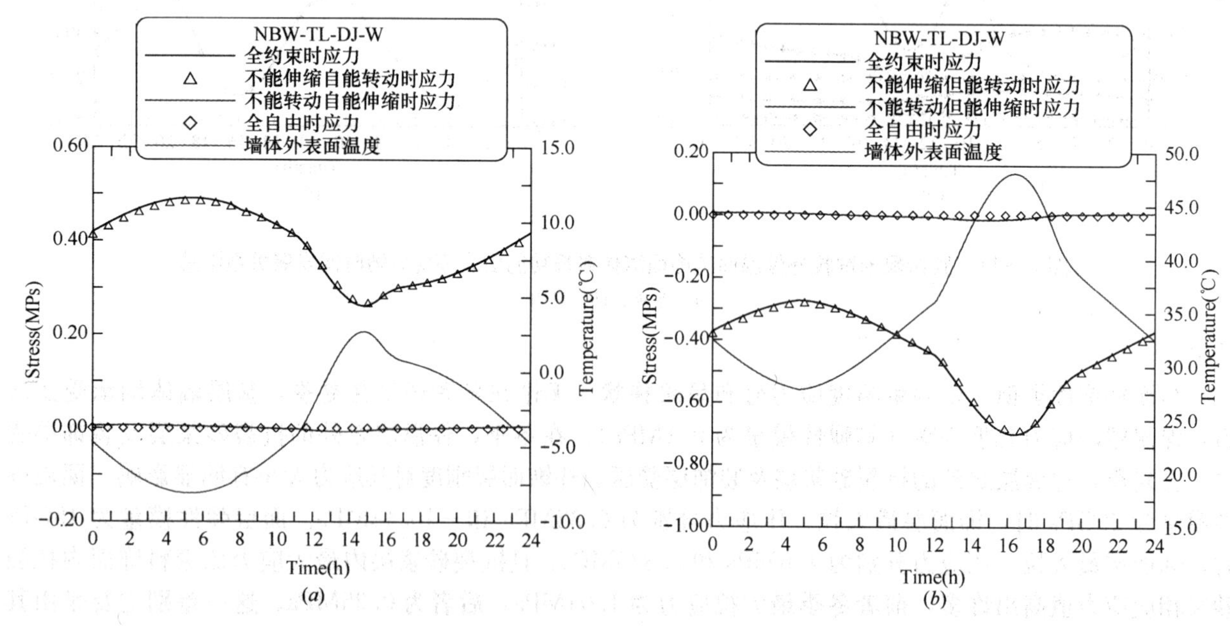

图 2-2-13　胶粉聚苯颗粒内保温涂料饰面墙体外表面应力随时间发展关系

(*a*) 冬季；(*b*) 夏季

伸缩；④板既能伸缩又能转动（自由板）时相同温度变化条件下墙体表面温度应力的大小。

由图 2-2-13 可以看出：（1）内保温墙体外饰面（涂料）表面温度应力峰值与相应外保温墙体相比略低（因为温度峰值略低），但变化不大。其随时间变化规律二者相同。装饰层外表面①、②两种约束情况时温度应力的差异很小，说明墙体外表面弯曲应力很小，装饰层内外表面温度相差很小，温度应力主要来自于横纵方向的约束。（2）自由板温度应力接近于零，表明外装饰层内温度分布的非线性度很小（非线性度越大，自由应力越大），这也可以从温度场计算结果得以证实。（3）温度升高，温度应力减小，温度降低，温度应力增大。温度峰值对应应力峰值。（4）冬季墙体表面应力为拉应力，夏季为压应力，因此墙体表面冬季开裂风险大。（5）初始温度 15℃时，冬季面层受拉，最大拉应力为 0.49MPa（相应外保温墙体为 0.54MPa），夏季面层受压，最大压应力为 0.7MPa（相应外保温墙体为 0.9MPa）。冬季墙体表面层应力每天变化幅度为 0.49～0.26MPa，夏季墙体表面层应力每天变化幅度为－0.70～－0.27MPa，因此一年内（冬夏季）表面层应力变化幅度将达为 0.49～－0.70MPa。

图 2-2-14 为墙体基层外表面在各种约束条件下温度应力与时间关系。由图示结果可以看出，各种约束条件下的温度应力峰值明显高于相应的外保温墙体。初始温度为 15℃时，在冬季基层内应力基本为拉应力，而采用外保温的墙体的基层表面应力为压应力，说明采用外保温形式对基层（结构层）的保护是非常明显的。因此，外保温墙体结构层因温度引发开裂的风险远低于相应内保温形式的墙体基层的开裂风险。内保温墙体冬季基层表面应力每天最大变化幅度为 5.68～3.21MPa，而相应的外保温墙体为－0.39～－0.22MPa；夏季墙体表面层应力每天变化幅度为－8.00～－3.34MPa，而相应的外保温墙体为－3.44～－2.78MPa。上述计算结果的分析结论在后续分析温度应力沿墙体断面分布时同样得到印证。

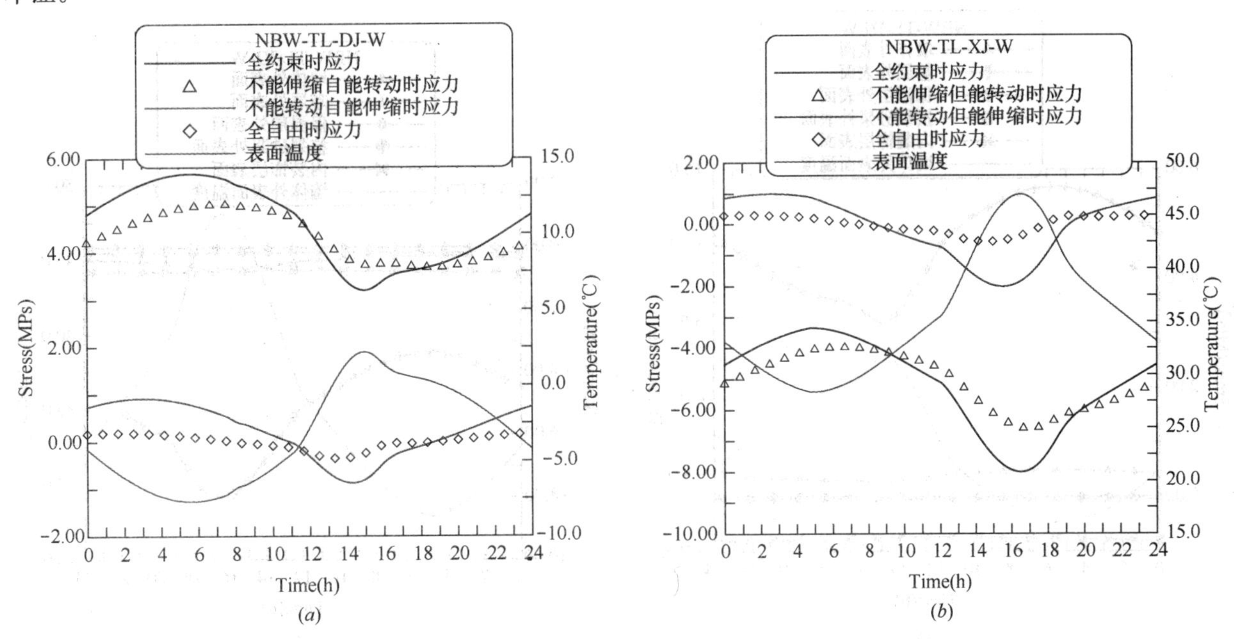

图 2-2-14　胶粉聚苯颗粒内保温涂料饰面墙体基层表面应力随时间发展关系
(*a*) 冬季；(*b*) 夏季

另外，由于基层内外表面温差较大，同时基层厚度较大，①、②两种约束情况下温度应力差异明显大于相应外保温墙体，说明墙体外表面弯曲应力大于相应外保温墙体。尽管如此，温度应力的主要部分仍来自横纵方向的轴向约束（平均温度变化较大）。自由板温度应力较外保温墙体有所增大，说明内保温墙体基层内温度分布的非线性度较外保温墙体大。同样，温度升高，温度应力减小，温度降低，温度应力增大。温度峰值对应应力峰值，但基层内温度变化较小，所以应力变化幅度不大。

图 2-2-15 为胶粉聚苯颗粒内保温涂料饰面墙体内饰面表面应力随时间变化图。可见，对内饰面而言，无论冬季还是夏季，其表面温度应力较相应外保温外饰面明显降低，因此对内饰面材料性能要求可

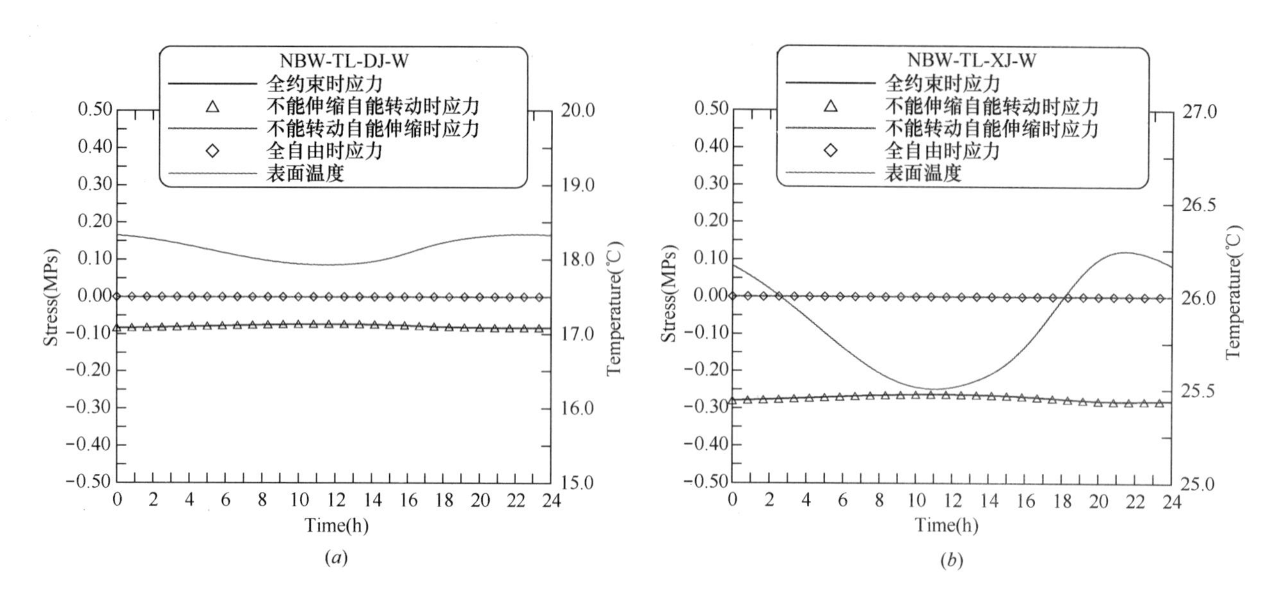

图 2-2-15　胶粉聚苯颗粒内保温涂料饰面墙体内饰面表面应力随时间变化图

(a) 冬季；(b) 夏季

低于外饰面。这些做法已在实际工程中采用，在此不再赘述。图 2-2-16 所示为冬夏两个典型季节内保温墙体中典型功能层表面全约束温度应力与时间关系汇总，从图示结果可以清晰地了解各层温度应力随时间的发展情况并相互比较。与相应外保温墙体相比，主要差别在于基层应力。

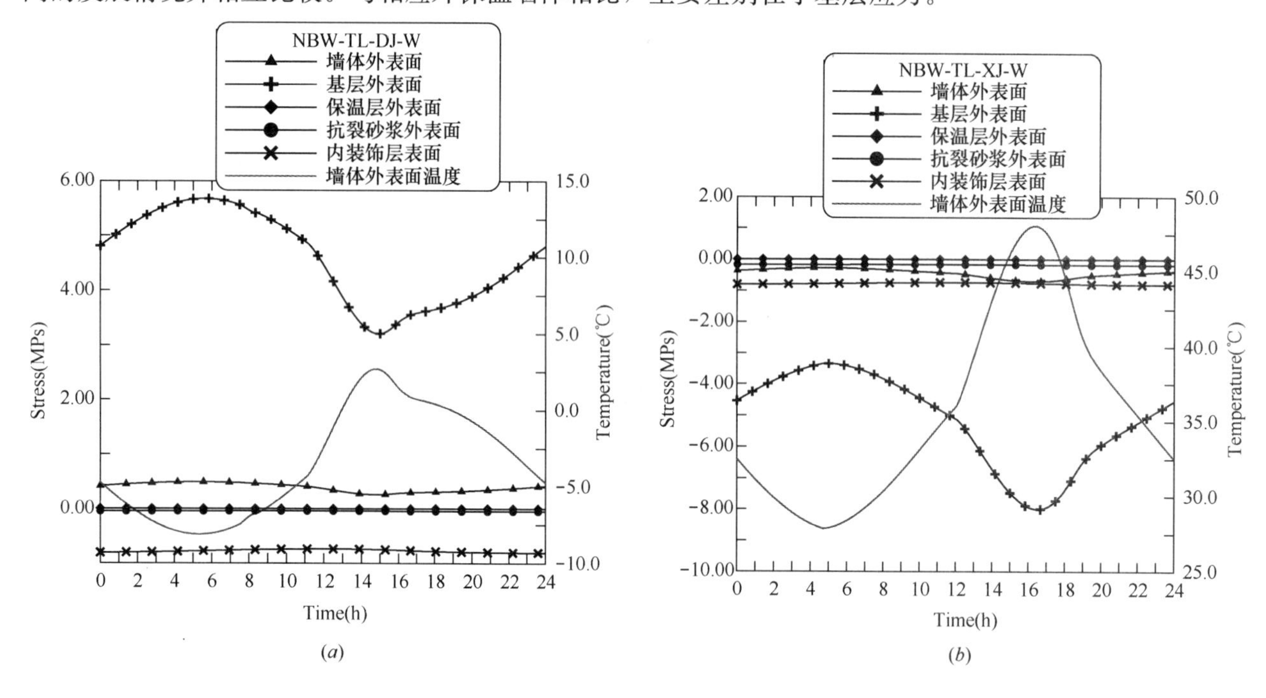

图 2-2-16　胶粉聚苯颗粒内保温涂料饰面墙体典型功能层表面应力随时间发展关系汇总

(a) 冬季；(b) 夏季

保温墙体温度应力沿墙体厚度方向的分布能更直观地表现各层温度应力的分布规律。图 2-2-17 所示为胶粉聚苯颗粒内保温涂料饰面墙体在冬季外表面温度最低、夏季外表面温度最高时全约束温度应力沿墙体断面的分布图。图中将该时刻温度沿板厚分布也列于其中。

由图 2-2-17 可见，与其他保温形式的墙体类似，胶粉聚苯颗粒内保温涂料饰面墙体全约束温度应力沿墙厚方向分布呈阶梯状。冬季由室内到室外，温度逐渐降低，应力分布基本上可以分为三段，即内饰面及保温层、基层和外饰面层。基层墙体全部承受拉应力（最大值达 5.68MPa）。内饰面及保温层承受

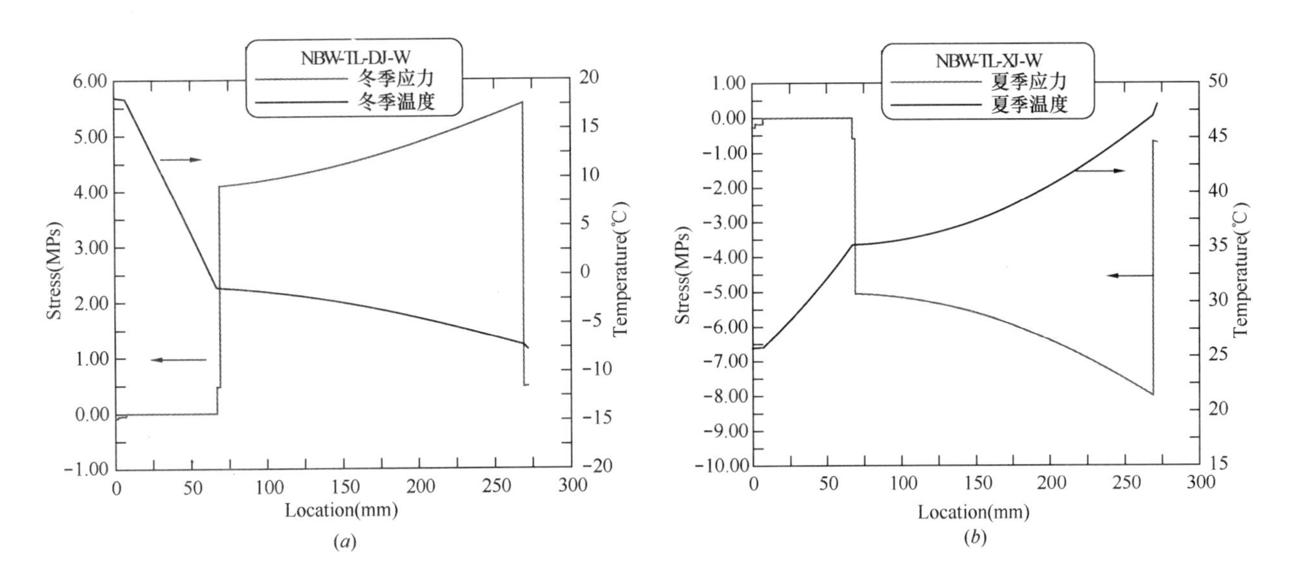

图 2-2-17 胶粉聚苯颗粒内保温涂料饰面墙体在冬、夏季外表面温度最低、最高时全约束温度应力沿墙体厚度方向的分布图

（a）冬季；（b）夏季

应力很小；外饰面层受拉应力，但应力幅值较基层低（最大值为 0.49MPa）。夏季由于墙体温度均高于初始温度 T_0，因此墙体均受压应力。由室内到室外，温度逐渐升高，应力分布基本上可以分为三段，即：内饰面及保温层、基层和外饰面层、基层墙体全部承受压应力（最大值 8.00MPa）。内饰面及保温层承受应力很小，外饰面层受压应力较基层低（最大值为 0.70MPa）。

为便于比较内外保温形式对温度应力的影响，图 2-2-18 所示将胶粉聚苯颗粒内外保温涂料饰面墙体冬、夏季外表面温度最低、最高时全约束温度应力沿墙体厚度方向变化画在一张图中，同时将温度分布也列于其中。由图可见，由于内、外保温形式不同产生的墙体温度分布上的差异，致使其温度应力分布完全不同。外保温形式可以使墙体结构层在外部变温条件下温度变化幅度降低，所受应力减小。而内保温形式加剧了结构层的温度变化（与不加保温层时比较），因而使基层内温度应力增大。外保温形式加剧了外饰面层的温度变化幅度及相应的温度应力，对外饰面及其保温、附加层材料性能提出了更高的要求，其耐高温、耐疲劳等长期耐久性能是对外保温技术发展的挑战。

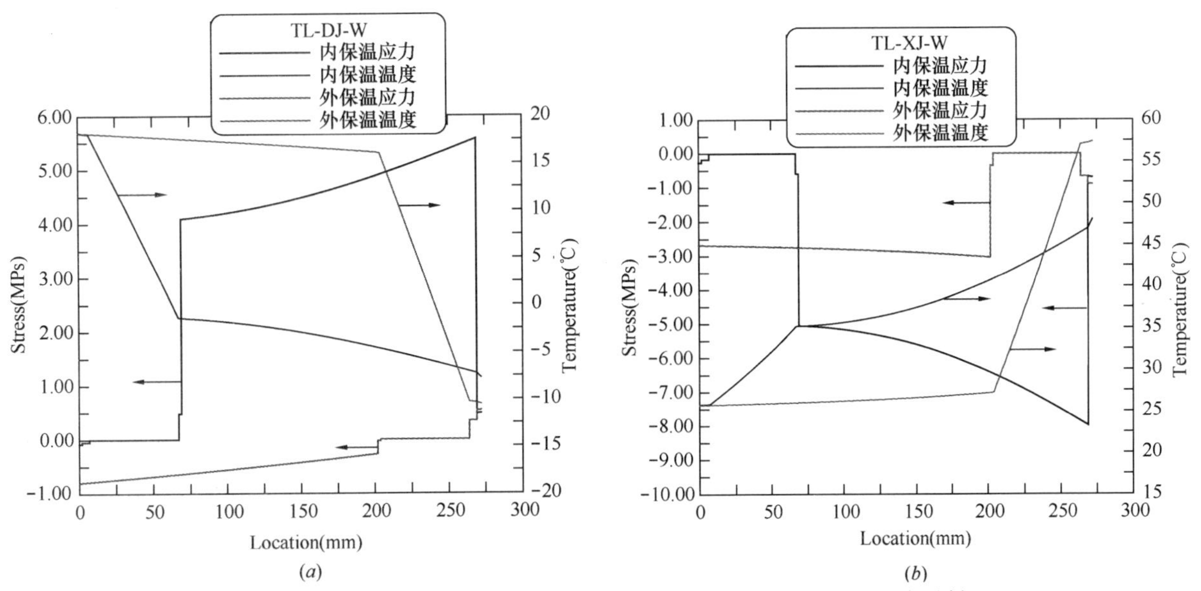

图 2-2-18 胶粉聚苯颗粒内外保温涂料饰面墙体冬、夏季外表面温度最低、最高时全约束温度应力沿墙体断面分布的比较

（a）冬季；（b）夏季

2.2.2.4 胶粉聚苯颗粒面砖饰面内保温墙体

本研究也对胶粉聚苯颗粒面砖饰面内保温墙体（将保温及其附加层置于结构层之内）的温度应力进行了计算。内保温墙体结构层尺寸及热力学参数见表 2-2-1。计算中除了保温层位置变化外，其他相关材料参数与外保温均相同。为了使结果的对比程度更明显，内保温各功能层做法对应于外保温形式的各功能层做法。

与相对应的外保温墙体类似，对内保温墙体，首先计算了不同约束条件下 24h 的温度应力。图 2-2-19～图 2-2-22 分别为胶粉聚苯颗粒内保温面砖饰面墙体（西墙）在冬季、夏季典型气候条件下外装饰表面（两种面层刚度）、粘结砂浆层、承重基层、内装饰层表面温度应力与时间（24h 内）关系图。图中给出了处于四种典型约束状态，即：①板既不能伸缩，又不能转动（嵌固板）；②板不能伸缩，只能转动；③板不能转动，只能伸缩；④板既能伸缩又能转动（自由板）时相同温度变化条件下墙体表面温度应力的大小。

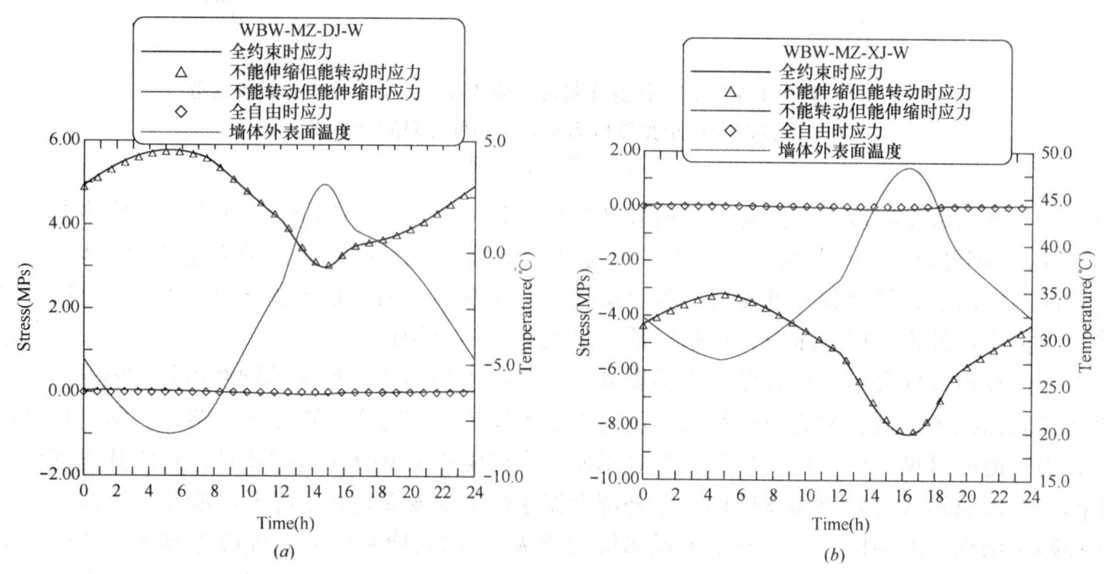

图 2-2-19 胶粉聚苯颗粒内保温面砖饰面墙体外表面（面层刚度 20GPa）应力随时间变化图

（a）冬季；（b）夏季

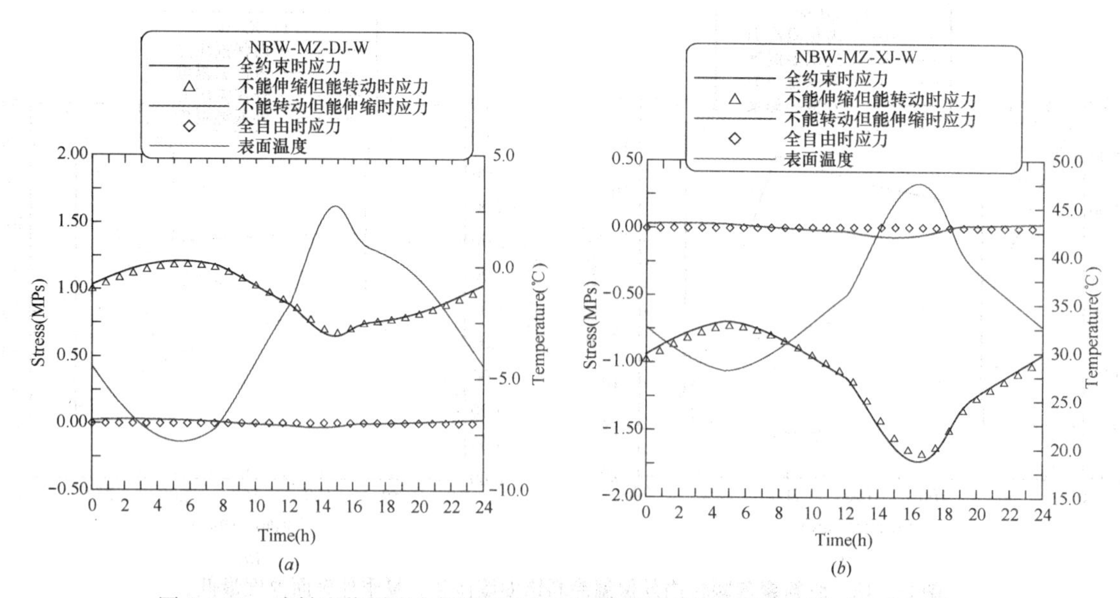

图 2-2-20 胶粉聚苯颗粒内保温面砖饰面墙体粘结砂浆表面应力随时间发展关系

（a）冬季；（b）夏季

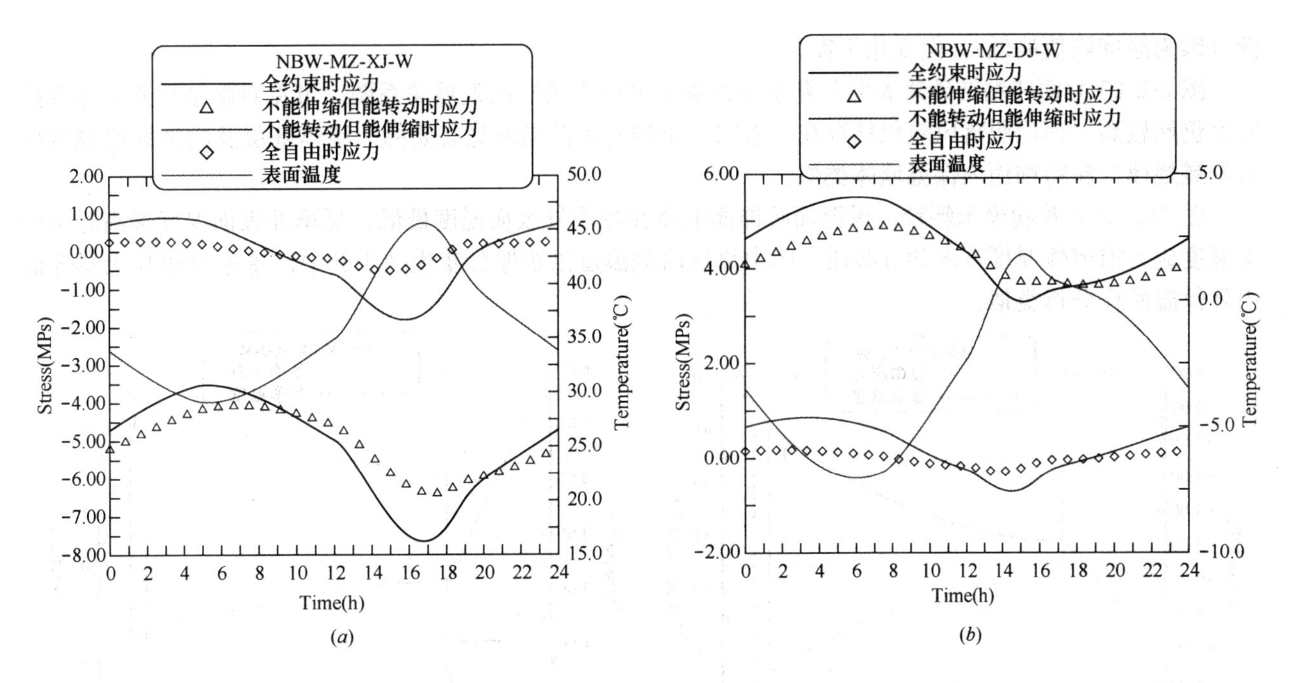

图 2-2-21 胶粉聚苯颗粒内保温面砖饰面墙体基层表面应力随时间发展关系

(a) 冬季；(b) 夏季

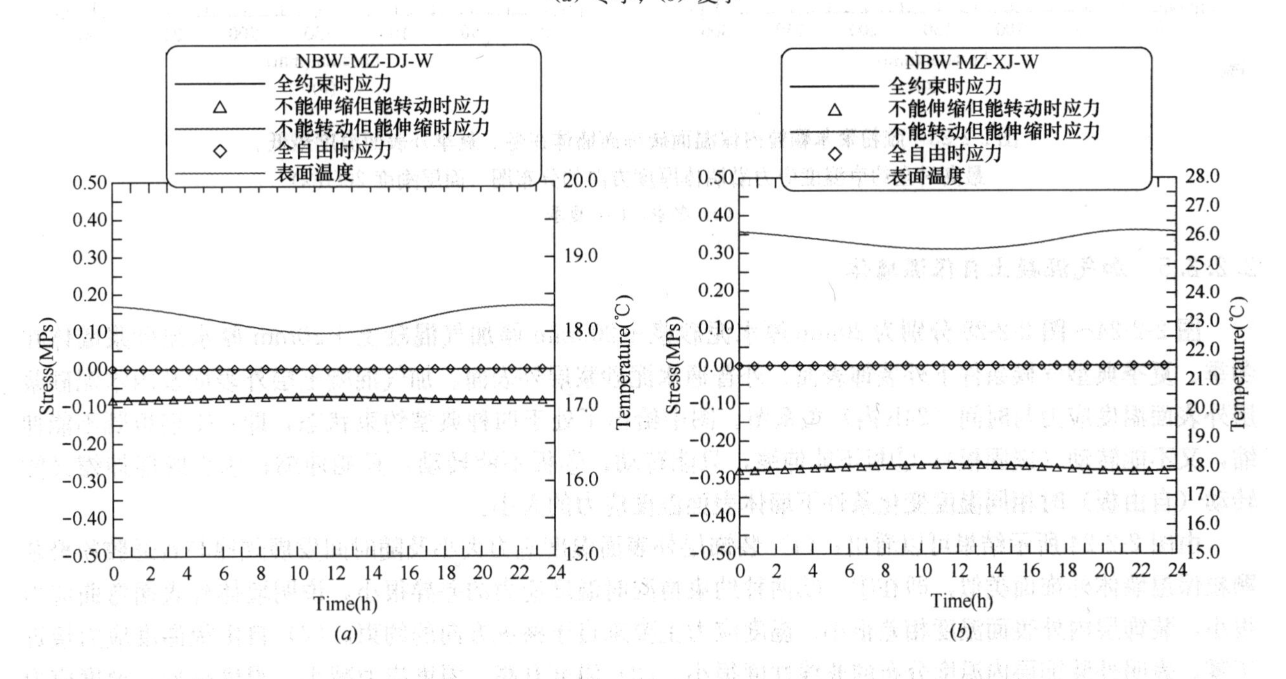

图 2-2-22 胶粉聚苯颗粒内保温面砖饰面墙体内饰面表面应力随时间发展关系

(a) 冬季；(b) 夏季

由图 2-2-19 可见，与相应外保温墙体类似，对内保温墙体，面砖饰面与涂料饰面的面层温度应力的最大区别在于面砖饰面的面层温度应力较涂料饰面有大幅度上升（冬季最大拉应力分别为 5.78MPa 和 0.49MPa），尽管二者面层温度变化幅度基本相同。这主要是由于面砖本身的弹性模量（$E\approx$20GPa）较涂料面层（$E\approx$2GPa）有大幅度增长，抗裂砂浆的弹性模量也有所提高所致（见表 2-2-1）。可见，如果保温墙体面层装饰材料刚度过大，墙面开裂是不可避免的。同样，如果考虑面砖尺寸及嵌缝材料对面砖装饰层整体刚度的影响，面砖饰面的整体刚度应该比面砖本身的刚度低些。面层弹性模量取 15GPa 时应力－时间关系图与图 2-2-19 变化趋势完全一致，只是相应数值都变成其 3/4。另外比较相应的内外保温面砖饰面墙体表面温度应力，内保温墙体外饰面（面砖）表面温度应力峰值与相应外保温墙体相比略低（因为温度峰值略低），但变化不大。

图 2-2-20 为面砖粘结砂浆表面冬夏季全约束温度应力随时间发展关系图。可见对粘结砂浆，冬季拉应力仍然较高，面层脱落风险仍然存在。采取一定的防脱落措施是必要的。墙体基层及内饰面层温度应力发展规律与涂料饰面内保温墙体类似。

图 2-2-23 为胶粉聚苯颗粒内保温面砖饰面墙体在冬季外表面温度最低、夏季外表面温度最高时全约束温度应力沿墙体厚度方向的分布图。图中将该时刻温度沿板厚分布也列于其中。基本规律与涂料饰面内外保温所作分析类似。

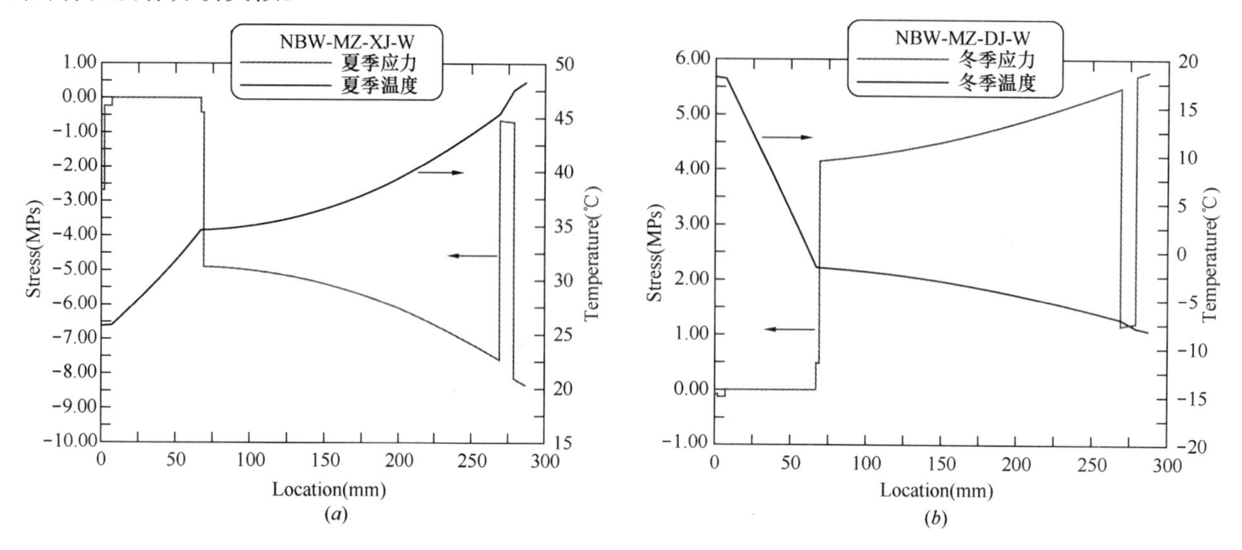

图 2-2-23 胶粉聚苯颗粒内保温面砖饰面墙体在冬、夏季外表面温度最低、最高时全约束温度应力沿墙体厚度方向的分布图（面层刚度 20GPa）

(*a*) 冬季；(*b*) 夏季

2.2.2.5 加气混凝土自保温墙体

图 2-2-24～图 2-2-28 分别为 20mm 厚水泥砂浆＋200mm 厚加气混凝土＋20mm 厚水泥砂浆墙体在冬季、夏季典型气候条件下外装饰表面、外普通水泥砂浆层外表面、加气混凝土层外表面及内水泥砂浆层外表面温度应力与时间（24h 内）关系图。图中给出了处于四种典型约束状态，即：①墙板既不能伸缩，又不能转动（嵌固板）；②板不能伸缩，只能转动；③板不能转动，只能伸缩；④板既能伸缩又能转动（自由板）时相同温度变化条件下墙体表面温度应力的大小。

由图 2-2-24 所示结果可以看出：(1) 装饰层外表面温度应力大小及随时间发展规律与普通胶粉聚苯颗粒保温墙体外饰面类似，即在①、②两种约束情况时温度应力的差异很小，说明墙体外表面弯曲应力很小，装饰层内外表面温度相差很小，温度应力主要来自于横纵方向的约束。(2) 自由板温度应力接近于零，表明外装饰层内温度分布的非线性度很小。(3) 温度升高，温度应力减小，温度降低，温度应力增大。温度峰值对应应力峰值。(4) 冬季墙体表面应力为拉应力，夏季为压应力，因此墙体表面冬季开裂风险大。

由图 2-2-25 所示结果可以看出：(1) 外普通砂浆层①、②两种约束情况时温度应力的差异很小，说明该层内弯曲应力也比较小，温度应力主要来自于横纵方向的轴向约束作用。(2) 自由板温度应力同样接近于零，说明砂浆层内温度分布的非线性度很小。(3) 温度升高，温度应力减小，温度降低，温度应力增大。温度峰值对应应力峰值。(4) 初始温度 15℃时，冬季外砂浆层表面应力为拉应力，夏季为压应力，但拉、压应力幅值比外饰面层有很大提高，24h 内全约束条件下最大拉、压应力分别为 6.14MPa 和－9.80MPa，表明该层冬季开裂、夏季空鼓风险明显增大。如果附加上砂浆收缩问题，加气混凝土外防护砂浆层采用普通水泥砂浆墙面因温度收缩应力引发开裂应该没有太大的疑问。(5) 初始温度 15℃时，冬季墙体外砂浆层外表面应力每天变化幅度达 6.14～2.21MPa，夏季每天变化幅度－9.80～

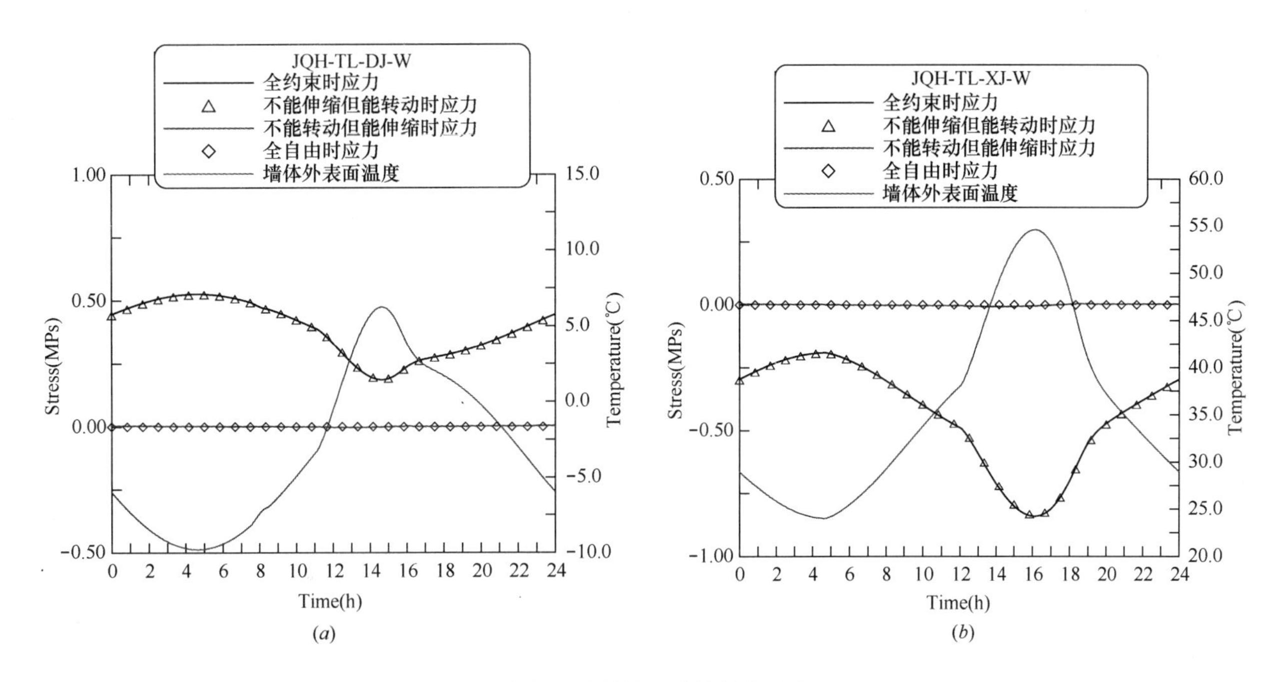

图 2-2-24　加气混凝土自保温涂料饰面墙体外饰面表面应力随时间变化图

(*a*) 冬季；(*b*) 夏季

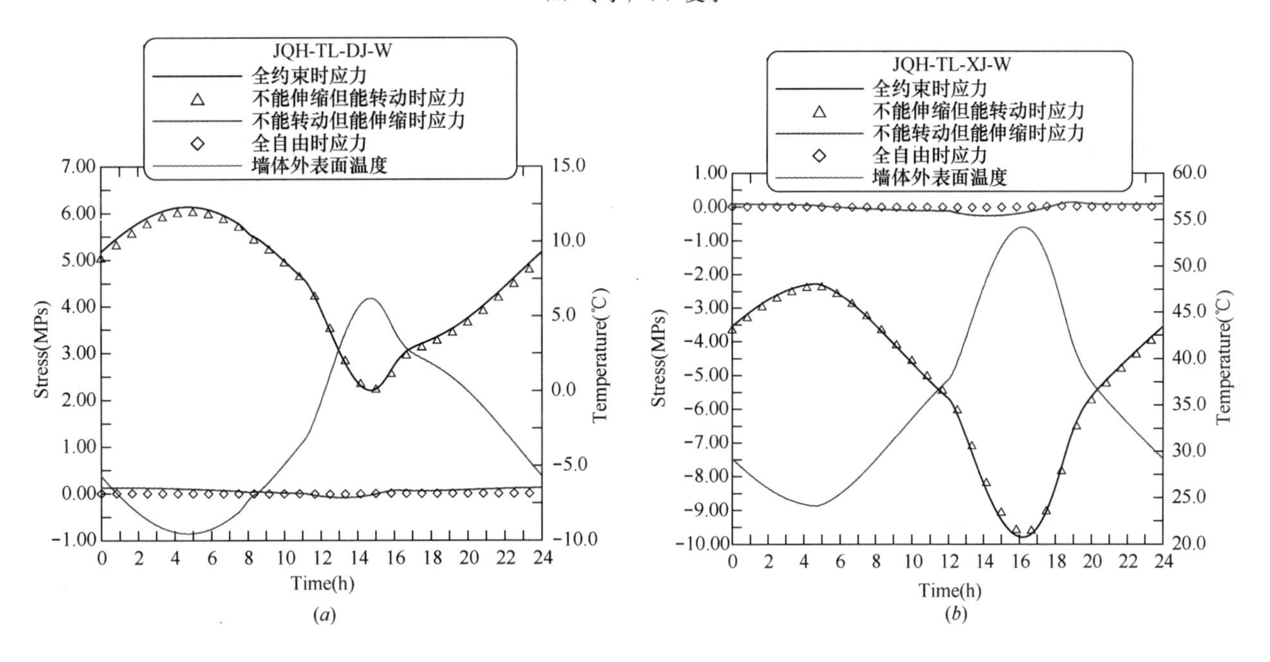

图 2-2-25　加气混凝土自保温涂料饰面墙体外砂浆层外表面应力随时间关系

(*a*) 冬季；(*b*) 夏季

－2.28MPa,因此一年内表面层应力变化幅度为 6.14～－9.80MPa。

图 2-2-26 为加气混凝土外表面冬夏两季温度应力随时间变化图。由图示结果首先可以看出：(1) 加气混凝土层外表面温度应力大小及随时间发展规律与普通胶粉聚苯颗粒保温墙体基层相比，有所不同，即在①、②两种约束情况时温度应力的差异较大，说明墙体外表面弯曲应力比较大，主要因为该层内外表面温度相差大，温度应力既来自于横纵方向的约束，也有来自内外温差引发的弯曲应力。(2) 自由板温度应力不等于零，表明加气混凝土层内温度分布有一定非线性。(3) 温度升高，温度应力减小，温度降低，温度应力增大。温度峰值对应应力峰值。初始温度 15℃时，冬季墙体表面应力为拉应力，夏季为压应力。

图 2-2-27 为内砂浆层外表面冬夏两季温度应力随时间变化图。与外砂浆层外表面温度应力相比，由

于加气混凝土隔热作用，内砂浆层温度应力大幅度降低。初始温度 15℃时，冬夏季砂浆层内应力均为压应力，且数值不大（温度变化幅度小）。对内饰面防护功能影响不大。

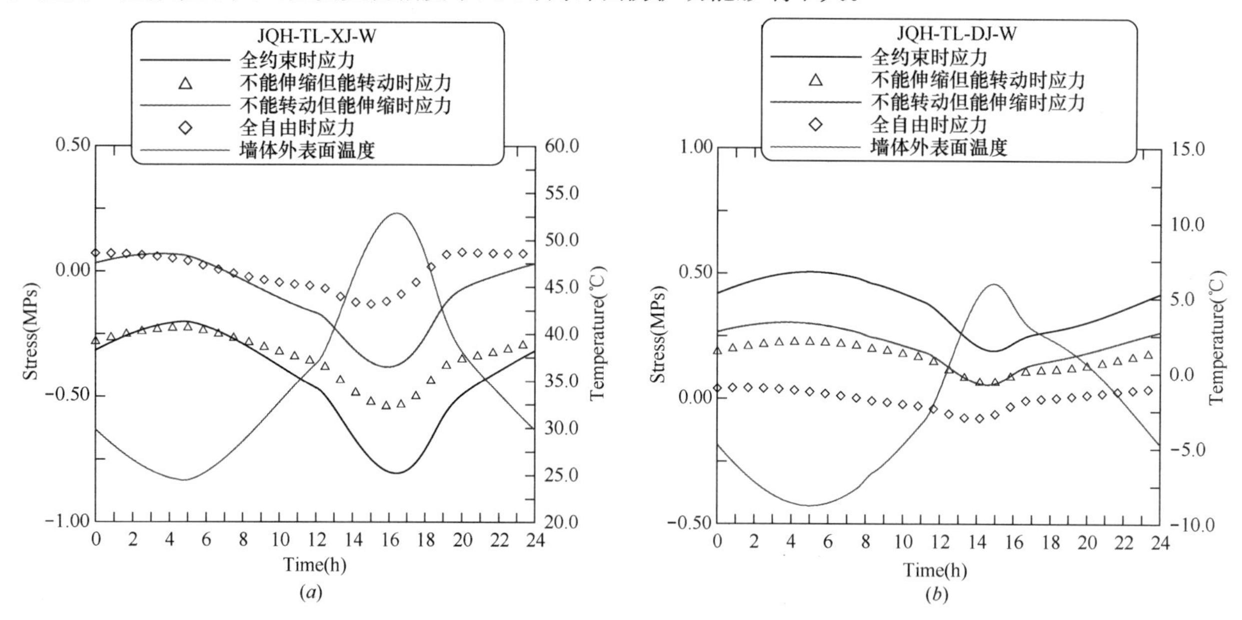

图 2-2-26 加气混凝土自保温涂料饰面墙体加气混凝土外表面应力随时间关系

（a）冬季；（b）夏季

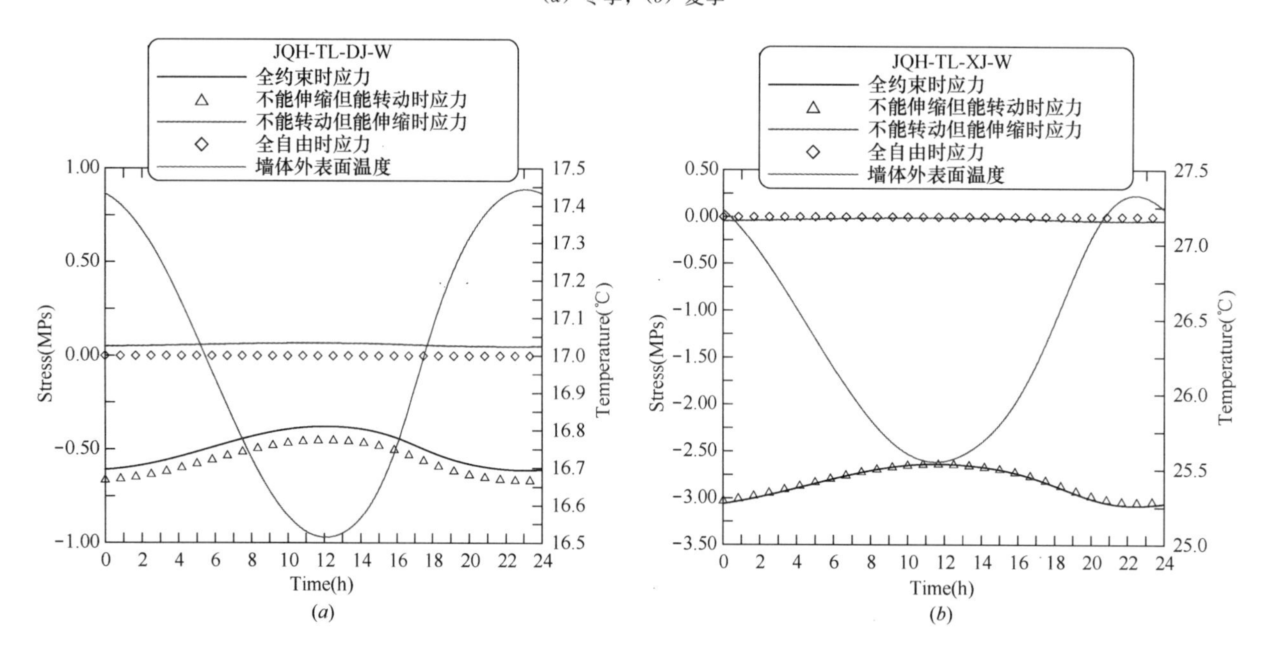

图 2-2-27 加气混凝土自保温涂料饰面墙体内砂浆层外表面应力随时间变化图

（a）冬季；（b）夏季

保温墙体温度应力沿墙体厚度方向的分布将更能直观地表现各层温度应力的分布规律。图 2-2-28 为加气混凝土自保温涂料饰面墙体冬、夏季外表面温度最低、最高时刻全约束温度应力沿墙体断面的分布图。图 2-2-28 中将该时刻温度沿板厚分布也列于其中。

由图 2-2-28 可见，全约束温度应力分布呈阶梯状。冬季由室内到室外，温度逐渐降低，温度应力逐渐增大，内砂浆层主要受压，加气混凝土层承受一定的拉应力，外砂浆层温度应力与加气混凝土及内防护砂浆层相比，温度应力骤然增大，峰值达 6.14MPa。外装饰层最大拉应力为 0.65MPa。夏季由于墙体温度均高于初始温度 T_0，因此墙体主要部分均受压应力。最大压应力出现在外砂浆层，最大压应力

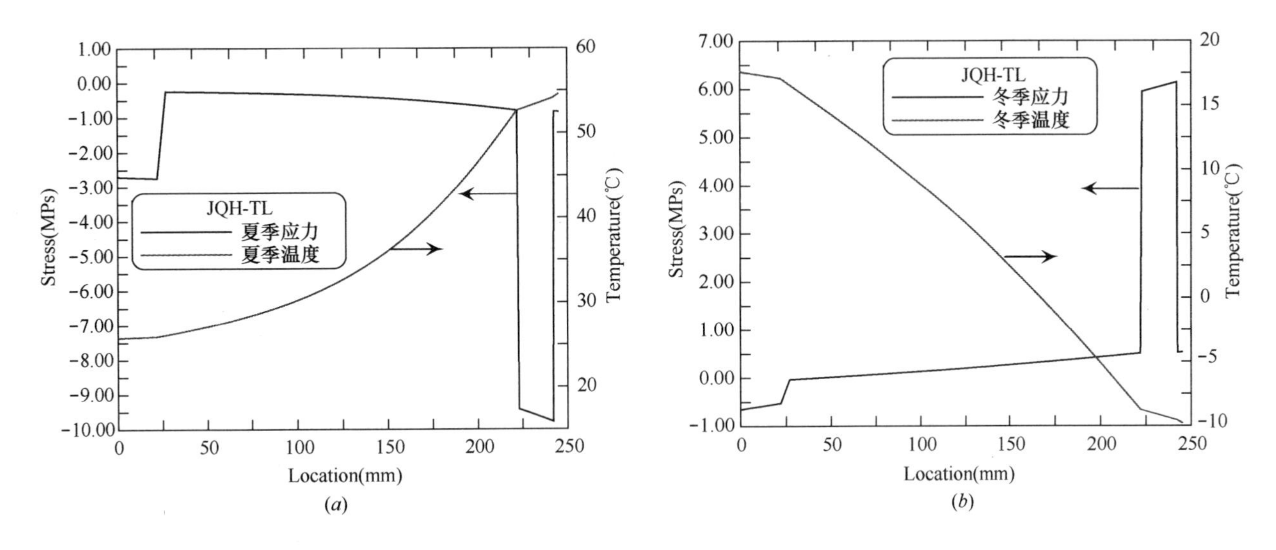

图 2-2-28　加气混凝土自保温涂料饰面墙体冬、夏季外表面温度最低、最高时刻全约束温度应力沿墙体厚度方向的分布图

（*a*）冬季；（*b*）夏季

值为 9.8MPa。

2.2.2.6　混凝土岩棉夹芯保温墙体

图 2-2-29～图 2-2-31 分别为 50mm 厚混凝土板＋50mm 厚岩棉保温板＋50mm 厚混凝土板墙体在冬季、夏季典型气候条件下外装饰表面、外混凝土板外表面、内混凝土板外表面温度应力与时间（24h 内）关系图。图中给出了处于四种典型约束状态，即：①墙板既不能伸缩，又不能转动（嵌固板）；②板不能伸缩，只能转动；③板不能转动，只能伸缩；④板既能伸缩又能转动（自由板）时相同温度变化条件下墙体表面温度应力的大小。

由图 2-2-29 所示结果可以看出：如预期，装饰层外表面温度应力随时间发展规律与普通胶粉聚苯颗粒保温墙体外饰面类似，即在①、②两种约束情况时温度应力的差异很小，说明墙体外表面弯曲应力很小，装饰层内外表面温度相差很小，温度应力主要来自于横纵方向的约束。由于保温效果上存在一定差

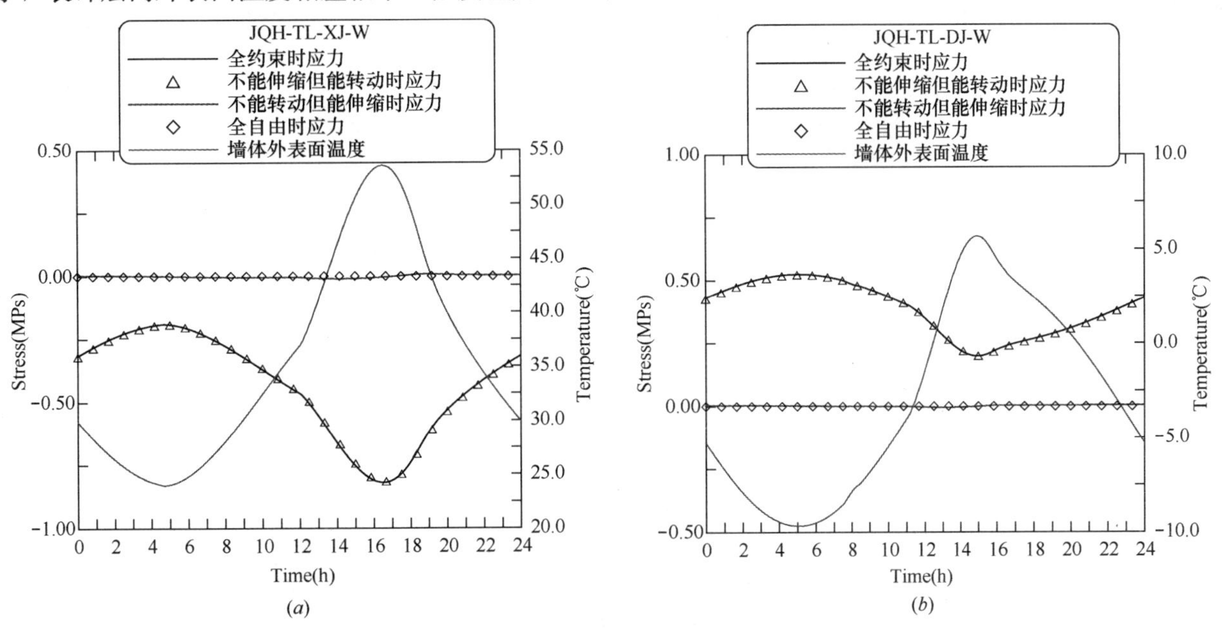

图 2-2-29　混凝土岩棉夹芯保温涂料饰面墙体外饰面表面应力随时间发展关系

（*a*）冬季；（*b*）夏季

异，使外饰面温度峰值与普通胶粉聚苯颗粒保温墙体相比有所不同，岩棉混凝土复合板略低，因此二者温度应力值会有所不同。

由图 2-2-30 所示结果可以看出：(1) 外混凝土板受力情况与加气混凝土外砂浆层类似，板表面温度应力①、②两种约束情况时差异很小，说明该层内弯曲应力也比较小，温度应力主要来自于横纵方向的轴向约束作用。(2) 自由板温度应力同样接近于零，说明板内温度分布的非线性度很小。(3) 温度升高，温度应力减小，温度降低，温度应力增大。温度峰值对应应力峰值。初始温度 15℃时，冬季外混凝土板表面应力为拉应力，夏季为压应力，但拉、压应力幅值比外饰面层有很大提高，24h 内全约束条件下最大拉、压应力分别为 6.12MPa 和－9.55MPa，外混凝土板冬季开裂风险较大。(4) 初始温度 15℃时，冬季墙体外混凝土板外表面应力每天变化幅度达 6.12～2.35MPa，夏季每天变化幅度为－9.55～－2.26MPa，因此一年内表面层应力变化幅度为 6.12～－9.55MPa。

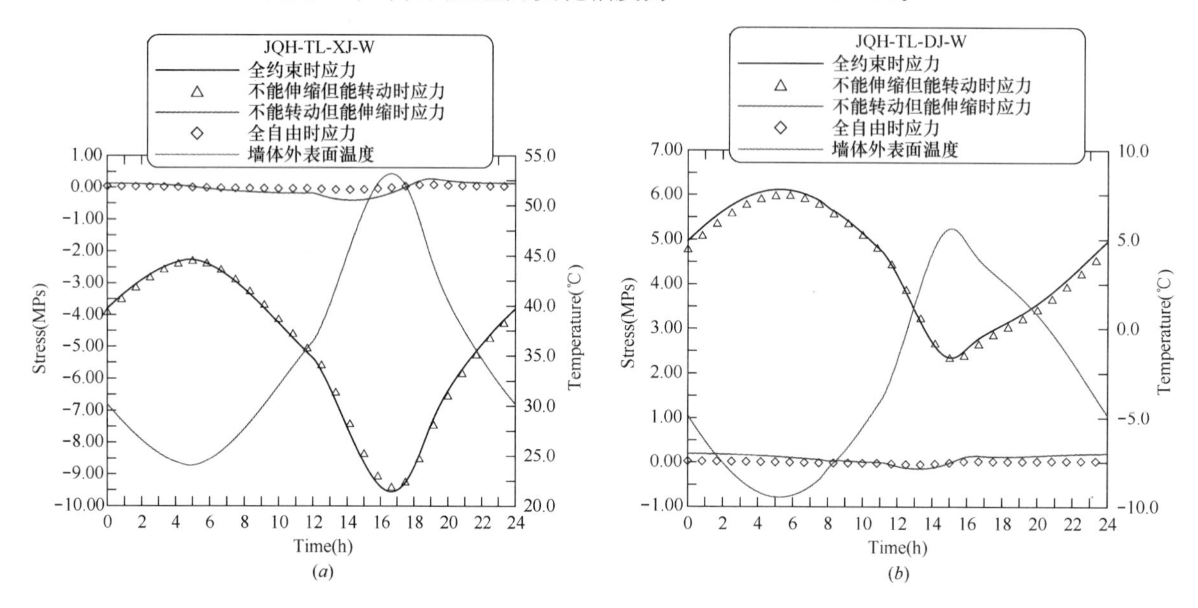

图 2-2-30　混凝土岩棉夹芯保温涂料饰面墙体外混凝土板外表面应力随时间变化图

(a) 冬季；(b) 夏季

图 2-2-31 所示为内混凝土板外表面冬夏两季温度应力随时间变化图。与外混凝土板外表面温度应力

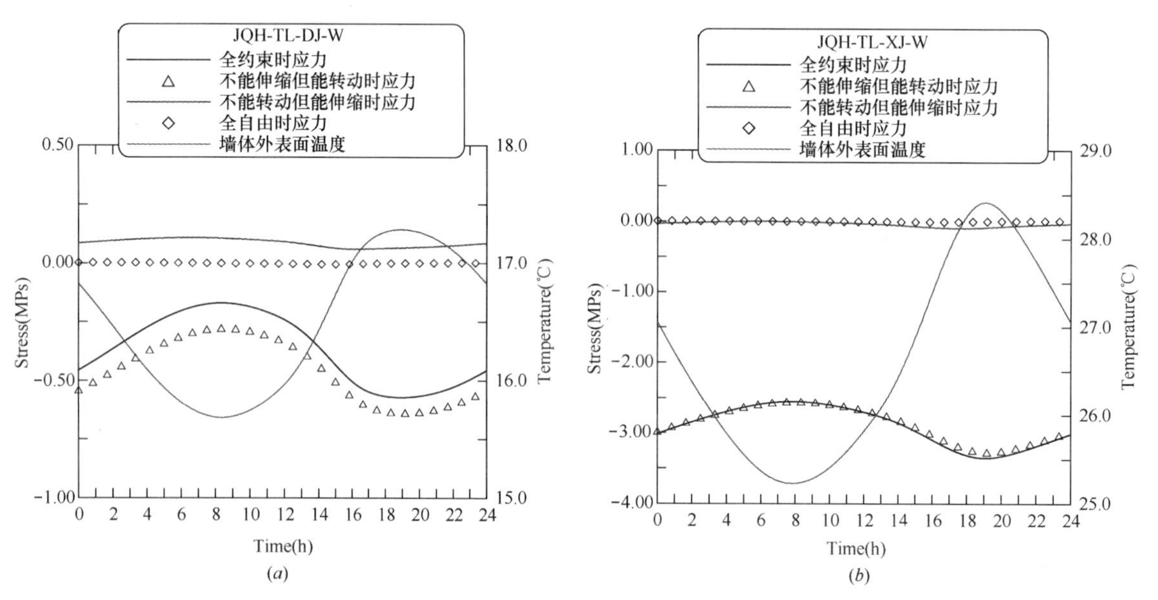

图 2-2-31　混凝土岩棉夹芯保温涂料饰面墙体内混凝土板外表面应力随时间变化图

(a) 冬季；(b) 夏季

相比，由于岩棉板的隔热作用，内混凝土板温度应力大幅度降低。初始温度 15℃时，冬夏季砂浆层内应力均为压应力，且数值不大（温度变化幅度较小）。对墙板性能影响不大。

保温墙体温度应力沿墙体厚度方向的分布将更能直观地表现各层温度应力的分布规律。图 2-2-32 为混凝土岩棉夹芯保温涂料饰面墙板在冬、夏季外表面温度最低、最高时刻全约束温度应力沿墙体厚度方向的分布图。图 2-2-32 中将该时刻温度沿板厚分布也列于其中。

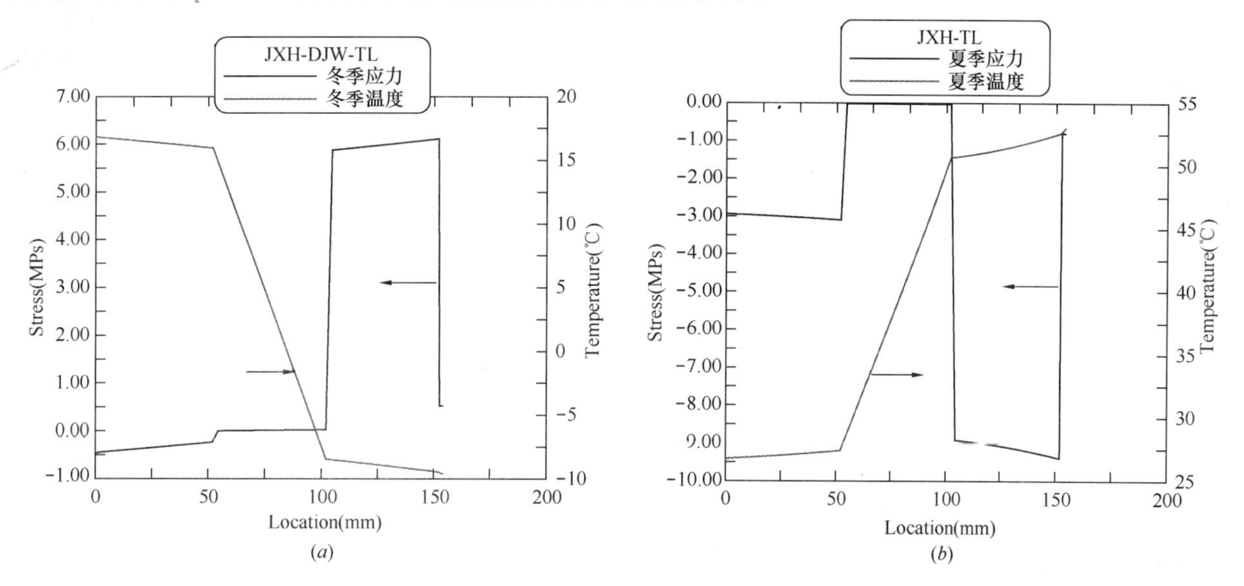

图 2-2-32 混凝土岩棉夹芯保温涂料饰面墙体冬、夏季外表面温度最低、最高时刻全约束温度应力沿墙体厚度方向的分布图

(a) 冬季；(b) 夏季

由图 2-2-32 可见，就各层温度应力分布规律而言，混凝土岩棉夹芯保温与加气混凝土自保温墙体基本相同，只是加气混凝土仍承受一定应力，而岩棉板基本不受力。全约束温度应力分布呈阶梯状。冬季由室内到室外，温度逐渐降低，温度应力逐渐增大，内混凝土板主要受压，外混凝土板温度应力与内混凝土板相比，温度应力骤然增大，全约束应力峰值达 6.12MPa。夏季由于墙体温度均高于初始温度 T_0，因此墙体主要部分均受压应力。最大压应力出现在外混凝土板外表面，最大压应力值为 9.55MPa。

2.2.3 小结

利用通过数值方法计算得到的墙体温度场结果，计算了四种约束条件下保温墙体内各功能层的温度应力。由温度应力计算结果及其分析可以得出如下结论：

(1) 保温墙体全约束（即不能转动也不能伸缩）温度应力可分解成平均温度变化引发的应力（σ_1）、线性温度变化引发的应力（σ_2）和非线性温度变化引发的应力（σ_3）之和。

(2) 墙体内温度应力的大小取决于初始温度（T_0）、温度变化（$T-T_0$）及其材料弹性模量等因素。当 $T_0=15$℃时，冬季墙体主要承受拉应力，夏季受压应力。因此保温墙体的外层（外层是相对于保温层而言的）冬季有开裂、夏季有空鼓的风险。

(3) 外保温墙体，结构层内温度变化及其梯度均较小，温度应力也小。内保温墙体的结构层内温度变化较大，温度梯度也较大，因此温度应力较大。外保温形式对于建筑物墙体基层有良好的保护作用。

(4) 由于保温层的隔热作用，使保温层以外各功能层的冬夏温度变化剧烈，相应温度应力也大。保温墙体的外层（外层是相对于保温层而言的）的温度应力引发墙体开裂、空鼓是未来保温及配套材料研发中需重点考虑的问题之一。

2.3 ANSYS软件模拟外墙外保温系统的温度场和温度应力

2.3.1 ANSYS软件温度场和温度应力计算原理

温度场的模拟分析是从理论上诠释外墙外保温系统的节能保温效果的重要手段，采用ANSYS软件进行模拟分析。ANSYS软件是融结构、流体、电场、磁场、声场分析于一体的大型通用有限元分析软件。由世界上最大的有限元分析软件公司之一的美国ANSYS公司开发，它能与多数CAD软件接口，实现数据的共享和交换，如Pro/Engineer、NASTRAN、Alogor、I-DEAS和AutoCAD等，是现代产品设计中的高级CAE工具之一。ANSYS软件模拟外墙外保温系统温度场的过程，其实质问题就是对外墙外保温系统的热分析过程。ANSYS软件的模拟优势在于能够解决外保温墙体的特殊节点部位（热桥部分）的二维、三维温度场和温度应力的求解问题。

下面简单介绍ANSYS软件的热分析的基本知识。热分析用于计算一个系统或部件的温度分布及其他的热物理参数，如热量的获取或损失、热梯度、热流密度（热通量）等。在许多工程应用中都需要对结构进行热力学分析，比如内燃机、涡轮机、电子元件等。在土木工程中，混凝土浇筑时的温度场模拟、焊接时的温度场模拟等。

NSYS软件的热分析是基于能量守恒原理的热平衡方程，利用有限元方法计算各节点的温度，并导出其他热物理参数。ANSYS软件热分析包括热传导、热对流和热辐射三种热传递方式。此外还可以分析相变、内热源、接触热阻等问题。在ANSYS软件的热分析功能，一般包含于ANSYS/Multiphysics、ANSYS/Mechanical、ANSYS/Thermal、ANSYS/FLOTRAN、ANSYS/ED五种产品模块中，其中ANSYS/FLOTRAN不含相变热分析。

2.3.1.1 ANSYS软件模拟温度场

1. ANSYS软件热分析的分类

在ANSYS软件程序中，热分析主要有两种。

（1）稳态传热

即系统的温度场不随时间变化。稳态传热用于分析稳定的热荷载对系统或部件的影响，通常在进行瞬态热分析以前进行稳态热分析用于确定初始温度场。稳态热分析可以通过有限元计算确定由于稳定的热荷载引起的温度、热梯度、热流率、热流密度等参数。

如果系统的净热流率为0，即流入系统的热量加上系统自身产生的热量等于流出系统的热量：$q_{流入}+q_{生成}-q_{流出}=0$，则系统处于热稳定状态。在稳态热分析中任何一节点的温度不随时间变化。其能量平衡方程为：

$$[K]\{T\}=\{Q\} \tag{2-3-1}$$

其中，$[K]$ 为传导矩阵，包含导热系数、对流系数、辐射系数和形状系数；$\{T\}$ 为节点温度向量；$\{Q\}$ 为节点热流率向量，包含热生成。

ANSYS软件利用模型几何参数、材料热性能参数以及所施加的边界条件，生成［K］、｛T｝以及｛Q｝。

（2）瞬态传热

瞬态传热过程是指一个系统的加热或冷却过程。在这个过程中系统的温度、热流率、热边界条件以及系统内能随时间都有明显变化。根据能量守恒原理，瞬态热平衡可以表达为（以矩阵形式表达）：

$$[C]\{\dot{T}\}+[K]\{T\}=\{Q\} \tag{2-3-2}$$

其中，$[K]$ 为传导矩阵，包含导热系数、对流系数、辐射系数和形状系数；$[C]$ 为比热矩阵，考虑系统内能的增加；$\{T\}$ 为节点温度向量；$\{\dot{T}\}$ 为温度对时间的导数；$\{Q\}$ 为节点热流率向量，包含热生成。

瞬态热分析用于计算一个系统随时间变化的温度场及其他热参数。在工程上一般用瞬态热分析计算温度场，并将之作为热荷载进行应力分析。

瞬态热分析与稳态热分析在 ANSYS 软件的基本步骤相似，主要区别在于瞬态热分析中的荷载是随时间变化的。为了表达随时间变化的荷载，首先必须将荷载—时间曲线分为荷载步，对于每一个荷载步，必须定义荷载值及时间值，同时必须选择载荷步为渐变或阶越式。

2. ANSYS 软件热分析的边界条件、初始条件

ANSYS 软件热分析的边界条件或初始条件可分为七种，即：温度、热流率、热流密度、对流、辐射、绝热和生热。

温度作为自由度约束施加在温度已知的边界上；热流率作为节点集中荷载，只能用于线单元模型上，输入正值时，代表热流流入节点，即单元获取热量，相反，则表示单元输出热量。对流作为面荷载施加在实体的外表面或表面效应单元上，计算与流体的热交换；热流密度是通过单位面积的热流率，作为面荷载施加在实体的外表面或表面效应单元上，输入正值时，代表热流流入单元。生热率作为体荷载施加在单元上，可以模拟化学反应生热或电流生热。

3. ANSYS 软件热分析建模

根据所要分析的工程情况，建立有限元模型。进入 ANSYS 软件的前处理程序，定义单元类型，设定单元选项；定义单元实常数；定义材料热性能参数。对于稳态传热，一般只需要定义导热系数，它可以是恒定的，也可以是随温度变化。最后创建几何模型并划分有限元网格。

4. ANSYS 软件热分析常用单元

热分析涉及的单元有 40 种左右。

(1) 热分析单元

专门用于热分析的单元有 14 种，见表 2-3-1。

(2) 表面效应单元

表面效应单元利用实体表面的节点形成单元，覆盖在实体单元的表面。因此，表面效应单元只增加单元数量，不会增加节点数量。ANSYS 软件中有 SURF19 (2D)、SURF151 (2D)、SURF22 (3D) 和 SURF152 (3D) 四种可用于热分析的表面效应单元。在 ANSYS 软件热分析中，利用表面效应单元可以非常灵活地定义表面荷载。

在一表面上同时施加热流密度和热对流边界条件时，必须将其中一个施加于实体单元表面，另一个施加在表面效应单元上。

热分析单元 **表 2-3-1**

单元类型	ANSYS 单元	说明
线性单元	LINK31	2 节点热辐射单元
	LINK32	二维 2 节点热传导单元
	LINK33	三维 2 节点热传导单元
	LINK34	2 节点热对流单元
二维实体	PLANE35	6 节点三角形单元
	PLANE55	4 节点四边形单元
	PLANE75	4 节点轴对称单元
	PLANE77	8 节点四边形单元
	PLANE78	8 节点轴对称单元
三维实体	SOLID70	8 节点六面体单元
	SOLID87	10 节点四面体单元
	SOLID90	20 节点六面体单元
壳	SHELL57	4 节点
点	MASS71	质量单元

2.3.1.2 ANSYS软件模拟温度应力

当墙体的温度发生变化时，墙体会发生膨胀或收缩。若墙体上各部位膨胀或收缩不同时，或墙体膨胀和收缩受到限制时，墙体就会产生温度应力。因此，不但要关心结构的温度场变化，而且还需要了解温度变化引起的墙体应力分布。对外墙外保温系统中由于温度应力导致系统产生裂缝而导致的工程灾害是时有发生，通过ANSYS软件来模拟分析外墙外保温系统的温度应力分布，了解温度应力的破坏机理，从而从工程措施上尽量避免温度应力的发生，或有效地释放产生的温度应力，这对外墙外保温整个行业的健康发展也是具有实际意义。

1. ANSYS软件进行温度应力分析的分类

在ANSYS软件中，根据不同的情况，可以人为选择下面3种热应力分析方法。

（1）直接法

适用于节点温度已知的情况，在墙体温度应力分析中，将节点温度作为体荷载，通过BF、BFE或BFK命令直接施加到节点上。

（2）间接法

适用于节点温度未知的情况，应首先进行热分析，然后将求得的节点温度作为体荷载施加到墙体温度应力分析中的节点上。

（3）热-结构耦合法

考虑热-墙体的耦合作用，使用具有温度和位移自由度的耦合单元，同时得到热分析和墙体温度应力分析的结果。

本书中对外墙外保温系统的热应力分析，将采用间接法进行温度应力分析。

2. 热分析与结构分析对应单元

在热分析结束后，为了能够进行温度应力计算，热分析单元与结构单元之间要进行转化，热分析单元与结构单元之间有一些对应关系，见表2-3-2。

热分析单元与结构单元的对应关系 **表2-3-2**

热分析单元	结构单元	热分析单元	结构单元	热分析单元	结构单元
LINK32	LINK1	PLANE67	PLANE42	PLANE77	PLANE82
LINK33	LINK8	LINK68	LINK8	PLANE78	PLANE83
PLANE35	PLANE2	SOLID70	SOILD45	SOLID87	SOLID92
PLANE55	PLANE42	MASS71	MASS21	SOILD90	SOLID95
SHELL57	SHELL63	PLANE75	PLANE25	SHELL157	SHELL63

2.3.2 温度场和温度应力计算实例

以下用算例来了解ANSYS软件对外墙外保温系统的温度场和温度应力的模拟分析过程。

由于外保温系统是置于基层墙体的外面，相对于内保温系统而言，需要更高的材料性能要求和设计要求。在工程实践中，经常可以看到由于外保温系统的某些局部节点设计处理不当，使得保温系统和基层墙体在节点处出现裂缝。比如，女儿墙外侧墙体的保温在设计中往往忽视了对女儿墙内侧的保温，图2-3-1（*a*）所示是女儿墙的外侧采用外保温，但内侧未采取保温措施而产生裂缝。再有，在保温设计中也常常忽视对结构挑出部位如阳台、雨罩、靠外墙阳台拦板、空调室外机搁板、附壁柱、凸窗、装饰线、靠外墙阳台分户隔墙、檐沟、女儿墙内外侧及压顶等部位的保温，也会导致裂缝的出现，图2-3-1（*b*）所示是出挑部位与主体墙相接处产生的裂缝。这些裂缝不仅对用户的感官上和心理上造成不良影响，也严重影响了外墙外保温系统的稳定性和使用寿命，同时也会缩短基层墙体的使用寿命。本节ANSYS软件模拟墙体的温度场和温度应力，分析墙体裂缝产生的原因和机理，为外墙外保温系统的局部节点的设计以及相应工程灾害的处理，提供了科学的分析和理论依据。

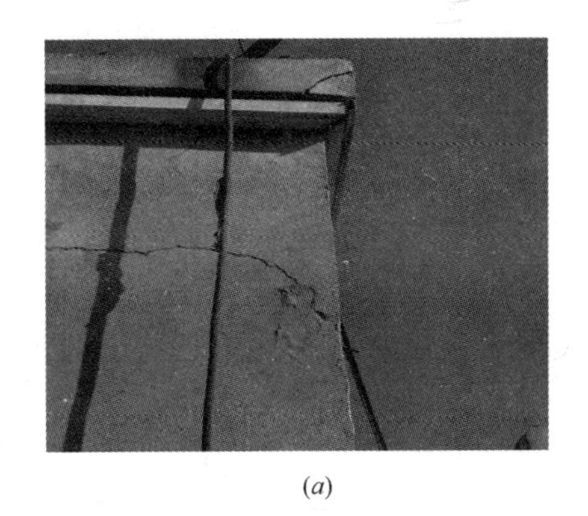
(a)

(b)

图 2-3-1　女儿墙内侧及挑出部位未做保温时产生裂缝照片
（a）女儿墙外侧保温内侧未保温产生裂缝；
（b）出挑部位与主体部位相接处产生裂缝

2.3.2.1　计算模型

假定一出挑结构（雨篷），基层墙体外侧采用胶粉聚苯颗粒涂料饰面保温系统，保温系统参数见表 2-3-3。雨篷直接与基层墙体连接，但出挑部位没有保温处理。为了阐述问题的方便，以无出挑结构的外保温墙体的温度场和温度应力作为比较对象（如图 2-3-2）。

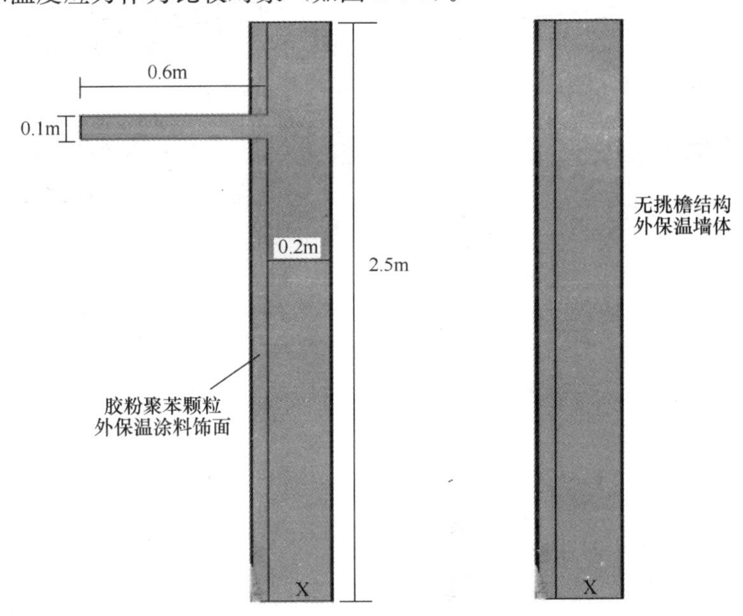

图 2-3-2　出挑结构（雨篷）和墙体的基本尺寸（见彩图 1）

材料的热物理参数　　**表 2-3-3**

材料名称	厚度（mm）	密度（kg/m^3）	比热 [J/(kg·K)]	导热系数 [W/(m·k)]	热膨胀系数 10^{-6}(1/K)	弹性模量（GPa）
内饰面层	2	1300	1050	0.60	10	2.00
基层墙体	200	2300	920	1.74	10	20.00
界面砂浆	2	1500	1050	0.76	8.5	2.76
保温浆料	50	200	1070	0.07	8.5	0.0001
抗裂砂浆	5	1600	1050	0.81	8.5	1.50
涂料饰面	3	1100	1050	0.50	8.5	2.00

采用北京地区夏季和冬季平均外界环境温度作为结构模型的外加温度荷载，温度变化曲线如图 2-3-3 所示，这里没有考虑太阳辐射。

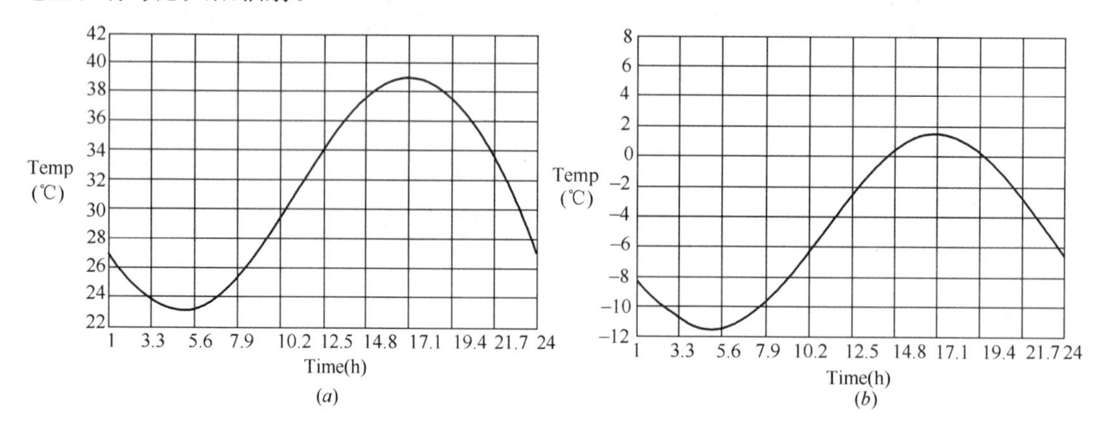

图 2-3-3 北京地区夏季和冬季温度变化曲线

（a）夏季温度；（b）冬季温度

室内温度：夏季室内温度取 25℃；冬季室内温度取 20℃。内墙表面与室内空气形成对流换热，对流换热系数：8.7W/(m²・℃)。模型初始温度取 15℃。

利用 ANSYS 工程软件模拟计算。先计算温度场，然后把计算得到的温度场作为外荷载加到结构上进行温度应力计算。

2.3.2.2 温度场计算结果分析

图 2-3-4 表示了模拟计算的结果（这里只给出夏季结果），利用温度场分布云图和温度分布曲线图来描述温度的分布。

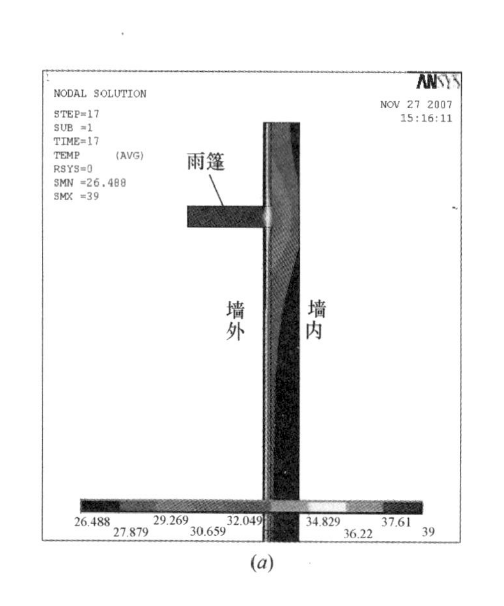

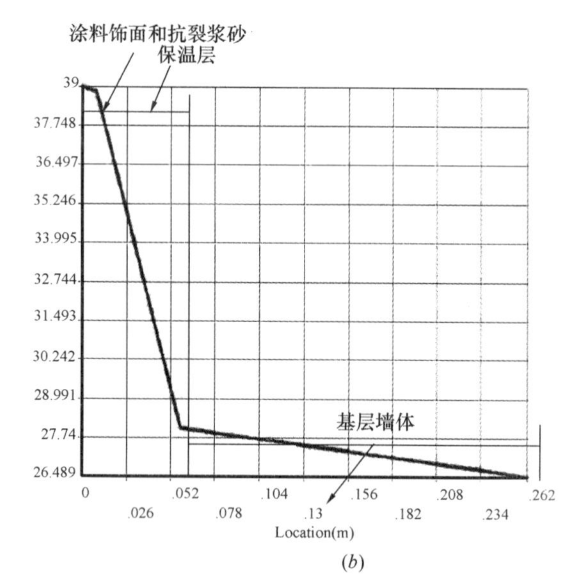

图 2-3-4 夏天（外界温度 39℃）温度场模拟结果（见彩图 2）

（a）温度场分布图；（b）沿基层墙体厚度方向的温度分布曲线

通过分析图 2-3-4（a）中的温度场分布云图，可以看到没有保温层的雨篷会产生明显的“热桥”效应，墙体传递的热能量非常大。在雨篷附近的外墙体内表面一天内温度变化幅度可以达到 9～10℃；通过模拟计算雨篷的带保温层的一般墙体，外墙体内表面一天内温度变化幅度只有 1℃左右。这种“热桥”对外保温系统和墙体的危害是非常大，在冬季往往会在这些部位外墙外保温系统出现冷凝结露现象，也不利于整个系统的保温效果。实际工程的红外线测试显示这些被忽视的部位是明显的热桥，如图

2-3-5 所示，与被保温的部位相比，其温度受环境影响十分明显，由此而产生的温差应力引起该部位与主体部位相接处产生裂缝。同时，这些热桥的存在对综合节能效果也产生不利影响。红外线测试结果与数值模拟结果基本吻合。

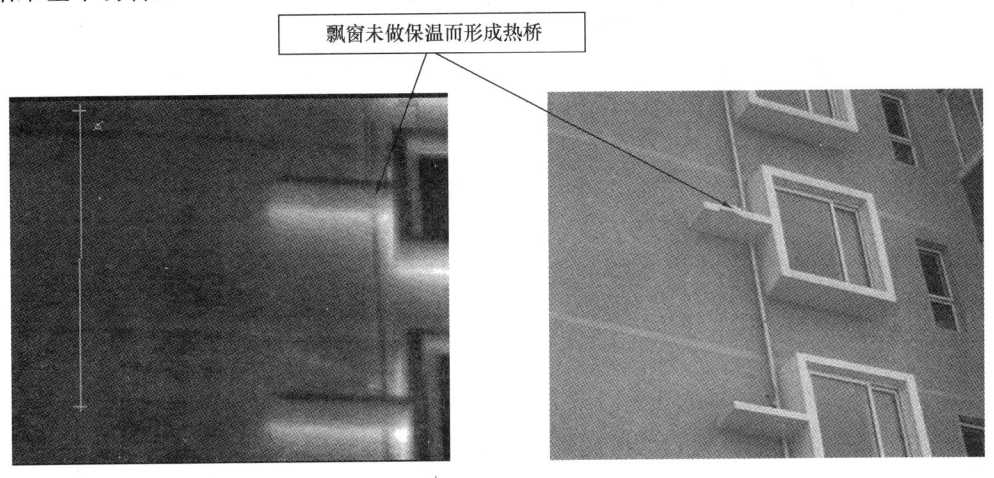

图 2-3-5　红外线测试挑出部位的热桥（见彩图 3）

2.3.2.3　温度应力计算结果分析

本节提取了夏季外界温度 39℃时（冬季条件下的温度应力都没有显示），带雨篷的墙体和一般墙体的沿墙体厚度方向上的温度应力图。

从图 2-3-6 中模拟的温度应力结果显示：有雨篷等出挑结构墙体，如果悬挑结构没有做外保温，保温系统涂料饰面层的垂直墙面方向上的应力明显要大于一般结构墙体的涂料饰面层的垂直墙面方向上的应力（甚至会达到 100 倍）。同时通过比较温度应力，两种结构在外界温度 39℃的情况下，涂料饰面都产生了比较大的沿墙面竖向的压应力（带雨篷的结构：大概为 0.425MPa；一般墙体：大概为 0.404MPa），可见，由于雨篷的影响，涂料饰面的压应力要比一般结构大 0.02MPa。

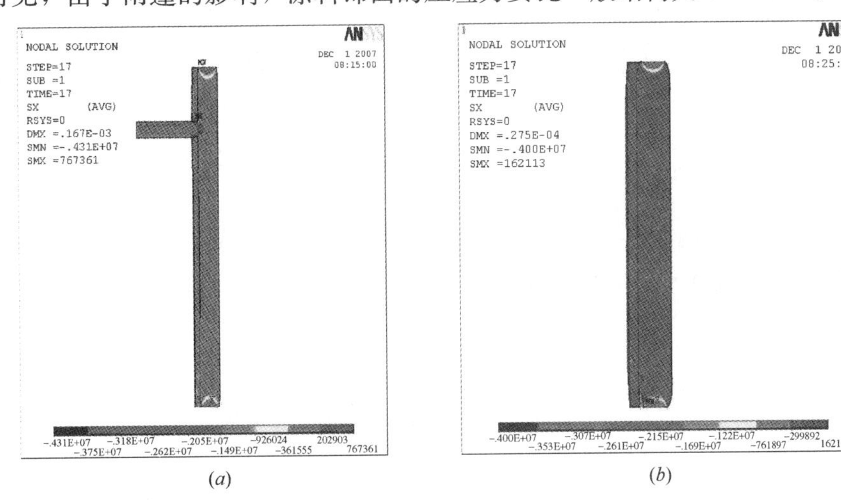

图 2-3-6　夏季（温度 39℃）温度应力的模拟结果（见彩图 4）
（a）带雨篷结构；（b）一般墙体

出挑结构与外保温系统接触处，由于出挑结构的热胀，导致此处的一定区域的涂料饰面层垂直墙面方向上的应力有一个突变过程，最大应力达到 0.13MPa 拉应力。如果涂料层和抗裂砂浆之间的抗拉强度不够，就容易导致涂料层脱落。同时悬挑结构与外保温系统接触处，涂料饰面层沿墙面竖向的应力有一个突变过程，最大应力达到 0.45MPa。这一区域的涂料层比其他部位的比较容易胀裂，产生裂缝，导致工程灾害。

一般墙体和带雨篷墙体产生的温度剪切应力相对于其他应力都比较小，基本可以忽略。

雨篷和基层墙体在外界环境温度作用下，会形成两个明显差异的温度场。雨篷由于没有做外保温，受外界温度影响程度大，而基层墙体由于有外保温系统，温度场基本稳定，这样雨篷产生的温度应力会对基层墙体产生损伤。下面具体分析雨篷和基层墙体连接处的温度应力大小。通过比较分析可知：夏季温度 39℃时，在悬挑结构与墙体接触处，在沿墙面竖直方向和垂直墙面方向上都会出现应力突变，沿墙面竖直方向上突变值达到 3.6MPa 左右，在垂直墙面方向上突变值达到 0.95MPa 左右。在冬季 −11.5℃时，在沿墙面竖直方向上突变值达到 1.2MPa 左右；垂直墙面方向上突变值达到 0.4MPa，明显增加了接触点附近的应力负担。长年累月会导致这一区域的结构使用寿命大大降低。而且这些区域比较隐蔽，往往出现裂缝等问题还不容易发现，而被忽视掉。

2.3.2.4　温度变形

从图 2-3-7 所示的变形图来看，在夏季，由于雨篷没有保温，产生比较大的热胀变形，挤压雨篷附近的外保温系统，根据上面的温度应力分析，很可能会把涂料层外饰面给压脱落。冬季，雨篷又产生比较大的收缩变形，对附近的外保温系统进行“拉拽”效应，使雨篷附近的外保温系统出现裂缝，甚至如果外保温系统与雨篷连接部位处理不好，会导致外保温系统直接和雨篷分离，出现裂缝。这些工程灾害的产生会导致雨水、雪水等渗入到保温层内，严重影响外保温系统的保温效果和耐久性。

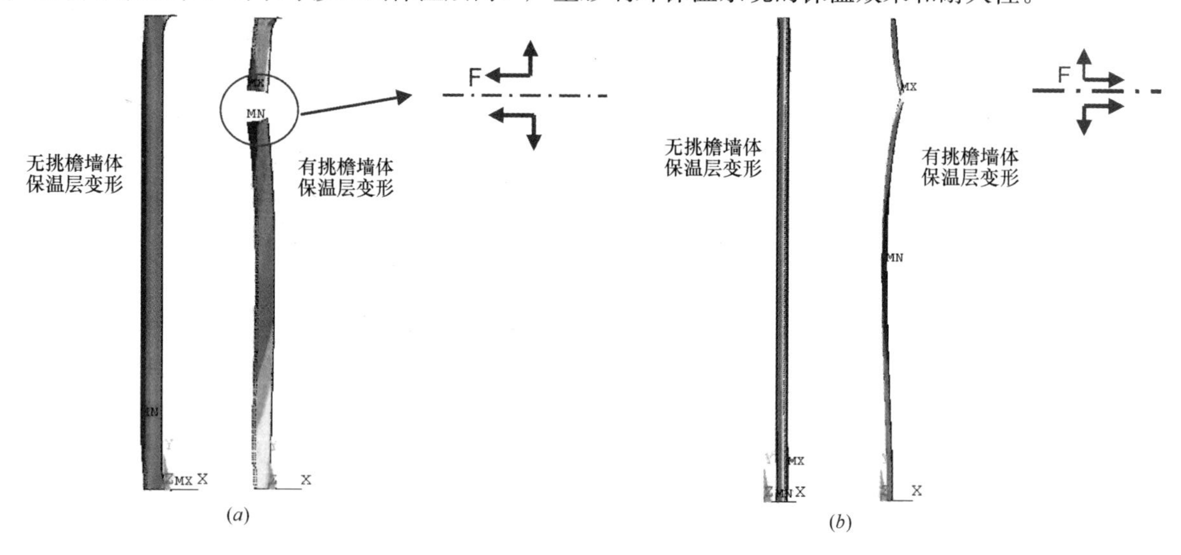

图 2-3-7　冬、夏季保温层模拟变形图（见彩图 5）
(*a*) 夏季温度（39℃）保温层变形图；(*b*) 冬季温度（−11.5℃）保温层变形图

2.3.3　小结

通过对外保温外墙体的未做保温雨篷的温度场和温度应力的数值模拟分析，可以得出出挑结构不进行保温处理会带来许多不利影响，主要表现在：

（1）未做保温的出挑结构会对整个墙体带来明显的“热桥”效应，降低了系统的保温效果，同时由于冬季该处（对应的内饰面的表面）温度较低，当低于露点温度时，水蒸气往往会凝结在其表面上，形成结露。

（2）未做保温的出挑结构的热胀冷缩现象，导致保温层与出挑结构连接处的应力突变。夏天热胀时，保温层连接处沿墙面竖直方向产生比较大的压应力，而冬天冷缩时，又在沿墙面竖直方向上产生比较大的拉应力。这些应力可能会引起这些部位的保温层空鼓、开裂和脱落。

（3）未做保温的出挑结构的热胀冷缩现象，还会导致出挑结构与墙体的连接处应力集中。这种应力会使墙体的结构层受损，会影响结构的使用寿命。

通过分析可见，对出挑结构应该采取外保温措施，这将有助于出挑结构的温度和变形的稳定，有助于避免出挑结构导致的外保温系统和基层墙体裂缝这一质量通病的发生。

2.4 总　结

通过对外保温、内保温、夹芯保温、自保温等保温形式墙体内温度场和温度应力随时间、方位的变化进行数值模拟，可以看出外保温墙体具有诸多优点，主要有：

（1）外保温使外墙的主体结构的年、季节、天温差很小，大大降低其温度应力的起伏，有效地保护主体结构，提高墙体结构的耐久性，从而延长建筑物的寿命。从这个角度来说，四种外墙体保温形式中外保温是节约资源和能源最合理的建筑节能做法。

（2）基层的热容量一般远大于保温层，因此外保温对房间的热稳定性有利。在采暖期间，当供热不均匀时，基层因蓄存有大量的热量，这样可以保证外墙内表面温度不至于急剧下降，从而使室温也不至于很快下降。在夏季，室外温度升高，由于外保温系统的屏蔽作用，基层墙体升温很慢，可以提供稳定的室内温度，有利于提高人体的舒适度。总起来说，外保温墙体可以使房间冬暖夏凉，降低采暖和空调能耗。

（3）外墙外保温做法使得热桥处的热损失减少，并能防止在冬季热桥内表面温度过低造成局部结露。其他保温形式无法解决热桥部分热量散失比较严重的问题。

3 防 水 透 气

在严寒和寒冷地区，广泛采用新型建筑材料和建筑构件来提高围护结构的保温性能，改善围护结构的气密性，减少了传热损失及冷空气渗透的热损失，以满足建筑节能标准的要求，达到建筑节能的效果。但是，围护结构气密性的提高，其传湿就可能受阻，室内产生大量的生活水蒸气就很难从室内经围护结构排至室外，当围护结构中的新型建筑材料吸收、集聚过多水分，在冬季会引发其内部冷凝、内表面结露、发霉、长菌，甚至造成结构冻胀破坏，使建筑物的使用寿命降低。

本章首先分析了严寒和寒冷地区外墙内保温、夹芯保温、自保温三种保温构造在热湿传递方面的问题，提出了应大力倡导外墙外保温的观点，并较系统地介绍了外墙外保温材料的吸水性能、憎水性能、防水性能、透气性能。同时分析了水蒸气冷凝对外墙外保温系统使用寿命的影响，这在很大程度上是受温度、日照和空气湿度等气候条件影响外，还由于湿热反复作用的结果。另外，影响外墙保温节能的因素还有来自外部或内部的潮湿源，建筑材料自身的潮湿源或外墙内表面冷凝的潮湿源。在本章中还重点分析了影响外墙外保温粘结性能的主要因素，并建议选用有机聚合物水泥砂浆和机械锚固件，以粘为主的粘锚结合的外保温施工工艺，以提高外保温系统的综合性能。最后还对外墙外保温系统的防水、透气提出以下意见和相应措施建议：①提高材料的憎水性能（避免和减少液态水进入）；②增设防水屏障构造——高分子弹性底涂层（阻止液态水进入）；③增设水蒸气迁移扩散构造——水分散构造层（让气态水能顺利排出），使外保温系统具有良好的排湿防水功能。

外墙外保温系统的防水排湿是不可忽视的，因为它会对建筑节能效果、房屋的耐久性和室内环境的舒适性均会产生重要影响。

（1）影响建筑的节能效果

1）雨水侵入外墙外保温系统将降低保温层的有效热阻值；2）水蒸气的侵入造成了对外墙外保温系统内部受潮、冷凝或冻融破坏，也将降低保温性能；3）要保证室内温度达到设计要求，需增加供暖设备，从而增加了建筑能耗。

（2）影响建筑的耐久性

当雨水渗入建筑物外表层后，侵蚀建筑材料，冬季结冰产生冻胀应力，造成对建筑物外表层的冻融循环破坏，特别是面砖系统的冻融，造成了对材料粘结力的破坏，引发系统各层粘结力的衰减、系统耐候性能降低，同时也加速了有机保温材料的老化和无机材料的性能降低，进而影响了建筑的耐久性能。

（3）影响建筑物使用的舒适性

水蒸气的破坏主要来自它的迁移过程，围护结构内外的水蒸气分压力差是水迁移的原动力。外保温系统构造和材料选用不合理而造成水蒸气扩散受阻，引发墙体内侧在冬季发生冷凝，导致保温层吸湿受潮，甚至冷凝成流水，使室内装饰材料、家具受潮、变形，外墙内表面出现较大面积的黑斑、长毛、发霉等现象，由于这些霉菌长期在潮湿环境下形成污染物，从而对室内空气质量造成不良影响；水蒸气流还会对室内热环境产生不利影响，降低了居住舒适性。

综上所述，建筑的节能效果、耐久性、舒适性与其建筑外保温系统的防水透气性密切相关。为此，要研究和讨论外墙外保温系统受自然破坏力对墙体热工、结构性能、建筑寿命的影响，就必然涉及水在系统内部的运动规律，以及对水引起的系统破坏进行分析。要实现外墙外保温系统与建筑同寿命、满足国家建筑节能标准要求，外墙外保温系统就必须做到防水、透气和防冷凝。

3.1　湿迁移的基本原理

建筑材料大多为多孔材料，建筑墙体结构就是一种典型的多孔介质。多孔介质是由多相物质所占据的空间，对任意一相来说，其他相都弥散在其中。而多孔材料内部的热、水分同时移动过程的分析计算极为复杂。

多孔介质的孔隙率 ϕ 按式（3-1-1）计算：

$$\phi = \frac{v_p}{v} \tag{3-1-1}$$

式中　ϕ——容积孔隙率,%；

v_p——孔隙体积，m^3；

v——多孔介质总体积，m^3。

多孔介质的容重 ρ_p 按式（3-1-2）计算：

$$\rho_p = \frac{M}{V} \tag{3-1-2}$$

式中　ρ_p——多孔介质单位体积的质量，kg/m^3；

M——多孔介质的质量，kg。

容重与密度的关系见式（3-1-3）和式（3-1-4）：

$$M = \rho_p V \tag{3-1-3}$$

$$M = \rho V(1-\phi) \tag{3-1-4}$$

式中　ρ——多孔介质的密度，kg/m^3。

导致材料吸水性能差异主要原因是材料的孔隙率、孔径和表面张力不同；导致各种材料水蒸气渗透能力差异主要原因是材料的孔隙率、孔径。

（1）材料表面张力

材料按其是否易被水润湿分为亲水性、憎水性和顺水性三类材料。

1）亲水性材料的分子与水分子之间的附着力特别强。很多建筑材料都有不同程度的亲水性，这种材料表面与水面的接触角 $\theta<\pi/2$；液体与固体接触界面上的张力小于固体与气体接触界面上的张力（即固体表面张力）时，液体能润湿固体。亲水性材料能通过毛细管作用，将水分吸入材料内部。

2）憎水性材料的分子与水分子互相排斥，材料表面与水面的接触角 $\theta>\pi/2$；则液体不能润湿固体。即液体与固体接触界面上的界面张力大于固体界面张力时，则液体不能润湿固体。憎水性材料一般能阻止水分渗入毛细管中，故能降低材料的吸水作用。

3）顺水性材料表面与水面的接触角 $\theta=\pi/2$，是亲水性材料与憎水性材料的分界材料。

对于亲水性材料，当干燥后置于空气中，材料孔隙表面上的分子开始与空气中的水分子吸附，可以在材料中的孔隙表面上形成一层水分子的单分子膜，但由于分子的热运动，这一膜层上的水分子有的又要跳出膜层，同时，膜层外的水分子又要继续进入膜层。同样，如果将含湿量大的材料放入干燥的空气中，则会发生相反的过程，这就是材料的吸湿与解湿。进出膜层的水分子的多少与空气中的水分子的浓度有关，在足够长的时间内，材料与空气中的水分子运动形成动态平衡。这是外界与材料间的质交换，同时，在材料内部，由于水蒸气的分压力、水的浓度、温度差（不均匀）以及空气的渗透，也会发生水分的迁移。

（2）材料孔径

材料的孔径较大，在触水时，吸水速率较快，但吸水的高度不够高，很快即可达到饱和；材料的毛细孔较细、较多时，在触水时，吸水速率较慢，但由于毛细管的作用，吸水高度较高，难以达到饱和，离水后，水沿毛细孔仍然在升高。材料的孔径大小对透气性能影响较小。

当材料内部存在压力差（水蒸气分压力或总压力）、湿度差（材料含湿量）和温度差时，均能引起材料内部所含水分的迁移。材料内所包含的水分可以以气态（水蒸气）、液态（液态水）和固态（冰）

三种状态存在，其中以水蒸气、水存在的现象最为普遍。在材料内部可以迁移的只是两种相态的水，一种是以气态的扩散方式迁移（又称水蒸气渗透）；另一种是以液态水分毛细渗透方式迁移。

当材料湿度低于最大吸湿度时，材料中的水分尚属吸附水，这种吸附水分的迁移，是先经蒸发，后以气态形式沿水蒸气分压力降低的方向或沿热流方向扩散迁移。当材料湿度高于最大吸湿湿度时，材料内部就会出现自由水，这种液态水将从含湿量高的部位向低的部位产生毛细迁移。湿迁移的主要机理有：毛细作用、液体扩散、分子扩散，同时空气压差、水压差、水的重力、温差都会引起湿迁移。研究湿迁移的理论也有很多，在本章节中只介绍了液态水和气态水的湿迁移的运动规律。

3.1.1 液态水在多孔材料中的流动

Darcy 定理最初是用来阐述多孔介质中液态水的流动。水在低流量状态下，穿过一个疏松砂质柱体作等温垂直流动时，发现体积流量 Q 正比于水头之差 ΔH_d 和柱体的横截面积 A，并反比于沙柱体的高度 ΔS，即：

$$Q=\frac{K_c A \Delta H_d}{\Delta S} \tag{3-1-5}$$

式中　$H_d=Z+P/\rho g$；

K_c——比例常数，称为水力传导系数，m/d；

Z——高度，m；

P——压力，Pa；

ρ——流体密度，kg/m^3。

而 Darcy 速度的定义为：

$$V=\frac{Q}{A} \tag{3-1-6}$$

则有：

$$V=-K_c\frac{\mathrm{d}}{\mathrm{d}s}\left(z+\frac{p}{\rho g}\right) \tag{3-1-7}$$

式中，负号表示流动方向与水头梯度相反。

后来研究表明，水力传导系数正比于流体的密度，而反比于流体的黏度 μ，如果多孔介质固有渗透率定义为 $K=\mu K_c/\rho g$，则式（3-1-7）可改写为：

$$V=-\frac{k}{\mu}\frac{\mathrm{d}}{\mathrm{d}s}(p+\rho g z) \tag{3-1-8}$$

对于建筑墙体表面的吸放湿来说，只考虑水蒸气在多孔介质中的迁移，则式（3-1-8）可改写为：

$$V_v=-\frac{k}{\mu}\frac{\mathrm{d}p}{\mathrm{d}x} \tag{3-1-9}$$

式中　V_v——水蒸气的速度，m/s；

p——水蒸气分压力，Pa；

x——垂直墙壁方向距墙体内表面的距离，m。

3.1.2 水蒸气在多孔材料中的迁移

在材料中的自然湿度，是材料与其周围环境的热与湿平衡的结果。周围空气的湿度高，材料的自然湿度高；周围空气的温度低，材料的自然湿度低。由于材料与外界存在温度差与水蒸气分压力差，水蒸气通过材料表面进出多孔材料并与材料表面形成动态平衡，而热量的传递以水蒸气的迁移又引起材料内温度和水蒸气分压力的变化，使水蒸气在温度梯度和水蒸气分压力梯度的驱动下在材料中发生迁移。水蒸气通过多孔材料迁移的处理方法是 Fick 定理。该定理表明，通过渗透率为 ε、厚度为 l 的壁面每单位面积的水蒸气流量 W_v 是水蒸气压力差 $P_{vi}-P_{vo}$ 的函数，即：

$$W_v=\varepsilon\frac{p_{vi}-p_{vo}}{l} \tag{3-1-10}$$

这个公式并不能很好反映出水蒸气在材料中的迁移过程，只是在整体上给出了一个计算方法，与实际的过程有很大的不同。在某一相对湿度下，材料达到单分子膜完全形成的极限状态，此时材料吸收的水量 W_{L1} 与材料孔隙的表面积有如下关系：

$$W_{L1}=KS \tag{3-1-11}$$

式中 S——材料孔隙的表面积，m^2；

K——比例系数，等于单位面积单分子水膜重量。

其中：

$$K=\left(\frac{18}{N}\right)^{\frac{1}{8}} \tag{3-1-12}$$

式中 N——阿伏伽德罗常数，$6.023\times10^{22}/(g\cdot mol)$。

以此来解释材料吸湿和解湿特性，水蒸气渗透是以极限平衡湿度所对应的水蒸气分压力梯度进行的，只有在建筑墙体两边水蒸气都极低的情况下，才会出现水蒸气直接渗透的现象，此时，渗透过程可以用下面公式来描述：

$$q_m=-\varepsilon\frac{de}{dx} \tag{3-1-13}$$

式中 q_m——比水蒸气流，$kg/(m^2\cdot h)$；

$\frac{de}{dx}$——水蒸气分压力梯度。

参数渗透率 ε 一般通过一些试验来确定。

多孔材料中的水分一般以液体状态存在，但是在相对湿度为 95%以下时，可以认为材料中的水分是以水蒸气方式扩散的。

3.2 建筑墙体的防潮

在我国夏热冬冷地区和夏热冬暖地区，一年四季建筑室内外湿度均较大，特别是夏季雨水充沛。一般情况下，采用适当的屋顶形式排除雨水、底层架空和自然通风除湿，可以大大减少高湿度带来的影响。目前国内在建筑防潮设计中，是采用露点温度法和饱和水蒸气压曲线/水蒸气分压力曲线交叉法。

3.2.1 水蒸气渗透

当室内外空气中的含湿量不等，也就是建筑墙体两侧存在着水蒸气分压力差时，水蒸气分子就会从压力高的一侧通过建筑墙体向分压力低的一侧渗透扩散，这种传湿现象叫做水蒸气渗透。水蒸气渗透过程是水蒸气分子的转移过程，简称质传递或传湿。

分析建筑墙体的传湿，不仅有由水蒸气分压力差引起的水蒸气渗透，还由于温度差（传热）引起的水蒸气迁移，在冷凝区还存在饱和水蒸气及液态水的迁移问题，其计算十分复杂，目前在建筑中考虑建筑墙体的湿状况是按粗略分析法，即按稳态（或称准稳态——在一定时期内的平均值，如冬季或夏季等，相当于用积分中值定理，在这里若研究即时值没有实际应用意义）条件下单纯的水蒸气渗透考虑，在计算中，室内外水蒸气分压力都取为定值，不随时间而变，且忽略热湿交换（热质传递）过程中的相互影响，也不考虑建筑墙体内部液态水分的转移。稳态下纯水蒸气渗透过程的计算与稳态传热的计算方法相似，即在稳态条件下，单位时间内通过单位面积建筑墙体的水蒸气渗透量与室内外水蒸气分压力差成正比，与渗透过程中受到的阻力成反比，其计算公式如下（如图 3-2-1）：

$$\omega=\frac{1}{H_0}(P_i-P_e) \tag{3-2-1}$$

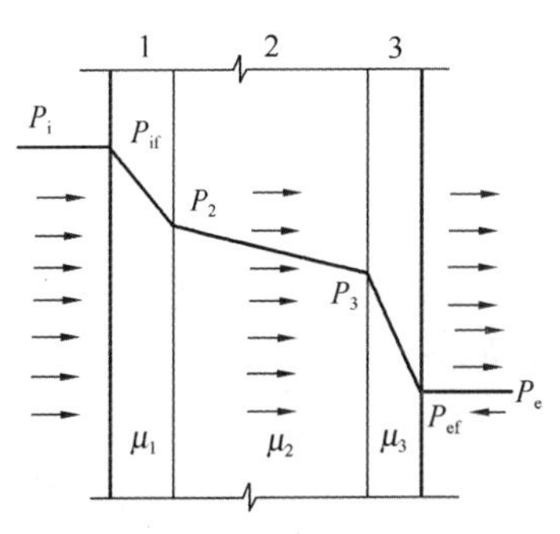

图 3-2-1 围护结构水蒸气渗透过程

式中　ω——水蒸气渗透强度，$g/(m^2 \cdot h)$；

H_0——建筑墙体的总水蒸气渗透阻，$(m^2 \cdot h \cdot Pa)/g$；

P_i——室内空气的水蒸气分压力，Pa；

P_e——室外空气的水蒸气分压力，Pa。

建筑墙体的总水蒸气渗透阻按下式确定：

$$H_0 = H_1 + H_2 + H_3 + \cdots H_n + \cdots = \frac{d_1}{\mu_1} + \frac{d_2}{\mu_2} + \frac{d_3}{\mu_3} + \cdots + \frac{d_n}{\mu_n} + \cdots \tag{3-2-2}$$

式中　d_1，d_2，d_3，…，d_n——从外墙内侧第一层算起的各构造层的厚度，m；

μ_1，μ_2，μ_3，…，μ_n——从外墙内侧第一层算起的各构造层的水蒸气渗透系数，$g/(m \cdot h \cdot Pa)$；

H_1，H_2，H_3，…，H_n——从外墙内侧第一层算起的各构造层的水蒸气渗透阻，$(m^2 \cdot h \cdot Pa)/g$。

水蒸气渗透系数是以1m厚的物体，两侧水蒸气压力差为1Pa时，1h内通过$1m^2$面积渗透的水蒸气量。用μ表示材料的透气能力，它与材料的密实程度和气孔结构有关，材料的孔隙率、开孔率越大，透气性就越强。玻璃和金属是不透水蒸气的。还应指出，材料的水蒸气渗透系数尚与温度和相对湿度有关，但在建筑热工计算中采用的是平均值（常温和一般湿度下的）。

水蒸气渗透阻是建筑墙体或某一材料层，其两侧水蒸气分压力差为1Pa，通过$1m^2$面积渗透1g水蒸气所需要的时间，单位为$(m^2 \cdot h \cdot Pa)/g$。由于建筑墙体内外表面（外侧的空气层流层）的湿转移阻Λ极小，与结构材料层的水蒸气渗透阻本身相比是很微小的，所以在计算总水蒸气渗透阻时可忽略不计。这样，建筑墙体内外表面的水蒸气分压力可近似地取为P_i和P_e。建筑墙体内任一层内界面上的水蒸气分压力，可按下式计算（与确定内部温度相似）：

$$P_m = P_i - \frac{\sum_{j-1}^{m-1} H_j}{H_0}(P_i - P_e) \tag{3-2-3}$$

$$m = 2,3,4,\cdots,n$$

式中，$\sum_{j-1}^{m-1} H_j$ 从室内一侧算起，由第一层至第$m-1$层的水蒸气渗透阻之和。

计算外墙内任一层内界面上的饱和水蒸气压$P_{s,m}$（$m=1$，2，…，$n+1$）（单位：Pa），当$m=n+1$时，是计算外墙外表面的饱和水蒸气压。在一定的大气压下（取在标准大气压下），饱和水蒸气压与温度是一一对应的关系，通过计算外墙内任一层内界面上的温度t_m（单位：℃），通过查标准大气压时不同温度下饱和水蒸气压表得到，其计算公式如下（材料排列顺序是由室内向室外）：

$$t_m = t_i - \frac{R_i + \sum_{j=0}^{m-1} R_j}{R_0}(t_i - t_e) \tag{3-2-4}$$

$$m = 1,2,3,\cdots,n+1$$

式中　R_0——外墙的传热阻，$m^2 \cdot K/W$；

R_i——外墙内表面换热阻，$m^2 \cdot K/W$；

$\sum_{j=0}^{m-1} R_j$——从室内算起，由第一层至第$m-1$层的热阻之和。

外墙的传热阻按式（3-2-6）计算：

$$R_0 = R_i + R_1 + R_2 + \cdots + R_n + R_e = R_i + \frac{d_1}{\lambda_1} + \frac{d_2}{\lambda_2} + \cdots + \frac{d_n}{\lambda_n} + R_e \tag{3-2-5}$$

式中　R_e——外墙外表面换热阻，$m^2 \cdot K/W$；

d_n——任一分层的厚度，m；

λ_n——任一分层材料的导热系数，$W/(m \cdot K)$；

R_n——任一分层材料的热阻，$m^2 \cdot K/W$。

材料的导热系数是材料自身的性能，只与材料自身有关。其物理含义为：1m 厚的该材料，两侧的温差为 1℃，1s 内通过 $1m^2$ 面积的热量。

3.2.2 空气温湿度

3.2.2.1 相对湿度和露点温度

在一定的气压和温度条件下，空气中所能容纳的水蒸气量有一饱和值；超过这个值，水蒸气就开始凝结，变为液态水。与饱和含湿量对应的水蒸气分压力称为饱和水蒸气分压力。饱和水蒸气分压力值随空气温度的不同而改变，图3-2-2表示的是在常压下空气温度与饱和水蒸气分压力的关系。

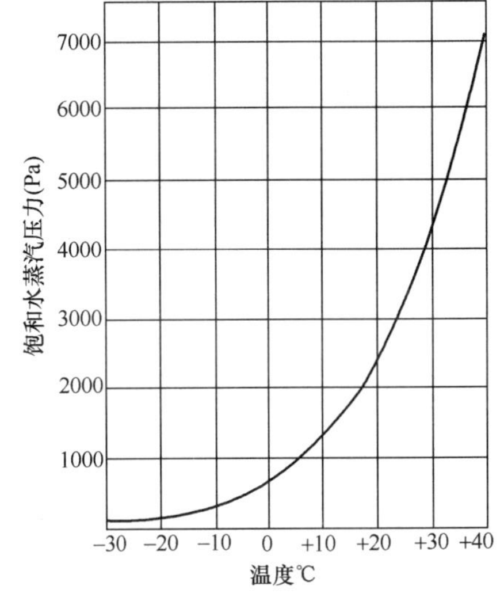

图 3-2-2 饱和水蒸气分压力与温度关系

如前所述，空气相对湿度 ϕ 是空气中实际的水蒸气分压力 P_i 与该温度下饱和水蒸气分压力 P_E 之比，即 $\varphi=(P_i/P_E)\times 100\%$。而从图 3-2-2 中可看出，饱和水蒸气分压力值随空气温度的增减而加大或减小。因此，当空气中实际含湿量不变，即实际水蒸气分压力 P_i 值不变，而空气温度降低时，相对湿度将逐渐增高；当相对湿度达到 100%后，如温度继续下降，则空气中的水蒸气将凝结析出。相对湿度达到 100%，即空气达到饱和状态时所对应的温度，称为“露点温度”，通常以符号 t_d 表示。

3.2.2.2 湿球温度、空气温湿图

室内空气的相对湿度，可用于湿球温度计来测量。湿球温度计下端用浸水的纱布包裹（图 3-2-3）。由于纱布很潮湿，其周围水蒸气分压力大于空气水蒸气分压力，纱布中的水分向四周蒸发扩散，同时要吸收相应的汽化热，从而使纱布温度降低，低于周围空气温度，这时周围空气将传给纱布一定热量，当纱布蒸发所消耗的汽化热与空气传给纱布的热量平衡时，湿球温度计的温度将不再降低，这时读出的温度称湿球温度 t_W。由于纱布上水分的蒸发速率和周围空气的干燥程度直接相关，在测得空气的干、湿球温度后即可从空气温湿图中（图 3-2-4）粗略地得出空气相对湿度和水蒸气分压力。

空气温湿图是按照湿空气的物理性质绘制的工具图，它表示在标准大气压力下，空气温度（干球温度）、湿球温度、水蒸气分压力、相对湿度之间的相互关系。

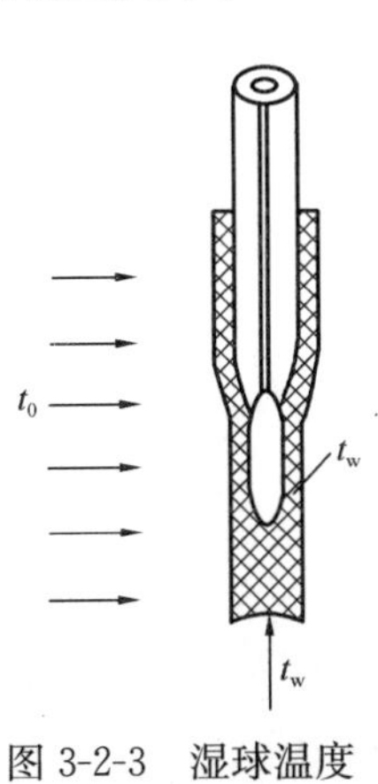

图 3-2-3 湿球温度

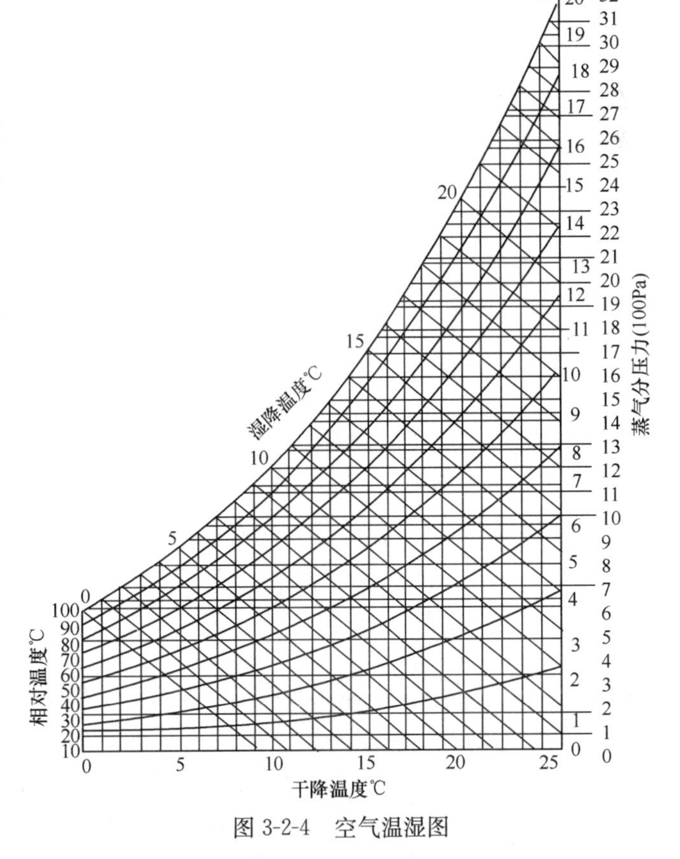

图 3-2-4 空气温湿图

3.2.2.3 室内空气湿度

随着室内外空气的对流，室外空气的含湿量直接影响室内空气湿度。冬季采暖房间室内温度增高，使空气饱和水蒸气分压力大大高于室外，虽然室内的一些设备和人的活动会散发水蒸气，增加室内湿度，使室内实际水蒸气分压力高于室外，但由于冬季室内、外空气温度相差较大，二者的饱和水蒸气分压力有很大差距，从而使室内相对湿度往往偏低。一般是换气次数越多，室内相对湿度会越低，甚至要求另外加湿才能满足正常舒适要求。

3.2.3 内部冷凝和冷凝量的检验

建筑墙体的内部冷凝，危害是很大的，而且是一种看不见的隐患。设计之初应分析所设计的构造方案是否会产生内部冷凝现象，以便采取措施加以消除，或控制其影响程度。

3.2.3.1 冷凝判别

（1）根据室内外空气的温度和相对湿度（t 和 φ），确定水蒸气分压力 P_i 和 P_e，然后按式（3-2-3）计算建筑墙体各层的水蒸气分压力，并作出“P”分布线。对于采暖房屋，设计中取当地采暖期的室外空气的平均温度和平均相对湿度作为室外计算参数（因为研究的是整个采暖期中的问题，不是研究某时刻的状态）。

（2）根据室内外空气温度 t_i 和 t_e，确定各层温度，作出相应的饱和水蒸气分压力“P_s”的分布线。

（3）根据“P”线和“P_s”线相交与否来判断是否含出现冷凝现象，若不相交（图 3-2-5a），则内部不会产生冷凝，相交则内部会有冷凝（图 3-2-5b）。

如前所述，内部冷凝现象一般出现在复合构造的建筑墙体，若材料层的布置方式是沿水蒸气渗透方向先设置水蒸气渗透阻小的材料层，其后才是水蒸气渗透阻大的材料层，则水蒸气将在两材料层相交的界面处遇到较大的水蒸气渗透阻力，从而发生冷凝现象。通常把这个最易出现冷凝，而且凝结最严重的界面，叫做建筑墙体“冷凝界面”。如图 3-2-6 所示，冷凝界面一般出现在保温材料外侧与密实材料交界处。

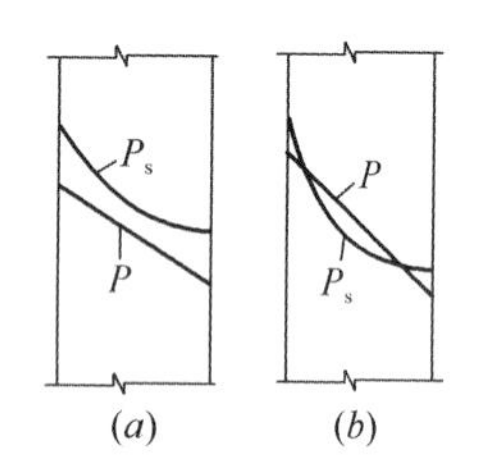

图 3-2-5 判别围护结构内部冷凝情况
（a）无内部冷凝；（b）有内部冷凝

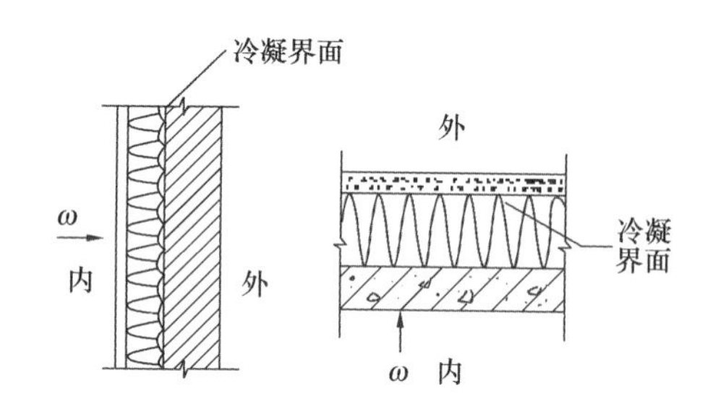

图 3-2-6 冷凝界面

3.2.3.2 冷凝强度计算

显然，当出现内部冷凝时，冷凝界面处的水蒸气分压力已达到该界面温度下的水蒸气饱和状态，其饱和水蒸气分压力为 $P_{s,c}$。设水蒸气分压力较高一侧空气进到冷凝界面的水蒸气渗透强度 ω_1，从界面渗透到分压力较低一侧空气渗透强度 ω_2，两者之差即是界面处的冷凝强度 ω_c（如图 3-2-7），即：

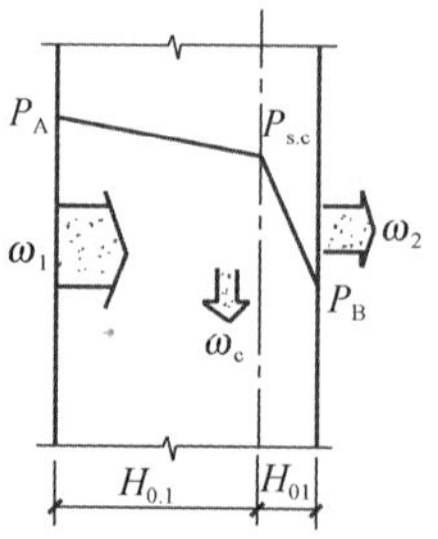

$$\omega_c = \omega_1 - \omega_2 = \frac{P_A - P_{s,c}}{H_{o,i}} - \frac{P_{s,c} - P_B}{H_{o,e}} \tag{3-2-6}$$

式中 ω_c——界面处的冷凝强度，g/(m^2 · h)；

ω_1、ω_2——界面两侧的水蒸气渗透强度，g/(m^2 · h)；

P_A——分压力较高一侧空气的水蒸气分压力，Pa；

P_B——分压力较低一侧空气的水蒸气分压力，Pa；

内部冷凝强度

图 3-2-7 判别内部冷凝强度

$P_{s,c}$——冷凝界面处的饱和水蒸气分压力，Pa；

$H_{o,i}$——在冷凝界面水蒸气流入一侧的水蒸气渗透阻，$m^2 \cdot h \cdot Pa/g$；

$H_{o,e}$——在冷凝界面水蒸气流出一侧的水蒸气渗透阻，$m^2 \cdot h \cdot Pa/g$。

3.2.3.3 采暖期累计凝结量估算

建筑墙体内的水蒸气渗透和凝结过程一般十分缓慢，而且随着气候变化，在采暖期过后室内外水蒸气分压力接近，水蒸气不再向一个方向渗透，在其他季节建筑墙体内的凝结水还可逐步向室内外散发，因此在采暖期建筑墙体内的水蒸气凝结量如果保持在一定范围内，对保温材料影响不大，则少量凝结也可允许存在。

采暖期总冷凝量计算方法为：

$$\omega_{c,o} = 24\omega_c Z_h \tag{3-2-7}$$

式中 $\omega_{c,o}$——采暖期内建筑墙体的每平方米面积上的总凝结量，g；

ω_c——界面处的冷凝强度，$g/(m^2 \cdot h)$；

Z_h——采暖天数，d。

采暖期内保温层材料重量湿度增量计算式为：

$$\Delta\omega = \frac{24\omega_c Z_h}{1000 d_i \rho_i} \times 100\% \tag{3-2-8}$$

式中 $\Delta\omega$——材料重量湿度的增量，%；

d_i——保温材料厚度，m；

ρ_i——保温材料的密度，kg/m^3。

应该指出，上述的估算是很粗略的，当出现内部冷凝后，必须考虑冷凝范围内的液相水分的迁移机理，方能得出较精确的结果。

应保证建筑墙体内部正常湿度状况所必需的水蒸气渗透阻。一般采暖房屋，在墙体内部出现少量凝结水是允许的，这些凝结水在暖季会从结构内部蒸发出去，但为保证结构耐久性，在采暖期内，建筑墙体中的保温材料因内部冷凝受潮而增加的湿度，不应超过一定限值。表 3-2-1 列出了部分保温材料的湿度允许增量。

采暖期间保温材料重量湿度的允许增量 **表 3-2-1**

保 温 材 料	[$\Delta\omega$]（%）
多孔混凝土（泡沫混凝土、加气混凝土），ρ_0=500～700kg/m^3	4
水泥膨胀珍珠岩和水泥膨胀蛭石等，ρ_0=300～500kg/m^3	6
沥青膨胀珍珠岩和水泥膨胀蛭石等，ρ_0=300～400kg/m^3	7
水泥纤维板	5
矿棉、岩棉、玻璃棉及其制品（板或毡）	3
聚乙烯泡沫塑料	15
矿渣和炉渣填料	2

3.2.4 建筑墙体内表面冷凝及防止措施

在冬季，建筑墙体内表面的温度经常低于室内空气温度，当内表面温度低于室内空气露点温度时，空气中的水蒸气就会在内表面凝结。因此，检验内表面是否会有冷凝主要依据其温度是否低于露点温度。图 3-2-8 为建筑墙体表面冷凝过程。

防止墙和屋顶内表面产生冷凝是建筑热工设计基本要求，防止和控制具体措施如下：

（1）使建筑外墙具有足够的保温能力，其传热阻值至少应在规定最小传热阻以上，并应注意防止冷（热）桥处发生结露。

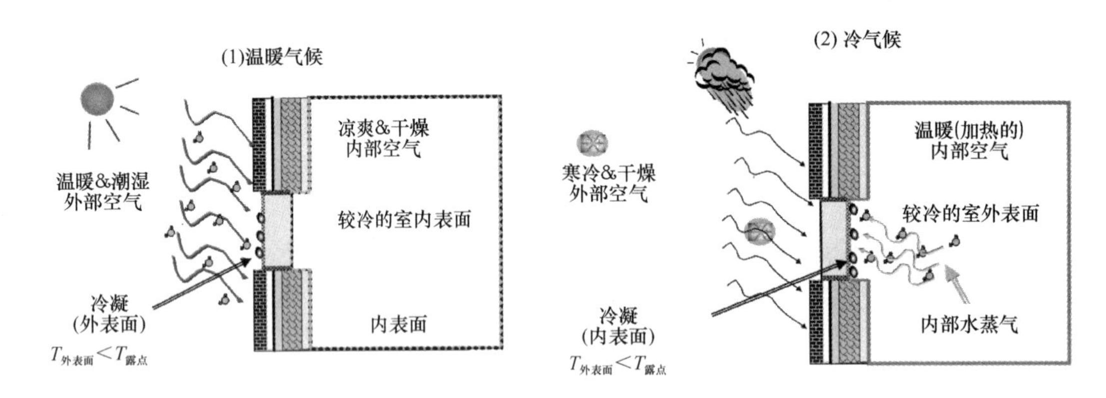

图 3-2-8　建筑墙体表面冷凝过程的示意图

(2) 如室内空气湿度过大，可利用通风降湿。

(3) 普通房间的建筑墙体内表面最好用具有一定吸湿性的材料，使由于温度波动而只在一天中温度低的一段时间内产生的少量凝结水可以被结构内表面吸收。在室内温度高而相对湿度低时又返回室内空气，即“呼吸”作用。

(4) 对室内湿度大，内表面可避免有冷凝的房间，如公共浴室，采用光滑不易吸水的材料作内表面，同时加设导水设施，将凝结水导出。

(5) 对于“单一材料”或复合结构的轻质墙体及用轻质材料的内保温墙体，计算出的最小传热阻还应按《民用建筑热工设计规范》(GB 50176—93) 表 4.1.2 的规定进行验算，对轻质外墙最小传热阻还有附加值。对节能建筑的外墙而言，几乎都能满足热阻附加值的要求，但必须验算，以防万一。

3.2.5　不同保温层位置的设置对墙体水蒸气渗透的影响

一个墙面所承受的露水量取决于它的倾斜角度而非热工特性。但在晴朗的夜晚，露水量则决定了外墙的蓄热性能和传热性能。外墙保温系统表面和它的周围环境之间进行长波辐射交换。由于夜间没有阳光照射，而且在天气晴朗（无云）时，大气反射也大大低于墙外表面的辐射，因此，复合墙体外层表面的热量会散失被大气吸收。如果室内不再有热量供给，而且外墙内表层的蓄热能力较低，那么就会导致外墙过于冷却，以至于外墙内表面的温度低于室内空气的露点温度而出现冷凝。

在北方严寒或寒冷地区，设计者对节能建筑的设计都比较保守，致使节能建筑的冬季室温一般都比传统砖混建筑的冬季室温高，而且气密性很好，所以节能建筑冬季室内空气的绝对湿度也比传统砖混建筑室内空气的绝对湿度大；而且节能建筑都采用了节能门窗，它们的缝隙小，气密性好，墙上或窗上几乎都没有设置通风换气窗（或孔），没有良好的通风、换气、排潮设施，室内空气中的湿气不能很好地排除，使室内空气湿度居高不下，这就加大了墙体的传湿负荷，由于保温材料绝大多数都是水蒸气渗透系数大的材料，其蒸气渗透阻较小，所以保温层位置的设置对墙体传湿尤为重要。

通过墙体冷凝验算方法，分析我国严寒地区（以哈尔滨为例）采暖期内四种保温形式的墙体冷凝情况，只有外保温构造形式才具有热湿传递的合理性。按照《民用建筑热工设计规范》(GB 50176—93) 中采暖期间保温材料湿度的允许增量来计算内保温、夹芯保温、自保温的湿度增量，内保温构造已经不能满足民用建筑热工设计规范要求，虽然夹芯保温、自保温构造墙体的湿度增量在一般情况下不会超过允许值，但冷凝位置（0℃以下）会对夹芯保温、自保温构造造成冻胀破坏。

3.2.5.1　外墙外保温冷凝分析

1. 构造及材料参数

现以哈尔滨（采暖期的室内温度为 18℃，室内相对湿度为 60%，室外平均气温为－10℃，室外平均相对湿度为 66%，采暖天数为 176 天）为例进行分析。假设外墙的基本构造为：内饰面＋200mm 厚钢筋混凝土墙＋10mm 厚聚苯板粘结砂浆粘贴 60mm 厚 EPS 板＋4mm 厚抹面砂浆（压入一层耐碱玻纤网布）＋柔性耐水腻子＋涂料。各层材料及其性能参数和计算结果见表 3-2-2。

点框粘 EPS 板薄抹灰涂料饰面材料性质 **表 3-2-2**

结构形式	材料名称/序号	厚度 d (m)	导热系数 λ [W/(m·K)]	材料的蒸汽渗透系数 μ [g/(m·h·pa)10⁻⁴]	热阻 $R=\frac{d}{\lambda}$ (m²·K)/W	水蒸气渗透阻 $H=\frac{d}{\mu}$ (m²·h·pa)/g
点框粘 EPS 板薄抹灰涂料饰面外保温	内饰面层/1	0.002	0.60	0.1	0.0033	200.00
	钢筋混凝土/2	0.200	1.74	0.158	0.1149	12658.23
	EPS 粘结砂浆/3	0.010	0.76	0.21	0.0132	476.19
	模塑聚苯板/4	0.080	0.041	0.162	1.95	4938.27
	抹面砂浆/5	0.004	0.81	0.21	0.0049	190.48
	涂料饰面/6	0.002	0.50	0.1	0.0040	200.00

注：以上数据参考《民用建筑热工设计规范》(GB 50176—93)。

2. 计算结果

(1) 室内、外空气的水蒸气分压力

$t_i=18℃$时，$P_{s,i}=2062.5\text{Pa}$

$P_1=2062.5\text{Pa}\times60\%=1237.5\text{Pa}$

$t_e=-10℃$时，$P_{s,e}=260.0\text{Pa}$

$P_7=260.0\text{Pa}\times66\%=171.6\text{Pa}$

(2) 外墙各层材料内表面的水蒸气分压力

$$P_2=1237.5-\frac{200}{18663.17}(1237.5-171.6)=1226.08\text{Pa}$$

$$P_3=1237.5-\frac{12858.23}{18663.17}(1237.5-171.6)=503.13\text{Pa}$$

$$P_4=1237.5-\frac{13334.42}{18663.17}(1237.5-171.6)=475.94\text{Pa}$$

$$P_5=1237.5-\frac{18272.69}{18663.17}(1237.5-171.6)=193.90\text{Pa}$$

$$P_6=1237.5-\frac{18463.17}{18663.17}(1237.5-171.6)=183.02\text{Pa}$$

(3) 外墙各层材料内表面的饱和水蒸气压力

$$t_1=18-\frac{0.1100}{1.7525}(18-(-10))=16.625℃ \qquad p_{s,1}=1890.92(\text{Pa})$$

$$t_2=18-\frac{0.1133}{2.2416}(18-(-10))=16.58℃ \qquad p_{s,2}=1885.92(\text{Pa})$$

$$t_3=18-\frac{0.2283}{2.2416}(18-(-10))=15.15℃ \qquad p_{s,3}=1721.05(\text{Pa})$$

$$t_4=18-\frac{0.2414}{2.2416}(18-(-10))=14.98℃ \qquad p_{s,4}=1702.21(\text{Pa})$$

$$t_5=18-\frac{2.1926}{1.7525}(18-(-10))=-9.39℃ \qquad p_{s,5}=273.60(\text{Pa})$$

$$t_6=18-\frac{2.1975}{2.2416}(18-(-10))=-9.45℃ \qquad p_{s,6}=272.64(\text{Pa})$$

$$t_7=18-\frac{2.20159}{2.2416}(18-(-10))=-9.5℃ \qquad p_{s,7}=271.99(\text{Pa})$$

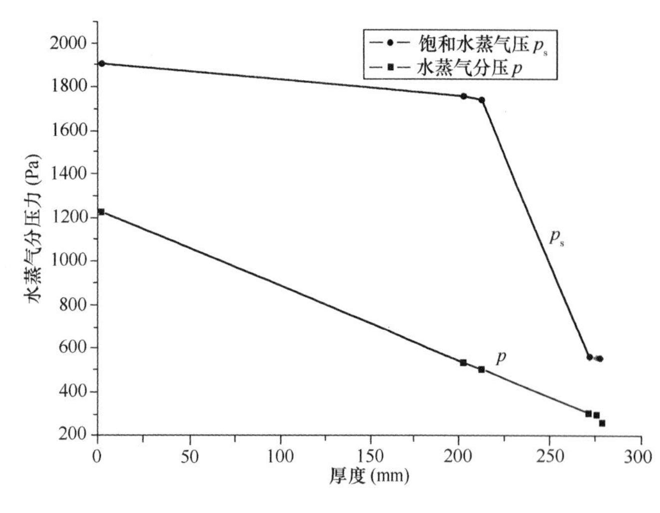

图 3-2-9　外墙外保温水蒸气分压力分布图

(4) 外墙中的水蒸气分压力和饱和水蒸气分压力分布图（图 3-2-9）。

3. 结果分析

在墙体沿厚度的同一位置上，饱和水蒸气分压力高于外墙中水蒸气分压力时，这种保温构造在此环境下是不会冷凝的。

3.2.5.2　外墙内保温冷凝分析

1. 构造及材料参数

外墙内保温的构造为：内饰面＋25mm 厚抹面砂浆(压入一层耐碱玻纤网布)＋80mm 厚 EPS 板＋10mm 厚 EPS 板粘结砂浆＋200mm 厚钢筋混凝土墙＋柔性耐水腻子＋涂料。各层材料及其性能参数见表 3-2-3。

材 料 性 能 参 数　　　　**表 3-2-3**

结构形式	材料名称/序号	厚度 d(m)	导热系数 λ [W/(m·K)]	材料的蒸汽渗透系数 μ [g/(m·h·pa)×10^{-4}]
内保温	内饰面层/1	0.002	0.60	0.1
	抹面砂浆/2	0.025	0.81	0.21
	EPS 板/3	0.080	0.041	0.162
	EPS 板粘结砂浆/4	0.010	0.76	0.21
	钢筋混凝土/5	0.200	1.74	0.158
	涂料饰面/6	0.002	0.50	0.1

2. 计算结果

见图 3-2-10。

3. 结果分析

在 EPS 板内会出现饱和水蒸气压小于水蒸气分压力的情况，这种保温构造在此环境下是会冷凝的，冷凝位置是在保温层外界面。围护结构中保温材料因内部冷凝受潮而产生的湿度增量小于允许湿度增量，允许湿度增量在设计规范中规定聚苯乙烯泡沫塑料为 15%，按式(3-2-8) 计算得到 EPS 板的湿度增加量为 Δw ＝35.8%，(计算时，ρ 保温材料干密度，EPS 板取为 20kg/m³，加气混凝土取为 500kg/m³)，这一数值已经远超过设计值。

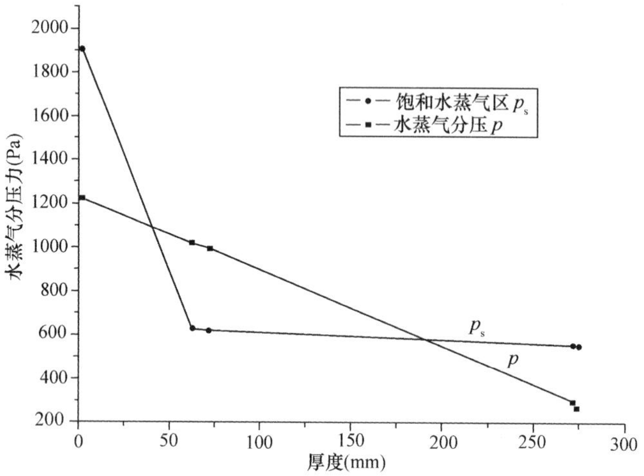

图 3-2-10　外墙内保温水蒸气分压力分布图

3.2.5.3　外墙夹芯保温冷凝分析

1. 构造及材料参数

外墙的构造为：内饰面＋160mm 厚钢筋混凝土墙＋80mm 厚 EPS 板＋40mm 厚钢筋混凝土墙＋柔性耐水腻子＋涂料。各层材料及其性能参数见表 3-2-4。

材 料 性 能 参 数 **表 3-2-4**

结构形式	材料名称/序号	厚度 d (m)	导热系数 λ [W/(m·K)]	材料的蒸汽渗透系数 μ [g/(m·h·pa)×10^{-4}]
夹芯保温	内饰面层/1	0.002	0.60	0.1
	钢筋混凝土/2	0.160	1.74	0.158
	EPS 板/3	0.080	0.041	0.162
	钢筋混凝土/4	0.040	1.74	0.158
	涂料饰面/5	0.002	0.50	0.1

2. 计算结果

见图 3-2-11。

3. 结果分析

在 EPS 板内会出现饱和水蒸气压小于水蒸气分压力的情况，这种保温构造在此环境下会冷凝，冷凝位置在保温层外界面。湿度增量为 $\Delta w=6.1\%$，未超过规范设计值。

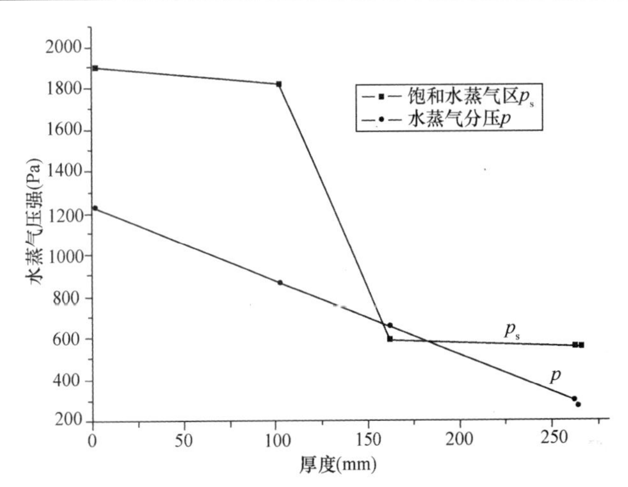

图 3-2-11　外墙夹芯保温水蒸气分压力分布图

3.2.5.4　外墙自保温冷凝分析

1. 构造及材料参数

外墙的构造为：内饰面＋10mm 厚水泥砂浆＋400mm 厚加气混凝土＋20mm 厚水泥砂浆＋涂料，各层材料及其性能参数见表 3-2-5。

材 料 性 能 参 数 **表 3-2-5**

结构形式	材料名称/序号	厚度 d (m)	导热系数 λ [W/ (m·K)]	材料的蒸汽渗透系数 μ [g/ (m·h·pa) ×10^{-4}]
自保温	内饰面层/1	0.002	0.60	0.1
	水泥砂浆/2	0.160	0.81	0.21
	加气混凝土/3	0.080	0.19	0.998
	水泥砂浆/4	0.040	0.81	0.21
	涂料饰面/5	0.002	0.50	0.1

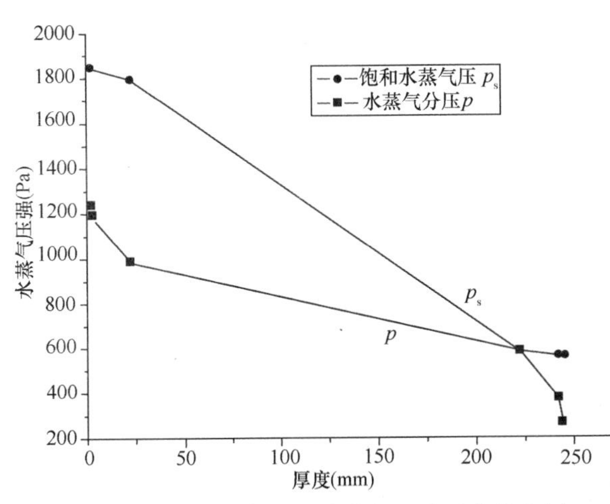

图 3-2-12　外墙自保温水蒸气分压力分布图

2. 计算结果

见图 3-2-12。

3. 结果分析

在加气混凝土内会出现饱和水蒸气压小于水蒸气分压力的情况下，这种保温构造在此环境下是会冷凝的，冷凝位置在加气混凝土靠外侧附近。湿度增量为 $\Delta w=0.23\%$，未超过规范设计值。冷凝位置经常在 0℃以下，由此带来结冰的冻胀破坏更为严重。

3.2.5.5　四种保温构造冷凝结果的对比分析

（1）选用内保温、夹芯保温和自保温时都应进行冷凝验算，然后进行特殊处理，按照《民用建筑热工设计规范》（GB 50176—93）规定的做法——在冷凝界面内侧增加隔气层或提高已有隔气层的隔气能力。但是，在全年中存在着反向的水蒸气迁移时，隔气层又可能起到反作用。为解决这种矛盾，有些建筑会采用双侧设置隔气层的措施，设置双侧隔气层这种措施要慎用，万一内部出现冷凝水或其他原因带入或进入的液态水时将很难蒸发出去，易造成更大的危害。

（2）综上所述，控制外墙中因冷凝水而导致含湿增加量小于设计规定值的做法只是满足热工设计要求，但却无法避免冻胀破坏；设置隔气层这一做法受到各种因素限制，也不适合大多数情况使用；唯有外墙外保温是合理的设计，让水蒸气在墙体中做到“进难出易”；外饰面为面砖时（特别是面砖较厚和透气性差——面砖透气性太好，本身又不抗冻）或者透气性差的涂料时，要根据当地气候环境进行冷凝验算，选取合适的材料，避免工程事故及不必要的浪费。

3.3 外墙外保温系统的防水性和透气性

外墙外保温系统是由保温层和防护层组成（包含装饰系统），是附着在结构墙体表面垂直于地面的非承重构造。对于防水性而言，要求该系统能够抵御外界液态水的侵入；对于透气性而言，要求室内外水蒸气分压力差导致的水蒸气迁移能够正常进行。

3.3.1 Kuenzel 外墙保护理论

1968 年，德国物理学博士金策尔（Kuenzel）博士率先提出外墙防水抹灰技术指标（Kuenzel 外墙保护理论）。后来被欧洲各种建材标准广泛引用：

$$W \leqslant 0.5 \tag{3-3-1}$$

$$S_d \leqslant 2 \tag{3-3-2}$$

$$W \cdot S_d \leqslant 0.2 \tag{3-3-3}$$

式中 W——吸水速率，$kg/(m^2 \cdot h^{0.5})$，评价材料吸水快慢的过程；

S_d——等效静止空气层厚度，m，评价材料干燥能力（透气性）。

式（3-3-1）是对材料吸水能力的要求；式（3-3-2）是对材料透气性的要求，描述系统透气能力的指标还有水蒸气湿流密度、水蒸气渗透系数等，这些指标都可以相互转换；式（3-3-3）综合两者指标要求，提出统一协调的指标要求（如图 3-3-1）。

3.3.2 材料吸水性能

材料吸水性能一般以材料的吸水系数来表示，同一材料的吸水系数是恒定的，在达到饱和前，材料吸水量和时间的平方根成正比，达到饱和状态后，就是一条与时间轴线平行的直线（图 3-3-2）。

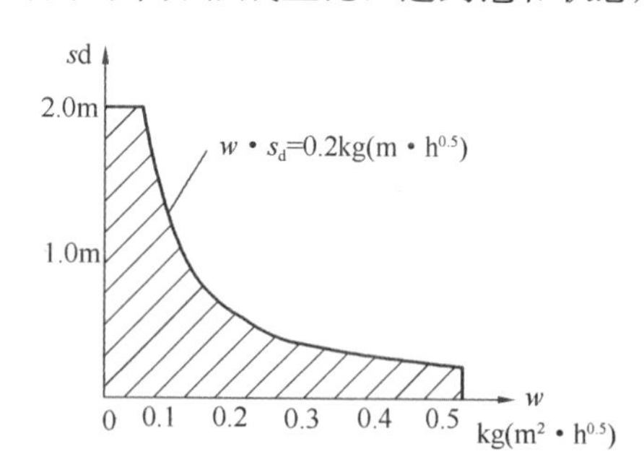

图 3-3-1 材料吸水性和透气性关系图

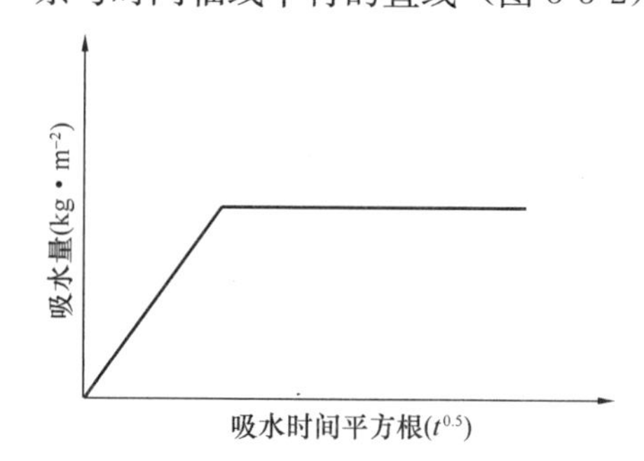

图 3-3-2 材料吸水性与吸水时间的关系

3.3.3 材料憎水性能

将液体滴在固体基材表面，当固、液表面相接触时，在界面边缘处会形成一个夹角 $\theta°$，也即常说的

“接触角”。如图 3-3-3 所示，可以通过 θ° 的大小来衡量液体对固体基材润湿程度，或者基材的憎水程度。

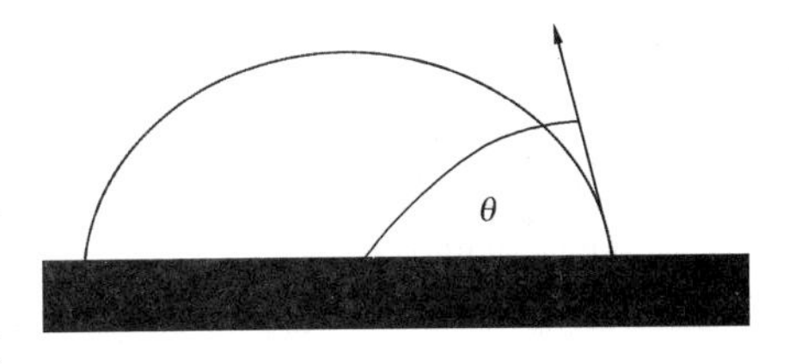

图 3-3-3　与基材表面润湿时的接触角

在试验过程中将砂浆放于平整台面上，用滴管滴 2～3 滴水珠在砂浆块表面，在 1min 内根据水珠在砂浆表面的静态接触角来判断表面疏水效果，判断标准见表 3-3-1。当然在衡量疏水效果时，还应考虑动态接触角，因为涉及比较复杂，暂不加以讨论。一般地，在自然界，水珠在荷叶等植物表面接触角能大于 130°，所以当水珠在基材上接触角较大时，我们可称该基材具有“荷叶效果”。在选用憎水材料时，要充分考虑外保温系统对材料性能指标的相关规定，应将材料的憎水率控制在较合理的比率，这样既满足了各层材料间的粘结性能，又保障了系统的安全性。

表面疏水效果与初期接触角关系　　　　表 3-3-1

疏水等级	接触角 θ	与基材润湿效果
Ⅰ级	$\theta \leqslant 30°$	完全润湿
Ⅱ级	$30° < \theta \leqslant 90°$	明显润湿
Ⅲ级	$90° < \theta \leqslant 110°$	轻微润湿
Ⅳ级	$110° < \theta \leqslant 130°$	良好憎水性
Ⅴ级	$\theta > 130°$	非常好的憎水性

3.3.4　材料透气性能

材料透气性能一般以材料的等效静止空气层厚度或材料的湿流密度来描述。

$$S_d = \mu \cdot s \tag{3-3-4}$$

式中　S_d——等效静止空气层厚度，m；

μ——扩散阻力系数，空气 $\mu=1$；

s——涂膜厚度，m。

对于理论中所涉及的指标在试验过程中离散性是很大的，需要有大量的试验数据作为支撑，金策尔（Kuenzel）博士后来在《外墙抹灰技术》文中也提到对于材料吸水性和透气性研究的工程实际应用经验是占有很大的因素。透气性指标以等效空气层厚度来表示的检验方法也只有欧洲标准 EN12866 采用，其他标准都是以水蒸气湿流密度来检验，然后通过代换得到等效空气层厚度指标，数据绝对值准确率虽不高，但用同一种检验方法对比两种材料相对值是很有应用意义的。

3.3.5　系统防水和透气性能

国内外颁布的各种外墙保温系统标准、施工技术规程等各种标准对于材料的吸水性和透气性的指标要求，摘录见表 3-3-2。

材料吸水性和透气性　　　　表 3-3-2

标　准	吸水性	透气性	备　注
《膨胀聚苯板薄抹灰外墙外保温系统》(JG 149—2003)	5mm 厚防护层，浸水 24h，吸水量 ≤500g/m²[相当于 0.1kg(m² · $h^{0.5}$)]	防护层和饰面层一起，水蒸气湿流密度要≥0.95g/(m² · $h^{0.5}$)(相当于 1.2m)	吸水性按 JG 149—2003 测定；水蒸气湿流密度按《建筑材料水蒸气透过性能试验方法》(GB/T 17146—1997)中的水法测定
《胶粉聚苯颗粒外墙外保温系统》(JG 158—2004)	浸水 1h，吸水量≤1000g/m²[相当于 1kg(m² · $h^{0.5}$)]	水蒸气湿流密度要≥0.85g/(m² · $h^{0.5}$)(相当于 1.2m)	—

续表

标　准	吸 水 性	透 气 性	备　注
《外墙外保温工程技术规程》(JGJ 144—2004)	只有抹面层或带有全部保护层，浸水 1h，吸水量≤1000g/m²[相当于 1kg(m²·h$^{0.5}$)]	水蒸气湿流密度要符合设计要求	吸水性按 JGJ 144—2004 测定；水蒸气湿流密度按《建筑材料水蒸气透过性能试验方法》(GB/T 17146—1997)中的干燥剂法测定
《膨胀聚苯板外墙外保温复合系统》(EN 13499：2003)	防护层：≤0.5kg(m²·h$^{0.5}$)	防护层和饰面涂层一起≥20.4g/(m²·h$^{0.5}$)(相当于 1m)	吸水性按 EN 1602－3：1998 测定：透气性按 EN ISO 77832：1999 测定
《有抹面层的外墙外保温复合系统欧洲技术认证标准》(ETAG 004：2000)	浸水 24h，吸水量≤0.5g/m²[相当于 0.1kg (m²·h$^{0.5}$)]	防护层和饰面涂层一起；泡沫塑料类保温材料厚≤2m；矿物保温材料厚 1m	吸水性按 EN1609：1997《建筑用绝热产品通过部分浸水测定短期吸水性》测定

欧洲标准《色漆和清漆抹灰层和混凝土基面上的外用涂料和涂料系统分类－1. 分类》（EN 1062—1：2002）规定，按《色漆和清漆抹灰层和混凝土基面上的外用涂料和涂料系统分类－3. 吸水性的测定和分类》（EN 1062—3：1998）测定吸水性，按表 3-3-3 将涂料分类，便于用户选用。

按吸水性分类　　表 3-3-3

分　类	W_0	W_1	W_2	W_3
吸水性	—	高	中	低
要求[kg/(m²·h$^{0.5}$)]	无要求	>0.5	$0.5 \geq W_2 > 0.1$	≤0.1

欧洲标准《色漆和清漆抹灰层和混凝土基面上的外用涂料和涂料系统分类－1. 分类》（EN 1062—1：2002），按《色漆和清漆抹灰层和混凝土基面上的外用涂料和涂料系统分类－2. 透水汽性测定和分类》（EN ISO 7783－2：1999）测定透气性，按表 3-3-4 分类作为用户选用依据。

按透气性分类　　表 3-3-4

分类	V_0	V_1	V_2	V_3
透气性	—	高	中	低
g/(m²·d)	无要求	>150	$15 \leq V_2 > 150$	<15
要求(m)(阻力，相当于静止空气层厚度)	—	<0.14	$0.14 \leq V_2 < 1.4$	≥1.4

根据《色漆和清漆抹灰层和混凝土基面上的外用涂料和涂料系统分类－2. 透水汽性测定和分类》（EN ISO 7783—2：1999）标准中的中等透气水平，可得出这样一个方程式：

$$1/V_{EIFS} = 1/V_{砂浆} + 1/V_{涂料} \quad (3\text{-}3\text{-}5)$$

根据方程式 $S_d = 20.357/V$，可以得出一个新公式：

$$S_{d,EIFS} = S_{d,砂浆} + S_{d,涂料} \quad (3\text{-}3\text{-}6)$$

外保温材料生产厂家测量出砂浆 S_d 值，涂料生产厂家测量出涂料 S_d 值，就很容易算出外保温系统的 S_d 值是否符合要求。S_d 值是越小越好，对应涂料的透气性越高。

行业标准《外墙涂料水蒸气透过率的测定及分级》（征求意见稿）的测试方法与《建筑材料水蒸气透过性能试验方法》（GB/T 17146—1997）有所不同。它用饱和的磷酸二氢铵溶液代替水，其相对湿度是恒定 93%与实验室相对湿度 50%差产生水蒸气流。其结果可用水蒸气透过率 V 表示，其单位是 g/(m²·d)，也可用透气阻力 S_d（扩散等量空气层厚度）表示，其单位是 m，两者的换算关系是 $S_d = 20.357/V$，但 S_d 值表征涂料透气性更科学和直观，因为涂膜越厚 S_d 值越大，透气性越差，所以欧洲外墙涂料均有 S_d 值这一项检测指标。

此外，在试板养护方面两者也有差别，在《建筑材料水蒸气透过性能试验方法》（GB/T 17146—

1997）中，其测试方法是针对所有建筑材料，涂料在户外干燥过程与实验室干燥不尽相同。行业标准《外墙涂料水蒸气透过率的测定及分级》（征求意见稿）中增加了样板老化处理。当外墙在户外暴露时，会受雨水冲刷和高温袭击。雨水会带走涂层中的可溶性成分，高温会使涂膜软化，结果涂膜更致密，透气性会变差。在《膨胀聚苯板薄抹灰外墙外保温系统》（JG 149—2003）中，样板没有经过老化处理，所测数据会比实际偏小。

3.3.6 外保温系统的防水性和透气性设计原则

（1）通过对水和水蒸气迁移的影响因素分析，不难得出结论，外墙外保温系统不能采用完全闭孔或孔隙率非常低的保温材料。

（2）表面与水直接接触的装饰层或防护层材料应选用毛细孔率较高的憎水材料，水接触墙表面形成水珠滑落（荷叶效应），以达到界面防水的作用。

国外研究表明，只有当透气性和吸水性达到某一合适的比值时，建筑物保温层、防护面层才具有良好的保护功能。通常国外用吸水系数来表示材料的吸水性，即：

$$K = W/S \cdot \sqrt{t} \tag{3-3-7}$$

式中 K——吸水系数，kg/(m^2 · $\sqrt{\text{h}}$)；

W——吸水量，kg；

S——吸水面积，m^2；

t——吸水时间，h。

建筑物外保温中往往用水蒸气渗透系数 μ 来表明材料透气能力，材料孔隙率越高，透气性越强，静止空气的水蒸气渗透系数 μ 为 6.08×10^{-4}g/(m · s · Pa)，μ 值越高透气性能越好。

从表面防护的角度来说，吸水性越小越好，而透气性越大越好，理想的外墙保温系统表面既没有吸水性，又没有水蒸气的扩散阻力，但这是不可能的，国外通常要求吸水性与透气性较为理想的范围为：$K\leqslant0.5$kg/(m^2 · h$^{0.5}$)。

上述数据是对一般建筑用砂浆的吸水性要求，对于混凝土材料，其吸水性是达不到上述要求的，表3-3-5列出部分建筑外墙材料的吸水系数。从表中可以看出，上述材料若不进行拒水防护是不能达到表面耐冻融要求的，进而必然会造成外墙出现裂纹。

部分建筑外墙材料的吸水系数 **表 3-3-5**

材 料 名 称	吸水系数[kg/(m^2 · h$^{0.5}$)]
水泥砂浆	2.0～4.0
混凝土	1.1～1.8
实心黏土砖	2.9～3.5
多孔黏土砖	8.3～8.9
加气混凝土砌块	4.4～4.7

3.4 外墙外保温系统防水屏障和水蒸气迁移扩散构造

在外墙外保温系统构造中设置了一道防水构造层，放置于抗裂保护面层之上，在保持水蒸气渗透系数基本不变的前提下，大幅度地将面层材料的表面吸水系数降低，避免了当水渗入建筑物外表面后，冬季结冰时产生的冻胀力对建筑物外表面的损坏；同时保证了面层材料的透气性，避免了墙面被不渗水的材料封闭，从而妨碍墙体排湿，导致水蒸气扩散受阻产生膨胀应力对外保温系统造成破坏。通过合理的外保温构造及材料选择，实现系统具有防水透气功能，从而提高外保温系统的耐冻融、耐候及抗裂能力，延长建筑物保温层使用寿命。

通过前一章温度场和温度应力介绍，从不同季节的东西南北各朝向墙体的典型位置温度随时间变化关系图中，得知各自的朝向所表现出来的温度应力也不一致，当外墙外保温采用 XPS 板（光面）薄抹灰系统时，从施工到结束后的第二年夏天，受太阳热辐射作用，朝阳面东、南、西墙饰面层出现大面积空鼓脱落的实际工程案例，尤其是西面墙最为明显，而北面墙引发的工程质量问题较少。由于 XPS 板表面光滑密实、低吸水性、透气性差，长期处于潮湿环境下、温湿度瞬间变化较大或饰面层为面砖系统时，会在 XPS 板（光面）表面出现凝结水对外保温系统各层之间粘结力的破坏，引发了大量的外墙外保温工程质量问题（图 3-4-1～图 3-4-4）。

图 3-4-1　XPS 光板连饰面层大面积脱落

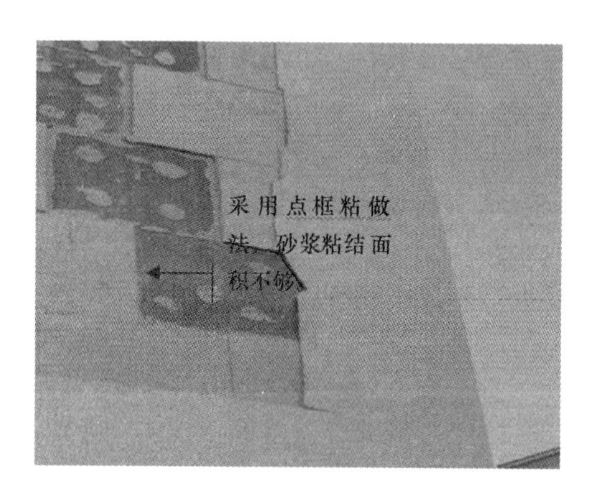

图 3-4-2　XPS 光板粘结砂浆面积不够造成脱落

图 3-4-3　XPS 光板粘结力差造成虚粘假粘脱落

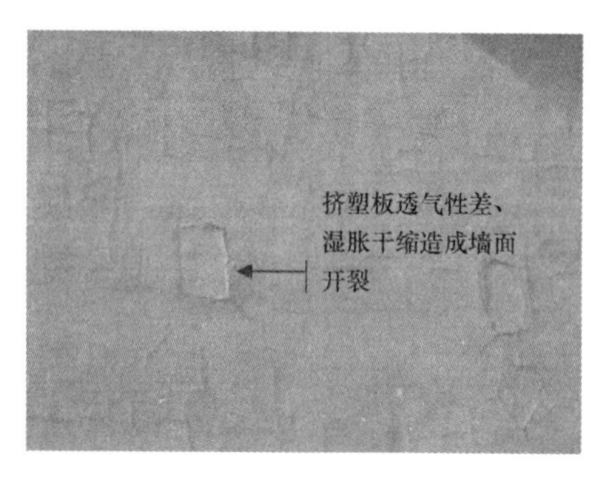

图 3-4-4　某小区 XPS 板外保温墙面裂缝

XPS 板是一种由聚苯乙烯树脂、发泡剂、阻燃剂等其他添加剂，在特定环境条件下，经复杂的物理、化学反应而挤压出连续性闭孔发泡的硬质泡沫塑料板。其内部为独立的蜂窝状密闭式气泡结构，板的正反两面都没有缝隙，使漏水、冷凝、冰冻和解冻循环等情况产生湿气无法渗透，使得 XPS 板几乎没有透气性。

发泡聚苯乙烯泡沫塑料所采用的基本树脂与 XPS 板是相同的，但它们的生产工艺却不尽相同。发泡聚苯板（EPS 板）是首先将聚苯乙烯树脂及其他添加剂进行合成反应制成球状的聚苯乙烯小球，然后将小球送入蒸汽发泡机预发泡，经陈化干燥后入模，蒸气加热膨胀融合压制成型，再切割成所需要的板材。尽管这些聚苯乙烯膨胀小球本身都充满着气体和具有闭孔式组织结构，而且小球壁与壁之间可以彼此融合，但采用这种生产工艺在小球之间会有未封闭的空间存在，这些空间就可能成为水分侵入的空间或路径。使得 EPS 板具备了较好的透气性能，给渗透的水汽分子提供扩散通道，使其渗透系数增大。通过多年的实践证明，尚未发现因 EPS 板透气性问题而引发的工程质量问题。经过不断的技术创新与发展，膨胀聚苯板（EPS板）薄抹灰系统由于工程造价低廉、施工性好、操作简单、满足国家节能标准要求，已成为了中国建筑节能市场上的主力军，随着时代的发展和防火等级提高，也暴露了该系统存在的问题（防火性能相对较差），在本章节里不作叙述。而XPS板成型工艺确保了它具有十分完整的闭孔式的组织结构，在各泡囊之间基本没有空隙存在，它具有均匀的横截面和连续平滑的表面。XPS板与EPS板之间的结构不同，也决定了它们在物理化学性能上存在较大差异，尤其在透气性和粘结性能方面的差异（图3-4-5、图3-4-6）。

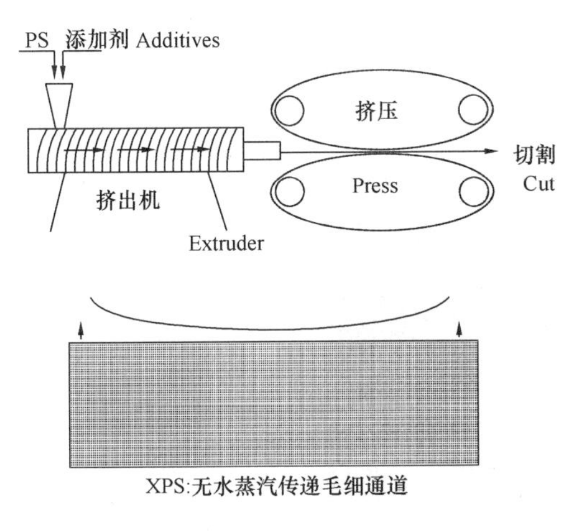

图3-4-5　XPS板透气原理示意图

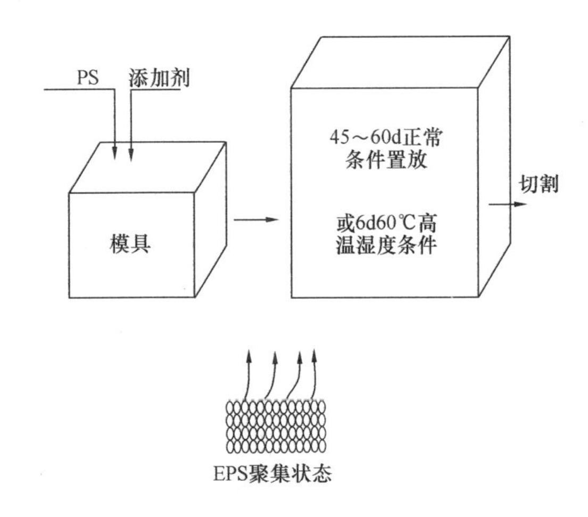

图3-4-6　EPS板透气原理示意图

3.4.1　水对外墙外保温系统粘结性能的影响

3.4.1.1　粘结方式

复合材料之间的界面粘结作用大致分为以下七类：(1) 化学结合作用（进行偶联剂的表面处理）；(2) 分子间结合（范德华力）；(3) 氢键；(4) 机械作用；(5) 吸附与浸润；(6) 相互扩散；(7) 静电吸引作用。即在界面处分为机械啮合、物理吸引、化学键合等三种粘结方式。

3.4.1.2　聚合物砂浆粘结原理

水泥基材料的一个显著的缺点是脆性大，表现出抗拉强度比抗压强度低许多，抗裂性差，强度越高，脆性越大。由于水泥基材料属于硅酸盐物质，其基本单元是硅氧四面体，硅与氧以共价键相连，钙与铝等金属离子以离子键与硅相结合。由于在共价键、离子键发生断裂时几乎不发生任何变形，就表现出很大的脆性。而聚合物作为一种有机高分子，其长分子结构及大分子中的链节或链段的自旋转性，使其具有弹性和塑性。加入聚合物材料后，水泥基材料的许多材料性能，如抗拉强度、弹性和柔性、粘结性能、防水性能、耐久性能等都会有所改善，并可以封闭孔隙，改善内聚性（图3-4-7～图3-4-9）。

聚合物砂浆中大多都会以水泥为胶结材料，这些聚合物乳液与水泥共同作用，一方面，它们的失水为水泥的水化提供了水；另一方面，水泥水化吸收的水为聚合物乳液干燥成膜提供了帮助。水泥的粘结方式是机械嵌固的原理，即水硬性材料渗透到其他材料的空隙中，逐渐固化，最后像钥匙嵌在锁中一样将砂浆抓附在材料表面，由于无法有效地渗透到材料内部形成良好的机械嵌固，使得无机砂浆无法满足粘结要求，很难粘结于XPS板（光面板）表

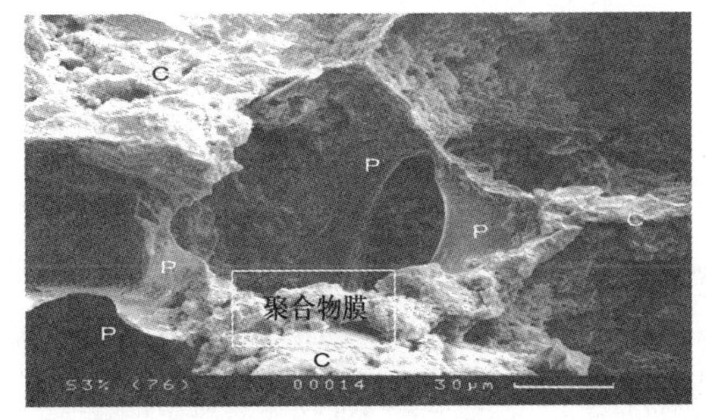

图3-4-7　聚合物改性砂浆的微观形貌

面。而聚合物砂浆则不同，聚合物胶粉主要是分子间作用力进行粘结而不依赖于表面的空隙率，配合水泥作用形成的聚合物膜与XPS板（进行界面处理完后）之间有良好粘结效果，因此这种聚合物胶粉要具备良好的粘结力。

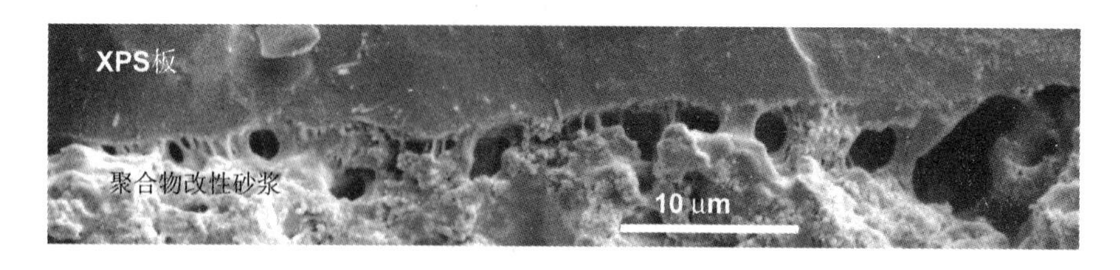

图 3-4-8　聚合物膜在XPS板界面的桥接作用

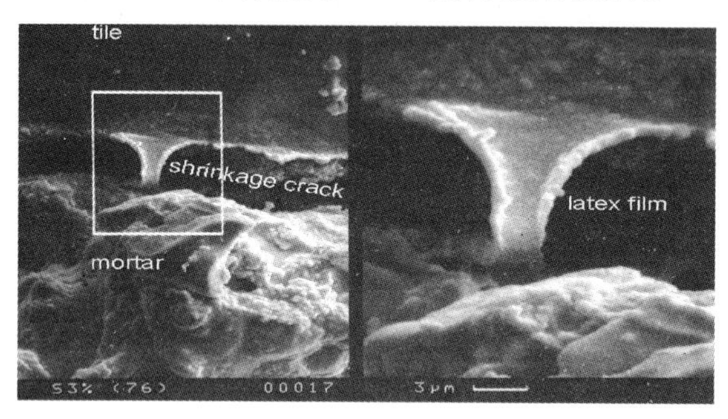

图 3-4-9　XPS板-聚合物砂浆界面区

3.4.1.3　聚合物乳液成膜的基本原理

见图 3-4-10。

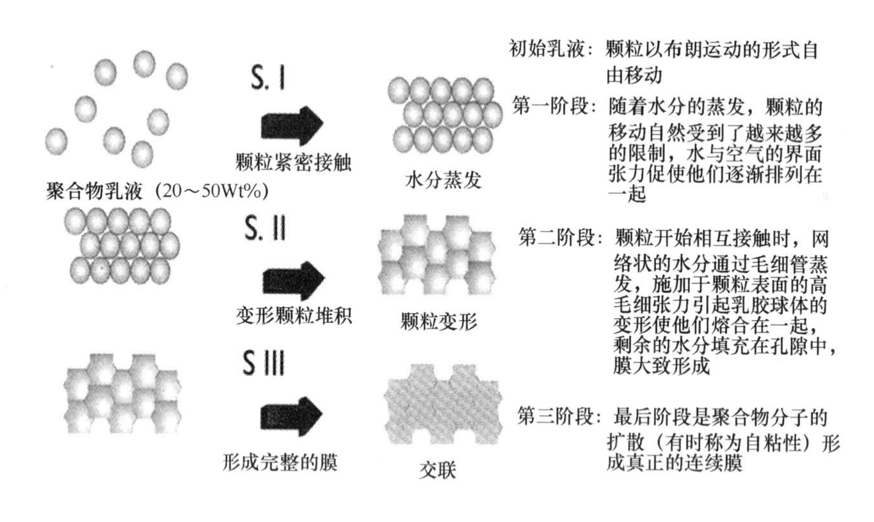

图 3-4-10　聚合物乳液成膜过程示意图

3.4.1.4　不同乳液对XPS板粘结性能的影响

在实验室，我们做了不同乳液品种、不同掺量对XPS板光面进行乳液界面处理的原始粘结强度、耐水后粘结强度的试验数据对比（见表 3-4-1、表 3-4-2）。

不同乳液品种、不同掺量对XPS板平面板界面乳液、聚合物砂浆处理的原始粘结强度、耐水后粘结强度的试验数据对比见图 3-4-11～图 3-4-14，基础配方为乳液含量 45%（水 55，乳液 45），与中砂和水泥按照重量 1∶2∶1 的比例配成界面砂浆的检测拉伸粘结强度。

A 乳液与 XPS 板光面板的粘结强度试验数据 **表 3-4-1**

项目	乳液掺量（%）	试验数据（kN）					平均值（kN）	粘结强度（MPa）
原强度	30	0.109	0.085	0.110	0.098	0.107	0.102	0.06
	35	0.158	0.142	0.138	0.154	0.174	0.153	0.10
	40	0.125	0.187	0.130	0.144	0.180	0.153	0.10
耐水后	30	0.092	0.052	0.098	0.138	0.083	0.092	0.06
	35	0.110	0.130	0.112	0.134	0.133	0.124	0.08
	40	0.235	0.080	0.090	0.143	0.134	0.136	0.09

注：1. 该试验中所有数据全部为光板破坏，该乳液的粘结力较差。
2. 基础配方：乳液含量 30%（水 30，乳液 70）。

B 乳液与 XPS 板光面板的粘结强度试验数据 **表 3-4-2**

项目	乳液掺量（%）	试验数据（kN）					平均值（kN）	粘结强度（MPa）
原强度	30	0.283	0.240	0.362	0.270	0.341	0.299	0.19
	35	0.285	0.297	0.290	0.250	0.334	0.291	0.18
	40	0.280	0.340	0.285	0.300	0.300	0.301	0.19
耐水后	30	0.212	0.328	0.285	0.222	0.310	0.271	0.17
	35	0.325	0.331	0.315	0.273	0.270	0.303	0.19
	40	0.315	0.332	0.288	0.326	0.275	0.307	0.19

注：1. 该数据红色数值为平板破坏，其他全部为 XPS 板深层破坏。
2. 基础配方：乳液含量 30%（水 70，乳液 30）。

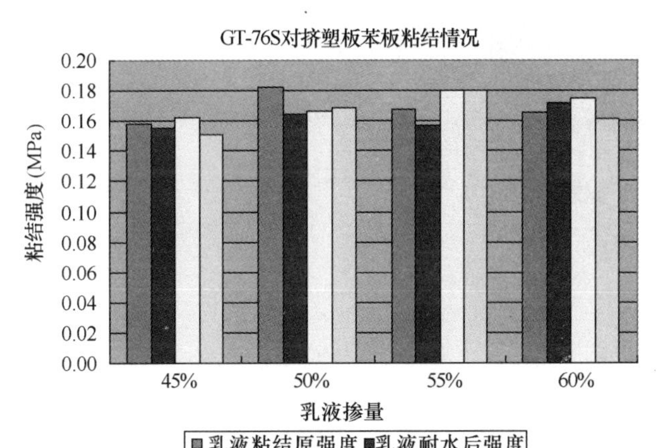

图 3-4-11　C 乳液对 XPS 板粘结强度

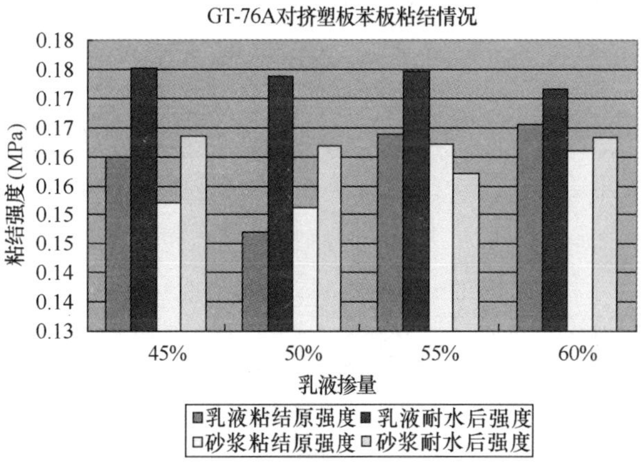

图 3-4-12　D 乳液对 XPS 板粘结强度

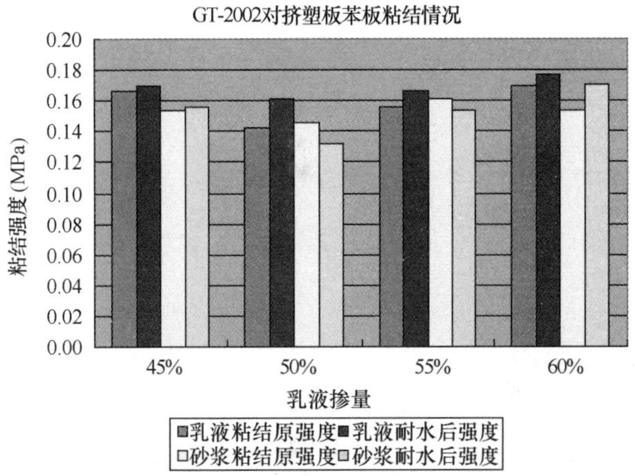

图 3-4-13　E 乳液对 XPS 板粘结强度

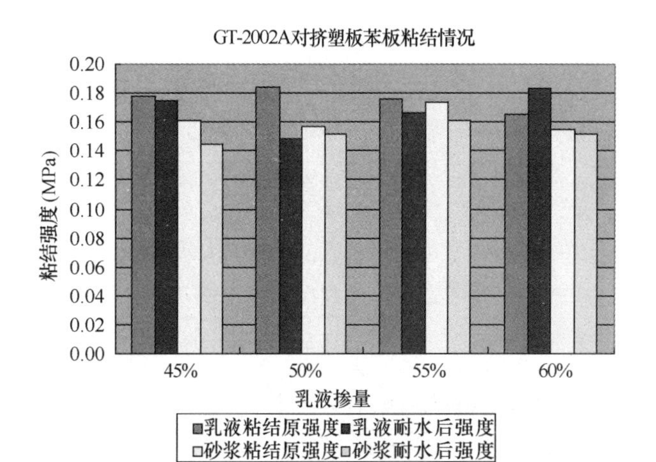

图 3-4-14　F 乳液对 XPS 板粘结强度

3.4.1.5 影响XPS板与聚合物砂浆粘结性能的因素

1. 温度应力——热胀冷缩

XPS板（表面）密度大、强度高，XPS板由于自身变形及温差变形而产生的变形应力大。点框粘XPS板薄抹灰系统由于聚合物抹面砂浆与XPS板导热系数相差31倍，抹面砂浆与XPS板线胀系数差异较大，在夏季外墙外表面温度变化较大（可达50℃），在较长时间的曝晒后突然降下阵雨，产生热应力，引发了相邻材料变形速率差不一致，材料热胀冷缩，长期处于一种不稳定的热胀冷缩运动状态，使聚合物砂浆与XPS板之间产生剪力，影响它们之间的粘结强度，开裂和空鼓都是面层粘结强度不能抵御温度应力（图3-4-15）。

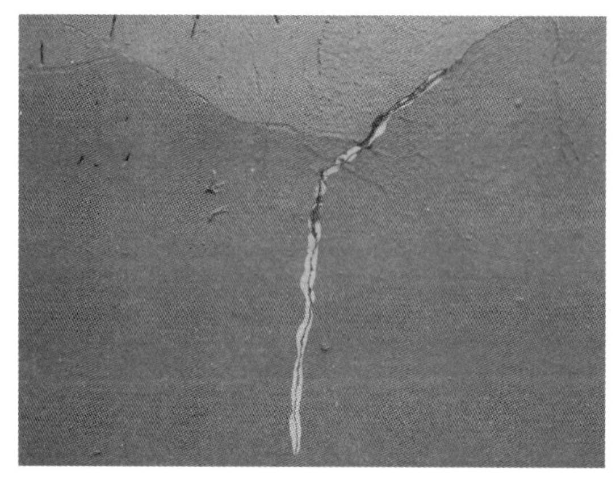

图3-4-15 抹面砂浆层出现裂纹空鼓

2. XPS板泡沫性能——XPS板表面粗糙程度影响机械啮合力

点框粘XPS板薄抹灰系统由于XPS板透气性差，表面光滑、低吸水、其分子链端没有—OH基团，属于疏水基，很难与无机水泥基材料融合，在用粘结砂浆、抹面砂浆粘贴时，极易造成假粘和脱粘。需要用有机聚合物相当高的乳液来做界面处理它，通过聚合物砂浆解决XPS板粘结性问题。聚合物膜和XPS板光板的界面很光滑时，它们接触面之间的磨擦力很小，粘结力主要是涂膜和基材的相互作用力，如氢键作用。氢键是聚合物材料中的主要分子间作用力，由于水蒸气分子和极性聚合物基团之间可以形成氢键，因而给水蒸气分子在聚合物内的运动带来明显影响。对XPS板表面进行去皮拉毛处理，提高基材表面的粗糙程度，增加了他们接触面的摩擦系数，粘结力主要表现为机械啮合力。

3. 水——分子作用力的有效间距影响着物理吸引力

（1）吸水膨胀

在连绵不断的梅雨季节，聚合物膜吸收的雨水比释放出来的潮气还多。雨水也会经细微的裂纹或破损处进入到建筑材料内部。而在水分、太阳光的紫外线、空气中的氧气和能量的共同作用下，发生氧化反应和水解反应，导致涂膜有机聚合物降解，涂膜吸水膨胀，干燥收缩，会产生应力。反复胀缩循环造成涂膜处于疲劳状态，从而影响涂膜的机械性能，加速了材料的老化。由于水是极性分子，加上XPS板透气性差、吸水率低，聚合物乳液也封闭了水泥砂浆中部分毛细孔结构，增加了水气在聚合物砂浆中的传湿难度，使得大量水气在聚合物砂浆与XPS板之间形成累积作用，造成涂膜起泡等物理性破坏。如果这些破坏作用互相叠加，会造成更大的破坏。通过微观分析发现聚合物膜吸湿膨胀，被水肿胀之后聚合物膜开始软化，降低了聚合物膜桥接的作用，最终聚合物膜由于降解失去粘结力，从而产生粉化、附着力丧失等致命性损坏（图3-4-16）。

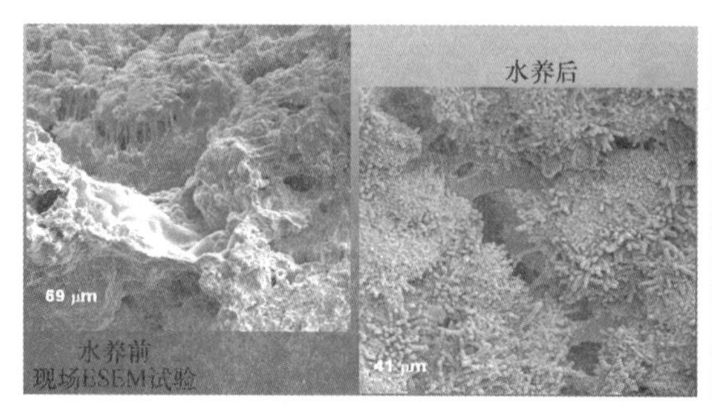

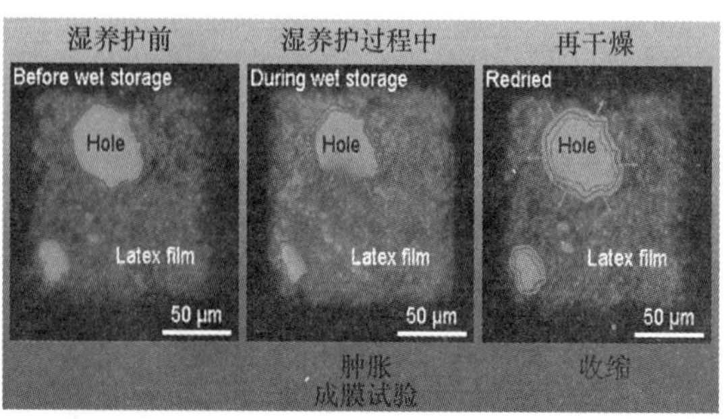

图3-4-16 聚合物膜吸湿膨胀的微观形貌图

（2）水气蒸发后引发干燥收缩

聚合物砂浆长期处在潮湿环境中，会引起膨胀或收缩。湿度变形与水泥砂浆的含水量变化和干缩率有关。由湿度引起的变形中，膨胀值是其收缩值的 1/4，聚合物砂浆的干缩速率是一条逆降的曲线，初期干缩迅速，时间长会逐渐减缓，这种收缩是不可逆的。而湿度变化造成的收缩是一种干湿循环的可逆过程。当收缩应力大于砂浆的抗拉强度时，砂浆必然产生裂缝，并随着时间推移破坏范围也逐渐在扩展（图 3-4-17）。

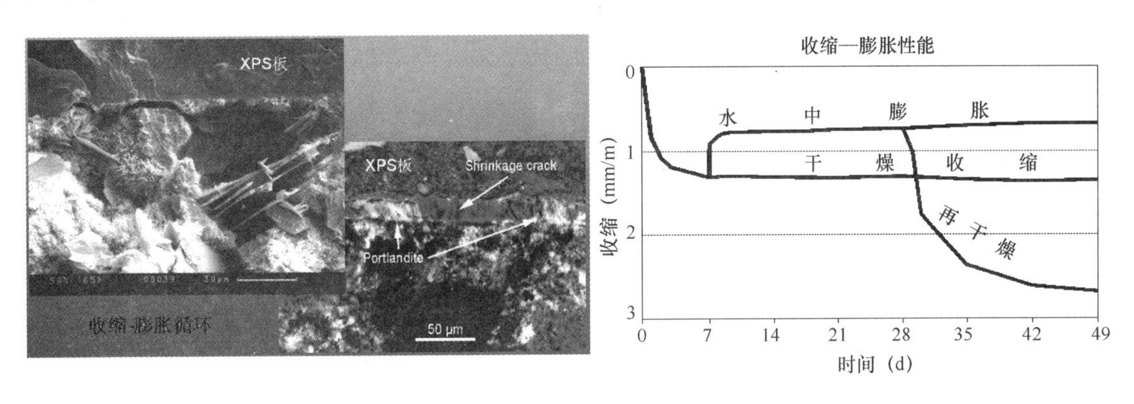

图 3-4-17 聚合物膜收缩-膨胀性能示意图

（3）固态水的冻胀

冬季结冰，由于冰比水的体积约增加 9%，从而产生冻胀应力，造成了对聚合物砂浆粘结层破坏，引发聚合物砂浆脱落。如沈阳和平家园建筑面积 6 万 m^2，居住建筑部分外墙保温采用 XPS 板外保温系统，面层采用釉面瓷砖饰面。由于抹面胶浆的柔韧性、透气性、防水性和耐冻融性差，加之釉面瓷砖本身透气性较差，瓷砖吸入雨水后（或粘结抹面层出现冷凝水时）产生冻胀破坏，时过三年后釉面瓷砖饰面层出现空鼓、裂纹、脱落（图 3-4-18）。瓷砖勾缝剂柔韧性、透气性差，没有设置温度变形缝和水蒸气渗透转移扩散构造（图 3-4-19）。

图 3-4-18 内部凝结水冻胀造成釉面砖面层脱落

图 3-4-19 勾缝胶粘剂透气差造成釉面砖面层鼓起

4. 材料自身老化和化学侵蚀——影响化学键合作用力

由于水泥水化反应生成了 CSH（水凝胶）和游离 CaO 等物质，水溶液在迁移和蒸发过程中，结晶出 Ca $(OH)_2$，给聚合物砂浆中提供了碱环境，加之 XPS 板本身透气性差，不能将水蒸气有效的迁移出去，许多聚合物乳胶粉长期处在碱环境下，很容易易被皂化，聚合物还能和水泥水化产物发生化学作用，如丙烯酸甲酯能与水泥水化产物中的 $Ca(OH)_2$ 反应。其原因是丙烯酸中脂基能在碱性 $Ca(OH)_2$ 溶液中发生水解生成羧酸根离子能与钙离子以离子键形式结合，形成以钙离子桥连的离子键大分子体系的交织网络结构，增强了结构的密实性。从而引起粘结性能下降，同时也降低了玻纤网格布的抗拉强度。因此，在聚合物砂浆中的乳胶粉耐碱是一个很重要的因素。

图 3-4-20　面层被油性涂料的溶剂腐蚀影响 XPS 板粘结强度

在点框粘 XPS 板薄抹灰系统中，由于油性涂料的稀释剂（丙酮、醋酸乙酯、甲苯、二甲苯、乙酸丁酯）的渗透对 XPS 板腐蚀，XPS 板被腐蚀后，抹面砂浆层与保温板粘结强度降低，不能抵抗温度变化的剪切应力，XPS 板与面层脱离（图3-4-20）。

3.4.2　高分子弹性底涂层

高分子乳液弹性底层涂料是选用漆膜细密、直径较小的乳液作为底漆，含有大量有机硅树脂，该树脂可在涂刷表面形成单分子憎水排列，对液态水的较大分子具有很强排斥作用，外界雨水会在其表面形成“水珠”，但不会润湿外表面；同时具有良好的防水性、透气性和渗透性，纳米级粒子沿基层的毛细孔向内部渗透，并在毛细孔壁上形成一层极薄的硅树脂网络，但并不堵塞毛细孔，使外界的水不能渗进去，而内部的水汽可以散发出来，避免了墙体排湿不畅、出现冷凝或者保温层水分增多现象。

滞留在基层表面的底涂，经过水分蒸发形成连续性封闭薄膜，使基层内部的水汽向外散发减缓，避免了新抹水泥砂浆因失水过快而产生龟裂，起到水泥砂浆养护液的作用。涂膜的透气性与涂膜的厚度成反比，因此要求高分子弹性底涂的涂膜薄而均匀为好。通过施工技术控制底涂的涂膜厚度，使它既能起到水泥砂浆养护膜的作用，又能使内部水汽缓慢散发出来。由于底漆有优良的渗透性，使弹性薄膜与水泥砂浆层紧密地嵌合在一起，为保温层构筑了一道抗裂防水屏障。同时，也为饰面装饰层提供了良好的界面基础，使得高分子弹性底涂具备了成膜封闭与渗透封闭的双重功效外，还具有防裂和防加强网腐蚀的作用。

（1）防裂

高分子弹性底涂的涂膜具有一定的柔性变形能力，即弹性，当抗裂砂浆找平层表面出现细微裂纹时，涂膜受到拉伸变形但不会造成开裂破坏，仍然保持完整的涂膜和原有的各种阻隔功能。因此，在抗裂砂浆找平层表面涂装弹性底涂，可以防止部分开裂的抗裂砂浆找平层直接暴露在空气中，并且阻隔水和其他腐蚀性物质对抗裂砂浆找平层的侵蚀，可以有效地保护外保温墙体结构。

（2）防加强网腐蚀

高分子弹性底涂具有防阻水渗入外墙外保温系统中对加强网产生腐蚀作用：水泥砂浆中渗入的水溶解水泥基中钙、镁离子形成碱性溶液，耐碱玻纤网格布长期处于潮湿高碱度环境中，其断裂强力明显降低。对于面砖装饰饰面外保温系统，水溶解空气中有侵蚀性的气体（如 CO_2、SO_2、SO_3等），使得局部破坏的热镀锌钢丝网锈蚀，失去骨架作用。同时水溶液的迁移及蒸发过程，结晶出氢氧化钙产生了装饰层表面的反碱，大量的返碱改变内部砂浆的酸碱平衡，加剧内部钢丝网的锈蚀，降低了面层的抗裂性能。

3.4.2.1　涂膜防水透气的基本原理

高分子乳液弹性底层——涂膜防水基本原理：涂膜的微孔比水滴小，每个微孔的大小大约只有一滴水的两万分之一（一滴水为 0.05mL），这意味着外部的水分将无法透过涂膜（水分子的直径是4×10^{-10}m）。涂膜也不是绝不透水的，只是在自然界中一般水滴的直径远大于薄膜孔隙，且在自然界中难以达到使其发生渗漏的水压，所以在恶劣天气中保持干爽。由于水的表面张力存在，水分子总是聚集成水滴，压力较小时，表面张力能够与使水向涂膜内渗透的压力相平衡，因此水不会渗漏。如压力增大到一定程度时，表面张力不足以维系这个平衡时，水滴就碎裂成更小水滴。

高分子乳液弹性底层——涂膜透气基本原理：涂膜的微孔比水汽分子大，每个涂膜的微孔大小是水汽分子的700倍，所以水汽能透过涂膜微孔轻易地蒸发掉。由于涂膜上孔隙的存在，涂膜内外环境的气相是相通的。涂膜上的孔隙大小决定了透气性的强弱。孔隙大，则透气性强，但由于允许通过的“更小的体积单元”增大，即水滴更容易碎裂，所以防水性能变差。相反，孔隙小则透气性变差，而防水性能增强（图3-4-21）。

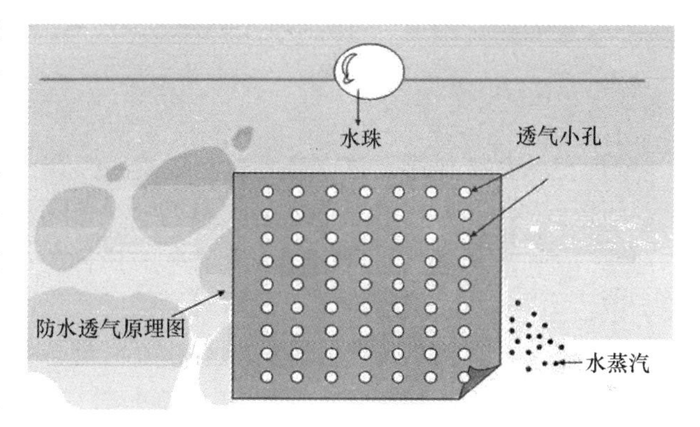

图3-4-21　高分子乳液弹性底层涂膜防水透气原理图

将高分子乳液弹性底层涂料涂刷在保温防护层之上，在保持水蒸气渗透系数基本不变的前提下，能够有效地使面层材料的表面吸水系数大幅度下降。表3-4-3为试验对比数据。

涂刷高分子乳液弹性底层涂料的吸水透气性对比试验　　表3-4-3

项　目	单　位	涂有高分子乳液弹性底层涂料的样品	对照样品
吸水系数 K	$kg/(m^2 \cdot \sqrt{h})$	0.12	1.11
水蒸气渗透系数为 μ	g/(m·s·Pa)	9.89×10^{-9}	10.72×10^{-9}

以上数据表明：保温防护面层涂刷100μm厚左右的高分子弹性底层涂料后，表面吸水系数大幅度降低，而材料的水蒸气系数基本不变，传热系数也得到了保证，提高了外保温系统抗冻融性、耐久性及抗裂性，同时满足了外墙外保温系统透气性能的要求。

3.4.2.2　影响涂层透气性的因素

涂层透气性的影响因素主要有涂膜厚度、PVC、老化处理、溶剂型涂料与水性涂料（表3-4-4）。

不同涂料样品在外保温抹面砂浆上的透气性　　表3-4-4

涂料编号	系　　统	S_d 值（m）
抹面砂浆	—	0.22
B1	＋底漆（PVC45%）	0.50
	＋底＋弹性中涂（PVC38%）	1.32
	＋底＋弹中＋弹面（PVC29%）	2.11
B3	＋底漆（PVC45%）	0.39
	＋底＋中涂（PVC85%）	0.96
	＋底＋中涂＋面（清漆）	1.63
D3	＋底漆（PVC29%）	0.74
	＋底＋中涂（PVC70%）	1.80
	＋底＋中涂＋面	3.09
E1	＋底漆（油性）	0.88
	＋底＋中涂	1.30
	＋底＋中涂＋面	2.06

以上数据表明：

1）涂膜厚度与透气性成反比，涂膜越厚，S_d 值越大，透气性越差。

2）在相同厚度的涂层比较时，PVC越高，透气性越好。

3）老化处理是影响透气性的一个重要因素：对于高PVC涂料，老化处理的影响相对较小；对于低PVC涂料，老化处理的影响相对较大，老化处理后的样板透气性明显差很多（《外墙涂料水蒸气透过率的测定及分级》标准中增加了对样板老化处理的要求：样板干燥14天后，放入50℃烘箱24h，取出再浸于水中24h，进行3个循环）。

4）涂料透气性差，涂料就容易起泡、开裂及脱落。如弹性涂料的起鼓，主要原因是弹性涂料的透气性不好造成的。

3.4.3 水分散构造层

较理想的系统构造设置在各种材料的透气性指标上，从内至外，材料的透气性要求应越来越好，水蒸气就能够有一个顺畅的迁移通道，不至于在墙体及保温装饰层内部形成冷凝水，同时从干燥过程来分析，也是有利于水蒸发后排出。从吸水率的指标上来分析，主要是阻止液态水的进入系统内部，与面层材料相比，内部材料的吸水率要求相对比较低。对结构来说，解决保温系统内水蒸气冷凝问题，要求整个系统的每一种材料的透气性指标能够相互匹配，越靠近外侧透气性能应越好；但对于防止液态水进入方面，则更严格要求面层装饰材料的防水性能。

当外保温系统内部出现冷凝水时（或外饰面出现裂缝，弹性底涂层遭到致命性破坏，雨水进入系统时），要将水分从系统中有效迁移出去，避免外保温系统遭受冻融破坏，系统就必须设置水蒸气渗透转移扩散的构造——水分散构造层。水分散构造是针对透气性差排湿不畅而开发的外保温系统构造（尤其是XPS板外保温系统），采用胶粉聚苯颗粒贴砌XPS板外保温系统，使其具有优异的传湿和调湿双重功效，能自动调节系统内部水分迁移，增强系统的呼吸性（图3-4-22、图3-4-23）。

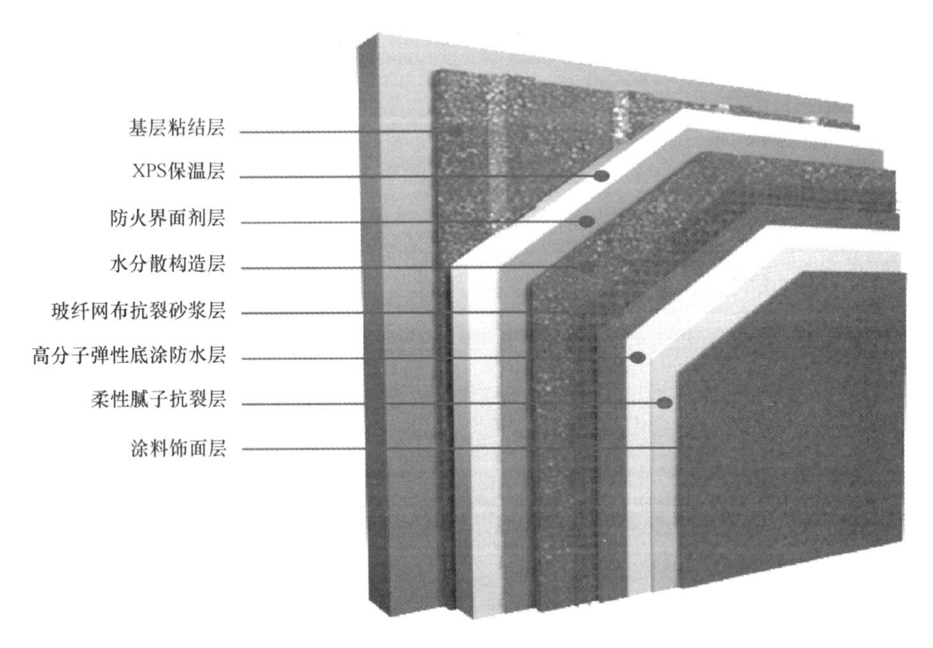

图3-4-22　胶粉聚苯颗粒贴砌XPS板外保温系统基本构造

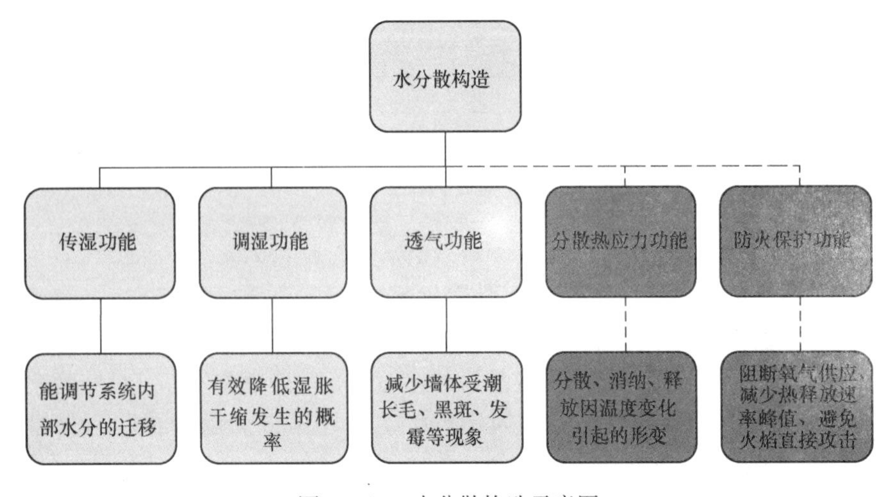

图3-4-23　水分散构造示意图

XPS 板（光面板）虽具有优良的保温防水功能，但其自身强度高、变形应力大、透气性差、粘结能力差等缺陷，引发了众多的工程质量问题。XPS 板因其特殊的生产成型工艺及分子结构，使之透气性与粘结性差。为此，我们在外保温系统构造上采取了相应的措施，在保温层表面增设水蒸气迁移扩散构造层（即胶粉聚苯颗粒浆料找平层），以提高系统的呼吸性能，并提出了以下建议：

（1）对 XPS 板进行开孔处理，即在 XPS 板上开出两个透气孔（图 3-4-24），并用胶粉聚苯颗粒浆料填塞透气孔，由于胶粉聚苯颗粒浆料自身的透气性要大大优于 XPS 板［经测试胶粉聚苯颗粒浆料的水蒸气渗透系数为 20.4ng/（m·s·Pa），大约是 XPS 板 10 倍］，可以改善 XPS 板透气性能。另外，在透气孔中填塞胶粉聚苯颗粒浆料还可以提高 XPS 板与基层墙体的粘结性能。

（2）在 XPS 板与板之间预留 10mm 宽的板缝（图 3-4-25），并用胶粉聚苯颗粒浆料砌筑板缝。这种设计可以进一步增强 XPS 板系统的透气性能，因为胶粉聚苯颗粒浆料具有优异的吸湿、调湿、传湿性能，使 XPS 板系统水蒸气渗透能力有了进一步的提升，不至于在 XPS 板表面出现冷凝，特别是在严寒和寒冷地区可避免冻胀破坏。另外，XPS 板缝设计并用胶粉聚苯颗粒浆料砌筑可使 XPS 板六面被亚弹性的胶粉聚苯颗粒浆料包裹，提高了粘结性能；同时，由于板间接缝密实，保温层整体性好，板材温差变形时产生的应力可被胶粉聚苯颗粒浆料分散、消纳、限制，因而可减缓 XPS 板收缩变形，提高抗裂性能，有效避免板缝处开裂。

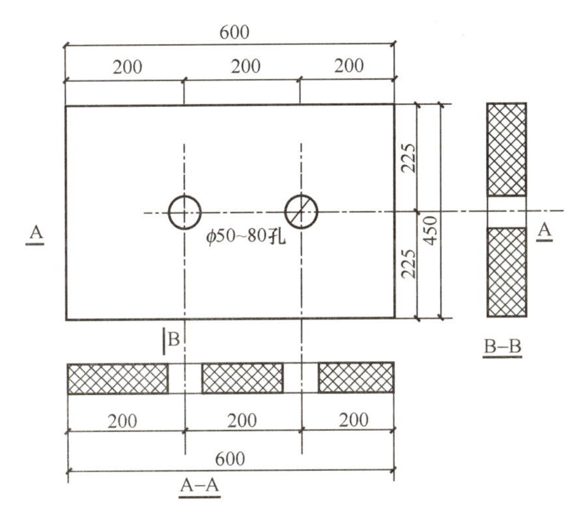

图 3-4-24　XPS 板开孔设计

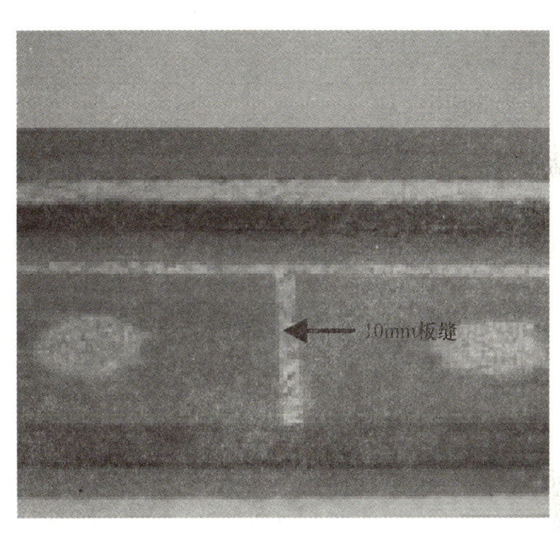

图 3-4-25　XPS 板板缝设计

3.5 总　　结

通过建筑墙体湿热的基本特征分析和湿热迁移的原理讨论，揭示了水在多孔材料中的运动规律；采用水蒸气分压力曲线交叉法对四种不同保温构造进行理论计算得知：采用外墙外保温系统时，热湿传递比较合理性，能有效避免外保温系统出现冷凝水对系统的冻融循环破坏，使建筑结构处于相对稳定的热湿传递运动状态，从而提高了外墙外保温的使用寿命。

大量的耐候性试验数据表明：在不同含水量条件下材料的吸湿膨胀、干燥收缩的变形量均不相同；通过介绍复合材料之间界面的几种粘结方式、聚合物砂浆粘结原理、聚合物乳液成膜基本原理讨论，进一步分析了水（液态水、气态水、固态水）对外墙外保温系统粘结性能的影响。大量的工程案例和理论分析发现：建筑物构造发生形变裂缝时，是建筑防水功能受损的主要原因之一，通过提高材料自身的憎水性能，避免或减少液态水进入系统内部造成冻融循环破坏，同时也要保证材料的憎水率控制在较合理的范围内，以使它有足够的粘结力来保障外墙保温系统的安全性。

水对外墙外保温系统的破坏是由一种或几种现象综合产生的，水的存在又为各种形式破坏力的产生提供了必要条件，除了提高材料自身憎水性能外，还需要在抗裂砂浆表面，设置一道高分子弹性底涂防水屏障保护层，起到阻止液态水进入、让气态水排出的作用，在保证系统水蒸气渗透系数满足标准的前提下，大幅度降低系统及保温材料的吸水量，能有效避免或减少在严寒及寒冷、潮湿地区冻胀力对外保温系统的破坏，也能避免长期在潮湿的碱环境条件下对聚合物砂浆粘结力的破坏。

在严寒或寒冷地区的采暖期内，当涂料或面砖透气性较差时，容易在保温层外侧至外饰层之间结露，这需要在保温层表面增设水蒸气迁移扩散构造层，即胶粉聚苯颗粒浆料找平层。因为胶粉聚苯颗粒浆料具有优异的吸湿、调湿、传湿性能，有利于保温层的排湿和防止结露，即使在结露量不太大时是不会出现液态水，能有效地避免了冻胀力对面层的破坏，进一步提高了系统粘结性能和呼吸功效，从而保证了外墙外保温工程的长期安全可靠性和表观质量长期稳定性。

4 外保温系统耐候性能

4.1 试 验 简 介

随着建筑节能技术尤其是外墙保温技术的不断发展，人们不仅关注外保温系统的保温性能，而且更加关注外保温系统的安全性和耐久性，而大型耐候性试验就是检验和评价外保温系统整体性能，特别是耐久性的重要试验项目。

外保温工程在实际使用中会经受日晒雨淋、严寒酷暑的考验，经受长期反复的温度变化，使系统，特别是表面的保护层随之产生温度应力并不断变化。由于保温材料的隔热性能，热量被保温材料阻隔后在外保温系统面层聚集，导致其保护层温度在夏季高达70℃左右，夏季持续晴天后突降暴雨所引起的表面温度变化可达50℃之多，剧烈的温度变化引起外保温各层材料不均匀的变形而导致外保温系统内部产生温度应力，应力超出限值就会引起外保温系统的开裂，从而降低外保温系统的寿命。

《外墙外保温工程技术规程》（JGJ 144—2004）规定的外墙外保温系统耐候性试验，是模拟夏季经高温日晒后突降暴雨和冬夏年温差的反复作用，对大尺寸的外保温系统进行加速气候老化试验，要求试样经80次高温（70℃）—淋水（15℃）循环和5次加热（50℃）—冷冻（—20℃）循环后，不得出现饰面层起泡或剥落、保护层空鼓或脱落等破坏，不得产生渗水裂缝。构造不合理、材料质量和相容性不符合要求的系统经受不住这样的考验，就不能用于实际工程，必须总结经验，制定措施，加以改进，直至耐候性试验检验合格，方可投入使用。实践证明：大型耐候性试验与实际工程有着很好的相关性，为了确保外保温系统的耐久性，外保温系统在大范围应用前必须经过大型耐候性试验的检验。

4.1.1 试验目的

本试验目的旨在对不同构造及不同组成材料的外保温系统进行科学系统的试验研究。通过试验过程中外保温系统温湿度变化的数据采集分析、开裂空鼓记录以及温度场的数值模拟等手段，摸索外保温系统耐候性能规律性的变化及产生力的分析，研究满足耐候性能要求的合理构造及组成材料。

4.1.2 试验设备

本试验采用的大型耐候性试验设备为两个温度控制箱体，能够同时进行四个外保温系统的耐候性试验（图4-1-1、图4-1-2）。

图4-1-1 耐候性能检测试验机箱体外部

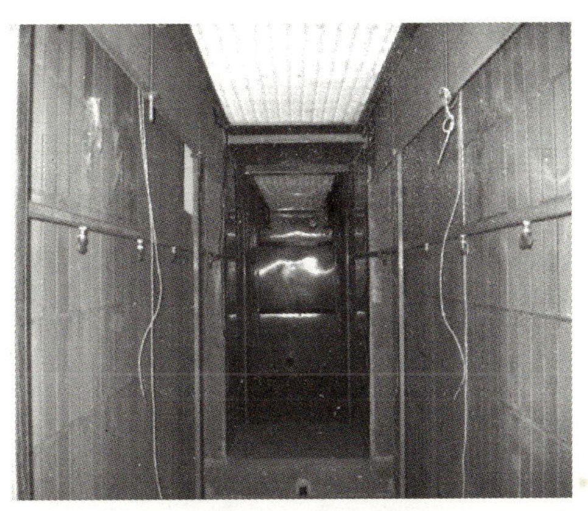

图4-1-2 耐候性能检测试验机箱体内部

这种试验方法能够保证同环境温度条件下同时进行不同外保温系统及不同组成材料的对比试验，比较同条件下不同外保温体系及组成材料的优劣。这种试验方法和试验仪器在国内还是首创，试验结果更具有说服力。

4.1.3 试验方法

（1）本试验方法参照《外墙外保温工程技术规程》（JGJ 144—2004）进行。试验步骤为：

1）高温-淋水循环 80 次，每次 6h。

①升温 3h：使试样表面升温至 70℃，并恒温在（70±5）℃（其中升温时间为 1h）。

②淋水 1h：向试样表面淋水，水温为(15±5)℃，水量为 1.0～1.5L/(m^2 · min)。

③静置 2h。

2）状态调节至少 48h。

3）加热—冷冻循环 5 次，每次 24h。

①升温 8h：使试样表面升温至 50℃，并恒温在（50±5）℃（其中升温时间为 1h）。

②降温 16h：使试样表面降温至－20℃，并恒温在（－20±5）℃（其中降温时间为 2h）。

（2）观察、记录和检验时，应符合下列规定：

每 4 次高温-淋水循环和每次加热-冷冻循环后观察试样是否出现裂缝、空鼓、脱落等情况并做记录。

试验结束后，状态调节 7d，按现行行业标准《建筑工程饰面砖粘结强度检验标准》（JGJ 110）规定，检验抹面层与保温层的拉伸粘结强度，断缝应切割至保温层表面。

4.2 耐候墙体温度场的数值模拟

耐候试验的研究需要大量的数据作为支撑，其中外保温墙体各个位置各个时刻的温度是至关重要的数据，但这些数据量非常大，要想在试验阶段全部记录下来，几乎不太可能，数值模拟就可以计算整个试验过程中外保温墙体的温度场。其中耐候试验墙体的升降温速率数值模拟对研究外保温墙体保护层的温度裂缝会有很大的帮助，数值模拟将会成为总结外保温系统耐候性运动规律的有力工具。

本节重点介绍温度场数值模拟方法和过程。

4.2.1 边界条件

4.2.1.1 高温-淋水循环箱体内环境温度

耐候墙体在高温-淋水循环（6h 一个周期）时，外饰面所处的环境为：

①升温：1h（从室温升至 T_1 =75℃）+2h（恒温 T_1 =75℃）=总时间 3h；

②淋水：1h（水温为 11～17℃）；

③静置：2h（室温）。

耐候墙体外饰面在①、③阶段是与箱体内的空气进行热交换；在②阶段是与水接触的。下面根据试验记录数据拟合出箱体内的空气温度函数 $T_w(t)$ 和耐候墙体外饰面接触的空气和水的温度函数 $T_s(t)$ 。

$$T_w(t)=\begin{cases}\dfrac{T_1-T_0}{t_1-t_0}(t-t_0)+T_0, & t_0\leqslant t\leqslant t_1,\\ T_1, & t_1\leqslant t\leqslant t_2,\\ \dfrac{T_6-T_1}{t_{31}-t_2}(t-t_2)+T_1, & t_2<t\leqslant t_{31},\\ \dfrac{T_5-T_6}{t_4-t_{31}}(t-t_{31})+T_6, & t_{31}<t\leqslant t_4,\\ \dfrac{T_6-T_5}{t_5-t_4}(t-t_4)+T_5, & t_4<t\leqslant t_5,\\ T_6, & t_5<t\leqslant t_6\end{cases} \tag{4-2-1}$$

$$
T_s(t)=\begin{cases}\dfrac{T_1-T_0}{t_1-t_0}(t-t_0)+T_0, & t_0\leqslant t\leqslant t_1,\\ T_1, & t_0\leqslant t\leqslant t_2,\\ \dfrac{T_3-T_2}{t_3-t_2}(t-t_2)+T_2, & t_2<t\leqslant t_3,\\ \dfrac{T_4-T_3}{t_4-t_3}(t-t_3)+T_3, & t_3<t\leqslant t_4,\\ \dfrac{T_6-T_5}{t_5-t_4}(t-t_4)+T_5, & t_4<t\leqslant t_5,\\ T_6, & t_5<t\leqslant t_6\end{cases}\tag{4-2-2}
$$

其中，时间点：

$t_0=0\text{h}$，$t_1=1\text{h}$，$t_2=3\text{h}$，$t_3=3.3\text{h}$，$t_{31}=3.7\text{h}$，$t_4=4\text{h}$，$t_5=5\text{h}$，$t_6=6\text{h}$。

温度点：

$T_0=26℃$，$T_1=75℃$，$T_2=11℃$，$T_3=15℃$，$T_4=17℃$，$T_5=21℃$，$T_6=26℃$。

以上具体的温度点和时间点不一定非要取这些值不可，只要满足相关标准中对耐候性试验的要求即可。对于加热-冷冻循环中的温度点和时间点也同样适用。图 4-2-1 和图 4-2-2 是依据高温-淋水和加热-冷冻循环过程箱体内空气温度拟合的温度曲线图。

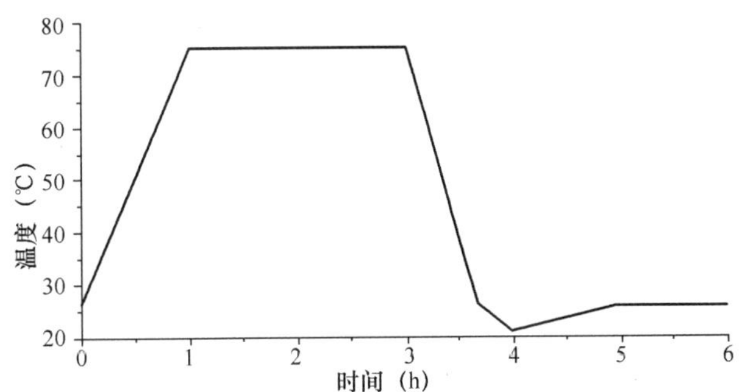

图 4-2-1　高温-淋水循环箱体内空气温度

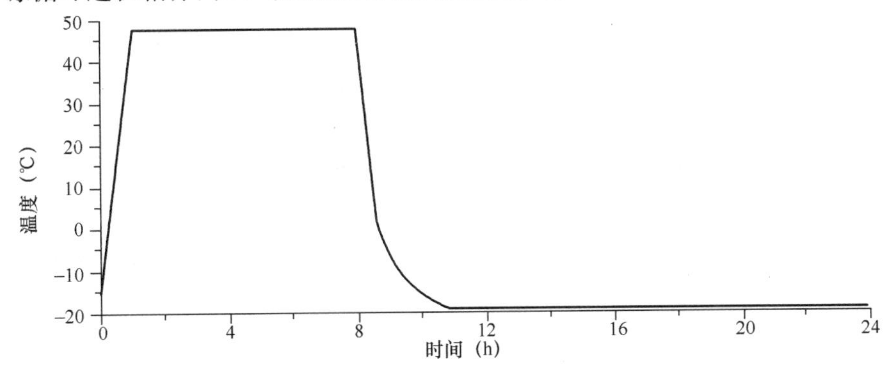

图 4-2-2　加热-冷冻循环箱体内空气温度

耐候墙体内表面总是处在温度恒定（当时试验室的室内温度，这里取 26℃）的空气中。

4.2.1.2　加热-冷冻循环箱体内环境温度

耐候墙体在加热-冷冻循环（24h 一个周期）时，外饰面所处的环境为：

①升温：1h（从室温升至 50℃）+7h（恒温 50℃）=总时间 8h；

②降温：3h（50℃降到−20℃）；

③静置：13h（恒温−20℃）。

下面根据试验记录数据拟合出箱体内的空气温度函数 $T(t)$。

$$
T(t)=\begin{cases}\dfrac{T_1-T_0}{t_1-t_0}(t-t_0)+T_0, & t_0\leqslant t\leqslant t_1,\\ T_1, & t_1<t\leqslant t_2,\\ \dfrac{T_2-T_1}{t_3-t_2}(t-t_2)+T_1, & t_2<t\leqslant t_3,\\ \dfrac{T_2-T_3}{(t_3-t_4)^2}(t-t_4)^2+T_3, & t_3<t\leqslant t_4,\\ T_3, & t_4<t\leqslant t_5\end{cases}\tag{4-2-3}
$$

其中，时间点：

$t_0=0\text{h}$，$t_1=1\text{h}$，$t_2=8\text{h}$，$t_3=8.6\text{h}$，$t_4=11\text{h}$，$t_5=24\text{h}$。

温度点：

$T_0=-20℃$，$T_1=48℃$，$T_2=0℃$，$T_3=-20℃$。

耐候墙体内表面总是处在温度恒定（当时实验室的室内温度，这里取 26℃）的空气中。

4.2.1.3 耐候墙体内表面的对流换热边界条件

耐候墙体内表面在室内，设室内空气温度为 $T_{in}(t)$，室内空气与墙体内表面对流换热系数为 β_{in}［这里取为 8.7W/（m^2·K）］，耐候墙体内表面温度为 $T_1(t)$，忽略耐候墙体和室内物体之间的相互热辐射。此时，墙体内表面与室内空气的对流热交换量可表达为：

$$q_{in}=\beta_{in}[T_{in}(t)-T_1(t)] \tag{4-2-4}$$

4.2.1.4 耐候墙体外饰面表面的对流换热边界条件

耐候墙体外饰面在箱体内，设箱体内空气或水温度为 T_{out}，空气或水与墙体外表面对流换热系数为 β_{out}［在高温-淋水循环非淋水阶段取 8.7W/（m^2·K），淋水阶段取 3000W/（m^2·K）；在加热-冷冻循环时取 8.7W/（m^2·K）］，墙体外表面温度为 $T_n(t)$（第 n 个节点），忽略和墙体外饰面与其他事物之间的相互热辐射。此时，墙体外表面与箱体内空气（水）的对流热交换量可表达为：

$$q_{out}=\beta_{out}[T_{out}(t)-T_n(t)] \tag{4-2-5}$$

4.2.2 初始条件

墙体温度场计算之前，需要指定 $t=0$ 时刻墙体内部温度。开始做耐候试验时，耐候墙内部温度是无法准确获得的。只有假设初始时刻墙体温度，计算出的结果就与这个假设有关。耐候墙体所处的环境是周期性变化（高温-淋水循环周期为 6h，加热-冷冻循环周期为 24h）的，在经过几个周期循环后墙体内的温度场基本趋于周期性变化，即初始条件对温度场的影响越来越小。这里取墙体在初始时刻温度处处相等而且与室内温度一致作为初始条件。

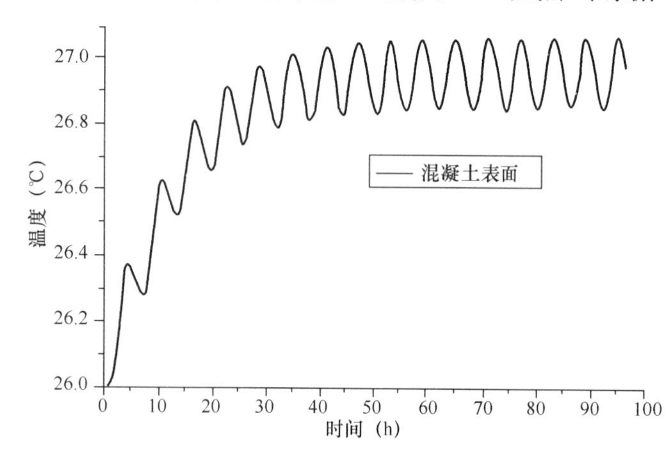

图 4-2-3 前 16 个周期耐候墙体内表面的温度随时间变化图

显然，初始条件不一样会对前几个周期的计算结果影响较大。高温-淋水循环共有 80 个周期，如全部计算其计算时间太长，到后面的几个周期的温度场差异也不大（从下面给出数值模拟结果图 4-2-3 也可以得到同样的结论），因此本书中计算了前 16 个周期，认为后面 64 个周期的温度场与第 16 个周期的结果一致。加热-冷冻循环试验是高温-淋水循环结束后在室内放置 48h 后进行的，所以其初始条件可以近似的取为墙体在初始时刻温度处处相等而且与室内温度一致。

4.2.3 温度场的数值模拟结果

图 4-2-4 是耐候试验仪器自带软件根据耐候试验的高温-淋水循环试验过程记录的四个周期的耐候墙体外表面温度、箱体内空气（水）温度和箱体内湿度随时间变化曲线。耐候试验 1 号箱体内两个试件是涂料饰面系统，2 号箱体内两个试件是面砖饰面系统。

图 4-2-5 为数值模拟高温-淋水循环第 16 个周期的箱体内空气温度和外饰面的外表面温度结果。

因墙体所用材料的性能参数提取存在误差，而且这些参数会随时间、环境等变化；耐候试验墙体所

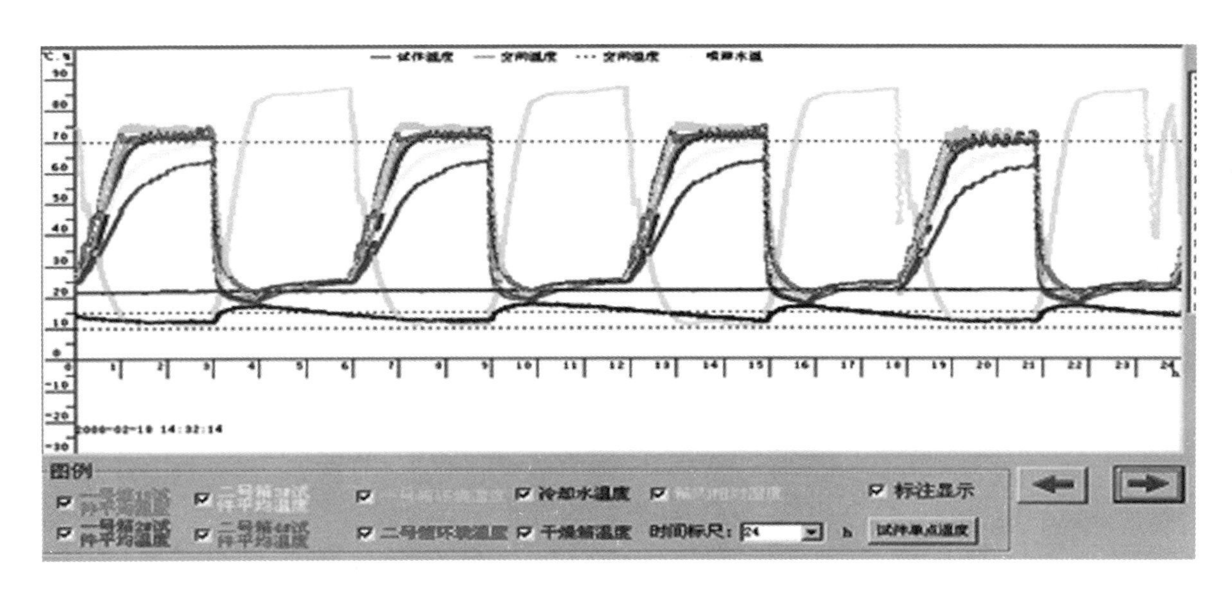

图 4-2-4　高温-淋水循环四个周期内仪器记录的温湿度图

处的环境无法很精确控制，温度传感器测量的温度也有一定误差，不能要求数值模拟结果和试验测量结果完全一致。对比图 4-2-4 和图 4-2-5，可以看出数值模拟结果和试验结果的基本吻合，证明此次数值模拟是成功的。

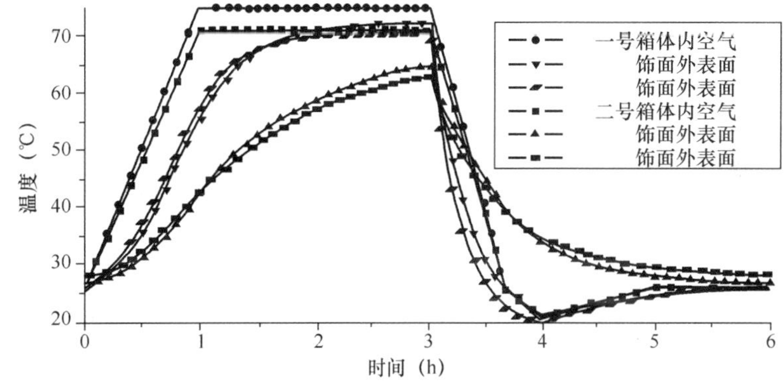

图 4-2-5　高温-淋水循环第 16 个周期四个保温墙体饰面外表面温度图

数值模拟出来的温度场到底能为我们揭示什么呢？下面通过几个实例来说明。

从图 4-2-5 发现，面砖系统的饰面外表面比涂料系统的饰面外表面的温度升高（降低）都要慢，在数值模拟温度场时，通过修改材料的某些物理参数可以得出如下结论：保温层热阻大，使得保温层外侧部分与保温层之间传递热量非常慢。可以认为墙体的外饰面跟外界传递的热量是保温层外侧部分温度变化的唯一能量来源。保温层外侧部分跟外界传递的热量只跟饰面外表面与空气（或水）的温差有关（见式（4-2-4））。从图 4-2-4 可以看出，面砖系统饰面外表面与空气（或水）的温差要大于涂料饰面系统，那么面砖饰面系统与外界交换的热量要大于涂料饰面系统，但为什么面砖系统饰面外表面的温度变化反而慢呢？在物体吸收（释放）同样多的热量的前提下，温度的变化只与物体的质量和比热有关。各个墙体保温层以外部分的平均比热相差不大，只有平均质量相差较大——面砖系统保温层以外部分单位面积上的总质量要远大于涂料系统，因此面砖系统外表面温度变化要比涂料系统慢。

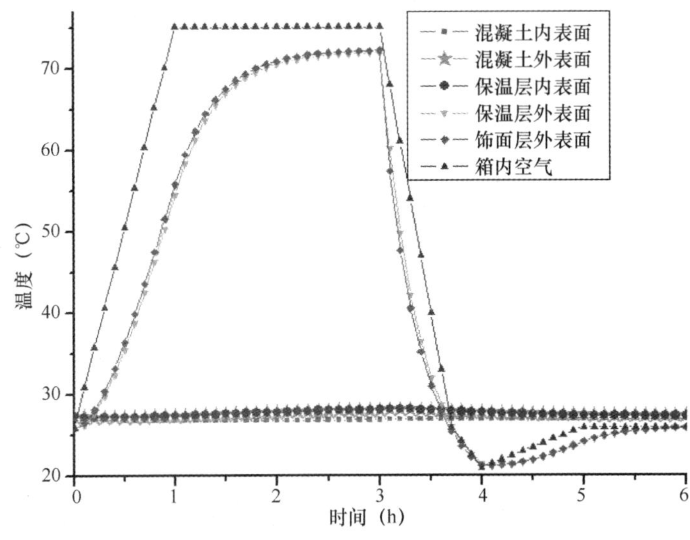

图 4-2-6　高温-淋水循环第 16 个周期保温墙体特殊层的温度图

图 4-2-6 和图 4-2-7 为高温-淋水循环第 16 个周期保温墙体（无保温墙体）特殊位置的温度随时间变化图。

比较图 4-2-6 和图 4-2-7 可以看出：保温

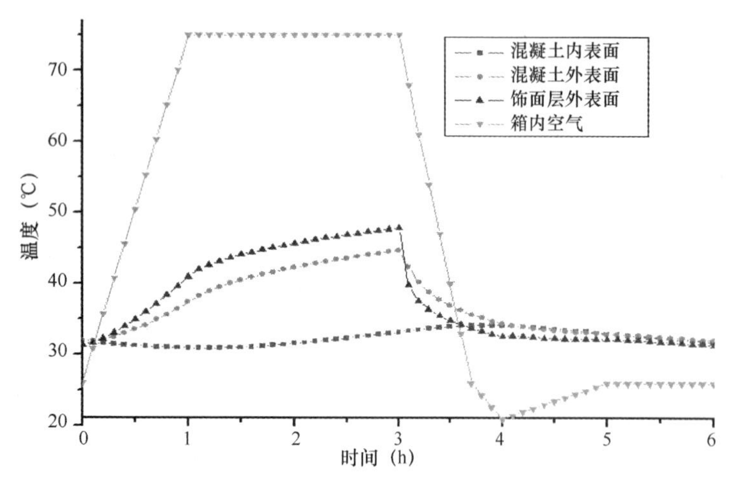

图 4-2-7　高温-淋水循环第 16 个周期无保温层的墙体特殊层的温度图

墙体保温层外侧部分比无保温墙体相同部位温度要高（低），这就是为什么在普通外墙面上的水泥砂浆和涂料移植到外保温墙上容易开裂的一个重要原因。保温墙体的基层与无保温墙体基层相比，温度沿厚度方向梯度很小；在整个循环基层中的温度起伏很小，几乎不变，这就是外保温对稳定建筑基层（温度变形小）的有力证据，是有利于延长建筑寿命最直观的证明。

以上的数据要从试验中得到，需要很大的物力、人力和财力，而且得到数据不可以移植到其他外保温系统上，必须重复做试验再测量。数值模拟只需要修改参数就可以计算出结果，各个试验结果对比分析会更加清晰直观。总之，数值模拟这一工具将在外墙外保温系统的耐候试验分析中起到非常重要的作用。

4.3　试验过程及结果评价

本试验研究从 2007 年开始，截止 2010 年，先后完成了 6 轮共计 24 组外保温系统的耐候性试验研究，记录了必要的试验数据。本文以典型的两轮耐候试验对比不同系统构造及材料的耐候性能。

4.3.1　XPS 板外保温系统耐候性试验

4.3.1.1　试验方案

1. 试验目的

（1）试验同种保温材料（XPS 板）不同构造措施的外保温系统耐候性能的优劣对比；

（2）试验 XPS 板去皮拉毛和不去皮拉毛两种不同施工工艺对系统耐候性能的影响。

2. 系统构造及材料选择

系统构造及材料选择见表 4-3-1。

XPS 板外保温系统构造及材料选择　　**表 4-3-1**

系　统	构　造						
	基层	界面层	粘结层	保温层	找平层	抗裂层	饰面层
“LBL 型”胶粉聚苯颗粒贴砌 XPS 板涂料饰面系统（简称“LBL 型”系统）	混凝土墙	干拌面砂浆	15mm 厚胶粉聚苯颗粒贴砌浆料	50mm 厚 XPS 板	10mm 厚胶粉聚苯颗粒贴砌筑浆料	干拌抗裂砂浆＋耐碱网布＋高弹底涂	柔性耐水腻子＋涂料
“LB 型”胶粉聚苯颗粒贴砌 XPS 板涂料饰面系统（简称“LBL 型”系统）	同上	同上	15mm 厚胶粉聚苯颗粒贴砌浆料	同上	无	同上	同上
点框粘 XPS 板薄抹灰涂料饰面系统（XPS 板去皮拉毛）	同上	无	5mm 厚 XPS 粘结砂浆	同上	无	干拌抹面砂浆＋耐碱网布	同上
点框粘 XPS 板薄抹灰涂料饰面系统（XPS 板不去皮拉毛）	同上	无	5mm 厚 XPS 粘结砂浆	同上	无	同上	同上

注：“LBL 型”系统和“LB 型”系统中，XPS 板规格尺寸 600mm×450mm，并且开双孔，双面刷 XPS 板防火界面剂，板与板之间留 10mm 砌筑缝，用胶粉聚苯颗粒贴砌浆料填充压实；点框粘 XPS 板系统中，XPS 板规格尺寸 600mm×900mm，点框粘，不留板缝，双面刷 ZLXPS 板防火界面剂。

4.3.1.2 试验记录与分析

1. 开裂空鼓记录

本轮耐候试验墙体在养护阶段并无出现开裂现象，试验过程中陆续出现开裂，但是开裂情况存在明显的差别，见表 4-3-2。

XPS 板外保温系统耐候试验开裂空鼓情况记录　　表 4-3-2

类　别	试 验 前	试　验　中	试验后
1 号墙体	无开裂，无空鼓	第四个热雨循环开始出现裂纹（窗口左下角），之后扩展变粗变多（集中在板缝处，局部形成贯通裂缝） 裂缝总数：7 条；无空鼓现象	裂缝无扩展
2 号墙体	无开裂，无空鼓	第 28 次热雨循环开始出现裂纹（窗口右下角），之后扩展变粗变多（集中在板缝处，局部形成贯通裂缝） 裂缝总数：6 条；无空鼓现象	裂缝无扩展
3 号墙体	无开裂，无空鼓	第 64 次热雨循环开始出现裂纹（窗口左下角），之后局部板缝出现裂缝 裂缝总数：2 条 ；无空鼓现象	无扩展
4 号墙体	无开裂，无空鼓	第 36 次热雨循环出现细微裂纹（窗口处），之后无扩展 裂缝总数：0；无空鼓现象	裂纹无扩展

注：1 号墙体为点框粘 XPS 板薄抹灰涂料饰面系统（XPS 板去皮拉毛）；2 号墙体为点框粘 XPS 板薄抹灰涂料饰面系统（XPS 板不去皮拉毛）；3 号墙体为“LB 型”系统；4 号墙体为“LBL 型”系统。

2. 温度曲线记录与分析

图 4-3-1 是耐候试验仪器自带软件记录的一个高温-淋水循环试验周期四个 XPS 板系统墙体外表面温度曲线。

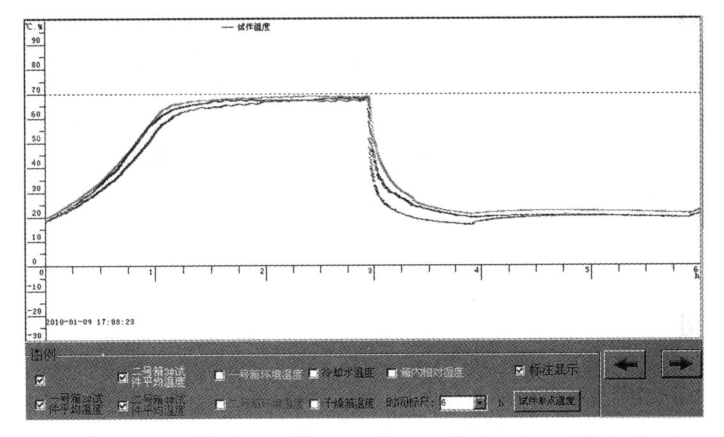

图 4-3-1　高温-淋水循环稳定一个周期内仪器记录的温度图

图 4-3-2 为数值模拟四个不同的 XPS 板系统同周期高温-淋水循环一个周期的箱体内空气温度和外饰面的外表面温度曲线。

从图 4-3-2 中可以看出，数值模拟的图像与试验记录结果的变化趋势基本一致。由于试验环境温度有波动，测量仪器有测量误差，墙体组成材料的密度、比热、导热系数也很难准确确定，因此数值模拟结果和耐候软件记录存在一定的偏差。

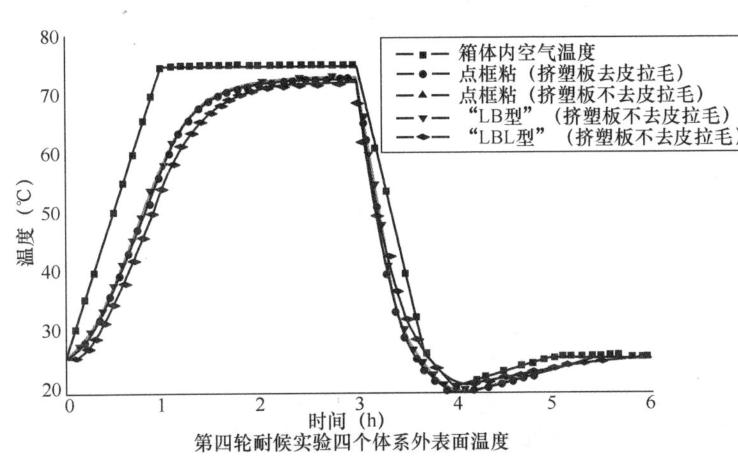

图 4-3-2　XPS 板系统高温-淋水循环一个周期内各墙体外表面温度图

不同保温材料的导热系数　　表 4-3-3

保温材料	导热系数 [W/(m·K)]	保温材料与面层砂浆导热倍数
胶粉聚苯颗粒浆料	0.075	12.4
岩棉	0.041	22.7
EPS 板	0.039	23.8
酚醛	0.035	26.6
XPS 板	0.030	31.0
PU	0.024	38.8

从图 4-3-2 中可以看出“LBL 型”系统的外饰面温度比其他三个系统的外

饰面温度上升（下降）的要慢。这是因为胶粉聚苯颗粒找平层的导热系数要小于XPS板，介于XPS板和面层砂浆之间（不同保温材料的导热系数见表4-3-3），很好地起到了温差变化过渡层的作用，有利于缓解抗裂层及外饰面的温度变化过快，可以降低温度裂缝（外保温的温度裂缝主要出现在抗裂层和饰面层）出现的可能性。由于客观的影响因素存在，以上结论无法从图4-3-1得到，试验所记录的温度在某些方面不能作为说明问题的依据，这也是数值模拟在分析耐候试验的一个不可替代的优势，可以从更细微的地方揭示外保温的变化规律。

4.3.1.3 试验结果与分析

1. 点框粘XPS板系统（去皮）

耐候试验后墙体如图4-3-3所示。该系统试验后板缝处出现了贯穿墙体的裂缝，耐候试验不合格。拉拔试验结果见表4-3-4，拉拔试验满足标准要求。

图4-3-3 点框粘XPS板系统（去皮）耐候试验结果

点框粘XPS板系统（去皮）拉拔试验结果 **表4-3-4**

测点编号	拉拔强度（MPa）	平均值（MPa）	切割位置	破坏断裂位置
1号	0.180	0.209	切割到XPS板	抹面砂浆层
2号	0.228			
3号	0.218			
4号	0.210			

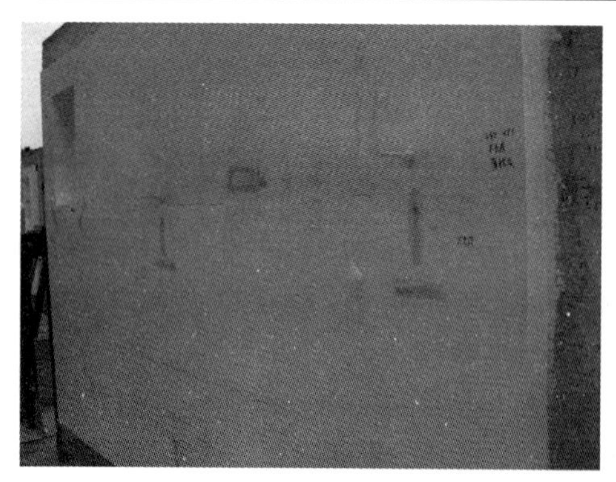

图4-3-4 点框粘XPS板系统（不去皮）耐候试验结果

2. 点框粘XPS板系统（不去皮）

耐候试验后墙体见图4-3-4所示。该系统试验后板缝处出现了贯穿墙体的裂缝，耐候试验不合格。拉拔试验结果见表4-3-5，拉拔试验满足标准要求。

点框粘XPS板系统（不去皮）拉拔试验结果 **表4-3-5**

测点编号	拉拔强度（MPa）	平均值（MPa）	切割位置	破坏断裂位置
1号	0.165	0.196	切割到XPS板	抹面砂浆层
2号	0.182			
3号	0.258			
4号	0.178			

3. “LB型”系统

耐候试验后墙体见图4-3-5所示。该系统试验后在板缝处出现了两条裂缝，但不贯穿，耐候试验不合格。拉拔试验结果见表4-3-6，拉拔图片见图4-3-6，拉拔试验满足标准要求。

图 4-3-5 “LB 型”系统耐候试验后

“LB 型”系统拉拔试验结果 **表 4-3-6**

测点编号	拉拔强度（MPa）	平均值（MPa）	切割位置	破坏断裂位置
1号	0.121	0.114	切割到基层	胶粉聚苯颗粒
2号	0.098			
3号	0.112			
4号	0.125			
5号	0.205	0.208	切割到XPS板	抗裂砂浆层
6号	0.198			
7号	0.220			
8号	0.210			

图 4-3-6 “LB 型”系统拉拔试验

4. “LBL 型”系统

耐候试验后墙体见图 4-3-7 所示。该系统试验后只在窗口处出现了微裂纹，其他没有任何开裂空鼓现象，满足耐候试验要求。拉拔试验结果见表 4-3-7，拉拔图片见图 4-3-8，拉拔试验满足标准要求。

图 4-3-7 “LBL 型”系统耐候试验后

“LBL 型”系统拉拔试验结果 **表 4-3-7**

测点编号	拉拔强度（MPa）	平均值（MPa）	切割位置	破坏断裂位置
1号	0.121	0.107	切割到基层	胶粉聚苯颗粒
2号	0.100			
3号	0.112			
4号	0.095			

续表

测点编号	拉拔强度（MPa）	平均值（MPa）	切割位置	破坏断裂位置
5号	0.110	0.114	切割到XPS板	胶粉聚苯颗粒
6号	0.125			
7号	0.120			
8号	0.102			

图4-3-8 “LBL型”系统拉拔试验

XPS板外保温系统耐候试验结果表明：在材料性能指标满足标准的前提下，XPS板系统不同的构造措施其耐候试验结果截然不同。点框粘系统（不论去皮还是不去皮）在板缝处都出现了贯穿墙面的长裂缝；“LB型”系统耐候性能要大大优于点框粘系统，但是还是出现了两处裂缝，只是没有形成贯穿裂缝；“LBL型”系统的耐候性能非常优异，除了在窗口处出现了细微的裂纹，没有任何裂缝产生，拉拔试验也满足耐候试验的要求。

试验结果分析如下：

（1）点框粘系统开裂原因分析

1）尺寸稳定性差。据资料表明，XPS板完全稳定至少需自然养护两年以上，陈化期不够的XPS板变形非常大，容易翘曲，特别是在空腔构造中，由于XPS板某些部位被粘结砂浆约束，某些部位跟基层无直接连接，而是自由的，再加上XPS板由于其极低的导热系数，当发生温度变化时，板材内部存在较大的温度梯度而导致XPS板自身温度变形差较大，保温板就会发生弯曲变形，此时板缝处就成为变形和应力集中发生区。同时，XPS板与EPS板在板材整体力学上存在差别：EPS板各向均一，而XPS板在长度和宽度方向上的弹性模量不一致，相差2～3倍，当系统受温湿应力的时候，板材在长度和宽度方向的变形不一致，这些变形应力都会集中出现在板缝处而导致板缝处开裂。

2）透气性差。XPS板成型工艺为挤压成型，透气性非常差，点框粘系统在耐候试验过程中由于XPS板透气性差，水蒸气会把XPS板的缝隙作为通道，而且这些缝隙长期处于拥挤状态，很容易出现开裂。

3）相邻材料变形速度差过大。XPS板和抹面砂浆不管是线膨胀系数还是弹性模量都存在非常大的差距，当系统受温湿应力的时候，相邻材料由于变形速度差过大，产生应力集中，当应力超过抹面砂浆的强度时，系统就出现开裂。

因此，在实际工程中，使用XPS板系统时应设置变形应力分散构造层。

（2）胶粉聚苯颗粒复合型系统的优势

1）满粘约束变形。复合型系统为满粘构造，由于XPS板全部与基层连接紧密，那么XPS板的变形就会被约束，减小了由于变形而产生的开裂问题。

2）板缝的合理构造设计。点框粘系统板与板之间通常采用对齐无板缝设计，而保温板温湿变化时会发生热胀冷缩、湿胀干缩，于是在板缝处集中产生变形应力，板缝开裂较为严重，耐候试验也证明了这一点。复合型系统贴砌XPS板时采用10mm预留板缝的方法来解决上述问题，预留的板缝使用贴砌浆料砌筑后挤出刮平，该做法一方面相当于在每个XPS板周围加一圈浆料锚固件，进一步增强了系统整体粘结力；另一方面又提高了XPS板保温层的水蒸气渗透能力，但最主要的还是分散消纳了XPS板胀缩时集中产生的应力，减小了开裂的可能性。

3）XPS板开孔处理提高了透气性。XPS板开孔处理一方面提高了系统的整体粘结能力，另一方面胶粉聚苯颗粒的水蒸气渗透能力大大优于XPS板，这样就大幅度提高了系统的透气性，减小了湿胀应力，也减小了开裂的可能性。

4）胶粉聚苯颗粒找平层分散了热应力。胶粉聚苯颗粒保温材料是有机和无机的复合体，其线膨胀系数和弹性模量在聚苯板和抗裂砂浆之间，增加了一道聚苯颗粒找平层，等于增加了一道柔性过渡层，使整个系统柔性渐变，能逐层释放变形量，大大减小了相邻材料之间的变形速度差，这样就大幅度提高了系统的耐候性能。

4.3.2 喷涂硬泡聚氨酯外保温系统耐候性试验

4.3.2.1 试验方案

1. 试验目的

对比聚氨酯系统修平或不修平、有无胶粉聚苯颗粒浆料找平层及浆料找平层的厚度对系统耐候性能的影响。

2. 系统构造及材料选择

系统构造及材料选择见表 4-3-8。

喷涂硬泡聚氨酯外保温系统构造及材料选择　　表 4-3-8

系　统	构　造						
	基层	界面层	粘结层	保温层	找平层	抗裂层	饰面层
喷涂硬泡聚氨酯＋30mm 厚胶粉聚苯颗粒浆料找平涂料饰面系统	混凝土墙	聚氨酯防潮底漆	无	40mm 聚氨酯	30mm 厚胶粉聚苯颗粒贴砌浆料	干拌抗裂砂浆＋耐碱网布＋高弹底涂	柔性耐水腻子＋涂料
喷涂硬泡聚氨酯＋10mm 厚胶粉聚苯颗粒浆料找平涂料饰面系统	同上	同上	无	同上	10mm 厚胶粉聚苯颗粒贴砌浆料	同上	同上
喷涂硬泡聚氨酯涂料饰面系统（修平）	同上	同上	无	同上	无	同上	同上
喷涂硬泡聚氨酯涂料饰面系统（不修平）	同上	同上	无	同上	无	同上	同上

注：聚氨酯面层刷 ZL 聚氨酯防火界面剂。

4.3.2.2 试验记录与分析

1. 开裂空鼓记录

本轮耐候试验墙体在养护阶段无胶粉聚苯颗粒层的系统出现了开裂，复合胶粉聚苯颗粒层的系统无开裂现象，试验过程中 10mm 厚胶粉聚苯颗粒找平层的系统也出现了开裂，无聚苯颗粒系统开裂更严重，而 30mm 厚聚苯颗粒找平层系统基本无开裂，见表 4-3-9。

喷涂硬泡聚氨酯外保温系统耐候试验开裂空鼓情况记录　　表 4-3-9

类　别	试验前	试验中	试验后
1 号墙体	养护阶段出现开裂 裂缝数：15	第二个热雨循环开始出现新裂纹，之后扩展变粗变多 裂缝总数：20 条；无空鼓现象	裂缝无扩展
2 号墙体	养护阶段出现开裂 裂缝数：20	第二次热雨循环开始出现新裂纹，之后扩展变粗变多 裂缝总数：31 条；无空鼓现象	裂缝无扩展
3 号墙体	无开裂，无空鼓	第 8 次热雨循环开始出现裂纹，之后扩展变粗变多 裂缝总数：8 条 ；无空鼓现象	裂缝无扩展
4 号墙体	无开裂，无空鼓	无开裂 裂缝总数：0；无空鼓现象	无

注：1 号墙体为喷涂硬泡聚氨酯系统系统（去皮），2 号墙体为喷涂硬泡聚氨酯系统（不去皮），3 号墙体为喷涂硬泡聚氨酯＋10mm 厚胶粉聚苯颗粒浆料找平层系统，4 号墙体为喷涂硬泡聚氨酯＋30mm 厚胶粉聚苯颗粒浆料找平层系统。

2. 温度曲线记录与分析

图 4-3-9 是耐候试验仪器自带软件根据四个不同的喷涂硬泡聚氨酯系统的高温-淋水循环试验过程记录的一个稳定周期的耐候墙体外表面温度，箱体内空气（水）温度随时间变化曲线。

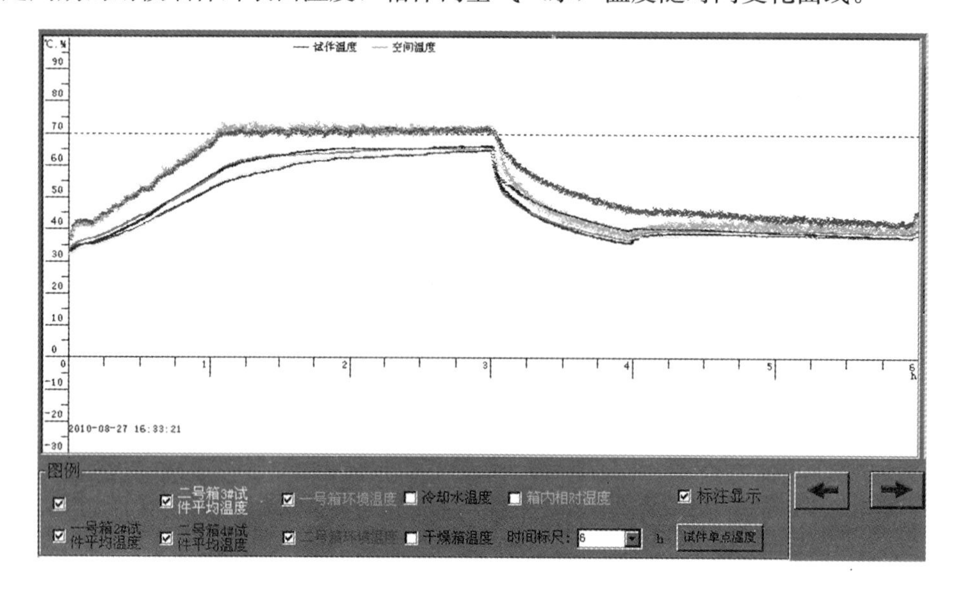

图 4-3-9　喷涂硬泡聚氨酯系统高温-淋水循环一个周期内仪器记录的温度图

图 4-3-10 为数值模拟四个不同的喷涂聚氨酯系统同周期高温-淋水循环一个周期的箱体内空气温度和外饰面的外表面温度曲线。

图 4-3-11 为四个喷涂硬泡聚氨酯系统抗裂层温度变化速率的数值模拟结果。

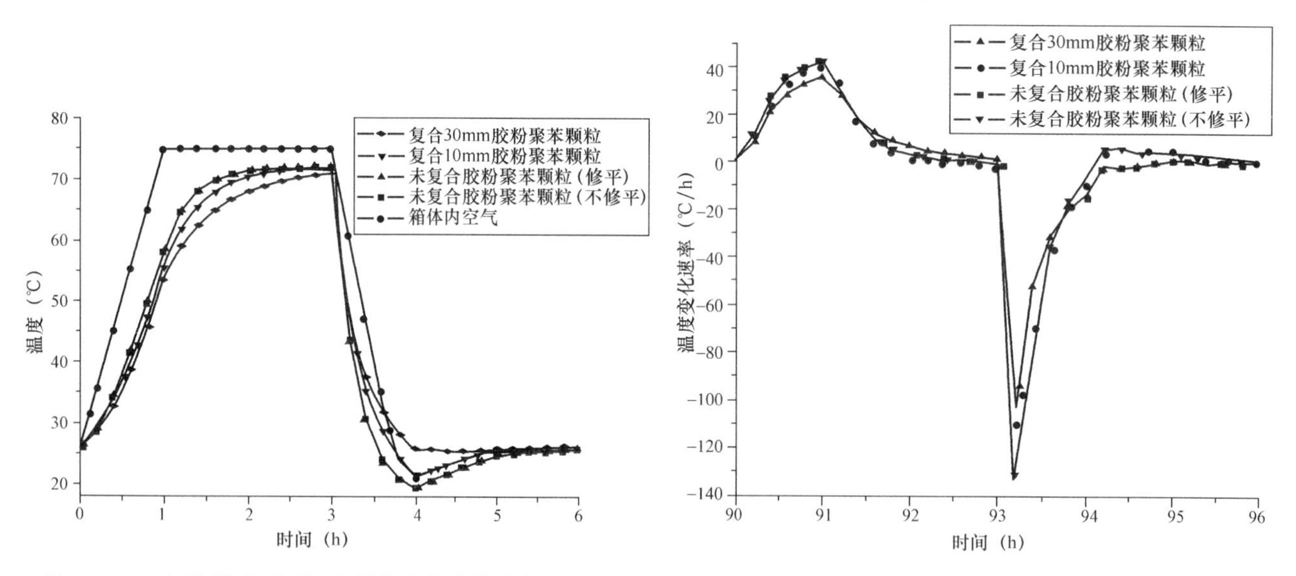

图 4-3-10　高温-淋水循环一个周期内各墙体外表面温度图

图 4-3-11　高温-淋水第 16 个周期抗裂砂浆中间位置的升降温速率图

表 4-3-10 为四个喷涂硬泡聚氨酯系统抗裂层高温-淋水循环中淋水阶段的降温速率数值模拟结果。

喷涂硬泡聚氨酯系统抗裂层高温-淋水循环中淋水阶段的降温速率数值模拟结果　　表 4-3-10

项　　目	系　　统			
	复合 30mm 原胶粉聚苯颗粒系统	复合 10mm 原胶粉聚苯颗粒系统	聚氨酯表面修平系统	聚氨酯表面不修平系统
淋水 0.1h 的温度变化速率（℃/h）	−129.6	−131.7	−151.8	−151.8

续表

项目	系统			
	复合30mm原胶粉聚苯颗粒系统	复合10mm原胶粉聚苯颗粒系统	聚氨酯表面修平系统	聚氨酯表面不修平系统
淋水0.2h的温度变化速率(℃/h)	−88.6	−96.0	−114.0	−114.0
淋水0.3h的温度变化速率(℃/h)	−60.3	−70.9	−80.0	−80.0

从图4-3-10、图4-3-11和表4-3-10中可以看出，复合30mm原胶粉聚苯颗粒系统的外饰面温度上升（下降）及温度变化速率最慢，复合10mm原胶粉聚苯颗粒系统的其次，未复合胶粉聚苯颗粒系统最快。外保温系统面层的温度裂缝除了与饰面的温度过高（低）有关外，还与面层温度的变化速率有很大的关系。从图4-3-11和表4-3-10中可以看出，聚氨酯外加的胶粉聚苯颗粒越厚，抗裂砂浆的温度变化速率越小，这样就可以让抗裂砂浆温度变形减缓，有利于防止面层开裂。结合XPS板四个系统温度裂缝分析如下：一般有机保温材料导热系数较小，会导致面层温度变化过快，易出现温度裂缝，在原有的保温层外面加上一层导热系数介于砂浆和有机保温材料之间的胶粉聚苯颗粒温度变化过渡层，一方面可以减缓面层温度变化过快，另一方面胶粉聚苯颗粒的热膨胀系数介于有机保温材料和面层砂浆之间，这样就减小了相邻材料之间的变形速度差。

在喷涂硬泡聚氨酯系统中，面层热胀冷缩跟聚氨酯不一致，它们就会相互约束，从而产生约束应力。喷涂硬泡聚氨酯层是一个整体，与保温块材的情况大不相同，其对面层有更强的约束，产生的温度应力更大，当温度应力超过面层材料强度时就会产生裂缝。喷涂聚氨酯复合一定厚度胶粉聚苯颗粒后，胶粉聚苯颗粒的热膨胀系数介于聚氨酯和水泥砂浆之间，同时由于其自身物理性能的非连续性，具有极强的消纳和吸收变形的能力，不会出现应力集中，使得面层有较自由地变形，从而减小面层温度应力，避免温度裂缝的产生。

4.3.2.3 试验结果与分析

1. 喷涂硬泡聚氨酯（修平）

耐候试验前后墙体如图4-3-12所示。该系统试验前整个墙面即出现了大量的裂缝，耐候试验后裂缝扩展变多，该系统耐候性能不合格。

图4-3-12 1号墙体耐候试验前后状态

(*a*) 养护阶段；(*b*) 耐候试验后

2. 喷涂硬泡聚氨酯（不修平）

耐候试验前后墙体如图4-3-13所示。该系统同1号系统，试验前整个墙面即出现了大量的裂缝，耐候试验后裂缝扩展变多，该系统耐候性能不合格。

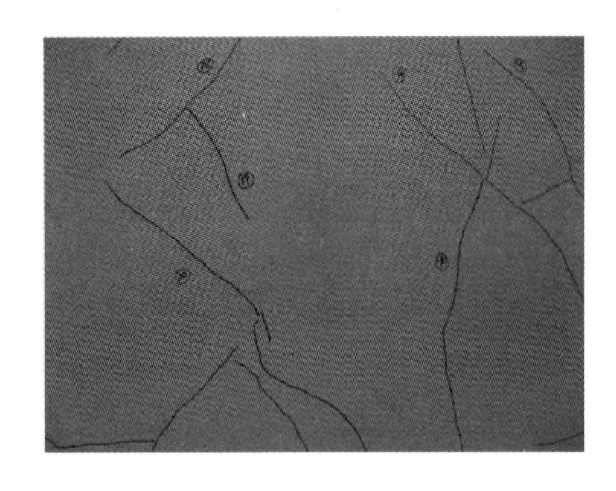
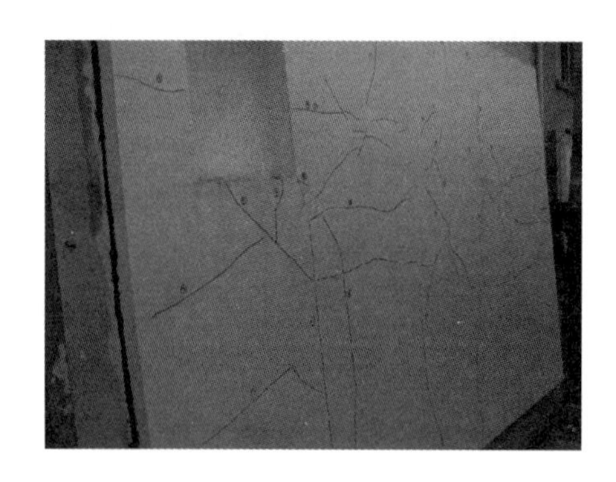

图 4-3-13　2 号墙体耐候试验前后状态

(a) 养护阶段；(b) 耐候试验后

3. 喷涂硬泡聚氨酯＋10mm 厚胶粉聚苯颗粒浆料找平层系统

耐候试验后墙体如图 4-3-14 所示。该系统养护阶段无开裂，耐候试验后出现 8 条裂缝，相比于 1 号和 2 号墙体开裂情况要好得多，但该系统耐候性能还是不合格。

4. 喷涂硬泡聚氨酯＋30mm 厚胶粉聚苯颗粒浆料找平层系统

耐候试验后墙体如图 4-3-15 所示。该系统耐候试验前后开裂，耐候试验合格，拉拔试验结果见表 4-3-11，拉拔试验满足标准要求。

图 4-3-14　3 号墙体耐候试验后

图 4-3-15　4 号墙体耐候试验后

4 号墙体拉拔试验结果　　**表 4-3-11**

测点编号	拉拔强度（MPa）	平均值（MPa）	切割位置	破坏断裂位置
1 号	0.110	0.111	切割到聚氨酯	胶粉聚苯颗粒
2 号	0.122			
3 号	0.102			
4 号	0.110			

喷涂硬泡聚氨酯系统耐候试验表明，复合一定厚度的胶粉聚苯颗粒找平层相比于无聚苯颗粒系统及薄层聚苯颗粒系统具有非常明显的耐候性能优势，证明了胶粉聚苯颗粒过渡层是聚氨酯系统必不可少的面层找平材料。

试验结果分析与建议：

(1) 开裂分析

在试验墙养护阶段，面层抗裂砂浆出现开裂现象。分析其原因，主要有以下几个方面：①由于聚氨酯收缩期长，收缩量大，由于面层的束缚，造成应力集中而引起抗裂砂浆开裂。②聚氨酯和抗裂砂浆之间的变形速度差过大，当抗裂砂浆直接涂抹在聚氨酯表面，所产生的温度应力大大超过了抗裂砂浆自身的强度，使墙体面层开裂严重。③抗裂砂浆自身的性能指标满足不了聚氨酯系统对该材料的性能要求。

系统复合一定厚度的胶粉聚苯颗粒，很好地起到了热应力分散作用，减轻了面层抗裂砂浆的开裂程度，随着胶粉聚苯颗粒厚度的增加，这种作用愈发明显。由此可见，一定厚度的胶粉聚苯颗粒找平层对聚氨酯收缩和表面温差产生的应力具有很强的消纳和分散作用。

（2）建议

鉴于以上情况，建议在使用喷涂聚氨酯涂料饰面外保温系统时，完成喷涂聚氨酯施工后，静置一段时间，使聚氨酯变形充分，体积趋于稳定后再进行面层的施工。复合胶粉聚苯颗粒不仅可以对聚氨酯表面进行找平，并且可以在聚氨酯和抗裂砂浆之间起到过渡作用，减小或杜绝系统开裂的可能性。

4.3.3 小结

从典型的两轮耐候试验可以得出：胶粉聚苯颗粒复合型系统在外界环境变化时，系统保温层和保护层的温度变化会比没有复合胶粉聚苯颗粒的薄抹灰系统缓慢，胶粉聚苯颗粒层很好地起到了吸收变形和柔性逐层渐变的作用，减小了相邻材料的变形速度差，从而大大减小了板材收缩及温度应力的产生量，解决了系统因变形不协调而造成的开裂现象。

通过试验研究，我们发现外保温系统要满足耐候试验的要求，需同时考虑以下两个方面的因素：

（1）外保温系统组成材料应具有满足变形的能力

不同的外保温系统对各构造层材料的性能要求是不一样的，但是它们都必须具备一个共同点，即材料的变形能力（即柔性指标）必须满足系统对该材料的变形要求。材料的性能指标在满足标准的前提下，当该材料应用于不同的外保温系统时，应区别对待，有的放矢，只有满足该系统的耐候性能，该材料才能应用于对应的外保温系统。

（2）外保温系统构造措施应合理

外保温系统构造必须柔性渐变，能满足逐层释放变形量的要求，同时相邻材料的变形速度差设计必须合理，只有这样才能从根本上解决外保温系统的耐候问题，而胶粉聚苯颗粒柔性过渡层就是实现这一技术路径的最好的构造措施。该构造措施中胶粉聚苯颗粒可以很好地起到热应力分散构造层的作用，正因为有了这层过渡层，才解决了当前 XPS 板和聚氨酯系统开裂的通病。

5　外保温系统防火性能

外墙外保温系统的防火安全，关系到人们的生命和财产安全，早已引起业内人士的高度重视。自2004年起，我国外保温行业的科研、设计、施工、管理和系统生产企业就开始联手进行外保温系统防火安全的研究工作。

2006年，北京振利高新技术有限公司、中国建筑科学研究院建筑防火研究所、建设部科技发展促进中心、北京六建集团公司、中国建筑材料科学研究总院、北京市消防产品质量监督检测站、北京市建筑设计标准化办公室、清华大学等八家单位率先申请并承担建设部科研课题"外墙保温体系防火试验方法、防火等级评价标准及建筑应用范围的技术研究"（06－K5－35)，取得了适合我国国情的开创性的研究成果，于2007年9月正式通过专家验收，获得了高度评价。该课题得出如下5点结论性意见：

1）外保温系统防火安全性应为外墙外保温技术应用的重要条件；

2）外保温系统整体构造的防火性能是外保温防火安全的关键；

3）无空腔、防火隔断和防护保护面层是外保温系统构造防火的三个关键要素；

4）大尺寸窗口火试验是目前检验外保温系统构造防火性能的有效方法；

5）外保温系统防火等级划分及适用建筑高度规定是提高防火安全性的有效途径。

该课题的试验研究对我国外保温防火技术的发展具有重大的指导意义和推动作用，从那时起，京城先后新建的3个火灾模拟试验基地累计进行了40多次大尺寸模型火试验，京内外众多单位、业内专家和政府消防部门纷至沓来，积极参与，共同研讨，掀起了我国大规模外保温防火安全研究的热潮。

通过六年多的辛勤努力，完成了大量的防火试验研究工作，包括锥形量热计试验、燃烧竖炉试验、窗口火试验、墙角火试验等，积累了丰富的试验数据，取得了一些阶段性的研究成果。以这些成果为基础，全国各地都针对本地区外保温的实际应用情况开展了防火安全技术研究工作。其中，北京市、陕西和吉林省编制的相关技术规程都应用了防火试验研究的成果，已经住建部备案并发布实施。《外墙外保温工程技术规程》(JGJ 144)、《模塑聚苯板薄抹灰外墙外保温系统》(JG 149)、《胶粉聚苯颗粒外墙外保温系统》(JG 158）等标准在修订中也应用了外保温防火试验研究的成果。在防火试验实践中，通过消化吸收国外试验技术编制的我国行业标准《建筑外墙外保温系统防火试验方法》已完成报批工作。还有一些涉及外保温防火的地方标准正在编制之中。这些标准的发布实施和相关应用研究工作的开展，将使我国外墙外保温系统的防火安全性能得到保证和提高，建筑节能与消防安全得到合理兼顾。

本章从分析外保温系统的防火安全性着手，提出外保温系统整体构造防火的理念和关键要素，详细介绍大型和中小型防火试验方法和取得的试验研究成果，还介绍外保温系统防火等级划分、适用建筑高度、外保温防火设计软件的研究和应用。

5.1　外保温系统防火安全性分析

5.1.1　外保温材料分类和应用

从材料燃烧性能的角度看，用于建筑外墙的保温材料可以分为三大类：一是以矿物棉和岩棉为代表的无机保温材料，通常被认定为不燃材料；二是以胶粉聚苯颗粒保温浆料为代表的有机-无机复合型保温材料，通常被认定为难燃材料；三是以聚苯乙烯泡沫塑料（包括EPS板和XPS板)、硬泡聚氨酯和改性酚醛树脂为代表的有机保温材料，通常被认定为可燃材料。具体见表5-1-1。

各种保温材料的燃烧性能等级及导热系数　　　　表 5-1-1

材料名称	胶粉聚苯颗粒浆料	EPS 板	XPS 板	聚氨酯	岩　棉	矿　棉	泡沫玻璃	加气混凝土
导热系数 [W/（m·K）]	0.06	0.041	0.030	0.025	0.036～0.041	0.053	0.066	0.116～0.212
燃烧性能等级	B_1	B_2	B_2	B_2	A	A	A	A

5.1.1.1　岩棉、矿棉类不燃材料的燃烧特性

岩棉、矿棉在常温条件下（25℃左右）的导热系数通常在 0.036～0.041W/（m·K）之间，其本身属于无机质硅酸盐纤维，不可燃。在加工成制品的过程中，要加入有机胶粘剂或添加物，这些材料对制品的燃烧性能会产生一定的影响。但通常仍将其认定为不燃性材料。

5.1.1.2　胶粉聚苯颗粒保温浆料的燃烧特性

符合《胶粉聚苯颗粒外墙外保温系统》（JG 158—2004）的胶粉聚苯颗粒保温浆料是一种有机、无机复合的保温隔热材料，聚苯颗粒的体积大约占 80%左右，导热系数为 0.06W/（m·K），燃烧性能等级为 B_1 级，属于难燃材料。胶粉聚苯颗粒保温浆料在受热时，通常内部包含的聚苯颗粒会软化并熔化，但不会发生燃烧。由于聚苯颗粒被无机材料包裹，其熔融后将形成封闭的空腔，此时该保温材料的导热系数会更低、传热更慢，受热全过程材料体积变化率为零。

5.1.1.3　有机保温材料的燃烧特性

有机保温材料一般被认为是高效保温材料，其导热系数通常较低。目前我国应用的有机保温材料主要是聚苯乙烯泡沫塑料（包括 EPS 板和 XPS 板）、硬泡聚氨酯和改性酚醛树脂板等三种。其中，聚苯乙烯泡沫塑料属于热塑性材料，它受火或热的作用后，首先会发生收缩、熔化，然后才起火燃烧，燃烧后几乎无残留物存在。硬泡聚氨酯和改性酚醛树脂板属于热固性材料，受火或热的作用时，几乎不发生收缩现象，燃烧时成炭，体积变化较小。通常要求用于建筑保温的有机保温材料的燃烧性能等级不低于 B_2 级。

5.1.2　国内外应用现状

外墙外保温系统在欧美已应用了几十年，技术上十分成熟，对其防火安全性能方面的研究也相当充分。至今 EPS 薄抹灰外保温系统仍占据着主要的地位。图 5-1-1 给出了 2006 年德国市场各种外墙外保温系统所占的市场份额，其中 EPS 系统占 87.4%、岩棉系统占 11.6%。2010 年与德国外保温协会交流的结果是：EPS 的市场份额仍占 82%，岩棉系统占 15%，其余系统占 3%～4%。

2008 年～2009 年北京住总集团对北京市在施的 43 个工程（合计 125.6 万 m^2）所作的调研表明：北京外墙保温应用的有机保温材料占 97%。图5-1-2给出了北京地区外墙外保温的材料份额。

由此可见，我国保温材料的应用情况与国外大致相同，有机保温材料尽管具有可燃性，仍在

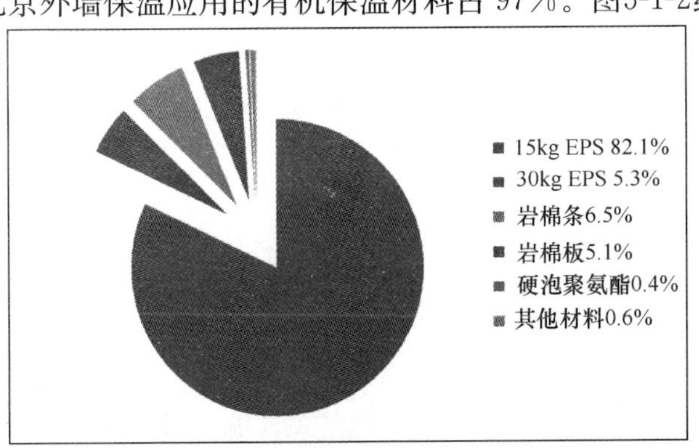

图 5-1-1　2006 年德国市场外墙外保温系统的市场份额

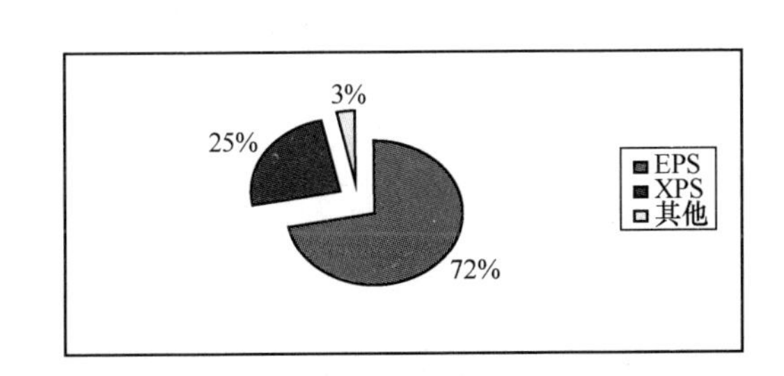

图 5-1-2　北京地区外墙外保温材料份额

国内外大量广泛应用。由于技术上、经济上的原因，目前还没有找到可以完全替代它们的高效保温材料，在当前和今后一定时期，有机保温材料仍将是我国建筑保温市场的主流产品。

5.1.3 外保温火灾事故分析

有机保温材料保温性能好、质地轻、应用技术成熟，但属于可燃材料，带来了火灾风险，近年来与外保温可燃材料有关的火灾事故时有发生。北京市组织的调查表明，90%以上的外保温火灾发生在施工阶段，主要为电焊火花或用火不慎所致，当然，某些保温材料的燃烧性能不符合相关产品标准的要求也是原因之一。据了解，这类施工火灾在国外并未发生，看来还是我们的施工现场管理存在问题。本着“预防为主，防消结合”的方针，北京市编制了《外墙外保温工程施工防火安全技术规程》（DB 11/729—2010），于2010年1月1日实施执行。

该规程规定，外保温工程施工现场的防火安全由总承包单位和分包单位共同负责，应分别落实外保温工程施工防火安全责任制，确定外保温工程施工单位现场负责人，具体负责施工现场的防火安全工作；配备或指定防火工作人员，负责外保温工程施工期间的日常防火安全技术管理工作；应在施工现场合理有效地配置灭火器材与设施，作业前应对相关施工人员进行有关的防火安全教育培训，并要求掌握外保温工程施工过程中防、灭火知识和技能。外保温分包单位还应根据外保温工程和保温材料特点编制施工方案，方案中应有具体的防火安全技术措施和施工现场火灾事故应急预案，方案中应避免外保温工程施工与有明火的工序交叉作业。

该规程作了以下强制性规定：

3.0.2 外保温工程所用保温材料的燃烧性能应满足设计要求，并不得低于表3.0.2的要求。

保温材料的燃烧性能要求 **表3.0.2**

保温材料 / 燃烧性能	聚苯乙烯泡沫塑料		硬质聚氨酯泡沫塑料	酚醛树脂泡沫塑料	胶粉聚苯颗粒保温浆料
	XPS	EPS			
氧指数（%）	—	≥30	≥26	≥32	—
燃烧性能等级	不低于 B_2 级			不低于 B_1 级	不低于 B_1 级

5.1.1 外保温工程施工现场应为禁火区域，并应远离火源，严禁吸烟。当附近有明火作业时，必须严格执行动火审批制度，并采取相应的安全措施。

5.2.1 当可燃类保温材料储存在库房中时，库房应由不燃性材料搭设而成，并有专人看管。当可燃类保温材料露天堆放时，堆放场应符合以下要求：

1 堆放场四周应由不燃性材料围挡；

2 堆放场应为禁火区域，其周围10m范围内及上空不得有明火作业，并应有显著标识；

3 堆放场附近不得放置易燃、易爆等危险物品；

4 堆放场应配备种类适宜的灭火器、砂箱或其他灭火器具；

5 堆放场内材料的存放量不应超过3天的工程需用量，并应采用不燃性材料完全覆盖。

5.3.3 外保温工程施工区域动用电气焊、砂轮等明火时，必须确认明火作业所涉及区域内的可燃类保温材料已覆盖了抹面层或界面层，并设专门的动火监护人，配备足够的灭火器材。严禁在已完成安装的保温材料上进行电气焊接和其他明火作业。

6.0.2 外保温工程防火安全验收时，应检查下列文件和记录：

1 外保温工程设计文件、外保温材料的燃烧性能设计要求以及施工单位的资质证明等；

2 材料进场验收记录，包括所用外保温材料的检验报告、清单、数量、进场批次、合格证以及燃烧性能检验报告；

3 外保温材料燃烧性能的见证检验报告；

4 施工记录和隐蔽工程施工防火验收记录。

该规程还作了以下重要规定：

——进入施工现场的可燃类保温材料，应对其燃烧性能等级进行见证取样复验，复验合格方可在外保温工程中使用。聚苯板还可参考《聚苯板材料打火机简易点燃试验方法》作现场验证试验。

——采用防火构造的外保温工程，其防火构造的施工应与保温材料的施工同步进行。保温层施工后，宜尽早安排覆盖层（抹面层或界面层）的施工，没有保护面层的保温层不得超过三层楼高，裸露不得超过 2 天。

——喷涂聚氨酯保温材料必须在喷涂后 24h 内进行防护层施工。现浇混凝土大模内置外保温工程施工，宜在安装就位前，对保温板面做好界面处理。

——外保温施工期间如遇公休日及节假日，需对已安装的裸露的保温层进行防火覆盖处理；放假前应对外保温工程进行检查，确保无裸露的保温层和板材堆放。

该规程对于规范和加强外保温工程施工现场的防火安全技术管理具有重要作用，其贯彻实施必将有效遏制和防止外保温施工火灾的发生，可供其他地区借鉴和参考。

5.1.4 解决外保温防火问题的思路

对待外保温防火问题的态度应该是：高度重视，科学研究，合理解决；不要因为发生了外保温火灾事故，就因噎废食，谈虎色变，甚至想禁用有机保温材料，封杀外墙外保温系统。

当前的外保温火灾大多发生在施工阶段，解决外保温工程施工现场的防火安全问题是当务之急。但就外保温工程建成后防火安全的长期性而言，建筑物使用过程中一旦发生火灾，人员和财产将遭受重大损失，消防的救援能力将面临重大考验。因此，保证或提高外墙外保温系统的防火安全性能，消除建筑物使用过程中的火灾隐患，应是解决外保温系统防火问题的重点。

为了防止外保温系统在建筑物使用阶段发生火灾，首先要防止系统被点燃；第二，一旦被点燃，要防止火焰蔓延；这是解决外保温系统防火问题的基本思路。

外保温系统是附着于外墙的非承重保温构造。根据我国防火规范，不同耐火等级建筑物外墙的耐火极限大致在 1～3h 不等。对于以可燃泡沫材料做保温层的外保温系统，因材料厚度有限，即使着火燃烧，其燃烧时间也不会超过规定的外墙耐火极限，所以也不至于对外墙的结构性能造成危害。但由于外保温系统包覆于建筑的整体外墙，跨越了建筑物层与层之间的防火分区，当外保温系统不具有阻止火焰蔓延的能力时，火焰就有可能进入楼内，在建筑物使用阶段发生火灾。因此，对外保温系统的防火要求主要是阻止火焰蔓延，特别是我国大中城市高层建筑居多，这与国外以低层、多层建筑为主的情况有很大的不同。因此，一定要解决外保温系统一旦着火后，要阻止火焰蔓延的问题。应考虑以下两种可能的情况：

第一种情况：当建筑室内出现火灾的条件下，火焰由窗口或洞口溢出并引起外保温系统的燃烧；

第二种情况：临近物体燃烧并引起外保温系统的燃烧。

在这两种情况下，都不应出现由于外保温系统的燃烧而将火焰蔓延到其他楼层，并通过其他楼层的窗口或洞口将火焰引入而导致其他楼层失火的情况，这是目前在我国对外墙外保温防火安全性能研究的基本定位。

综上所述，外墙外保温系统是否具有防火安全性，首先应从以下两个方面进行研究：

1）点火性：即在有火源或火种存在的条件下，保温材料或外保温系统是否能够被点燃并引起燃烧的产生。

2）传播性：当有燃烧或火灾发生时，保温材料或外保温系统是否具有传播火焰的能力。

外保温系统点火性、传播性的基础是材料的阻燃性能。国家标准（GB/T 10801.1—2002 和 GB/T 10801.2—2002）中规定：模塑聚苯乙烯泡沫塑料（简称 EPS 板）和挤塑聚苯乙烯泡沫塑料（简称 XPS

板）的燃烧性能等级应达到B_2级，同时EPS板的氧指数应不小于30%。《膨胀聚苯板薄抹灰外保温系统》（JG 149—2003）和《外墙外保温工程技术规程》（JG 144—2004）中对EPS板也有同样的规定，《硬泡聚氨酯保温防水工程技术规范》（GB 50404）中规定：硬泡聚氨酯的燃烧性能不低于B2级，同时氧指数应不小于26%。2009年9月，公安部、住建部联合发布的《民用建筑外保温系统及外墙装饰防火暂行规定》明确规定："民用建筑外保温材料的燃烧性能宜为A级，且不应低于B_2级"。显然，B_2级是对有机保温材料燃烧性能的最低要求，在裸露状态下堆放保存或粘贴上墙时，还要加强施工现场消防工作，确保施工防火安全。

是否应该通过提高聚苯乙烯等保温材料的燃烧性能等级来解决外保温防火问题呢？有关资料表明，在目前的技术条件下，提高有机保温材料的阻燃性能，不仅会大大增加生产成本，而且某些阻燃剂在阻止材料燃烧的过程中往往会增加发烟量和烟气的毒性，可能带来更大的危害，而且保温材料燃烧性能等级的评价不能代表火灾发生时的真实状况，即使某些难燃级的材料在条件具备时，也能剧烈燃烧。

图5-1-3　喷灯作用于上墙后涂刷界面砂浆的聚苯板

试验中发现，对聚苯板涂刷界面砂浆能提高可燃材料在存放和施工期间的防火性能，点火性和火焰传播性要比未涂界面砂浆的聚苯板好很多，防火能力得到一定的提高。涂刷界面砂浆的聚苯板在上墙之后再采取防火分仓的构造措施，则防火效果更好，如图5-1-3所示。因为界面砂浆可以将小火源与有机保温材料隔离开，起到一定的保护作用，上述措施对预防可燃保温材料在存放和施工过程中的火灾有一定效果，但不能保证火源较大且持续作用情况下的可燃保温材料防火安全。

可燃的聚苯板表面涂上一层水泥基砂浆，就可以预防被施工现场小火源点燃，这就是现代材料复合理论应用的例子。世界上没有十全十美的材料，要想找到或研制成保温和防火性能俱佳、能与其他材料匹配相容的单一材料，用它做成的外保温系统性能优良、经久耐用，这种理想材料现在没有发现，将来也很难说。最简单的办法是，通过材料复合，取长补短，发挥优势，满足使用要求。钢材跟可燃材料一样也怕火，在其表面复合了高效防火材料后，就可建成比混凝土建筑高得多的摩天大楼。因此，大可不必刻意追求高燃烧性能的保温材料，应该把解决外保温防火问题的着力点转移到提高外保温系统整体构造防火性能和根据建筑高度增加防火构造措施上来。其实，欧美的外保温系统大量使用的也是B_2级聚苯板，采取构造措施后得到广泛应用。位于北京亚运村地区的4栋18层老住宅进行改造，由中德专家联合设计，就采用了粘贴10cm EPS板薄抹灰系统，每层每个窗户都增加20cm高的岩棉挡火梁，应该说防火安全性是能够满足要求的。

很显然，提高外保温系统的整体防火性能才是最终目的，才能解决外保温建筑使用阶段的防火问题。因此，摆在我们面前的重要工作是：如何采取有效的防火构造措施提高外保温系统的整体防火性能，以及对不同构造的外保温系统如何进行防火性能测试和评价。

5.1.5　影响外保温系统防火安全性的关键要素

国际通行的做法是：如果保温材料的防火性能好的话，则对保护层和构造措施的要求可以相对低一些；如果保温材料的防火性能差的话，则要采用好的构造措施，对保护层的要求相对也高一些，总体上两者应该是平衡的。基于这一思想，目前解决我国外保温防火安全的主要途径应是采取构造防火的形式，这是适应我国国情和外保温应用现状的一种有效的技术手段。因此，在评价外保温系统的防火安全性时，应充分认识到：外保温系统的保温材料都是被无机材料包覆在系统内部的，应该将保温材料、防护层以及防火构造作为一个整体来考虑。

由于火灾通常是以释放热量的方式来形成灾害。因此，要想解决外保温系统的防火问题，归根结底还要从热的三种传播方式——热传导、热对流和热辐射谈起。热作用于外保温系统，最终使其中的可燃物质产生燃烧并使火焰向其他部位蔓延，只要阻断热的这三种作用方式就能防止可燃材料被点燃或点燃后阻止火焰的蔓延。因此，外保温系统的防火构造措施的作用有两点，一是阻止或减缓火源对直接受火区域外保温系统的攻击，更主要的是阻止火焰通过外保温系统自身的传播。根据已有的研究成果，可以认为：保温层与墙体基层连接的无空腔构造，覆盖保温层表面的保护层，以及将系统隔断、阻止火焰蔓延的防火构造，能有效阻止外保温系统被点燃、阻止火在外保温系统内的传播，常被称为“构造防火三要素”。

无空腔构造限制了外保温系统内的热对流作用；增加防护层厚度可明显减少外部火焰对内部保温材料的辐射热作用；防火隔断构造可以有效地抑制热传导，阻止火焰蔓延，包括防火分仓、防火隔离带和挡火梁等。

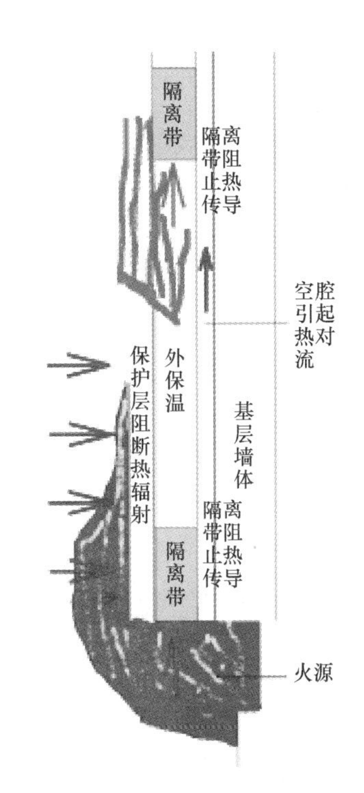

图 5-1-4　三种构造措施对热的阻隔作用（见彩图 6）

这三种构造方式的作用原理如图 5-1-4 所示。

图 5-1-5～图 5-1-7 分别为无空腔系统做法、防火分仓做法和防火保护面层做法举例。

图 5-1-5　无空腔系统做法

图 5-1-6　防火分仓做法

图 5-1-7　防火保护面层做法

5.1.6 外保温防火研究的重点

综上所述，解决外保温防火问题的重点是提高外保温系统整体防火安全性能。只有外保温系统整体的对火反应性能良好，系统的构造方式合理，才能保证外保温系统的防火安全性能满足要求，对工程应用才具有广泛的实际意义。因此，如何采取有效的防火构造措施来提高外保温系统的整体防火能力，以及对不同构造的外保温系统进行测试和评价，是当前需要重点研究的课题。

应同时进行以下三个方面的技术研究来解决外保温的防火问题：

1）借鉴国外先进技术，开发研究具有良好防火性能的外保温系统，为外保温工程的应用提供更多的选择，这也是外保温行业未来的发展方向。

2）在学习国外经验的基础上，建立适合中国国情的外保温防火试验方法，并通过试验来科学评价我国外保温系统的防火安全性能，进一步规范外保温市场，防止外保温火灾的发生。

3）认真调查外保温施工现场火灾发生的原因，抓紧制定有针对性的外保温施工防火安全技术措施和管理措施，并编制成地方标准发布实施，严格执行，防止外保温施工火灾的发生。

5.2 外保温材料和系统防火试验

防火保护面层厚度的增加对外保温系统防火性能的提高作用是最先得到的试验结论。该结论的发现来源于锥形量热计试验和燃烧竖炉试验，而且这两种试验在我国具有广泛的试验基础，被接受程度也较高。

5.2.1 锥形量热计试验

5.2.1.1 锥形量热计试验原理

材料的燃烧性能指材料对火反应的能力，从本质上讲，是材料对火反应过程中释放出的热量及放热速度、被点燃性和燃烧释放的烟气毒性等综合性能。现代火灾科学研究表明，在燃烧过程中，可燃物燃烧放出的热是最重要的火灾灾害因素。它不仅对火灾的发展起决定性的作用，而且还经常控制着其他许多火灾灾害因素的发生和发展。长期以来，火灾科学研究者一直在寻找一种能够比较准确且简便可行的测试方法来评估火灾中释放的热能，特别是热释放速率。

小尺寸的锥形量热计试验是根据量热学耗氧原理，模拟材料的实际火灾状态，同时测定材料的点火性能、热释放、烟及毒性气体等参数，整个试验是一个连续过程。锥形量热计以其锥型加热器而得名，是火灾试验技术史上首次依靠严密的科学基础设计，且使用简便的小型火灾燃烧性能试验仪器，是火灾科学与消防工程领域、研究领域一个非常重要的技术进步。试验过程中将材料燃烧的所有产物收集起来并经过一个排气管道，气体经过充分混合后，测出其质量流量和组分。测量时，至少要将 O_2 的体积分数测出来，要得到更精确的结果则还要测出 CO、CO_2 的体积分数。这样通过计算可得到燃烧过程中消耗的氧气质量，并运用耗氧量原理，就可以得到材料燃烧过程中的热释放速率。

对于材料而言，锥形量热计试验测定的是点火时间、热释放、烟及毒性气体的产生。试验材料或产品在锥形量热计试验中受到锥型炉稳定的热辐射作用后，其性能即发生物理或化学变化，这取决于材料或产品自身的对火反应能力。作为一个参照点，黑色的不燃性材料在 750℃时所受到的辐射能量为 62kW/m^2，而实际火灾中材料所受到的热辐射一般为(20～150)kW/m^2。

锥形量热计所提供的辐射能量为(0～100)kW/m^2，国际上通常采用 50kW/m^2，这与材料在实际火灾中的情况基本一致。

从理论上讲，锥形量热计试验是在屋角试验的基础上设计的，其基本原理也是采用耗氧量热计原理，但却是一种小尺寸的科学合理的火灾模拟试验，从实用和普及的角度来看，可作为建筑外墙外保温系统防火性能的常规试验方法。锥形量热计试验的模型参见图 5-2-1。

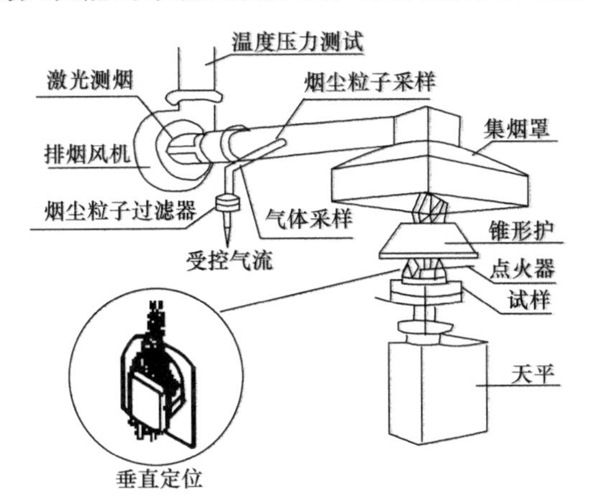

图 5-2-1 锥形量热计试验原理模型和实物示意图

耗氧原理即材料燃烧时消耗氧的质量与所放出热量之间的比例关系。

通常材料的净燃烧热与燃烧所需要的氧是成比例的，这种关系可表示为每消耗 1kg 的氧大约释放 13.1×10^3kJ 的热量。对大多数可燃物来说，这个数量的变化大约在±5%的范围内。根据这个原理，试验时试样处于空气环境中燃烧，并处于事先设定的外部辐射条件之下，测量燃烧产物中的氧浓度和排气流量，以此为依据确定材料燃烧过程中的放热量或放热速度。

目前国际上普遍认同的试验方法为小尺寸锥形量热计试验及大尺寸屋角试验，其试验计算过程如下：

1. 耗氧分析的标定常数 C

$$C=\frac{10.0}{(12.54\times10^3)\times1.10}\sqrt{\frac{T_d}{\Delta P}\frac{1.105-1.5X_{O_2}}{X_{O_2}^0-X_{O_2}}} \tag{5-2-1}$$

式中 C——耗氧分析的标定常数，$m^{1/2}\cdot kg^{1/2}\cdot K^{1/2}$；

T_d——孔板流量计处气体的绝对温度，K；

ΔP——孔板流量计的压差，Pa；

X_{O_2}——氧浓度，%；

$X_{O_2}^0$——初始氧浓度，%。

其中数值 10.0 为所提供的相当于 10kW 的甲烷，12.54×10^3 是甲烷的 $\Delta h_c/r_0$ 的值（Δh_c 为甲烷的净燃烧热，kJ/kg；r_0 为氧与燃料质量的化学当量比），数值 1.10 为氧与空气的分子量之比。

2. 热释放速度 $q(t)$

首先应对氧浓度进行时间滞后修正：

$$X_{O_2}(t)=X_{O_2}(t+t_d) \tag{5-2-2}$$

式中 $X_{O_2}(t)$——延迟时间修正后的氧浓度，%；

X_{O_2}——延迟时间修正前的氧浓度，%；

t——时间，s；

t_d——氧分析仪的延迟时间，s。

热释放速度 $q(t)$ 由式（5-2-3）计算：

$$q(t)=\frac{\Delta h_c}{r_0}\times1.10\times C\sqrt{\frac{\Delta p}{T_d}}\frac{X_{O_2}^0-X_{O_2}}{1.105-1.5X_{O_2}} \tag{5-2-3}$$

式中 $q(t)$——热释放速度，kW；

Δh_c——材料的净燃烧热，kJ/kg；

r_0——氧与材料质量的化学当量比。

其中 $\Delta h_c/r_0$ 的值，对于一般样品可按 13.10×10^3 来取，如知道该材料的 Δh_c 值，则按确切值计算。

单位面积的热释放速度 $q''(t)$ 可由式（5-2-4）计算：

$$q''(t)=q(t)/A_s \tag{5-2-4}$$

式中 $q''(t)$——单位面积的热释放速度，kW/m^2；

A_s——试样暴露表面面积，m^2。

3. 平均有效燃烧热 $\Delta h_{c,\sigma f}$

$$\Delta h_{c,\sigma f}=\frac{\sum q(t)\Delta t}{m_i-m_f} \tag{5-2-5}$$

式中 $\Delta h_{c,\sigma f}$——平均有效燃烧热，kJ/kg；

m_i——样品的初始质量，kg；

m_f——样品的剩余质量，kg。

4. 烟光吸收参数 k

在锥形量热计试验中，烟光吸光参数 k 通过激光测烟系统确定如下：

$$k=\frac{I}{L}\ln\frac{I_0}{I} \tag{5-2-6}$$

式中 I——激光束强度；

I_0——无烟时的激光束强度；

k——烟光吸收参数，m^{-1}；

L——激光束路径，m。

5. 比吸光面积 $\sigma_{f(avg)}$

$$\sigma_{f(avg)}=\frac{\sum V_i k_i \Delta t_i}{m_i-m_f} \tag{5-2-7}$$

式中 $\sigma_{f(avg)}$——比吸光面积；

V——排气管道体积流量，m^3/s。

对于锥形量热计试验，所采用的标准如下：ASTM E 1354：Standard Test Method for Heat and Visible Smoke Release Rates for Materials and Products Using an Oxygen Consumption Calorimeter（《采用耗氧量热计测定材料及制品的热与可见烟雾释放速度标准试验方法》）；ISO 5660-1：Reaction-to-fire Tests-Heat Release，Smoke Production and Mass Loss Rate-Part 1：Heat Release Rate（Cone Calorimeter Method）（《对火反应试验…热释放、烟雾的产生和质量损失速度—第 1 部分：热释放速度（锥形量热计法）》）；《建筑材料热释放速率试验方法》（GB/T 16172），等同采用 ISO 5660-1。

5.2.1.2 试验对比一

为了探讨不同保温系统的防火性能，分别对 EPS 板薄抹灰外墙外保温系统、岩棉外墙外保温系统、胶粉聚苯颗粒外墙外保温系统做了火反应性能试验。检测用试件模拟墙体外保温材料的实际受火状态，试件的受辐射面为 5mm 厚的聚合物抹面砂浆，中间为 50mm 厚的保温层，底面为 10mm 厚的水泥砂浆基板，试件侧面用 5mm 厚的聚合物抹面砂浆封闭，称为封闭试件。为了对比试验状态与实际使用状态的性能差异，还制作了相应的侧面裸露试件，即试件的侧面不采用抹面砂浆封闭，为裸露状态，称为开放试件。每种试件的外观尺寸均为 100mm×100mm×65mm。设定检测条件如下：辐射能量为 $50kW/m^2$；排气管道流量为 $0.024m^3/s$；试件定位方向为水平；试件护罩未使用；金属网格未使用。将开放式试件作为观察样，封闭式试件作为测试样。

1. EPS 板外墙外保温系统试件

该试件构造为 10mm 水泥砂浆基底＋50mm EPS 板＋5mm 聚合物抹面砂浆（复合耐碱玻纤网格

布）。

其开放式试件在试验开始 2s 后 EPS 板开始熔化收缩，105s 时聚合物抹面砂浆（复合耐碱玻纤网格布）层已和水泥砂浆基底相贴，中间的聚苯板保温层已不复存在，只可见少许黑色烧结物。

其封闭式试件边角产生裂缝，试验开始 52s 时，从试件裂缝处冒出的烟气被点燃，燃烧持续约 70s。试验结束后，将试件外壳敲掉，发现里面已空，只可见少许烧结残留物。

2. 胶粉聚苯颗粒外墙外保温系统试件

该试件构造为 10mm 水泥砂浆基底＋50mm 胶粉聚苯颗粒保温浆料＋5mm 聚合物抹面砂浆（复合耐碱玻纤网格布）。

其开放式试件在试验过程中未被点燃，试验结束后观察，发现保温层靠热辐射面颜色略有变深，变色厚度约为(3～5)mm，未发现保温层厚度有明显变化，也未发现其他明显变化。

其封闭式试件在试验过程中未被点燃，无裂缝，无明显变化。试验结束后，将试件外壳敲掉后发现保温层靠热辐射面颜色略有变深，变色厚度约为（3～5）mm，未发现其他明显变化。

3. 岩棉外墙外保温系统试件

该试件构造为 10mm 水泥砂浆基底＋50mm 岩棉板＋5mm 聚合物抹面砂浆（复合耐碱玻纤网格布）。

其开放式试件在试验过程中未被点燃，试验结束后观察，发现岩棉板靠热辐射面颜色略有变深，变色厚度约为 3mm，岩棉板的厚度略有增加（岩棉板受热后有膨胀现象），试验过程中和结束后，无其他明显变化。

其封闭式试件在试验过程中未被点燃，试件未裂，无明显变化。试验结束后，将试件外壳敲掉后也未发现岩棉有明显变化。

不同保温材料火反应后的试块情况见图 5-2-2。

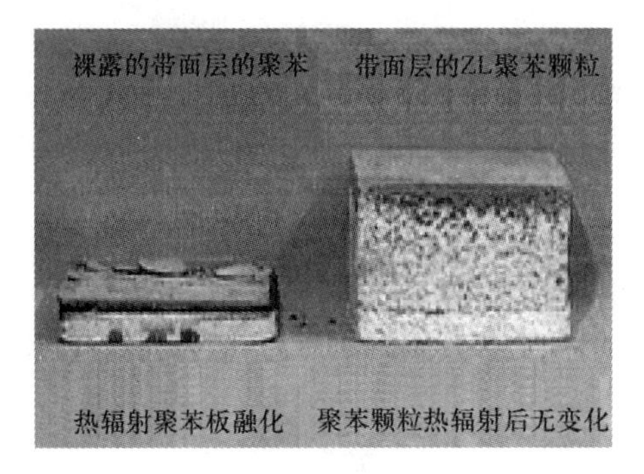

图 5-2-2 不同保温材料火反应后的试块情况

不同保温材料的火反应性能试验结果如表 5-2-1 所示，其中试件 1、2、3 分别是 EPSs 板外墙外保温系统试件、胶粉聚苯颗粒外墙外保温系统试件和岩棉外墙外保温系统试件。

火反应性能试验结果 **表 5-2-1**

试件	点火时间 (s)	热释放速度 (kW/m²)		有效燃烧热 (MJ/kg)		总放热量 (kJ)	CO			CO_2		
		峰值	平均值	峰值	平均值		峰值 (g/g)	平均值 (g/g)	总量 (g)	峰值 (g/g)	平均值 (g/g)	总量 (g)
1	64	108.6	6.0	16.4	3.2	49.9	0.0525	0.0067	0.083	0.0848	0.111	1.38
2	未点火	0.9	0.0	0.2	0.0	0.2	0.0021	0.0013	0.027	0.032	0.022	0.46
3	未点火	0.5	0.0	0.2	0.0	0.2	0.0080	0.0029	0.027	0.099	0.049	0.46

注：1. EPS 板外保温；2. 胶粉聚苯颗粒外保温；3. 岩棉外保温。

从不同外墙外保温系统火反应性能试验可以看出：

1）胶粉聚苯颗粒外墙外保温系统试件不燃烧，保温层厚度无明显变化，只是靠热辐射面的保温层颜色略有变深，变色厚度约为（3～5）mm。这是因为可燃聚苯颗粒被不燃的无机胶凝材料所包覆，在强热辐射下靠近热源一面聚苯颗粒热熔收缩形成了由无机胶凝材料支撑的空腔，这层材料在一定时间内不会发生变形而保持了体型稳定，同时还对下面的材料起到隔热的作用，从而具有良好的防火稳定性能。

2）岩棉外墙外保温系统试验表明，试件不燃烧，发现岩棉板靠热辐射面颜色略有变深，变色厚度约为3mm，岩棉板的厚度略有增加。这是因为岩棉为A级不燃材料，是很好的防火材料。岩棉板受热后稍有膨胀现象是因为将岩棉挤压成板时添加了约4%左右的粘结剂、防水剂等有机添加剂，这些有机添加剂在受热后挥发引起岩棉板松胀。

3）聚苯板外墙外保温系统试件试验表明该系统在高温辐射下很快收缩、熔化，在明火状态下发生燃烧，也就是说在火灾发生时（有明火或高温辐射），这种系统具有破坏的趋势。

综上所述，可以看出聚苯板薄抹灰外墙外保温系统的防火性能较差，若是采用不符合标准的点粘做法（粘贴面积通常不大于40%），系统本身就存在连通的空气层，火灾时聚苯板的收缩熔化将导致很快形成"引火风道"使火灾迅速蔓延。燃烧时的高发烟性使能见度大为降低，并造成心理恐慌、逃生困难，也影响消防人员的扑救工作。而且这种系统在高温热源存在下的体积稳定性也非常差，特别是当系统表面为瓷砖饰面时，发生火灾后系统遭到破坏时的情况将更加危险，给人员逃生和消防救援带来更大的安全隐患，而且越到高层这个问题就越突出。

5.2.1.3 试验对比二

试验以胶粉聚苯颗粒复合型外墙外保温系统模拟墙体的实际受火状态，保温材料包括硬泡聚氨酯、EPS板和XPS板3种类型，每种类型又分为平板试件和槽型试件，分别如图5-2-3*a*、5-2-3*b*所示，试件尺寸为100mm×100mm×60mm，试件的四周为10mm的耐火砂浆（胶粉聚苯颗粒防火浆料）或水泥砂浆；芯部为保温材料，尺寸为80mm×80mm×40mm。对比样品采用普通水泥砂浆试件，试件尺寸为100mm×100mm×35mm。试件代码编号见表5-2-2。

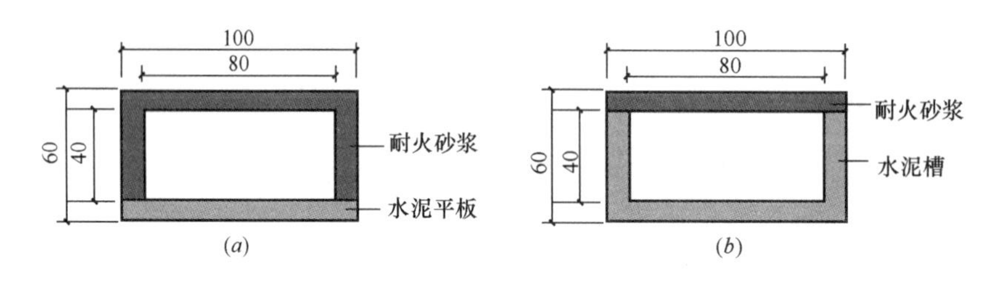

图5-2-3 胶粉聚苯颗粒复合型外墙外保温系统试件示意图
（*a*）水泥平面板试件；（*b*）水泥槽试件

胶粉聚苯颗粒复合型外墙外保温系统锥形量热计试件代码编号 **表5-2-2**

试件代码	保温层	构造分类	试件数量
AP	聚氨酯	平板试件	6
AU	聚氨酯	槽型试件	6
BP—1（第1组）	模塑聚苯乙烯	平板试件	5
BU—1（第1组）	模塑聚苯乙烯	槽型试件	6
BP—2（第2组）	模塑聚苯乙烯	平板试件	6
BU—2（第2组）	模塑聚苯乙烯	槽型试件	6
SP	挤塑聚苯乙烯	平板试件	5
SU	挤塑聚苯乙烯	槽型试件	6
C	普通水泥砂浆	均匀试件	6

胶粉聚苯颗粒复合型外保温系统与普通水泥砂浆试件在试验中的受火状态相同。
图 5-2-4 为胶粉聚苯颗粒复合型外墙外保温系统火反应后的试块情况。

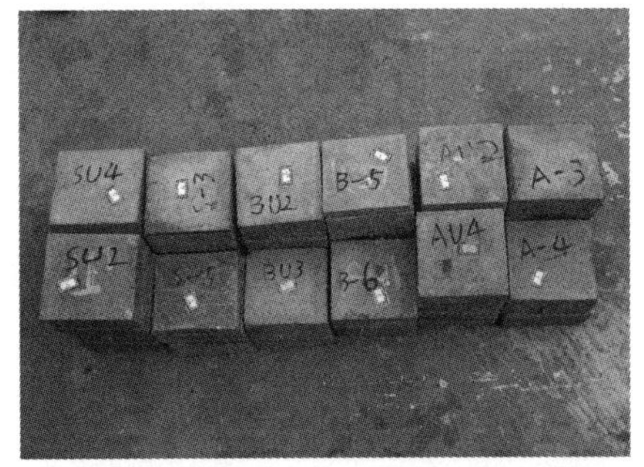

图 5-2-4 胶粉聚苯颗粒复合型外墙外保温系统火反应后的试块情况（见彩图 7）

1）点火性能：试验结果表明胶粉聚苯颗粒复合型外墙外保温系统与普通水泥砂浆试件均未被点燃，试验结果见表 5-2-3。

锥形量热计试验点火性能试验结果 **表 5-2-3**

试件代码	1 号样	2 号样	3 号样	4 号样	5 号样	6 号样	平均值
AP	未点火	未点火	未点火	未点火	未点火	未点火	未点火
AU	未点火	未点火	未点火	未点火	未点火	未点火	未点火
BP-1（第 1 组）	未点火	未点火	未点火	—	未点火	未点火	未点火
BU-1（第 1 组）	未点火	未点火	未点火	未点火	未点火	未点火	未点火
BP-2（第 2 组）	未点火	未点火	未点火	未点火	未点火	未点火	未点火
BU-2（第 2 组）	未点火	未点火	未点火	未点火	未点火	未点火	未点火
SP	未点火	未点火	未点火	未点火	未点火	—	未点火
SU	未点火	未点火	未点火	未点火	未点火	未点火	未点火
C	未点火	未点火	未点火	未点火	未点火	未点火	未点火

2）热释放性能：试验结果表明胶粉聚苯颗粒复合型外墙外保温系统试件的热释放速度峰值与普通水泥砂浆试件基本相同，但该系统试件的热释放速度过程平均值和总放热量略小于普通水泥砂浆试件，可认为胶粉聚苯颗粒复合型外墙外保温系统的热释放性能与普通水泥砂浆相同，试验结果见表 5-2-4。

锥形量热计试验热释放性能试验结果 **表 5-2-4**

试件代码	热释放速度/(kW/m²)			总放热量/(MJ/m²)
	峰值		过程平均值	
	范围	平均值		
AP	2.0～5.0	3.4	1.3	1.8
AU	3.1～6.0	4.2	1.4	1.8

续表

试件代码	热释放速度/(kW/m²)			总放热量/(MJ/m²)
	峰值		过程平均值	
	范围	平均值		
BP-1(第1组)	3.1～3.9	3.5	1.4	1.8
BU-1(第1组)	1.3～7.2	3.8	0.8	1.0
BP-2(第2组)	3.3～4.9	4.1	1.1	1.6
BU-2(第2组)	4.2～5.6	5.0	1.2	1.6
SP	2.5～5.0	3.7	1.2	1.5
SU	2.6～5.4	3.4	1.1	1.4
C	3.0～5.6	3.9	2.0	2.4

3）烟：试验结果表明胶粉聚苯颗粒复合型外墙外保温系统试件的烟光吸收参数与普通水泥砂浆试件相同，均接近基线值。胶粉聚苯颗粒复合型外墙外保温系统试件的比吸光面积平均值大于普通水泥砂浆试件，原因在于试验后期前者的质量损失小于后者，使得后者的非燃烧质量损失更多地承载了一部分比吸光面积的值，但胶粉聚苯颗粒复合型外墙外保温系统试件的总烟量与普通水泥砂浆试件基本相同，试验结果见表5-2-5。

锥形量热计试验烟试验结果 **表5-2-5**

试件代码	质量损失/g	烟光吸收参数		比吸光面积/(m²/kg)		总烟量/m²
		峰值	平均值	峰值	平均值	
AP	31.6	0.2	0.0	121	32	1.0
AU	33.5	0.2	0.0	171	28	0.9
BP-1(第1组)	15.4	0.2	0.0	78	17	0.5
BU-1(第1组)	14.1	0.2	0.0	265	38	1.1
BP-2(第2组)	33.0	0.0	0.0	11	3	0.0
BU-2(第2组)	30.4	0.0	0.0	18	5	0.1
SP	34.4	0.1	0.0	89	9	0.3
SU	36.9	0.3	0.0	121	25	0.9
C	32.1	0.2	0.0	72	17	0.5

4）CO：试验结果表明胶粉聚苯颗粒复合型外墙外保温系统试件的CO测定值略高于普通水泥砂浆，但均接近基线值。前者的CO产生量比平均值和CO总量与后者基本相同，试验结果见表5-2-6。

锥形量热计试验CO试验结果 **表5-2-6**

试件代码	质量损失/g	CO×10⁻⁶		CO/(kg/kg)		CO总量/mg
		峰值	平均值	峰值	平均值	
AP	31.6	2	2	0.007	0.002	50
AU	33.5	3	2	0.012	0.002	64
BP-1(第1组)	15.4	5	4	0.476	0.004	118
BU-1(第1组)	14.1	4	2	0.763	0.002	67
BP-2(第2组)	33.0	2	2	0.008	0.003	51
BU-2(第2组)	30.4	2	2	0.011	0.004	50
SP	34.4	2	2	0.008	0.001	49
SU	36.9	2	2	0.003	0.001	49
C	32.1	2	2	0.005	0.001	44

5）CO_2：试验结果表明胶粉聚苯颗粒复合型外墙外保温系统试件的 CO_2 测定值略高于普通水泥砂浆，但均接近基线值。前者的 CO_2 产生比量平均值和 CO_2 的总量比后者大，试验结果见表 5-2-7。

锥形量热计试验 CO_2 试验结果 **表 5-2-7**

试件代码	质量损失/g	CO_2/%		CO_2/(kg/kg)		CO_2 总量/mg
		峰值	平均值	峰值	平均值	
AP	31.6	0.002	0.002	0.118	0.027	847
AU	33.5	0.005	0.004	0.358	0.054	1761
BP-1(第1组)	15.4	0.018	0.005	1.302	0.042	1368
BU-1(第1组)	14.1	0.016	0.007	2.063	0.080	2250
BP-2(第2组)	33.0	0.002	0.002	0.141	0.056	848
BU-2(第2组)	30.4	0.002	0.002	0.174	0.061	836
SP	34.4	0.004	0.002	0.133	0.025	830
SU	36.9	0.002	0.002	0.049	0.023	834
C	32.1	0.002	0.002	0.077	0.023	723

从以上的检验结果分析可以看出，胶粉聚苯颗粒复合型外墙外保温系统与普通水泥砂浆的对火反应性能基本相同，可作为 A 级不燃材料使用。

表 5-2-8 比较了保护层厚度对试件燃烧性能的影响。试验结果表明：当表面保护层厚度为 10mm 时，试件在锥形量热计试验中均未被点燃，热释放速率峰值小于 10kW/m^2，总放热量小于 5MJ/m^2，与普通水泥砂浆的试验结果基本相同。当表面保护层厚度小于 5mm 时，试件在锥形量热计试验中被点燃。

保护层厚度对试样燃烧性能的影响 **表 5-2-8**

保温材料	保护层厚度(mm)	点火时间(s)	热释放速率(kW/m^2)		总放热量(kJ)
			峰值	平均值	
PU	彩钢板	2	280.9	71.6	349.0
PU	3	50	112.5	34.1	153.7
PU	5	65	101.0	11.4	129.1
PU	10	未点火	4.2	1.4	1.8
EPS	5	995	24.6	6.9	8.6
EPS	10	未点火	5.0	1.2	1.6
XPS	10	未点火	3.7	1.2	1.5
XPS	10	未点火	3.4	1.1	1.4
C	—	未点火	3.9	2.0	2.4

5.2.1.4 小结

当保护层厚度为 5mm 时，采用不燃性保温材料或不具有火焰传播能力的难燃性保温材料的系统，在锥形量热计试验中均未被点燃，热释放速率峰值小于 10kW/m^2，总放热量小于 5MJ/m^2，与普通水泥砂浆的试验结果基本相同。而采用可燃保温材料的系统，在锥形量热计试验中会被点燃，热释放速率峰值大于 100kW/m^2。

当保护层厚度增为 10mm 时，采用可燃保温材料的系统，在锥形量热计试验中亦未被点燃，热释放速率峰值小于 10kW/m^2，总放热量小于 5MJ/m^2，与普通水泥砂浆的试验结果基本相同。

对于可燃保温材料，增加表面保护层的厚度可以提高其燃烧性能。

5.2.2 燃烧竖炉试验

5.2.2.1 试验原理

燃烧竖炉试验是德国标准中对建筑材料进行燃烧性能等级判定所采用的试验方法，属于中尺寸的模型火试验，我国标准与德国标准的一致性程度为非等效采用。试验装置包括燃烧竖炉和控制仪器等。在外墙外保温系统中使用竖炉试验的目的在于检验外墙外保温系统的保护层厚度对火焰传播性的影响程度，以及在受火条件下外墙外保温系统中可燃保温材料的状态变化。相应的标准为：《建筑材料及组件的燃烧特性第1部分：建筑材料分级的要求和试验》(DIN 4102—1：1998)，《建筑材料及组件的燃烧特性第15部分：竖炉试验》(DIN 4102—15：1990)，《建筑材料及组件的燃烧特性第16部分：竖炉试验的进行》(DIN 4102—16：1998)，《建筑材料难燃性试验方法》(GB/T 8625—2005)。

在竖炉试验中，试件尺寸为190mm×1000mm，每次试验以4个试件为1组，试件垂直固定在试件支架上，组成垂直的方形等效烟道，等效烟道的内径尺寸为250mm×250mm，即4个试件中每2个相互平行的试件之间的净距离为250mm。

在竖炉试验中，矩形燃烧器水平位于试件下端等效烟道的中心位置，试件的受火部位自试件下端约4cm处向上。试验时采用纯度大于95%的甲烷气体，燃烧功率稳定在约21kW，火焰温度约为900℃。标准试验时间为10min。

根据《建筑材料难燃性试验方法》(GB/T 8625—2005) 第7.1条，竖炉试验的合格判定条件有2个：

1) 试件燃烧剩余长度平均值应不小于150mm，其中没有1个试件的燃烧剩余长度为零；

2) 每组试验由5支热电偶所测得的平均烟气温度不超过200℃。

根据《建筑材料难燃性试验方法》(GB/T 8625—2005) 第7.2条，凡是燃烧竖炉试验合格，并能符合《建筑材料燃烧性能分级方法》(GB 8624—1997)、《建筑材料可燃性试验方法》(GB/T 8626—1988)、《建筑材料燃烧或分解的烟密度试验方法》(GB/T 8627—1999) 规定中要求的材料可认定为难燃性建筑材料。

竖炉试验测定的参数为试件的燃烧剩余长度和排烟管道的烟气温度，检验的是材料的阻燃程度，可以认为是建筑材料或组件的火焰传播性及热释放量。对于建筑外墙外保温系统而言，竖炉试验可以对系统层面构造的对火反应性能进行检验，但由于试件的高度只有100cm，因此不能检验外墙外保温系统整体构造的抗火能力。

在燃烧竖炉试验中，沿试件高度中心线每隔20cm设置1个接触保护层的保温层温度测点，如图5-2-5、图5-2-6所示。试验过程中，施加的火焰功率恒定，热电偶5、6的区域为试件的受火区域。

图5-2-5 燃烧竖炉试验设备

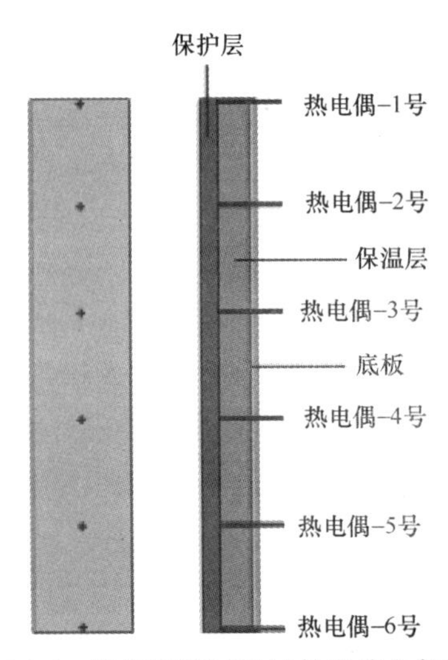

图5-2-6 燃烧竖炉试验试件及热电偶测点

5.2.2.2　试验结果

在燃烧竖炉试验中，分别采用EPS板、XPS板、硬泡聚氨酯作为保温材料，试件的保护层采用胶粉聚苯颗粒或水泥砂浆，保护层厚度介于5～45mm的范围内。试件的编号及层面构造见表5-2-9。

燃烧竖炉试验试件编号及层面构造　　表5-2-9

试件编号	保温层材料	保护层材料	保护层厚度/mm	抗裂层+饰面层厚度/mm	保温层厚度/mm	底板厚度/mm
EPS-5	EPS板	胶粉聚苯颗粒	0	5	30	20
EPS-15			10	5	30	20
EPS-25			20	5	30	20
EPS-35			30	5	30	20
EPS-45			40	5	30	20
XPS-5	XPS板	胶粉聚苯颗粒	0	5	30	20
XPS-15			10	5	30	20
XPS-25			20	5	30	20
XPS-35			30	5	30	20
XPS-45			40	5	30	20
PU-5	PU	胶粉聚苯颗粒	0	5	30	20
PU-15			10	5	30	20
PU-25			20	5	30	20
PU-35			30	5	30	20
PU-35			30	5	30	20
PU-45			40	5	30	20
EPS-20/30-1	EPS板	胶粉聚苯颗粒	20/30	5	30/40	20
EPS-20/30-2			20/30	5	30/40	20
EPS-10/20-3		水泥砂浆	10/20	5	30/40	20
EPS-10/20-4			10/20	5	30/40	20

根据《建筑材料难燃性试验方法》(GB/T 8625—2005)，甲烷气的燃烧功率约为21kW，火焰温度约为900℃。火焰加载时间为20min。

不同试件各温度测点的最大温度见表5-2-10。

各试件测点最大温度　　表5-2-10

分　类	编　号	测点位置/mm					
		0	200	400	600	800	1000
EPS平板	EPS-5	314.7	438.4	323.9	246.5	177.8	127.7
	EPS-15	143.0	280.0	202.1	95.9	96.8	95.6
	EPS-25	145.0	194.2	99.0	100.4	97.2	40.6
	EPS-35	97.2	99.0	98.6	99.5	84.3	41.6
	EPS-45	48.8	56.5	31.5	28.4	26.8	26.3

分 类	编 号	测点位置/mm					
		0	200	400	600	800	1000
EPS 槽型	EPS-20/30-1	150.7	168.9	114.1	91.5	95.2	91.5
	EPS-20/30-2	119.5	222.1	159.5	100.6	98.6	78.3
	EPS-10/20-3	164.0	257.8	221.4	137.6	98.8	68.8
	EPS-10/20-4	187.7	165.5	143.5	130.1	107.2	91.3.
XPS 平板	XPS-5	258.3	439.3	264.1	185.3	199.7	170.1
	XPS-15	155.0	225.7	206.6	96.1	84.7	48.3
	XPS-25	53.0	86.1	51.3	50.2	42.3	22.8
	XPS-35	48.1	49.5	54.1	39.7	34.1	32.9
	XPS-45	44.4	32.4	40.9	31.5	27.5	28.2
PU 平板	PU-5	453.0	566.9	428.8	216.4	121.8	81.3
	PU-15	92.2	386.5	330.1	95.4	91.3	74.4
	PU-25	102.5	192.2	91.1	94.7	94.0	71.8
	PU-35	96.3	95.0	45.1	95.9	34.5	31.2
	PU-35	60.0	64.6	56.0	52.7	75.1	46.0
	PU-45	59.3	67.9	73.2	41.3	30.8	28.4

注：试件分类参见图 5-2-12。

不同试件各温度测点的最大温度对比见图 5-2-7～图 5-2-10。

不同试件各温度测点曲线图见图 5-2-11，各试件剖析图见图 5-2-12。

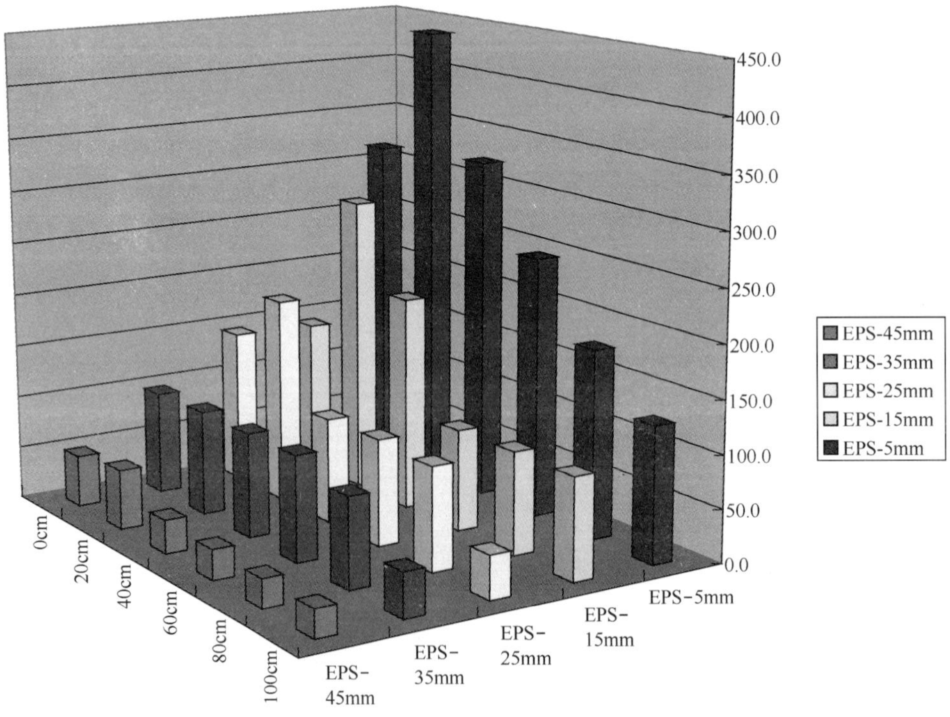

图 5-2-7 EPS 平板试件最大温度比对图（见彩图 8）

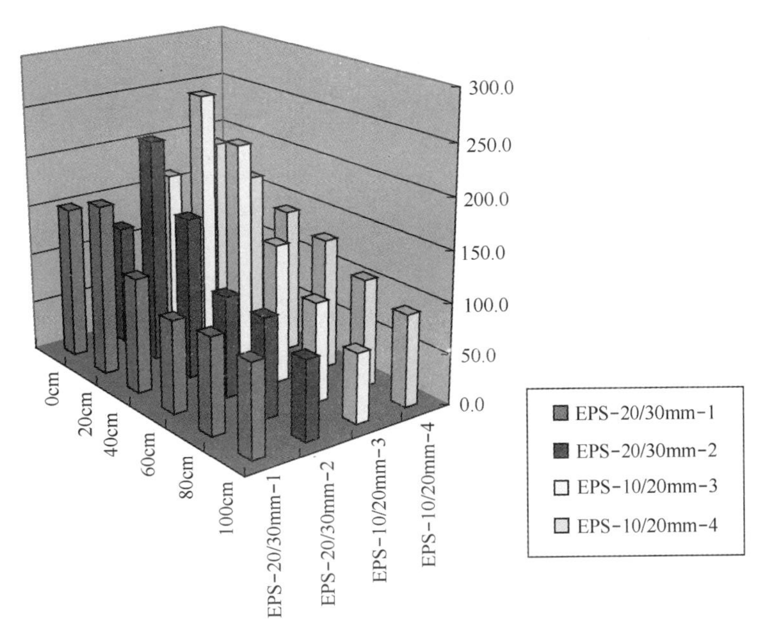

图 5-2-8　EPS 槽型试件最大温度比对图（见彩图 9）

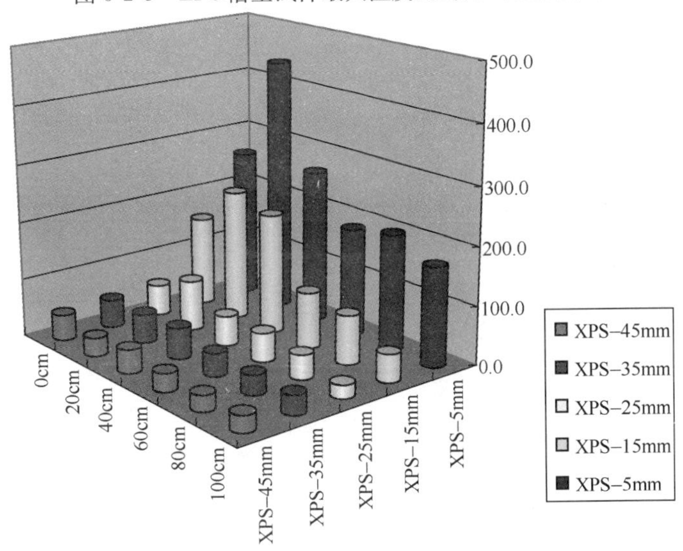

图 5-2-9　XPS 平板试件最大温度比对图（见彩图 10）

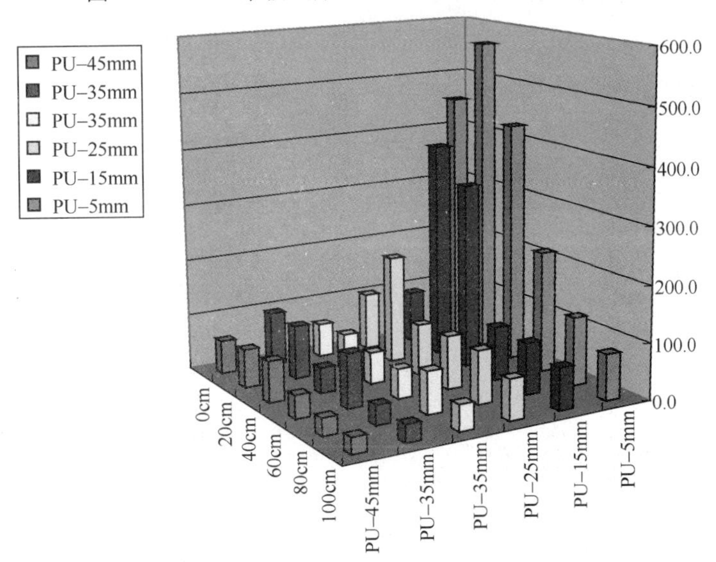

图 5-2-10　PU 平板试件最大温度比对图（见彩图 11）

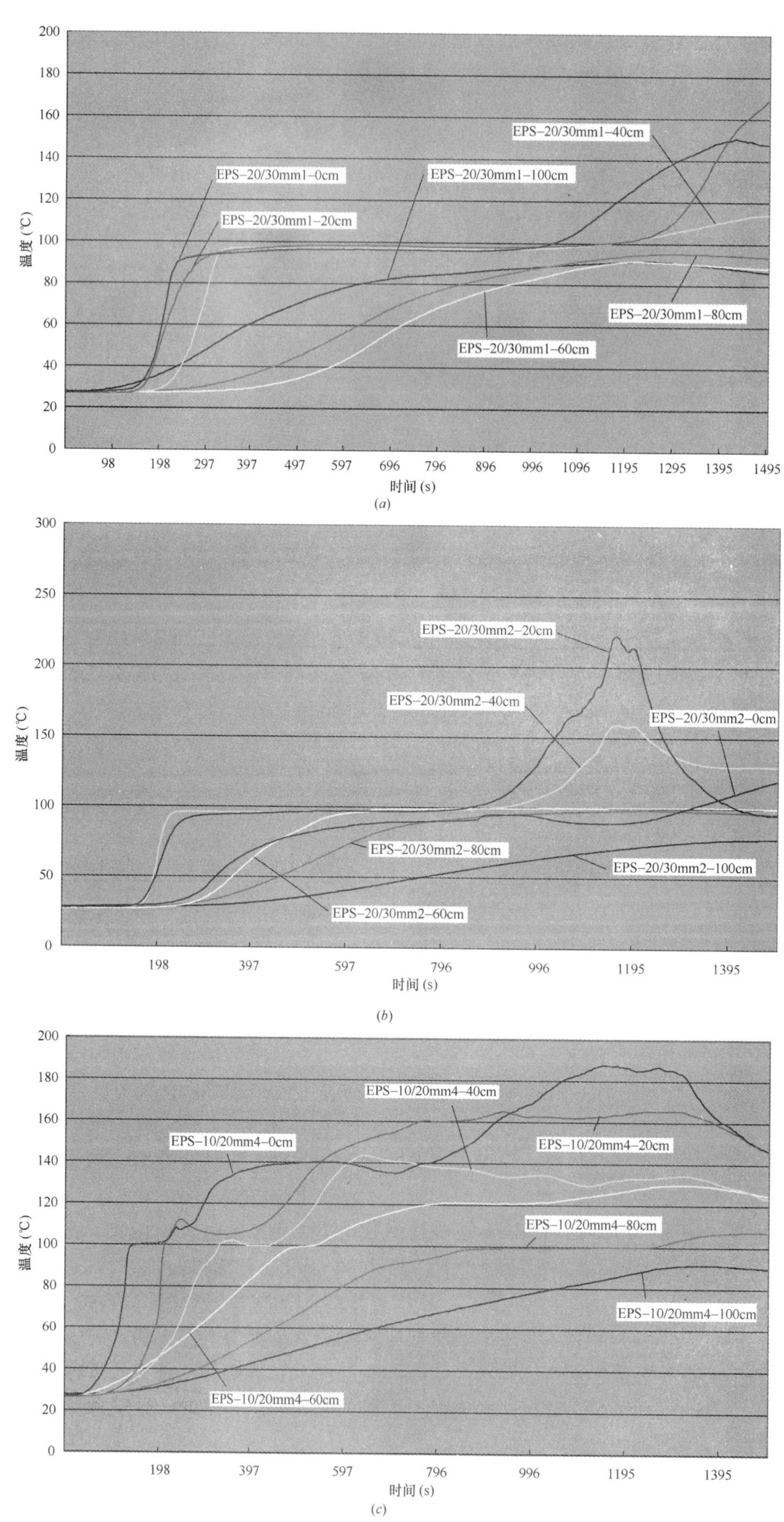

图 5-2-11 不同试件各温度测点曲线图（一）（见彩图 12）

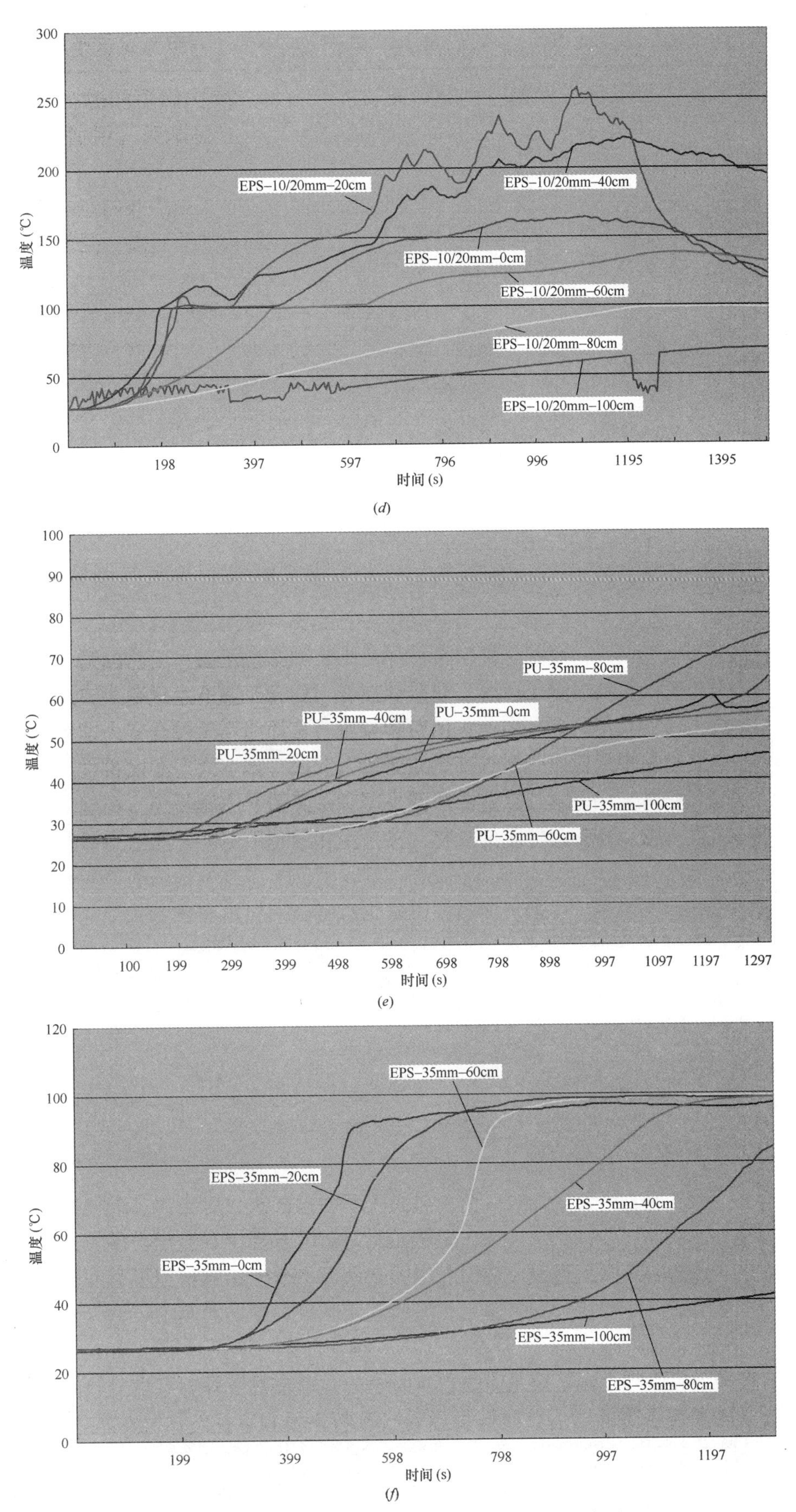

图 5-2-11　不同试件各温度测点曲线图（二）（见彩图 12）

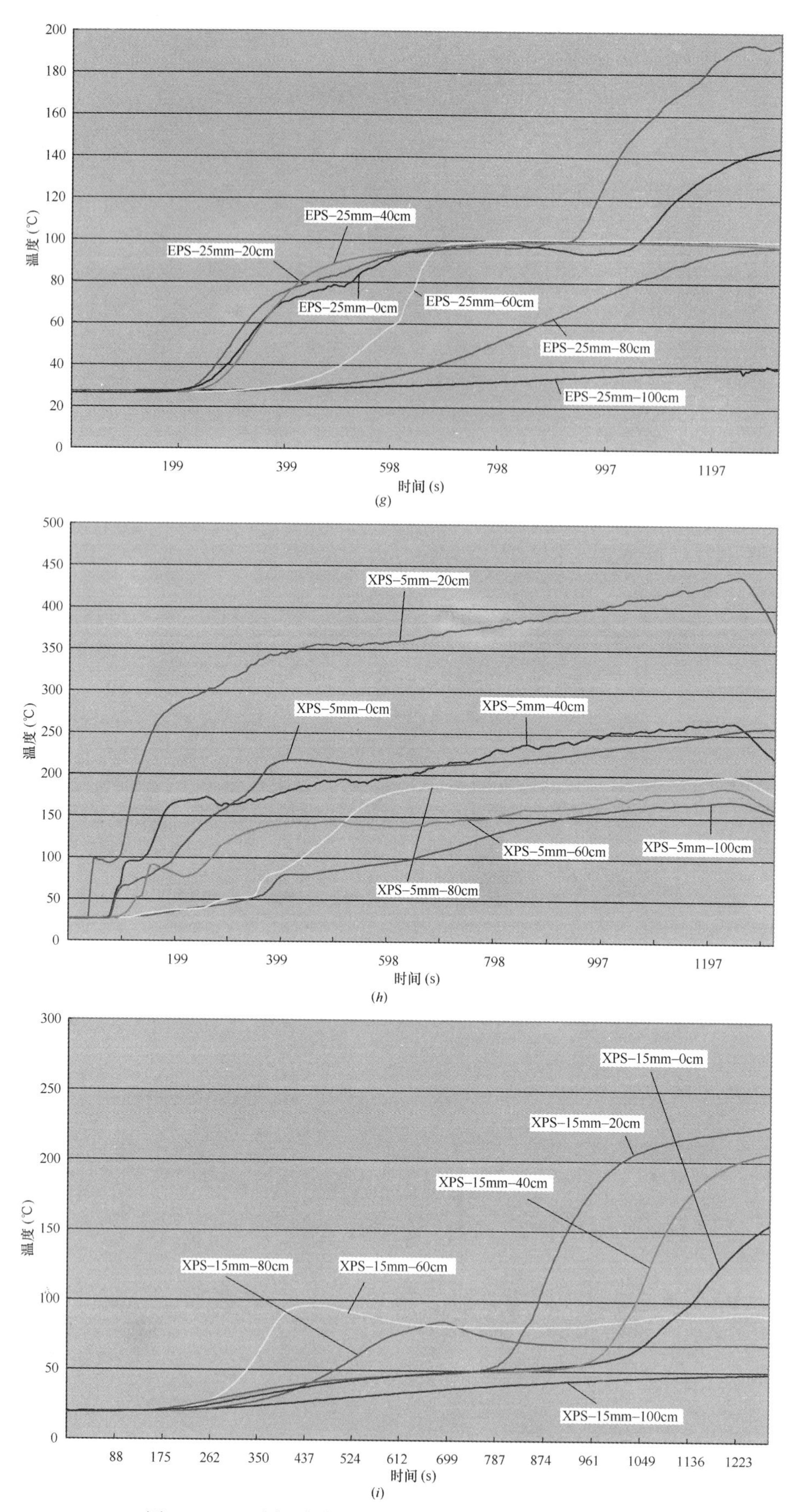

图 5-2-11　不同试件各温度测点曲线图（三）（见彩图 12）

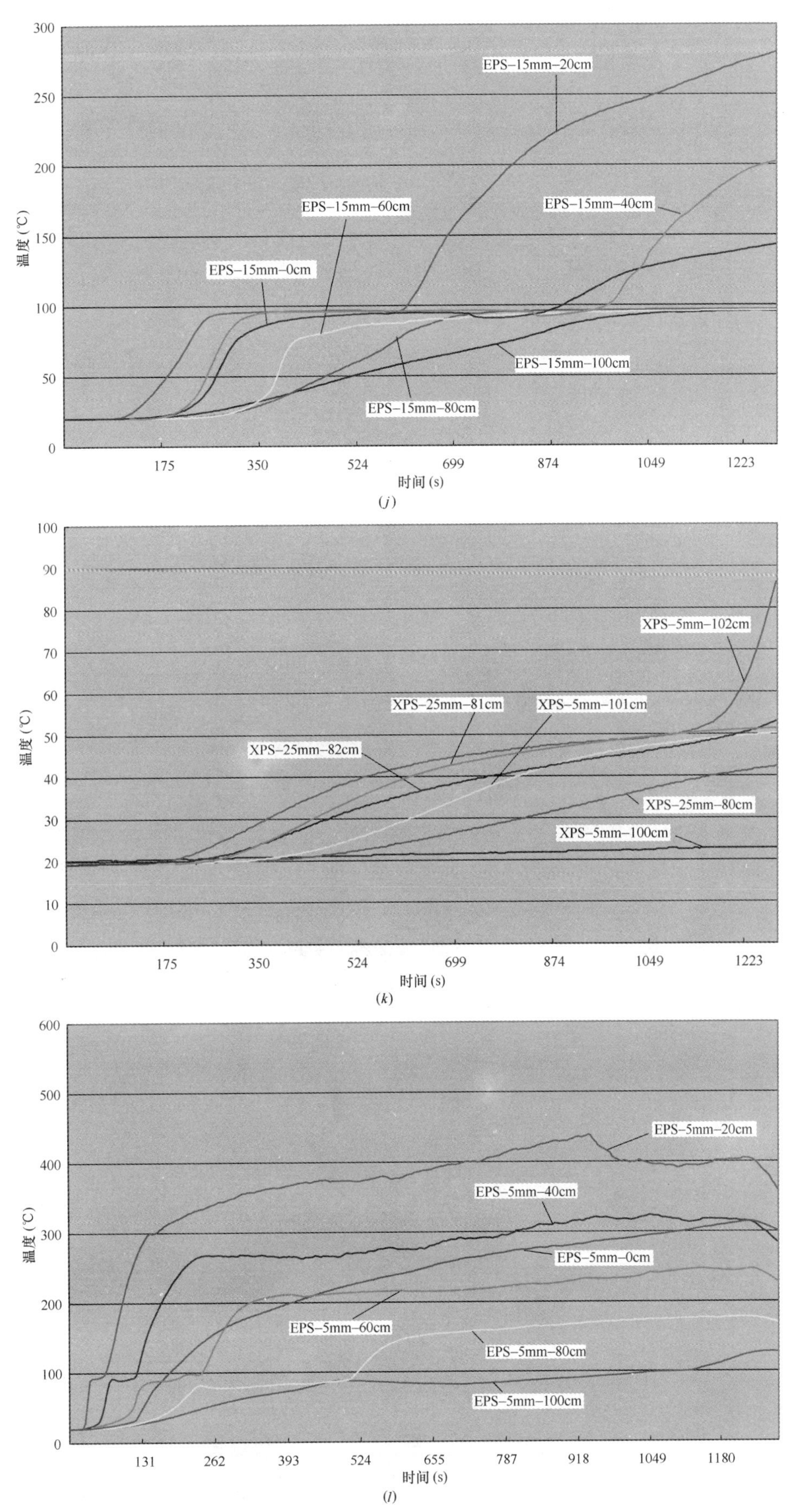

图 5-2-11　不同试件各温度测点曲线图（四）（见彩图 12）

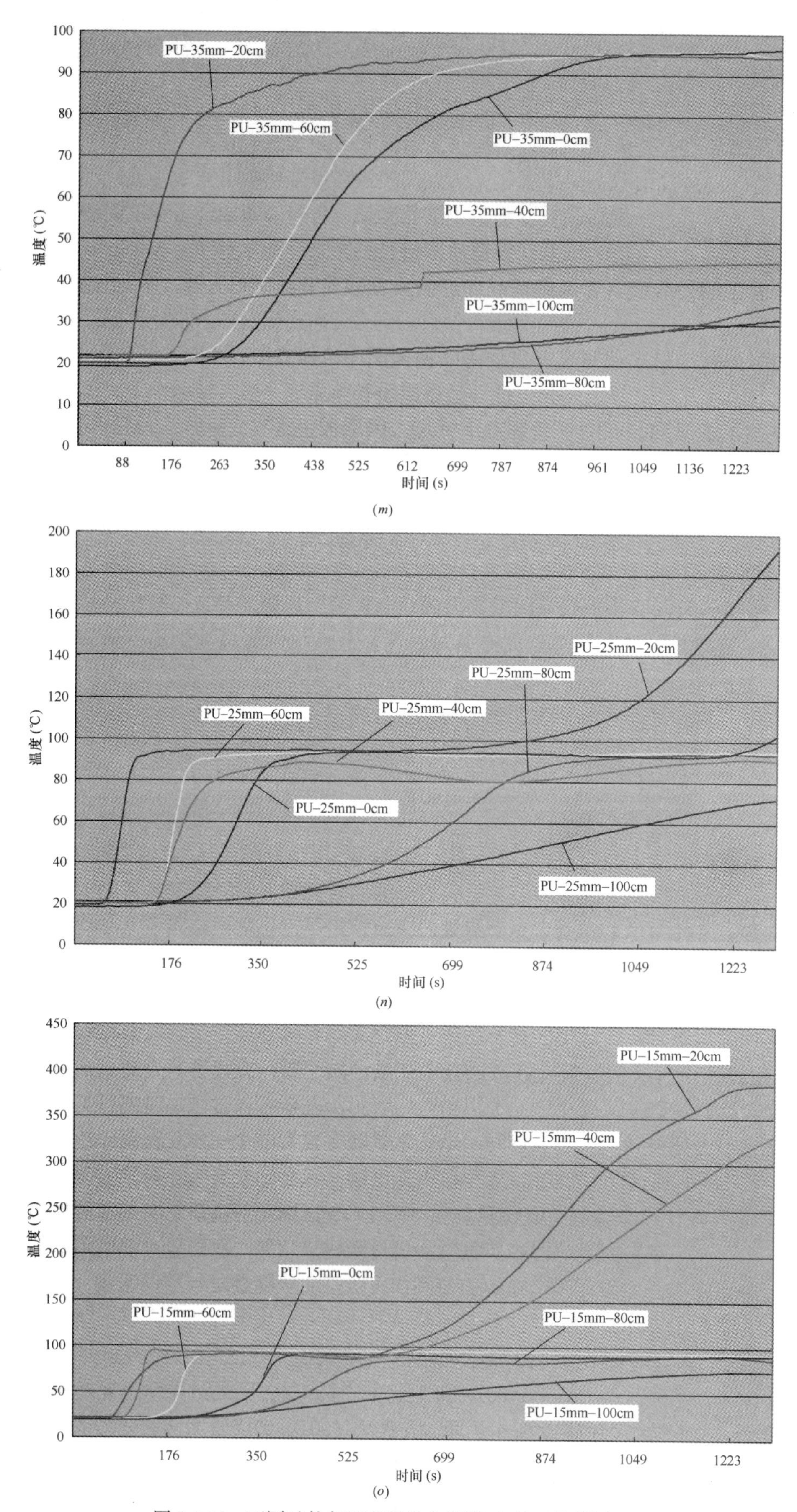

图 5-2-11　不同试件各温度测点曲线图（五）（见彩图 12）

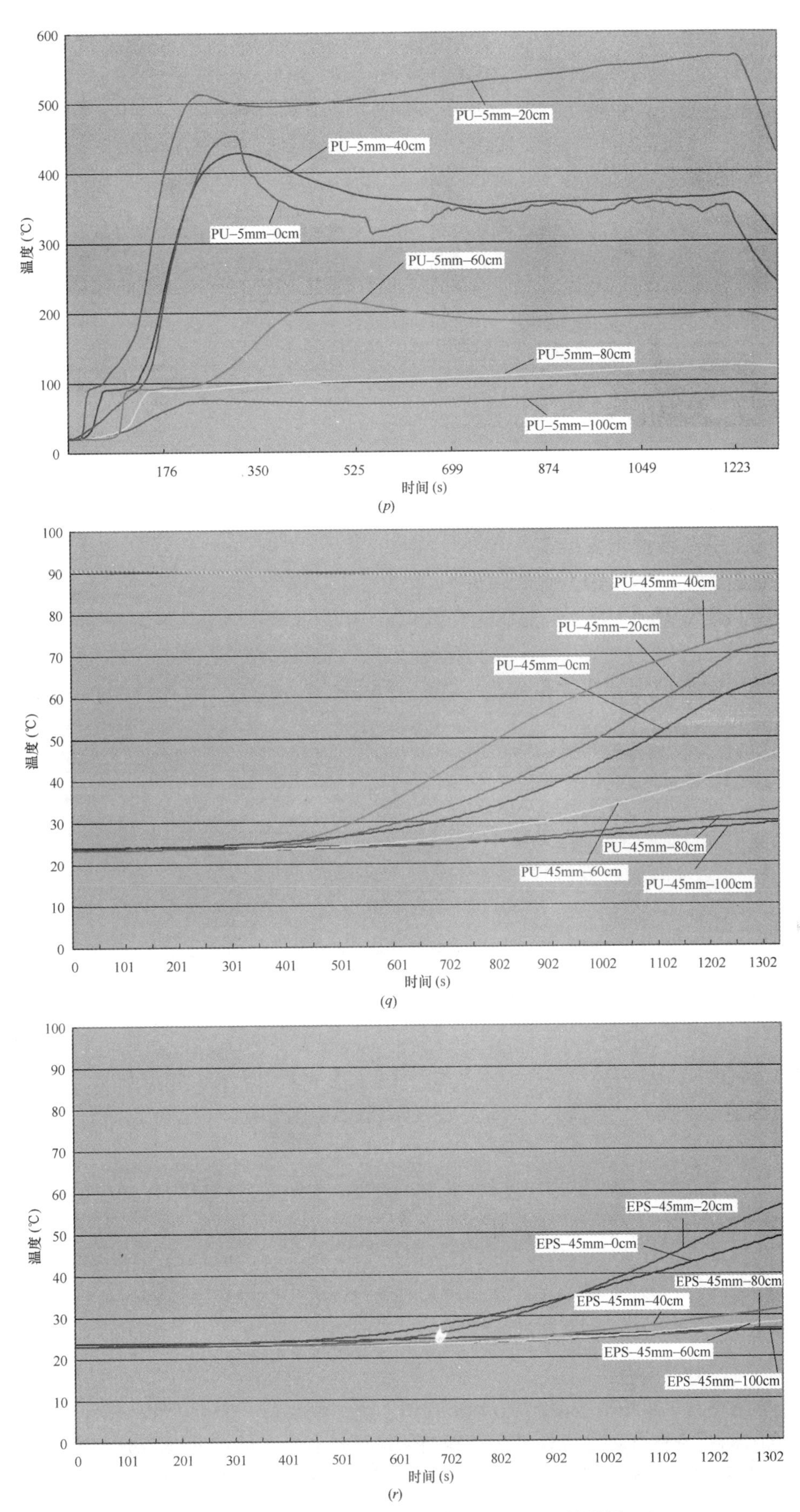

图 5-2-11 不同试件各温度测点曲线图（六）（见彩图 12）

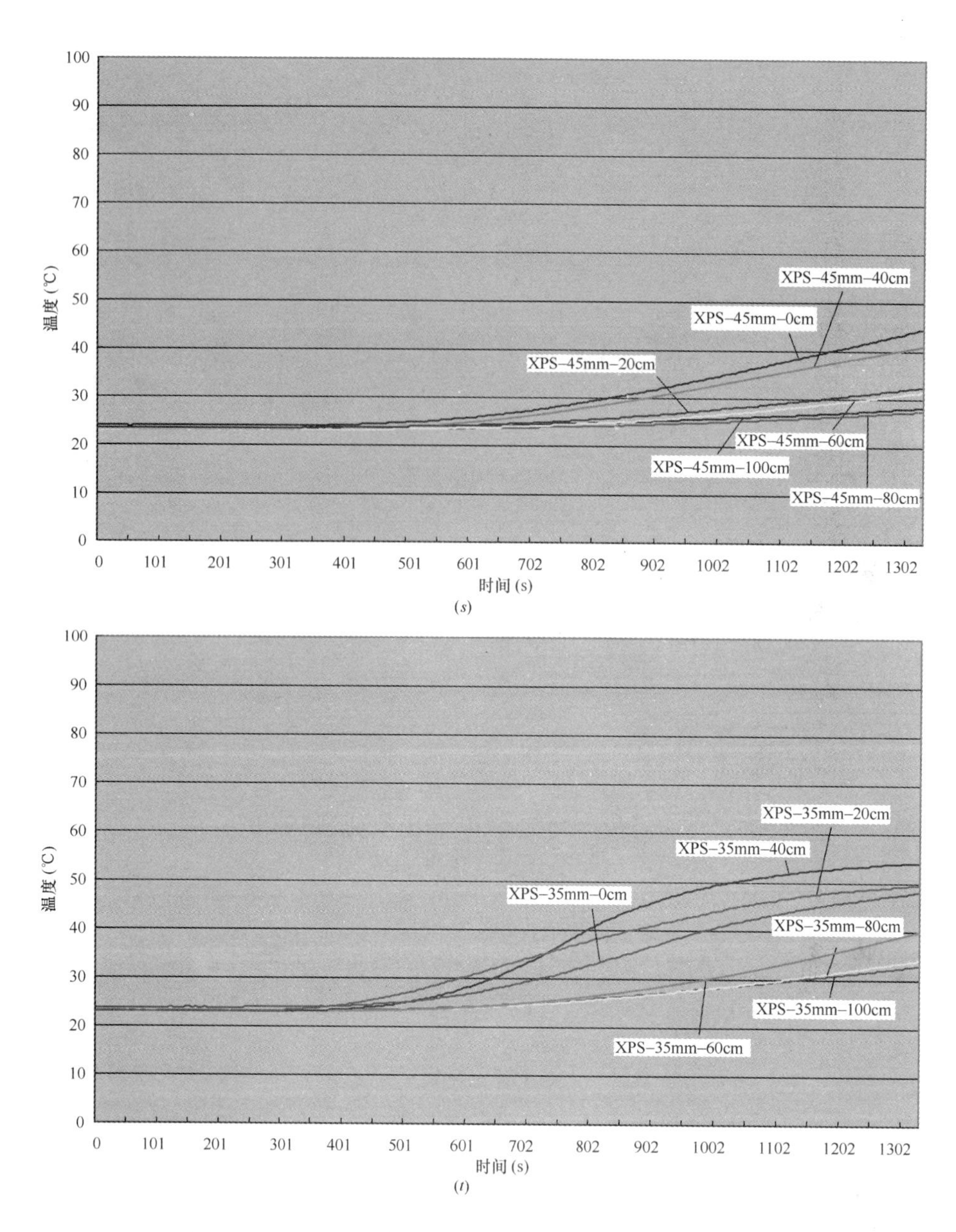

图 5-2-11　不同试件各温度测点曲线图（七）（见彩图 12）

5.2.2.3　小结

1）不同试件各测点温度随保护层厚度的增加而降低，在外保温系统中保护层的厚度直接决定着系统的对火承受能力。

2）保温层的烧损高度随保护层厚度的减少而增加，无专设防火保护层的聚苯板薄抹灰试件的保温层全部烧损，硬泡聚氨酯薄抹灰的保护层烧损区域约为 65cm。当胶粉聚苯颗粒保护层厚度在 30mm 以上时（抗裂层和饰面层厚度 5mm），在试验条件下（火焰温度 900℃，作用于试件下部面层 20min），有机保温材料未受到任何破坏。

3）试件的构造本身也可以看成是外墙外保温系统分仓构造的一个独立的分仓，所以当分仓缝具有一定宽度且分仓材料具备良好的防火性能时，即当保护层具有一定的厚度时，分仓构造能够阻止火焰的蔓延，其表现形式为试件的保温层未完全破坏。聚苯板薄抹灰系统试件由于试验后保温层被全部烧损，试件本身的这种分仓构造是否具有阻止火焰蔓延的能力，还需要进行大尺寸的模型试验加以验证。

4）同等厚度的胶粉聚苯颗粒对有机保温材料的防火保护作用要强于水泥砂浆。一方面，胶粉聚苯

(a) (b) (c) (d) (e)

图 5-2-12　各试件剖析图（见彩图 13）

（a）从左至右分别为 XPS-35，XPS-45，EPS-45，PU-45；（b）从左至右分别为 PU-35，PU-5，PU-15，PU-25；
（c）从左至右分别为 EPS-5，XPS-25，XPS-15，EPS-15；（d）从左至右分别为 XPS-5，EPS-35，EPS-25
（e）从左至右分别为 EPS-20/30-1、EPS-20/30-2、EPS-10/20-3、EPS-10/20-4

颗粒属于保温材料，是热的不良导体，而水泥砂浆属于热的良导体，前者外部热量向内传递过程要比后者缓慢，其内侧有机保温材料达到熔缩温度的时间长，在聚苯颗粒熔化后形成的封闭空腔使得胶粉聚苯颗粒的导热系数更低，热量传递更为缓慢；另一方面，砂浆遇热后开裂使热量更快进入内部，加速有机保温材料达到熔融收缩温度。

5.3　外保温系统大尺寸模型火试验

目前，在我国对建筑外墙外保温系统防火安全性能的评价应以火灾试验为基础，因此，选择正确合理的试验方法，是客观、科学地评价外墙外保温系统防火安全性能的关键。

中小尺寸试验方法一般只能模拟燃烧过程的某个特定方面，而不能全面反应外保温系统的燃烧状态。相对来说，大尺寸试验方法更接近于真实火灾的燃烧条件，与实际火灾状况具有一定程度的相关性。不过，由于实际燃烧过程的因素难以在试验室条件下全面模拟和重现，所以任何试验都无法提供全面准确的火灾试验结果，只能作为火灾中材料行为特性的参考。

随着火灾科学的发展，人们对火灾试验方法与技术的发展方向已逐步形成共识，即最好的、最有用的试验方法应与真实火灾场景有较好的相关性，且其结果可以用于实际火灾的模拟计算中以及火灾安全的工程设计方法中，该方法为性能化对火反应试验方法。但目前我国现行标准中绝大部分规定的是保温材料的燃烧特性，由于采用的是小尺寸试验，最多也仅是中尺寸试验，可以说所规定的试验条件与实际火灾场景相去甚远，这些标准的测试结果只能作为单项指标的对比标准，几乎不能反映材料在实际火灾中的性能。

因此，目前在我国对外保温系统的防火安全性能评价应以大尺寸火灾试验结果为基础。通过对国外各类标准的论证分析，我们最终选择了大尺寸的 UL1040 墙角火试验和 BS8414-1 窗口火试验对外保温系统进行检验。迄今为止，已完成了 10 次墙角火试验，32 次窗口火试验。就现有的试验结果来看，窗口火试验模型更接近于外保温系统在大多数实际火灾中的受火状态，可作为今后试验研究的主要手段。

5.3.1 防火试验方法简介

5.3.1.1 UL1040 墙角火试验

UL 1040：2001《Fire Test of Insulated Wall Construction》（建筑隔热墙体火灾测试）为美国保险商试验室标准。试验模拟外部火灾对建筑物的攻击，用于检验建筑外墙外保温系统的防火性能。其优点在于模型尺寸能够涵盖包括防火隔断在内的外墙外保温系统构造，可以观测试验火焰沿外墙外保温系统的水平或垂直传播的能力，试验状态能够充分反应外墙外保温系统在实际火灾中的整体防火能力。

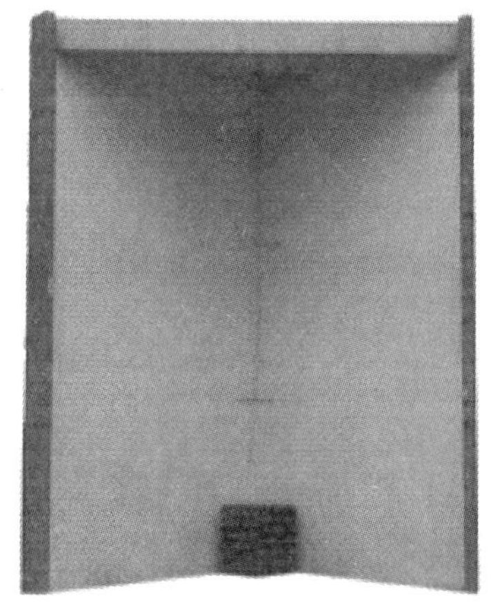

图 5-3-1 UL 1040 试验模型

UL 1040 墙角火试验模型由 2 面成直角的墙体构成，形成 6.10m×6.10m×9.14m 高的大墙角，顶面采用不燃的无机板材遮盖，测试装置代表实际建筑物。试验模型见图 5-3-1。

保温系统安装于两面墙上，墙体连接到屋顶的方式应代表实际连接的方式。墙角处堆积木材，火源为 1.22m×1.22m×1.07m 的木垛，由 12 层木条组成，重量为 347±4.54kg。该试验方法可用于观测外保温系统受火后的纵向和横向传播范围。

试验时，在堆积木材上方及外保温系统的墙体表面和大气环境中布置温度测点，并从不同角度对试验过程进行摄像记录。

UL 1040 试验的符合性判定条件如下：

1）During the test，surface burning shall not extend beyond 18 feet（5.49m） from the intersection of the two walls。（试验过程中，表面燃烧范围不应超过两个墙体交叉线的 18 英尺（5.49m））。

2）Post-test observations shall show that the combustive damage of the test materials within the assembly diminishes at increasing distance from the immediate fire exposure area。（试验后的观测应表明，组合系统内试验材料的燃烧损坏程度，应随至火焰暴露面距离的增加而减少）。

5.3.1.2 BS 8414-1 窗口火试验

英国标准 BS 8414-1：2002《Fire performance of external cladding systems-Part1：Test method for non-loadbearing external cladding systems applied to the face of the building》（外部包覆系统的防火性能—第1 部分：建筑外部的非承载包覆系统试验方法）主要用于检验外保温系统的纵向传播范围。

BS 8414-1 窗口火试验描述了应用于建筑表面并在控制条件下暴露于外部火焰的非承载外部包覆系统、包覆系统之上的遮雨屏及外墙外保温系统的防火性能评价方法。它模拟的是典型的外部火源或建筑室内发生轰燃后火焰从窗洞口溢出对外保温系统产生的作用。该试验方法可以同时考察外保温系统在有火源或火种存在的条件下能否被点燃和发生燃烧现象，以及当有燃烧或火灾发生时系统是否具有阻止火焰传播的能力；也就是说，可以同时考察系统对外部火源攻击的抵抗能力或其整体的防火性能如何。

BS 8414-1 窗口火试验的优点与墙角火试验相同，可以用于检验包括外保温系统构造之内的整个系统的防火性能。但从实际火灾对建筑物的攻击概率来看，更具有普遍意义。如图 5-3-2 所示，说明了室内火灾从建筑物的窗口沿外墙外保温系统向外扩散的原理。当外墙外保温系统具有阻止火焰传播的能力时，火灾不会扩散。

图 5-3-2　窗口火试验模型

图 5-3-2 为窗口火试验模型。

以 BS 8414-1：2002 测试方法为基础提出的性能标准和分类方法主要考虑的是远离火势源部位的火势蔓延和发生的几率，系统性能将根据以下 3 个准则来评估：外部火势蔓延、内部火势蔓延、机械性能。

1）外部火势传播

在起始时间 15min 内，如果设置在水平线 2 的外部热电偶的温度超过 600℃，且持续时间超过 30s，外部火势蔓延就会发生。

2）内部火势传播

在起始时间 15min 内，如果设置在水平线 2 的内部热电偶的温度超过 600℃，且持续时间超过 30s，内部火势蔓延就会发生。

3）机械性能

机械性能没有设定失败标准。相反，一些细节，诸如任何系统损坏、碎片、分层或火焰碎片都将包括在该次测试报告中。机械性能失败的性质将作为全面危险评估的一部分。

为了将 BS8414-1 转化为适用于我国外保温系统的防火性能测试方法，中国建筑科学研究院等十二家单位共同申请了建筑工业行业产品标准《建筑外墙外保温系统防火试验方法》的编制计划，并已完成标准报批稿。在该标准报批稿中，对 BS8414-1 进行了如下细化规定：

1）试验时，将外保温系统按照试验委托方指定的方式安装在试验模型的建筑基面上，通过模拟房间内发生轰燃后的火焰从窗口或洞口溢出时对外保温系统的攻击，检验外保温系统的受损程度，并对其火焰传播性进行判定。

2）试验模型的墙体由主副墙构成，主墙下方设有燃烧室。模型由密度不低于 600kg/m^3 的加气混凝土砌块构成，墙体的高度为 8400mm，主墙宽度为 3500mm、副墙宽度为 2500mm。副墙与主墙垂直，距燃烧室开口边缘的距离为(250±10)mm。燃烧室开口的尺寸应为：高(2000±100)mm，宽(2000±100)mm；内部尺寸应为：高(2300±50)mm，宽(2000±100)mm，深(1050±50)mm。在燃烧室开口顶部上方 2500mm 和 5000mm 处的水平线分别定义为水平准位线 1 和水平准位线 2。在水平准位线 1 和水平准位线 2 上根据外保温系统的具体构造布置外部热电偶和内部热电偶。外部热电偶测点应伸出外保温系统外表面(50±5)mm。内部热电偶测点应布置在每个可燃层厚度的 1/2 处；当系统内含有空腔时，在每一个空腔层厚度的 1/2 处，也应设置热电偶；当层厚小于 10mm 时，可不设热电偶。试验模型和热电偶位置图见图 5-3-3。

3）试验样品应包括外保温系统的所有组成部分，并应按外保温系统的安装要求进行安装。样品的厚度不应超过 200mm，其宽度和高度应完全覆盖模型的主墙和副墙。在主墙和副墙间的墙角处，样品应紧密连接或按试验委托方的要求进行安装。样品边缘和燃烧室开口的周边应按系统实际应用的构造做法或按试验委托方的要求进行保护。当外保温系统在实际应用中设置水平变形缝时，试验样品的水平缝应按试验委托方规定的间隔设置，且至少应在燃烧室开口上方（2400±100）mm 处设置一条水平缝。当外保温系统在实际应用中设置垂直变形缝时，试验样品的垂直缝应按试验委托方规定的间隔设置，且应在燃烧室开口中心线向上延伸处设置一条垂直缝，相对中心线的允许偏差为±100mm。当外保温系统在实际应用中设置水平防火隔离带时，试验样品的水平防火隔离带应按试验委托方的要求设置，且最高一条防

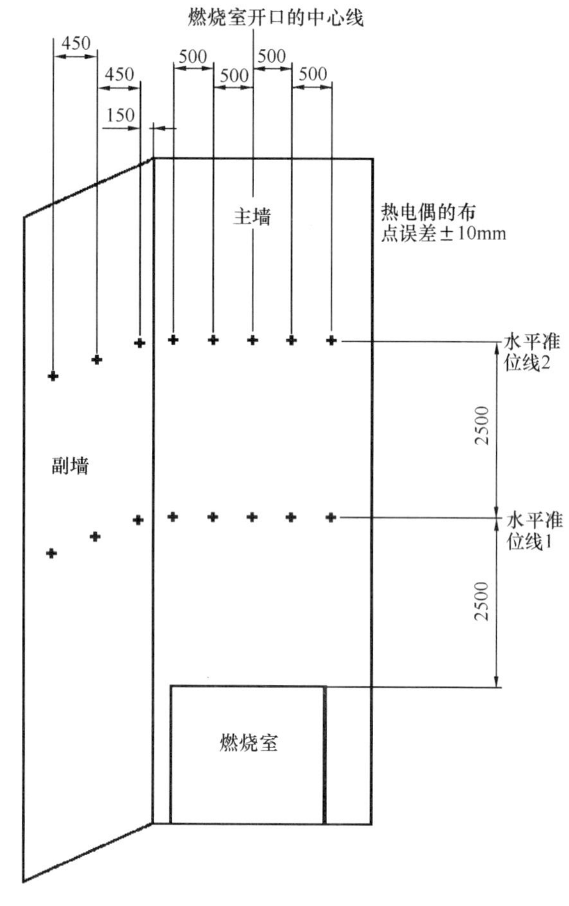

图 5-3-3　窗口火试验模型和热电偶位置图

火隔离带应位于水平准位线 2 的下方，其上边缘距水平准位线 2 的距离不应小于 100mm。

4）试验过程中，记录样品的燃烧状态和机械性能发生变化的时间。试验后，待冷却后检查样品的开裂、熔化、变形以及分层等破坏状况，但不包括被烟熏黑或褪色的部分，并应做好以下各项内容的记录（根据检查需要，可拆除样品的某些覆盖物）：①火焰在样品表面垂直和水平两个方向上传播的范围；②火焰在每一个中间层垂直和水平两个方向上传播和受损的范围；③如存在空腔，则应记录火焰在其中垂直和水平两个方向上传播和破坏的状况；④试验样品外表面被烧损或剥离的范围；⑤试验样品的任何垮塌或部分垮塌的详细状况。

5）根据试验数据确定的外保温系统火焰传播性的判定条件如下。当同时满足下列要求时，可判定外保温系统不具有火焰传播性。否则，应判定系统具有火焰传播性。①水平准位线 2 的任何一个内部热电偶的温升未超过 500℃，或超过 500℃但持续时间不大于 20s；②试验后的检查结果表明，系统的每个可燃层的垂直燃烧高度未超过水平准位线 2 上方 300mm。当同时满足以上两条要求时，可判定外保温系统不具有火焰传播性。否则，应判定系统具有火焰传播性。

编制组成员及审查专家一致认为该判定原则宽严适中，适合我国现有的国情。

5.3.2　窗口火试验

5.3.2.1　试验汇总

至今已完成了窗口火试验 32 次，现总结如下。

所进行的 32 次试验，按构造措施进行分类：岩棉防火隔离带试验 3 次、硬泡聚氨酯防火隔离带试验 4 次、酚醛防火隔离带试验 1 次、岩棉挡火梁试验 2 次、泡沫水泥挑沿-岩棉防火隔离带试验 1 次、瓷砖饰面试验 2 次、厚抹灰试验 10 次、薄抹灰试验 9 次；按保温材料的类型划分，其中 EPS 板试验 19 次（薄抹灰系统 15 次、厚保护层系统 4 次）、硬泡聚氨酯试验 8 次（薄抹灰系统 3 次、厚保护层系统 5 次）、XPS 板试验 3 次（B_2 级 XPS 板薄抹灰 1 次、B_1 级 XPS 板薄抹灰 1 次、B_2 级 XPS 板厚抹灰 1 次）、改性酚醛板试验 2 次。

表 5-3-1 给出了试验的详细情况，表 5-3-2～表 5-3-8 分别按保温材料类型和系统保护方式对试验状态进行了总结。

窗口火试验列表　　　　**表 5-3-1**

序号	系统名称	试验日期	试验地点	系统构造特点				防火隔离带（或挡火梁）	火焰传播性
				保温材料	保护层类型	粘贴方式	防火分隔		
1	胶粉聚苯颗粒贴砌 EPS 板外保温系统	2007 年 02 月 02 日	北京振利	EPS	厚抹灰	无空腔	分仓	—	无

续表

序号	系统名称	试验日期	试验地点	系统构造特点				防火隔离带（或挡火梁）	火焰传播性
				保温材料	保护层类型	粘贴方式	防火分隔		
2	EPS板薄抹灰外保温系统	2007年04月14日	北京振利	EPS	薄抹灰	有空腔，粘结面积≥40%	无	—	不评价
3	EPS板薄抹灰外保温系统	2007年05月29日	北京振利	EPS	薄抹灰	有空腔，粘结面积≥40%	无	—	有
4	硬泡聚氨酯复合板薄抹灰外保温系统	2007年05月30日	北京通州	PU	薄抹灰	有空腔，粘结面积≥40%	无	—	无
5	喷涂硬泡聚氨酯抹灰外保温系统	2007年07月16日	北京通州	PU	10	无空腔	无	—	无
6	浇注硬泡聚氨酯外保温系统	2007年09月06日	北京通州	PU	薄抹灰	无空腔	无	—	无
7	膨胀玻化微珠保温防火砂浆复合EPS板外保温系统	2007年11月13日	北京通州	EPS	厚抹灰	有空腔，粘结面积≥40%	无	—	无
8	EPS板薄抹灰外保温系统-硬泡聚氨酯防火隔离带	2008年04月23日	北京通州	EPS	薄抹灰	有空腔，粘结面积≥40%	无	硬泡聚氨酯防火隔离带	无
9	EPS板薄抹灰外保温系统-岩棉防火隔离带	2008年10月07日	敬业达	EPS	薄抹灰	有空腔，粘结面积≥40%	无	岩棉防火隔离带	无
10	EPS板薄抹灰外保温系统-硬泡聚氨酯防火隔离带	2008年10月21日	北京通州	EPS	薄抹灰	有空腔，粘结面积≥40%	无	硬泡聚氨酯防火隔离带	有
11	EPS板薄抹灰外保温系统-酚醛防火隔离带	2008年11月11日	敬业达	EPS	薄抹灰	有空腔，粘结面积≥40%	无	酚醛防火隔离带	无
12	EPS板薄抹灰外保温系统-岩棉挡火梁	2008年11月11日	敬业达	EPS	薄抹灰	有空腔，粘结面积≥40%	无	岩棉挡火梁	有

续表

序号	系统名称	试验日期	试验地点	系统构造特点				防火隔离带（或挡火梁）	火焰传播性
				保温材料	保护层类型	粘贴方式	防火分隔		
13	EPS板薄抹灰外保温系统-岩棉挡火梁	2009年03月18日	敬业达	EPS	薄抹灰	有空腔，粘结面积≥40%	无	岩棉挡火梁	无
14	EPS板薄抹灰外保温系统-泡沫水泥挑檐/岩棉防火隔离带	2009年03月18日	敬业达	EPS	薄抹灰	有空腔，粘结面积≥40%	无	泡沫水泥挑檐，岩棉隔离带	有
15	EPS板薄抹灰外保温系统	2009年04月13日	敬业达	EPS	薄抹灰	有空腔，粘结面积≥40%	无	—	有
16	EPS板薄抹灰外保温系统-硬泡聚氨酯防火隔离带	2009年06月03日	北京通州	EPS	薄抹灰	有空腔，粘结面积≥40%	无	硬泡聚氨酯防火隔离带	无
17	高强耐火植物纤维复合保温板现场浇注发泡聚氨酯外保温系统	2009年08月12日	敬业达	PU	厚保护层	无空腔	无	—	无
18	XPS板薄抹灰外保温系统-岩棉防火隔离带	2009年08月12日	敬业达	XPS	薄抹灰	有空腔，粘结面积≥40%	无	岩棉防火隔离带	无
19	硬泡聚氨酯复合板薄抹灰外保温系统	2009年08月20日	北京通州	PU	薄抹灰	有空腔，粘结面积≥40%	无	—	无
20	EPS板瓷砖饰面外保温系统	2009年09月03日	敬业达	EPS	厚保护层：瓷砖饰面	有空腔，粘结面积≥40%	无	—	无
21	喷涂硬泡聚氨酯-幕墙保温系统	2009年11月22日	北京通州	PU	厚抹灰	保温层与基层墙体满粘，但存在幕墙空腔*	保温层内无防火分隔，但幕墙空腔用岩棉隔离带分隔	岩棉防火隔离带	无
22	胶粉聚苯颗粒贴砌EPS板薄抹灰外保温系统	2009年11月26日	北京振利	EPS	薄抹灰	无空腔	分仓	—	无
23	EPS板薄抹灰外保温系统-硬泡聚氨酯防火隔离带	2010年02月03日	北京通州	EPS	薄抹灰	有空腔，粘结面积≥40%	无	硬泡聚氨酯防火隔离带	不评价

续表

序号	系统名称	试验日期	试验地点	系统构造特点				防火隔离带（或挡火梁）	火焰传播性
				保温材料	保护层类型	粘贴方式	防火分隔		
24	胶粉聚苯颗粒贴砌 XPS 板外保温系统	2010 年 03 月 23 日	北京振利	XPS	厚抹灰	无空腔	分仓	窗口胶粉聚苯颗粒 20cm	无
25	EPS 板薄抹灰外保温系统	2010 年 05 月 13 日	敬业达	EPS	薄抹灰	有空腔，粘结面积≥40%	无	—	无
26	EPS 板瓷砖饰面外保温系统	2010 年 05 月 13 日	敬业达	EPS	厚保护层：瓷砖饰面	有空腔，粘结面积≥40%	无	—	无
27	酚醛薄抹灰-铝单板幕墙保温系统	2010 年 06 月 23 日	北京振利	PF	薄抹灰	有空腔，粘结面积≥40%	无	—	有
28	喷涂硬泡聚氨酯厚抹灰外保温系统	2010 年 09 月 2 日	北京通州	PU	厚抹灰	无空腔	无	—	无
29	酚醛厚抹灰（分仓构造）-铝单板幕墙保温系统	2010 年 09 月 10 日	北京振利	PF	厚抹灰	无空腔	有	胶粉聚苯颗粒分隔	无
30	XPS 板薄抹灰外保温系统	2010 年 10 月 28 日	敬业达	XPS（B_1 级）	薄抹灰	有空腔，粘结面积≥40%	无	—	有
31	EPS 板薄抹灰外保温系统-岩棉防火隔离带	2010 年 10 月 28 日	敬业达	EPS	薄抹灰	有空腔，粘结面积≥40%	无	岩棉防火隔离带	无
32	硬泡聚氨酯保温板-厚抹灰外保温系统	2010 年 11 月 05 日	北京通州	PU	厚抹灰	有空腔，粘结面积≥40%	无	—	无

注：1. 表中符号：EPS——模塑聚苯板，XPS——挤塑聚苯板，PU——硬泡聚氨酯，PF——改性酚醛板；
2. 表中的试验 2 和试验 23 仅作为演示试验，主要用于向领导和专家介绍窗口火试验方法。因试验时的风速条件不满足测试标准的要求，因此不对试验结果进行评价。

EPS 板薄抹灰外保温系统无防火隔离带的试验小结（见彩图 14） **表 5-3-2**

试验系统	3. EPS 板薄抹灰外保温系统	15. EPS 板薄抹灰外保温系统
试验后保温层的烧损状态		

EPS板薄抹灰外保温系统有防火分隔的试验小结（见彩图15）　**表5-3-3**

试验系统	8. EPS板薄抹灰外保温系统-硬泡聚氨酯防火隔离带	9. EPS板薄抹灰外保温系统-岩棉防火隔离带	10. EPS板薄抹灰外保温系统-硬泡聚氨酯防火隔离带	11. EPS板薄抹灰外保温系统-酚醛防火隔离带
试验后保温层的烧损状态				
试验系统	12. EPS板薄抹灰外保温系统-岩棉挡火梁	13. EPS板薄抹灰外保温系统-岩棉挡火梁	14. EPS板薄抹灰外保温系统-泡沫水泥挑檐/岩棉防火隔离带	16. EPS板薄抹灰外保温系统-硬泡聚氨酯防火隔离带
试验后保温层的烧损状态				

试验系统	22. 胶粉聚苯颗粒贴砌EPS板薄抹灰外保温系统	25. EPS板薄抹灰外保温系统	31. EPS板薄抹灰外保温系统-岩棉防火隔离带
试验后保温层的烧损状态			

EPS 板厚保护层系统的试验小结（见彩图 16） **表 5-3-4**

试验系统	1. 胶粉聚苯颗粒贴砌 EPS 板外保温系统	7. 膨胀玻化微珠保温防火砂浆复合 EPS 板外保温系	20. EPS 板瓷砖饰面外保温系统	26. EPS 板瓷砖饰面外保温系统
试验后保温层的烧损状态				

硬泡聚氨酯薄抹灰系统的试验小结（见彩图 17） **表 5-3-5**

试验系统	4. 硬泡聚氨酯复合板薄抹灰外保温系统	6. 浇注硬泡聚氨酯外保温系统	19. 硬泡聚氨酯复合板薄抹灰外保温系统
试验后保温层的烧损状态			

硬泡聚氨酯厚保护层系统的试验小结（见彩图 18） **表 5-3-6**

试验系统	5. 喷涂硬泡聚氨酯抹灰外保温系统	17. 高强耐火植物纤维复合保温板现场浇注发泡聚氨酯外保温系统	21. 喷涂硬泡聚氨酯-幕墙保温系统	28. 喷涂硬泡聚氨酯厚抹灰外保温系统	32. 硬泡聚氨酯保温板-厚抹灰外保温系统
试验后保温层的烧损状态					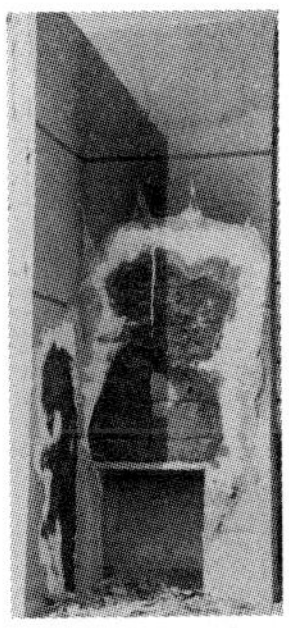

酚醛-铝单板幕墙系统的试验小结（见彩图 19）　　**表 5-3-7**

试验系统	27. 酚醛薄抹灰-铝单板幕墙保温系统	29. 酚醛厚抹灰（分仓构造）-铝单板幕墙保温系统
试验后保温层的烧损状态	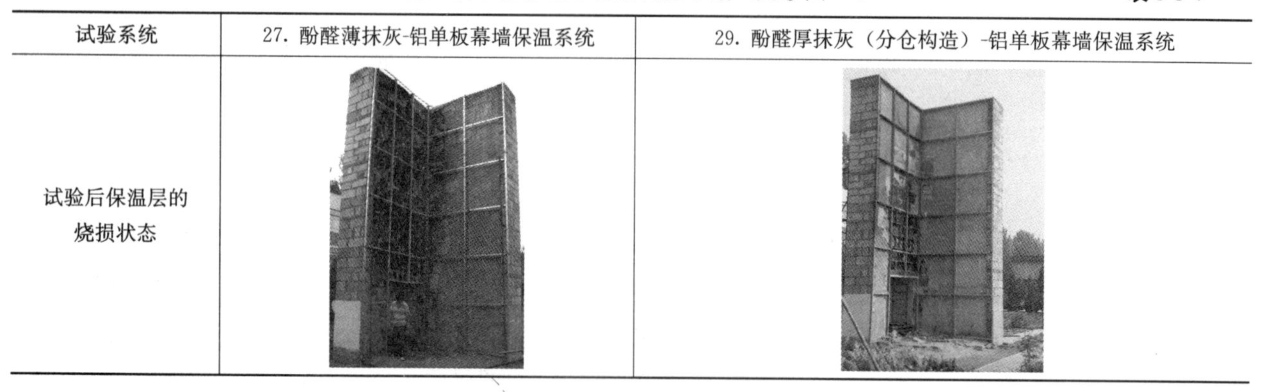	

XPS 板外保温系统的试验小结（见彩图 20）　　**表 5-3-8**

试验系统	18. XPS 板薄抹灰外保温系统-岩棉防火隔离带	24. 胶粉聚苯颗粒贴砌 XPS 板外保温系统	30. XPS 板薄抹灰外保温系统
试验后保温层的烧损状态			

外保温系统窗口火试验的测点温度及保温层的烧损范围见表 5-3-9。

外保温系统窗口火试验结果　　**表 5-3-9**

序　号	水平准位线 2 可燃保温层测点最高温度（℃）	可燃保温层烧损高度	系统火焰传播性判定
1	＜500	未见明显烧损	无
2	—	—	不评价
3	＞500	全部烧损	有
4	＜500	水平准位线 2 上方 10cm	无
5	＜500	水平准位线 2 上方 5cm	无
6	＜500	水平准位线 2 下方 10cm	无
7	＜500	未见明显烧损	无
8	＜500	水平准位线 2 下方	无
9	＜500	水平准位线 2 下方	无
10	＞500	全部烧损	有
11	＜500	水平准位线 2 下方	无
12	＜500	烧损到模型顶部	有
13	＜500	水平准位线 2 下方	无
14	＞500	最高防火隔离带下边缘	有
15	＞500	烧损到模型顶部	有
16	＜500	水平准位线 2 下方	无
17	＜500	水平准位线 2 下方	无

续表

序　号	水平准位线 2 可燃保温层测点最高温度（℃）	可燃保温层烧损高度	系统火焰传播性判定
18	<500	水平准位线 2 下方	无
19	<500	水平准位线 2 上方 15cm	无
20	<500	水平准位线 2 下方	无
21	<500	水平准位线 1	无
22	<500	水平准位线 2 下方	无
23	—	—	不评价
24	<500	水平准位线 1	无
25	<500	水平准位线 2 下方	无
26	<500	水平准位线 2 下方	无
27	>500	烧损到模型顶部	有
28	<500	水平准位线 2 下方	无
29	<500	水平准位线 2 下方	无
30	<500	烧损到模型顶部	有
31	<500	最高防火隔离带下边缘	无
32	<500	水平准位线 2 下方	无

5.3.2.2　试验结果分析

1. EPS 板外保温系统

1）对于没有采取任何构造措施的 EPS 板薄抹灰外保温系统，试验 3 和试验 15，试验后判定系统都具有火焰传播性。单一的 EPS 板薄抹灰外保温系统存在着一定的火灾风险。但两个系统在火灾中的具体表现存在着差异，这可能与系统的施工质量有关。

2）对于采取了岩棉防火隔离带的 EPS 板薄抹灰外保温系统，试验 9 和试验 31，试验后判定系统都不具有火焰传播性。20cm 的岩棉防火隔离带有效地阻止了火焰垂直向上的蔓延作用，特别是在试验 31 中，试验的 EPS 板的厚度达到了 20cm，可燃物质的量已足够多。因此，试验结果表明：系统中设置 20cm 的岩棉防火隔离带可以起到抑制火焰蔓延的作用。

3）对于采取了岩棉挡火梁的 EPS 板薄抹灰外保温系统，试验 12 和试验 13，试验后判定 13 号系统不具有火焰传播性，12 号系统具有火焰传播性。但两者均在试验中表现出了优于 EPS 板薄抹灰外保温系统的防火特性，可见岩棉挡火梁也具有一定的阻止火焰垂直向上蔓延的作用，但效果逊于防火隔离带。试验 12 失败的原因可能与系统施工时，先粘贴保温板，然后再在保温板的缝隙中粘贴挡火梁有关，因为这一做法可能使挡火梁不能实现满粘，背后存在空腔。吸取这次试验失败的原因，试验 13 系统的施工采取自下而上的顺序施工方式，其中挡火梁满粘，起到了明显的阻火作用。这再一次证明了施工因素对外保温系统的防火性能有重要影响。

4）对于采取了硬泡聚氨酯防火隔离带的 EPS 板薄抹灰外保温系统，试验 8 和试验 16，试验后判定系统都不具有火焰传播性。30cm 的硬泡聚氨酯防火隔离带也有效地阻止了火焰垂直向上的蔓延作用，将火焰传播范围限制在第一条防火隔离带以下，作用突出。试验 10 表现为具有火焰传播性，明显与施工质量有关。在试验 10 进行至点火开始后 17 分 20 秒时，抹面胶浆中的玻璃纤维网格布发生了斜向断裂。点火开始后 17 分 55 秒时，悬空的面层自边缘上部开始被点燃，11 秒后发生轰燃。因此，可以认为防火隔离带的阻火作用是相对的，它有效阻止火焰传播的前提应是外保温系统的施工质量满足相关技术标准的要求。

5）此外，酚醛防火隔离带 EPS 板薄抹灰外保温系统——试验 11 的判定结果也是系统不具有火焰传播性，30cm 的酚醛防火隔离带也有效地阻止了火焰垂直向上的蔓延作用；泡沫水泥挑檐/复合岩棉防火隔离带的模塑聚苯板薄抹灰外保温系统——试验 14，试验后判定系统具有火焰传播性，但岩棉防火隔离带的阻火作用是明显的，只是设置的位置不合理才导致火在系统中的传播；胶粉聚苯颗粒贴砌聚苯板薄抹灰外保温系统——试验 22，试验后判定系统不具有火焰传播性。

6）对于 EPS 板采用厚保护层的保护方式，进行了胶粉聚苯颗粒保温浆料——试验 1、膨胀玻化微珠保温防火砂浆——试验 7、钢丝网瓷砖饰面——试验 20 和玻纤网瓷砖饰面——试验 26 等四次试验。试验结果表明：具有厚保护层的外保温系统，在试验状态下不具有火焰传播性。

2. 硬泡聚氨酯外保温系统

对于没有采取任何构造措施的硬泡聚氨酯薄抹灰外保温系统，试验 4、试验 6 和试验 19，试验后判定系统都不具有火焰传播性。可以认为，硬泡聚氨酯薄抹灰外保温系统不具有火焰传播性，不必设置防火隔离带。

对于硬泡聚氨酯采用厚保护层的保护方式，共进行了五次试验：试验 5——喷涂硬泡聚氨酯抹灰外保温系统、试验 17——高强耐火植物纤维复合保温板现场浇注发泡聚氨酯外保温系统、试验 21——喷涂硬泡聚氨酯-幕墙保温系统、试验 28——喷涂硬泡聚氨酯厚抹灰外保温系统、试验 32——硬泡聚氨酯保温板厚抹灰外保温系统。在这五次试验中，系统均不具有火焰传播性，表现出良好的对火反应性能。可以认为：硬泡聚氨酯采用厚保护层时不存在火灾风险。

3. XPS 板外保温系统

XPS 板外保温系统我们目前共进行了三次试验：试验 18——XPS 板薄抹灰外保温系统－岩棉防火隔离带、试验 24——胶粉聚苯颗粒贴砌 XPS 板外保温系统、试验 30——XPS 板薄抹灰外保温系统（本试验采用的是 B_1 级的 XPS 板）。

其中，试验 18 不具有火焰传播性，岩棉防火隔离带同样起到了很好的阻止火焰蔓延的作用；试验 24 也不具有火焰传播性，厚的胶粉聚苯颗粒保护层和满粘的无空腔构造使得 XPS 板在试验状态下的受损区域得到很好的控制。试验 30，虽然是采用了 B_1 级的 XPS 板，但由于未采取设置防火隔离带等其他的防火措施，在试验状态下表现出存在火焰蔓延的趋势。

试验表明：如果不设置防火隔离带，即使使用 B_1 级的 XPS 板也难以保证系统具有足够的防火安全性能。试验 30 中水平线 2 上保温层内的最高温度为 446℃，大大高出试验 18（采用 B_2 级 XPS 板，但设置岩棉防火隔离带系统）的水平线 2 上保温层内的最高温度 235℃。因此建议：B_1 级的 XPS 板薄抹灰外保温系统也应设置防火隔离带或采取其他的防火构造措施。这一试验结果说明，提高 XPS 板材料本身的燃烧性能指标实际上并不能如人们想象的那样会带来相应高的防火效果，但是可能会使成本大幅增加、对材料导热系数和尺寸稳定性等技术指标的影响也是未知数，目前更有效和更经济的方法就是设置防火隔离带，这一构造措施的有效性是非常明显的。

4. 酚醛-铝单板幕墙系统

(*a*)

(*b*)

图 5-3-4　酚醛-铝单板幕墙系统燃烧状态的对比
（*a*）试验 27 的烧损状态；（*b*）试验 29 的烧损状态

到目前为止，酚醛-铝单板幕墙系统共进行了两次试验，试验 27 和试验 29。

试验 27 采用酚醛薄抹灰复合铝单板幕墙系统，7cm 的酚醛保温板，点框粘的粘结方式（粘结面积≥40%），系统内部未采取其他的防火构造方式，在试验状态下破坏严重，具有火焰传播性。试验 29 采用贴砌法粘贴酚醛保温板的施工方式，满粘（粘结面积 100%）无空腔设计，并且在保温板内部进行分仓、表面抹 1cm 胶粉聚苯颗粒，在幕墙龙骨处也用胶粉聚苯颗粒进行了封堵，在试验状态下表现出了很好的防火安全性能，不具有火焰传播性。两个试验燃烧状态的对比如图 5-3-4所示。

5.3.2.3　小结

影响外保温系统防火安全性能的要素包括系统的组成材料及构造方式两方面的内容。目前，可燃类保温材料的应用无疑是不容更改的现状，现在在我国乃至世界范围内广泛应用的模塑聚苯板薄抹灰外保温系统具有一定的防火安全性能，这一点也是毋庸置疑的，否则不会得到如此广泛的应用。而我们现在的研究课题则是如何进一步提高现有外保温系统的防火安全性能。

除了研究提高有机保温材料的燃烧性能等级以外，防火构造措施的研究应是目前提高外保温防火性能的重点。就我国外保温应用的现状来看，外保温系统构造型式是影响系统防火安全性能的关键因素。整体防火构造理论是解决我国建筑节能防火安全的一个创新思路。这同对钢结构建筑用防火涂料、防火保护板作为保护层进行防护的原理是一样的，当对钢结构采取整体防火的措施以后，能够适用的建筑高度可大大超过混凝土建筑。

1. 隔断措施

隔断措施的应用在一定程度上缓解了热量在保温材料中的传播，减缓邻近材料被引燃的风险，它的应用主要是阻断热在系统中的传导。已得到试验验证的隔断措施包括保温层中的防火隔离带、门窗洞口的隔火构造（挡火梁）、系统自身的分仓构造等。

防火隔离带是在建筑外墙外保温系统中，水平或垂直设置的能阻止火焰蔓延的带状防火构造。挡火梁是一种设置在门窗洞口的隔火隔离措施，与防火隔离带类似，水平设置在门窗洞口上边缘的带状防火构造，通常应伸出门窗洞口竖向边缘一定的长度。分仓构造是在保温材料的四周用无机保温浆料等与其他保温板材分隔开的一种防火构造，分仓缝应具有一定的宽度。

防火隔离带的作用是阻止外保温系统内的火焰传播。挡火梁的主要作用是阻止或减缓外部火焰对外保温系统内可燃保温材料的攻击。这就要求防火隔离带和挡火梁在火灾条件下，能够维持自身阻火构造体的稳定存在以及维持系统保护面层的基本稳定。在受火条件下应能够保持基本的稳定状态并具有足够的阻火能力，才能保证防火隔离带整体阻火构造的基本稳定，同时维持外保温系统保护面层的基本稳定，这样才能有效地阻止火焰沿外保温系统的传播。因此，岩棉、无机保温浆料等材料可以作为防火隔离带使用，受热后会熔化收缩的玻璃棉虽然也属于不燃性保温材料，却绝对不能用作防火隔离带。

从多次窗口火试验可以看到，火焰越过窗口、作用于墙面的高度通常都达到窗口以上水平线 1 的位置（即火焰高度达到 2.5m 左右），因此只在窗口处设置防火隔离带（挡火梁）的做法不足以阻挡火焰对系统的攻击，只有在保温材料内部设置防火隔断，方可产生明显的效果，隔离带距窗口的距离应适当加大，直接设置在窗口处时隔断作用会减弱。另外，防火隔断之间的距离越大，阻止火灾蔓延的能力越差。这一点在制订相关规范时需予以充分的考虑。

试验 8、试验 9、试验 11、试验 13、试验 14、试验 16、试验 18、试验 22、试验 24、试验 29 和试验 31 充分证明了隔断措施阻止火焰传播的有效性。

2. 封闭空腔

空腔构造的存在可能为系统中保温材料的燃烧及火焰的蔓延提供充足的空气。火的发生和蔓延都离不开空气，因此，有空腔的系统会有利于火焰的传播。外保温系统中贯通的空腔构造和封闭的空腔构造对系统的防火安全性能的影响程度是不同的。空腔越大、越连贯就越不利于防火安全。贯通的空腔将产生类似于高层建筑中“烟囱效应”的破坏作用，使热量在保温系统中形成对流，从而引起火灾的蔓延。在外保温系统中，应尽量避免形成贯通空腔，以减小火灾风险。

特别需要指出的是，粘贴保温板系统的空腔应该是封闭的，但在火灾条件下可能会由于系统中热塑性保温材料受火后出现收缩、熔化甚至燃烧现象，导致空腔的形成或封闭空腔的贯通，对系统的阻火性产生不利的影响。这与外保温系统的施工质量也有很大关系。

除了粘贴保温板的系统以外，在试验中也发现受火条件下，系统外层鼓起形成的空腔的危害更大，各系统亦然！一旦系统外层起鼓会很容易形成破洞，热的空气随之进入，加剧系统内部可燃成分的燃烧，甚至会在试验状态下产生轰燃。

因此，外保温系统的施工工艺合理、施工质量合格也是保证系统防火性能的重要因素。

对于幕墙系统，空腔封闭的重要性更是显而易见的。试验 21、试验 27 和试验 29 充分证明了空腔封闭的有效性。

3. 防火保护层

这里所说的防火保护层包括抹面层和饰面层。抹面层以抹面胶浆为主，其厚度和质量的稳定性直接决定系统层面构造的抗火能力。饰面层以饰面涂料和面砖为主，当饰面层采用饰面涂料且其厚度不大于 0.6mm 或单位面积质量不大于 300g/m^2 时，可不考虑饰面涂料对外保温系统防火性能的影响。不同的保护层材料和构造、不同的施工质量，其防火性能是不同的。保护层的受火稳定性影响系统的整体对火反应性能。系统保护面层的厚度影响系统内保温材料的受损状态和程度。增加保护层厚度，将有利于降低热通过外保温系统表面对内部可燃保温材料的辐射作用。

防火保护层的存在能有效减小热释放速率峰值，并改善火焰传播性，提高系统的防火性能。在试验室进行的锥形量热计试验结果表明：针对不同的外保温系统，当保护层达到一定的厚度时，系统的对火反应性能数据与普通水泥砂浆试样基本相同，亦不会被点燃。在燃烧竖炉试验中，保温层的烧损高度随保护层厚度的减少而增加。当保护层厚度在 30mm 以上时，在竖炉试验条件下（火焰温度 900℃，作用于试件下部面层 20min)，有机保温材料未受到任何破坏。

也就是说，保温材料表面的保护层厚度越厚，材料越不容易被点燃和破坏。

试验 1、试验 5、试验 7、试验 17、试验 20、试验 21、试验 26、试验 28 和试验 32 充分证明了厚保护层的有效性。

5.3.3 墙角火试验

表 5-3-10～表 5-3-12 和图 5-3-5～图 5-3-7 分别按系统构造、试验过程和试验后系统状态、试验结果等对试验进行了总结分析。

墙角火试验系统构造特点 **表 5-3-10**

序号	系统名称	系统构造特点				
		保温材料燃烧性能等级	保温材料厚度(mm)	保护层厚度(mm)	粘贴方式	防火构造措施
1	EPS 板薄抹灰外保温系统	B_2	80	薄抹灰	点框粘，粘结面积≥40％	无
2	胶粉聚苯颗粒贴砌 EPS 板外保温系统	B_2	60	厚抹灰，10mm 胶粉聚苯颗粒找平	满粘	无空腔＋防火分仓＋防火保护面层
3	胶粉聚苯颗粒贴砌 EPS 板-铝单板幕墙系统	B_2	70	厚抹灰，20mm 胶粉聚苯颗粒找平	满粘	无空腔＋防火分仓＋防火保护面层
4	点粘锚固岩棉板-铝单板幕墙系统	A	80	—	点粘锚固	—

墙角火试验烧损宽度对比表 **表 5-3-11**

系统	1	2	3	4
	胶粉聚苯颗粒贴砌 EPS 板-铝单板幕墙系统	点粘锚固岩棉板-铝单板幕墙系统	胶粉聚苯颗粒贴砌 EPS 板外保温系统	EPS 板薄抹灰外保温系统
防火构造措施	无空腔＋防火分仓＋防火保护面层	—	无空腔＋防火分仓＋防火保护面层	无
烧损宽度/m	0	0	2.4	6.1

墙角火试验烧损面积对比表 **表 5-3-12**

系　统	1	2	3	4
	胶粉聚苯颗粒贴砌 EPS 板-铝单板幕墙系统	点粘锚固岩棉板-铝单板幕墙系统	胶粉聚苯颗粒贴砌 EPS 板外保温系统	EPS 板薄抹灰外保温系统
防火构造措施	无空腔＋防火分仓＋防火保护面层	—	无空腔＋防火分仓＋防火保护面层	无
烧损面积/m²	0	0	约 16	54

(*a*)　　(*b*)　　(*c*)

(*a*) 试验过程中；(*b*) 试验结束后；(*c*) 保温层破损状态

1. EPS 板薄抹灰系统（试验墙左侧，无防火构造）；2. 胶粉聚苯颗粒贴砌 EPS 板系统（试验墙右侧）

图 5-3-5　试验中和试验后系统状态（1）

(*a*)　　(*b*)　　(*c*)

(*a*) 试验过程中；(*b*) 试验结束后；(*c*) 保温层破损状态

3. 贴砌 EPS 板铝单板幕墙系统（试验墙左侧）；4. 锚固岩棉板铝单板幕墙系统（试验墙右侧）

图 5-3-5　试验中和试验后系统状态（2）

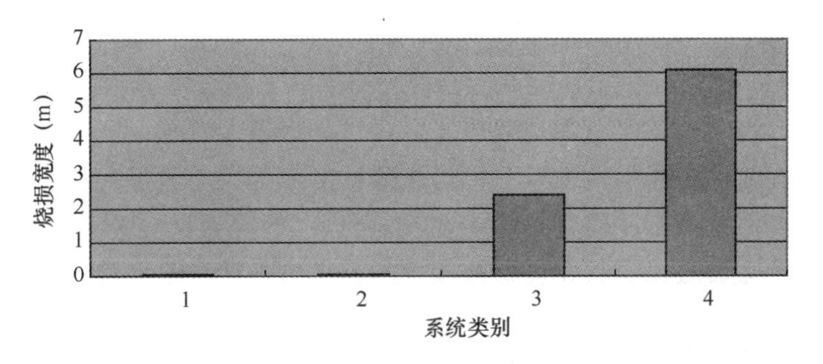

图 5-3-6　墙角火试验烧损宽度对比图

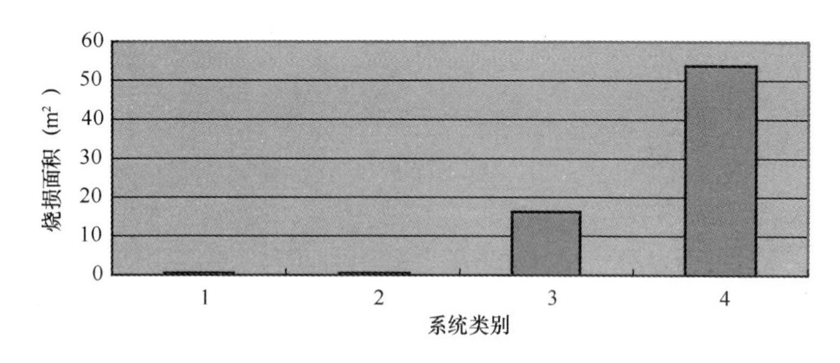

图 5-3-7　墙角火试验烧损面积对比图

墙角火试验中胶粉聚苯颗粒贴砌模塑聚苯板涂料系统烧损面积偏大是由于和模塑聚苯板薄抹灰外保温系统同时试验，试验过程中薄抹灰系统出现了轰燃。因此，试验中火对贴砌系统的攻击作用已远远超过试验火源的作用强度，但即使是如此苛刻的环境下，试验中贴砌系统也没有出现火焰蔓延的现象。幕墙系统中胶粉聚苯颗粒贴砌模塑聚苯板系统在试验过程中和试验结束后没有出现任何的燃烧现象，和岩棉系统防火性能表现相当。试验再次验证了构造防火的优势。

5.3.4　小结

通过对已完成的墙角火和窗口火试验，以大量试验数据为基础，得出以下结论。

1）外保温系统具有足够的防火安全性能是外墙外保温技术研究的重要任务，是外保温系统应用的必要条件和先决条件。

2）外保温系统整体构造的防火性能是外保温防火安全的关键，解决系统整体构造的防火安全性问题，具有重要的现实意义和应用价值。

3）无空腔构造、防火隔断和防火保护面层是系统构造防火的三个关键要素，大量试验证明，通过外保温系统构造措施的研究和应用，完全可以使应用有机保温材料的外保温系统具有足够的防火安全性能。

5.4　外保温系统防火等级划分及适用建筑高度

5.4.1　防火分级重点考虑的因素

5.4.1.1　保温材料燃烧性能等级

由于保温材料自身的燃烧性能对系统的防火性能影响较大，因此，要对保温材料自身的燃烧性能提出要求，这是目前国内外专家的基本共识。对于有机保温材料来说，德国原来要求 EPS 的燃烧性能等级要达到 B_1 级，现在欧洲外保温协会拟将这一要求降低至 EN13501 的 E 级（相当于德国原标准 B_2 级的水平）。我国现有的要求是：模塑聚苯乙烯泡沫板的燃烧性能等级不低于 B_2 级、氧指数≥30％；挤塑聚苯乙烯泡沫的燃烧性能等级不低于 B_2 级；硬泡聚氨酯的燃烧性能等级不低于 B_2 级、氧指数≥26％。这一规定是对保温材料的最低要求，必须严格执行，以减小发生火灾的概率。

5.4.1.2　保温系统热释放速率

从试验结果来看，热释放速率峰值和总放热量是评价外保温系统抗火能力的关键技术指标，与其火焰传播性具有一定的内在对应关系。从本质上讲，热释放速率的大小与保温材料的类型和保护层的厚度直接相关，而保护层厚度是影响外保温防火性能的关键要素之一，因此，热释放速率峰值是评价外保温系统整体防火安全性能的主要技术参数，这一数据可由锥形量热计试验直接测得。

5.4.1.3　保温系统火焰传播性

保温系统不仅含有保温材料，还包括抗裂抹面层材料和饰面层材料等，其最小单元是连续的制品单体。因此，在实际应用过程中不能仅考虑保温材料的燃烧性能，而应综合评价系统整体的防火性能，这在外保温系统防火性能研究中更有实际意义。外保温系统的火灾危险性在于火焰传播，而我国新分级标准GB 8624—2006（EN13501-1）中采用的单体燃烧试验方法（EN13823：SBI试验）是在ISO 9705房间墙角火试验方法的基础上衍生的，针对的是建筑室内装修材料，分级依据是材料受火条件下的热释放，试件的尺寸相对较小，没有充分考虑可燃有机保温材料的火焰传播性，试验条件下外保温系统的受火状态与实际火灾情景不符。因此，根据这种试验方法所确定的系统的燃烧性能等级显然不能作为外保温系统防火安全性能的评价依据。

我们在充分调研的基础上，选择美国的UL 1040墙角火试验方法和英国的BS 8414－1窗口火试验方法对外保温系统的防火性能进行评价，以此为基础获得试验数据，得到最初的分级指标。

5.4.2 系统防火等级划分及适用建筑高度

5.4.2.1 编制的基础

该防火分级编制的基础来自2006年初立项并于2007年9月验收的《建设部2006年科学技术项目计划》研究开发项目（06－k5－35）“外墙保温体系防火试验方法、防火等级评价标准及建筑应用范围的技术研究”的研究成果。该课题参考了国外相关标准和试验方法，结合我国的具体情况，提出外保温系统整体防火性能是外保温工程防火安全的关键。项目组通过开展锥形量热计试验、燃烧竖炉试验、大尺寸窗口火和墙角火试验研究，获得了大量试验数据，在此基础上进行分析研究，提出了外保温系统防火性能分级和适用建筑高度的建议。

5.4.2.2 防火分级试验方法及指标

1. 试验方法

总结国外的经验，对建筑外保温系统的防火性能从以下两个方面予以考虑。一是点火性：即在有火源或火种存在的条件下，系统是否能够被点燃以及产生的热释放速率峰值，并且应该同时考虑火灾情况下对逃生影响较大的烟雾和毒气释放问题。这些性能指标可利用锥形量热计试验来检测。二是传播性：即当有燃烧或火灾发生时，系统是否具有阻隔火焰传播的能力，系统对外部火源攻击的抵抗能力或防火性能要求。该项目测试方法的选择原则是采用代表实际使用的外保温系统（包括构造防火部分）并应与真实火灾有较好的相关性。这样的试验必须使用大尺寸试验才能解决。

由于各类建筑的特点不一，其要求的防火等级也必然有所区别。大尺寸模型火试验状态能够充分反映外保温系统在实际火灾中的整体防火能力，可以对应不同的建筑类别，分别制定不同的判定标准，这样就具有普遍意义。

基于以上分析，该防火分级标准采用了两个最重要的指标对外保温系统进行分级，一是通过锥形量热计试验得出的热释放速率峰值，二是大尺寸模型火试验得出的火焰传播性。

2. 防火分级试验指标

防火分级判据指标说明见表5-4-1。

外保温系统防火分级试验判据指标说明 **表5-4-1**

防火等级	保温材料燃烧性能	系统火反应性能	
		热释放速率峰值（kW/m²）	火焰传播性（℃）
I	不燃类	≤5（传统的不燃性材料的试验结果，如水泥砂浆，试验中不会被点燃。主要对保护层的材质提出要求）	$T2\leqslant 300$（由于保温层采用了不燃性材料，适当放宽了保护层的材质或厚度要求）
	难燃或可燃类	≤5（当保温层为有机材料时，防火保护层的材质或厚度对系统的热释放速率峰值有影响。此条要求系统的热释放速率峰值与水泥砂浆相同。对外保温系统的防火保护层材质或厚度提出的要求）	$T2\leqslant 200$ 且 $T1\leqslant 300$（由于采用了有机保温材料，对系统构造的阻火性提出要求，保证L2和L1的保温层不出现燃烧现象）

续表

防火等级	保温材料燃烧性能	系统火反应性能	
		热释放速率峰值（kW/m^2）	火焰传播性（℃）
Ⅱ	难燃或可燃类	≤10（判定材料不燃性的临界值。对于外保温系统同样要求达到该指标。属安全级别）	T2≤300 且 T1≤500（保证 L2 的保温层不出现燃烧现象，L1 的保温层允许出现不剧烈的燃烧现象）
Ⅲ		≤25（虽然外保温系统的整体对火反应性能不能达到不燃，但燃烧能力有限，即允许轻度的燃烧出现。此时系统的整体燃烧性能不能达到不燃）	T2≤300（保证 L2 的保温层不出现燃烧现象，对 L1 未提出要求）
Ⅳ		≤100（判定系统整体对火反应性能达到难燃的临界值）	T2≤500（保证 L2 的保温层不出现燃烧现象，对 L1 未提出要求）

备注 1. 系统试验要求和系统构造要求的条件同时满足方可判定为相应级别。

2. 系统热释放速率峰值采用锥形量热计试验，热辐射水平为 50kW/m^2。

3. 系统火焰传播性依据窗口火试验测定，窗口火试验等同于标准 BS 8414－1：2002，T1、T2 分别为试验中水平线 1 和水平线 2 的保温层任一测点温度（试验见 5.3 节）。

5.4.2.3　关于适用高度

根据中国的建筑国情，将不同防火分级的外墙保温系统的适用建筑高度细分为不同的等级。中国的城市建筑形式有多层建筑、小高层建筑到高层建筑，尤其在现代化程度比较高的大中城市中，以高层建筑居多，其人口和建筑密集程度均比国外类似的城市高，另外，中国现代化程度比较高的城市消防救援云梯通常在 50～60m 之间。在此背景下，防火分级需要根据高度进行细分，如果像德国将可用建筑高度以 22m 为界限分两个等级的做法略显粗糙，因此，应针对不同的建筑类别进行不同的等级划分，并确定适用高度。

5.4.3　系统对火反应性能及适用建筑高度

目前，上述建设部科研课题研究成果已被陕西省工程建设标准采纳。在《外墙外保温技术规程　第一部分　胶粉聚苯颗粒复合型保温系统》（DBJ/T 61－55－2009）中划分的外保温系统对火反应性能及适用建筑高度见表 5-4-2～表 5-4-4。

非幕墙式居住建筑外墙外保温系统对火反应性能要求　　表 5-4-2

建筑高度 H（m）	对火反应性能		
	热释放速率峰值（kW/m^2）	窗口火试验	
		水平准位线温度（℃）	烧损面积（m^2）
H≥100	≤5	T2≤200 且 T1≤300，或 T2≤300（当选用保温燃烧性能等级为 A 级时）	≤5
60≤H<100	≤10	T2≤300 且 T1≤500	≤10
24≤H<60	≤25	T2≤300	≤20
H<24	≤100	T2≤500	≤40

非幕墙式公共建筑外墙外保温系统对火反应性能要求　　表 5-4-3

建筑高度 H（m）	对火反应性能				
非幕墙式公共建筑	热释放速率峰值（kW/m^2）	窗口火试验		墙角火试验	
		水平准位线温度（℃）	烧损面积（m^2）	烧损宽度（m）	烧损面积（m^2）
H≥50	≤5	T2≤200 且 T1≤300 或 T2≤300（当选用保温燃烧性能等级为 A 级时）	≤5	≤1.52	≤10
24≤H<50	≤10	T2≤300 且 T1≤500	≤10	≤3.04	≤20
H<24	≤25	T2≤300	≤20	≤5.49	≤40

幕墙式建筑外墙外保温系统对火反应性能要求 **表 5-4-4**

建筑高度 H（m）	对火反应性能				
幕墙式建筑	热释放速率峰值（kW/m^2）	窗口火试验		墙角火试验	
		水平准位线温度（℃）	烧损面积（m^2）	烧损宽度（m）	烧损面积（m^2）
$H\geqslant24$	$\leqslant5$	$T2\leqslant200$ 且 $T1\leqslant300$，或 $T2\leqslant300$（当选用保温燃烧性能等级为 A 级时）	$\leqslant5$	$\leqslant1.52$	$\leqslant10$
$H<24$	$\leqslant10$	$T2\leqslant300$ 且 $T1\leqslant500$	$\leqslant10$	$\leqslant3.04$	$\leqslant20$

5.4.4 外保温系统防火构造和适用高度

5.4.4.1 采用可燃保温材料的薄抹灰外保温系统

公安部、住建部联合发布的［2009］46 号文《民用建筑外保温系统及外墙装饰防火暂行规定》中，对可燃保温材料薄抹灰外保温系统的防火构造和适用高度作出了规定，这些规定的本身就蕴含着国外的经验和国内的试验研究。据此，可对采用可燃保温材料的薄抹灰系统的外保温工程防火设计作出下列规定：

1）采用 B_2 级保温材料外保温系统应用于不同建筑高度时，水平防火隔离带的设置方式应符合表 5-4-5 的规定。

EPS 板薄抹灰外保温工程防火设计要求 **表 5-4-5**

建筑高度	保温材料燃烧性能要求	水平防火隔离带设置方式（当采用 B_2 级保温材料时）
$60m\leqslant H<100m$	不应低于 B_2 级	每层设置
$24m\leqslant H<60m$	不应低于 B_2 级	每两层设置
$H<24m$	不应低于 B_2 级	首层设置

2）外保温系统应采用不燃或难燃材料作防护层。首层防护层厚度不应小于 6mm，其他层不应小于 3mm。

3）防火隔离带应采用 A 级保温材料与基层墙面满粘，高度应不小于 200mm。

5.4.4.2 保温浆料外保温系统及其他外保温系统

根据试验研究的结果，外保温工程还可采用下列三种防火构造措施，并应符合表 5-4-6 的规定。

1）在保温层中设置防火分仓。防火分仓所围起的面积不应大于 $0.3m^2$，防火分仓材料宽度不应小于 10mm，应采用不具备火灾蔓延性的保温灰浆。

2）在保温层外表面设置一定厚度的防火保护层。防火保护层由防火找平层、抹面层和饰面层构成，防火找平层应采用不具备火灾蔓延性的保温灰浆。

3）采用无空腔构造，幕墙式建筑中保温层与饰面层之间的缝隙以及其他空隙，应在每层楼板处采用不燃或难燃保温材料封堵。

外保温工程防火构造措施 **表 5-4-6**

外保温系统类型	防火构造措施			适用的建筑高度（m）		
	防火分仓	防火找平层厚度（mm）	空腔形态	非幕墙式建筑		幕墙式建筑
				居住建筑	公共建筑	
保温浆料系统	不采用	—	无空腔	无限制	无限制	无限制
无网现浇系统	不采用	$\geqslant10$	无空腔	<24	不适用	不适用
		$\geqslant15$		<60	不适用	
		$\geqslant20$		<100	<24	
		$\geqslant25$		无限制	<50	
		$\geqslant30$		—	无限制	

续表

外保温系统类型	防火构造措施			适用的建筑高度（m）		
	防火分仓	防火找平层厚度（mm）	空腔形态	非幕墙式建筑		幕墙式建筑
				居住建筑	公共建筑	
有网现浇系统	不采用	≥20	无空腔	<100	<24	不适用
		≥25		无限制	<50	
		≥30		—	无限制	
贴砌聚苯板系统	采用	—	无空腔	<24	不适用	不适用
		≥10		<60	不适用	
		≥15		<100	<24	
		≥20		无限制	<50	<24
		≥25		—	无限制	<100
喷涂 PU 系统	不采用	≥10	无空腔	<24	不适用	不适用
		≥15		<60	不适用	
		≥20		<100	<24	
		≥25		无限制	<50	<24
		≥30		—	无限制	<100
锚固岩棉板系统	不采用	—	—	无限制	无限制	无限制

注：采用面砖饰面时，防火找平层厚度在满足表中最低厚度要求时最多可相应减小 10mm。

5.5 防火软件的设计及应用

如何设计才能使外墙外保温节能建筑达到防火要求？如何判断外墙外保温节能建筑是否满足防火要求？这些都是困扰设计审查人员的难题。外墙外保温防火设计软件就是针对这些难题，以公安部、住房和城乡建设部公通字［2009］46 号文《民用建筑外保温系统及外墙装饰防火暂行规定》及陕西省工程建设标准《外墙外保温技术规程　第一部分　胶粉聚苯颗粒复合型保温系统》（DBJ/T 61—55—2009）为依据编制的，目前在陕西省应用并取得了较好的效果，今后可通过相关技术参数的更新进一步拓展其应用范围。

5.5.1 软件概述

随着计算机越来越普及，电脑几乎进入了所有的行业，扮演着举足轻重的角色。它已经成为当今社会得以正常运行不可缺少的工具。特别是近十几年来，计算机软件以前所未有之势使各个行业发生了巨大的变化，建筑设计领域也越来越依赖于由计算机软件提供的技术支持。现在，在设计和开发应用程序时，几乎所有人都会考虑如何最有效地结合与利用计算机技术以便充分利用计算机所带来的好处。软件理论和技术的发展以及软件工程方法导致了软件设计和开发方法的根本变革。

与传统的人工计算相比，计算机软件的优势是显而易见的。这主要体现在以下几个方面：

1）提高计算准确度。对于一些复杂的计算，手工计算是难以进行的。所以解决这类问题时，我们只好依靠个人经验和感觉。而这恰恰是计算机的强项。利用计算机每秒数亿次的计算速度，我们就可以化难为易，使我们的计算更加准确、更加简单。

2）提高工作效率。用计算机软件计算代替了原来的手工计算，彻底解放了设计人员的繁重劳动，使复杂的计算变成简单的选择输入，大大地提高了工作效率，加快了工程的进度。

3）减少人为原因导致的错误。人工计算的过程中，容易因为个人取舍爱好或者疏忽导致计算结果与实际结果之间存在较大的偏差。计算软件则有效地解决了这一问题，它采用固定的计算模式，通过精确计算与判断完成指令，输出相对应的结果。这有效减少了人为因素所带来的不必要的麻烦。

采用软件处理工程，无论是在计算准确度，还是在工作效率方面，都体现出人工计算所无法比拟的优势。因此，设计开发一款软件来处理工程上的难题是非常有必要的。

5.5.2 项目背景

目前外墙外保温市场上尚没有专门的防火设计软件。它的缺失导致设计人员在外墙外保温的设计上往往无从下手，审查专员在外墙保温的防火审查上困难重重，相关工作人员无法正常控制外墙保温工程。因此，外墙外保温防火系列软件的开发和推广具有非常重要的意义。

5.5.3 编制原理

近几年来，国内的外墙外保温系统防火技术的研究已经取得了阶段性的成果，各省已经具有成型的外墙外保温建筑防火设计的做法，陕西省已经率先推出了适合本省的外墙外保温防火构造措施标准。防火软件的编制主要依据公安部、住房和城乡建设部公通字［2009］46号文《民用建筑外保温系统及外墙装饰防火暂行规定》和陕西省地方防火技术规程。

5.5.4 软件介绍

外墙外保温防火系列软件包括防火设计软件与防火审查软件。防火设计软件供设计人员设计使用，用来设计出满足标准的外保温系统；防火审查软件供审查人员使用，能够根据用户的外保温做法来确定该做法是否满足防火标准要求，并输出相关设计资料。

外墙外保温设计软件是以墙体结构、建筑物高度、保温材料、施工工艺、饰面材料作为输入，并能够设计各层的厚度。其中包括抗裂层厚度（该层厚度范围为3～12mm）、防火保护层厚度（根据防火构造措施确定该层厚度）、饰面层厚度以及其他层厚度（若有其他层该层厚度为其他所有层厚度之和，若没有，该层厚度为0），并根据防火技术规程来判断该种做法是否满足防火要求，最终输出设计基本资料、防火构造措施以及该系统材料应能够达到的要求。该软件可根据建筑高度，自主选择保温材料、施工工艺，系统自动给出防火构造具体措施的三个关键要素：防火隔断、防火保护层厚度和空腔设置的设计要求。

外墙外保温防火审查软件是根据《民用建筑外保温系统及外墙装饰防火暂行规定》及地方防火技术规程编制研发的一个外墙外保温防火审查工具。该软件是根据建筑外墙的各层厚度，以《民用建筑外保温系统及外墙装饰防火暂行规定》及地方防火技术规程为标准来判断该种做法是否满足防火要求，并输出相关的基本资料。

5.5.5 运行与维护

5.5.5.1 防火设计软件

根据用户设计要求，按下面步骤进行防火设计：

1）选择建筑的墙体结构：分为幕墙式建筑、非幕墙式住宅建筑、非幕墙式其他民用建筑；

2）选择建筑的高度；

3）选择建筑要使用的保温材料；

4）选择建筑使用的施工工艺；

5）选择建筑要使用的饰面材料；

6）设计防火保护层厚度，输入以下各层的厚度：防火找平层、抗裂层、饰面层和其他层（无这一层时厚度填0）。

当设计满足要求时，程序会自动将存档资料保存到“存档.doc”中；用户也可以通过保存功能保存下来，不满足要求时，程序会给出提示。

5.5.5.2 防火审查软件

根据用户设计的防火方案，按下面步骤进行防火审查：

1）输入建筑的墙体结构；

2）输入建筑的高度；

3）输入建筑要使用的保温材料；

4）输入建筑使用的施工工艺；

5）输入建筑要使用的饰面材料；

6）输入以下各层设计的厚度：防火找平层、抗裂层、饰面层和其他层（无这一层时厚度填0）。

当输入资料时，程序会自动将存档资料保存到“存档.doc”中；审查通过时，给出通过审查的提示；如未通过审查，软件会给出未通过审查的原因。

5.5.6 设计结果

在操作完所有项目的选择和参数输入之后，按下“检测设计是否满足要求”这一键后，输出提示框：当防火保护层厚度没有达到要求时，应重新设计防火保护层的厚度直至达到要求；当防火保护层厚度满足要求后，软件会自动以文档的形式保存本次设计的所有相关信息。

当防火保护层厚度满足要求后，在系统输出这一栏就会输出我们设计的外墙外保温系统的基本资料以及防火具体的构造措施（空腔设置、防火隔断的相关要求和防火保护层厚度）；输出我们设计的外墙外保温系统的具体名称。

5.5.7 注意事项

防火保护层的饰面层和抗裂砂浆层的厚度都是有一定范围的，用户在使用过程中，如果需要对某层的厚度参数值进行输入时，请注意该参数值的大概取值范围而且必须是整数。如果输入的参数值不符合实际或者不是整数，会导致软件无法完成设计。

外墙外保温工程所用材料及系统的燃烧性能等级和耐火极限应符合现行防火规范的有关规定。

外墙外保温系统中保温材料的燃烧性能等级不得低于 B_2 级，并优先采用A级保温材料。

各省的设计软件适用于本省内新建、改建和扩建的民用建筑及既有建筑节能改造外保温工程的设计。

外保温工程的设计，尚应符合国家及地方现行有关标准的规定。

关于防火设计选择框，当列表显示为WINDOWS窗口背景色时，表示该项被选中。

设计成功后，请及时将设计资料保存，以免产生不必要的麻烦。

5.5.8 工程实例

陕西某70m非幕墙式居住建筑，采用EPS作为保温材料，施工工艺选择贴砌做法，设防火分仓，饰面采用涂料饰面，进行防火设计，过程如下：

双击主界面或点击菜单栏及工具栏的相应按钮，进入设计界面，按照设计要求，选择所对应的选项，具体步骤如图5-5-1～图5-5-7所示。

第一步：选择墙体结构（图5-5-1）。

第二步：选择建筑高度（图5-5-2）。

第三步：选择保温材料（图5-5-3）。

第四步：选择施工工艺（图5-5-4）。

第五步：选择饰面材料（图5-5-5）。

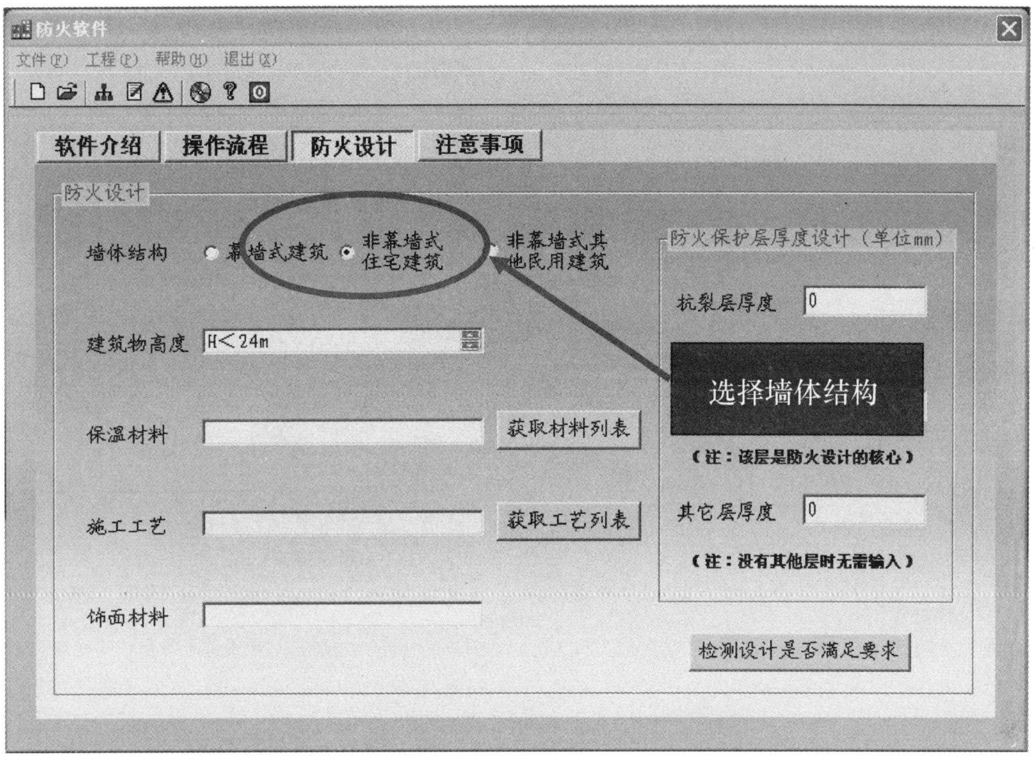

防火软件

文件(F)　工程(P)　帮助(H)　退出(X)

软件介绍　操作流程　防火设计　注意事项

防火设计

墙体结构　幕墙式建筑　非幕墙式住宅建筑　非幕墙式其他民用建筑

建筑物高度　H<24m

保温材料　获取材料列表

施工工艺　获取工艺列表

饰面材料

防火保护层厚度设计（单位mm）

抗裂层厚度　0

选择墙体结构

（注：该层是防火设计的核心）

其它层厚度　0

（注：没有其他层时无需输入）

检测设计是否满足要求

图 5-5-1　选择墙体结构

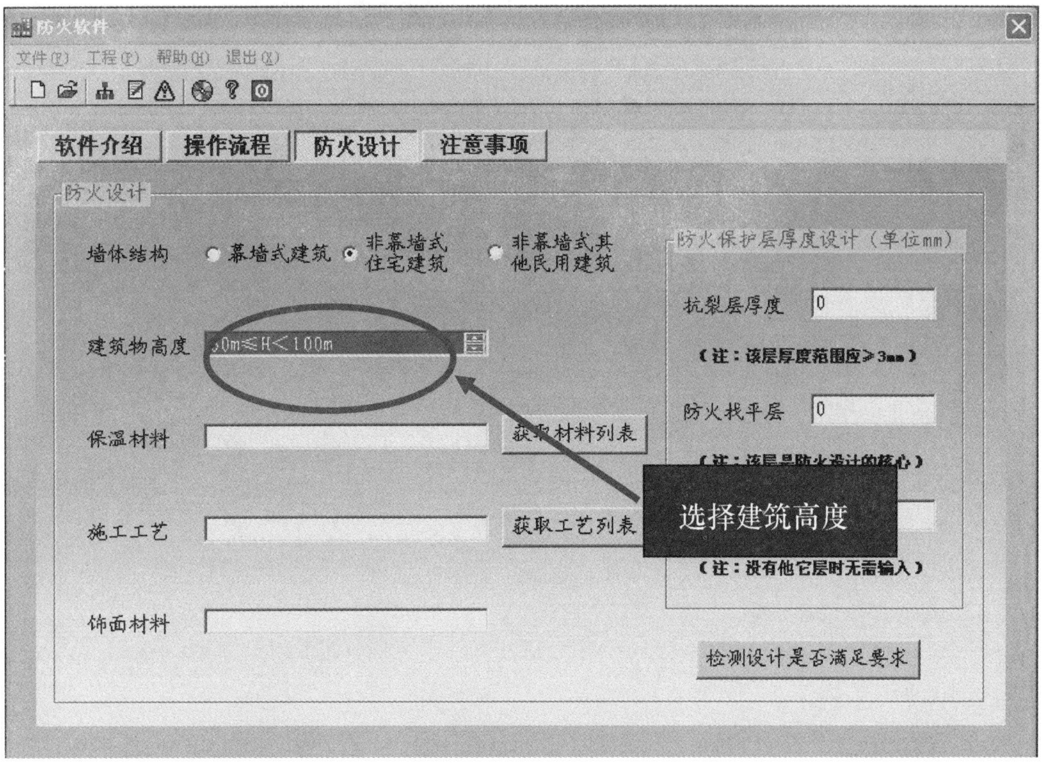

防火软件

文件(F)　工程(P)　帮助(H)　退出(X)

软件介绍　操作流程　防火设计　注意事项

防火设计

墙体结构　幕墙式建筑　非幕墙式住宅建筑　非幕墙式其他民用建筑

建筑物高度　50m≤H<100m

保温材料　获取材料列表

施工工艺　获取工艺列表

饰面材料

防火保护层厚度设计（单位mm）

抗裂层厚度　0

（注：该层厚度范围应≥3mm）

防火找平层　0

（注：该层是防火设计的核心）

选择建筑高度

（注：没有他它层时无需输入）

检测设计是否满足要求

图 5-5-2　选择建筑高度

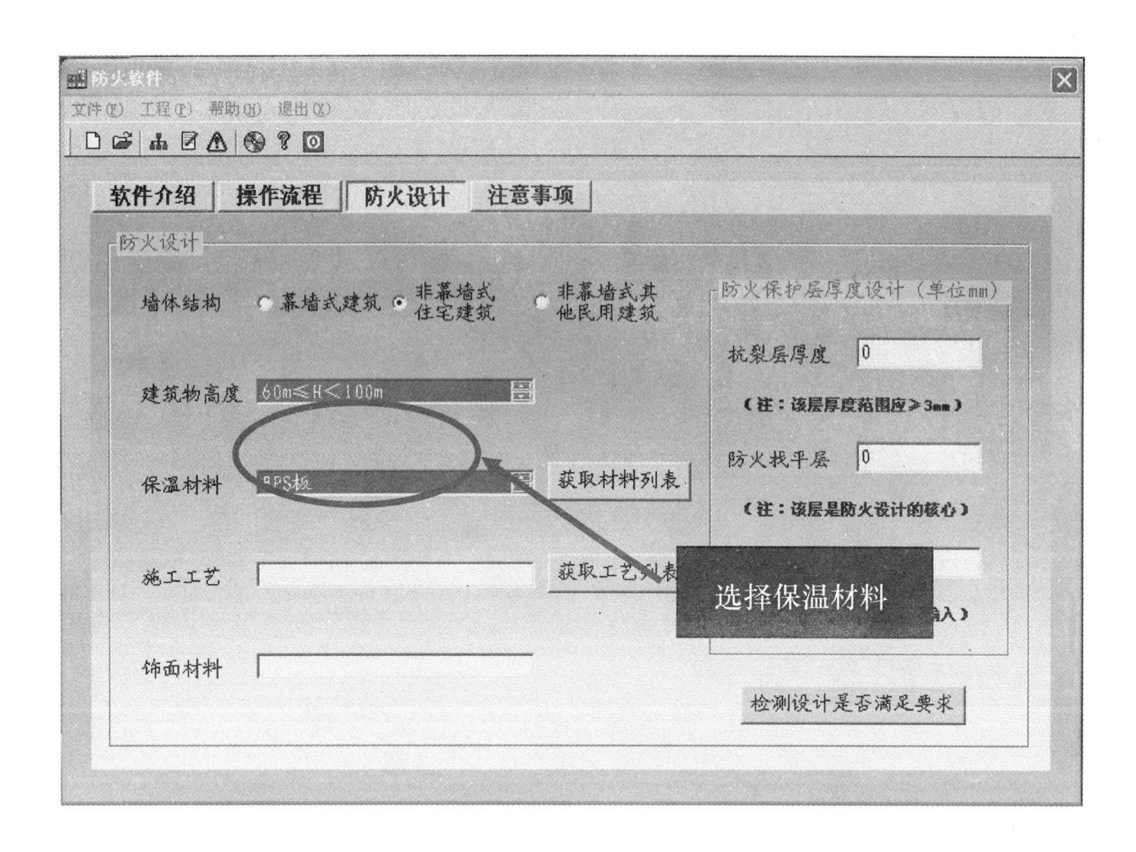

图 5-5-3　选择保温材料

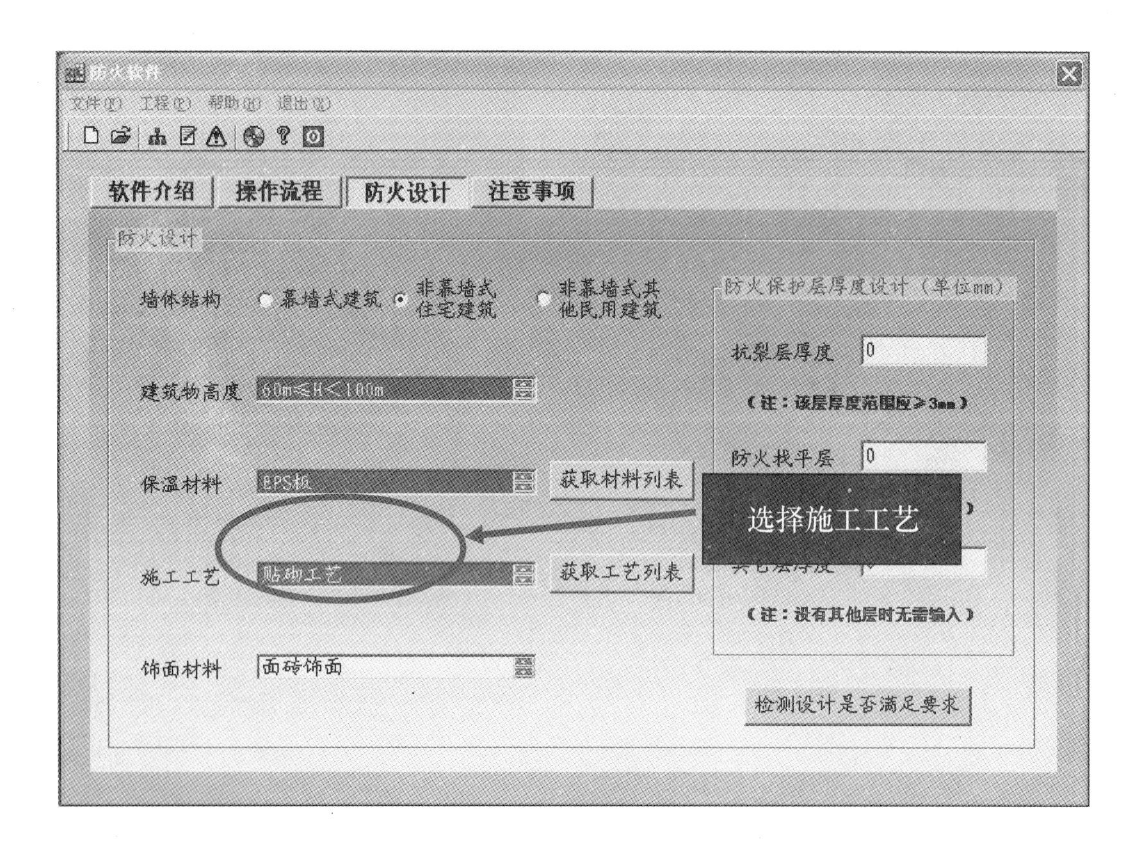

图 5-5-4　选择施工工艺

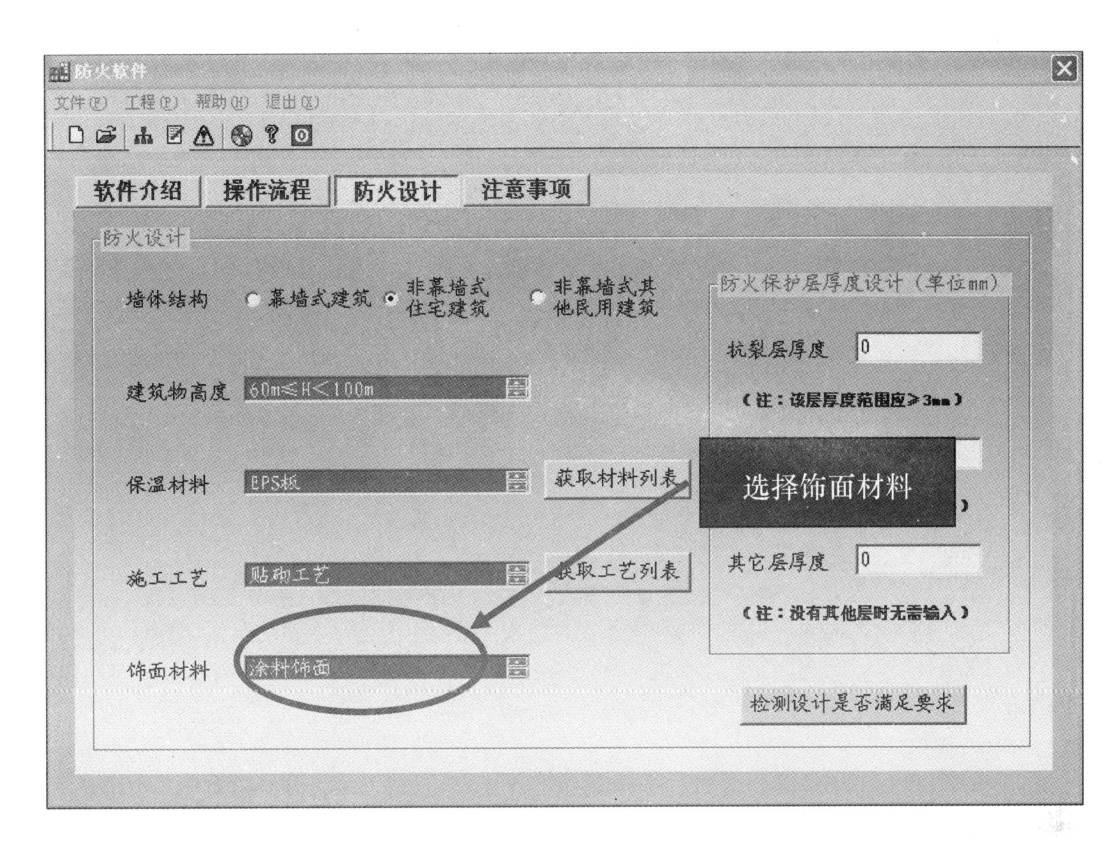

图 5-5-5　选择饰面材料

第六步：输入各层厚度（图 5-5-6）。

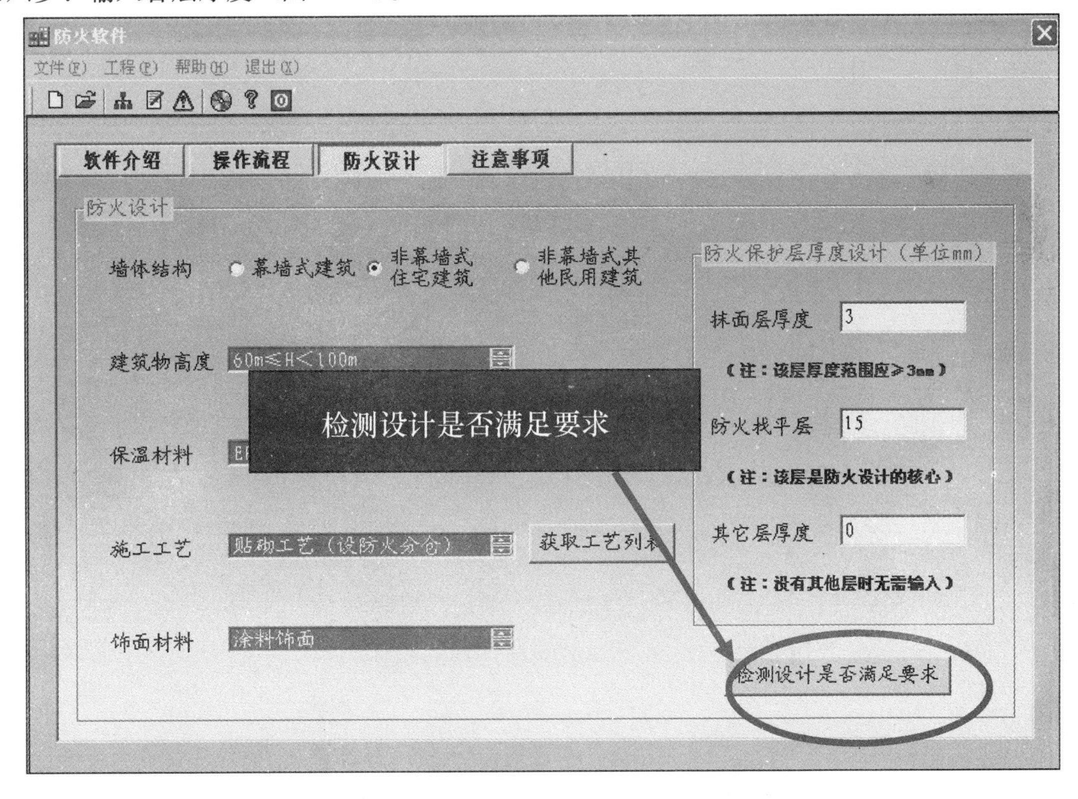

图 5-5-6　输入各层厚度

点击“检测设计是否满足要求”，则出现设计输出界面（图 5-5-7），该界面包含设计基本资料，以及应该注意事项。

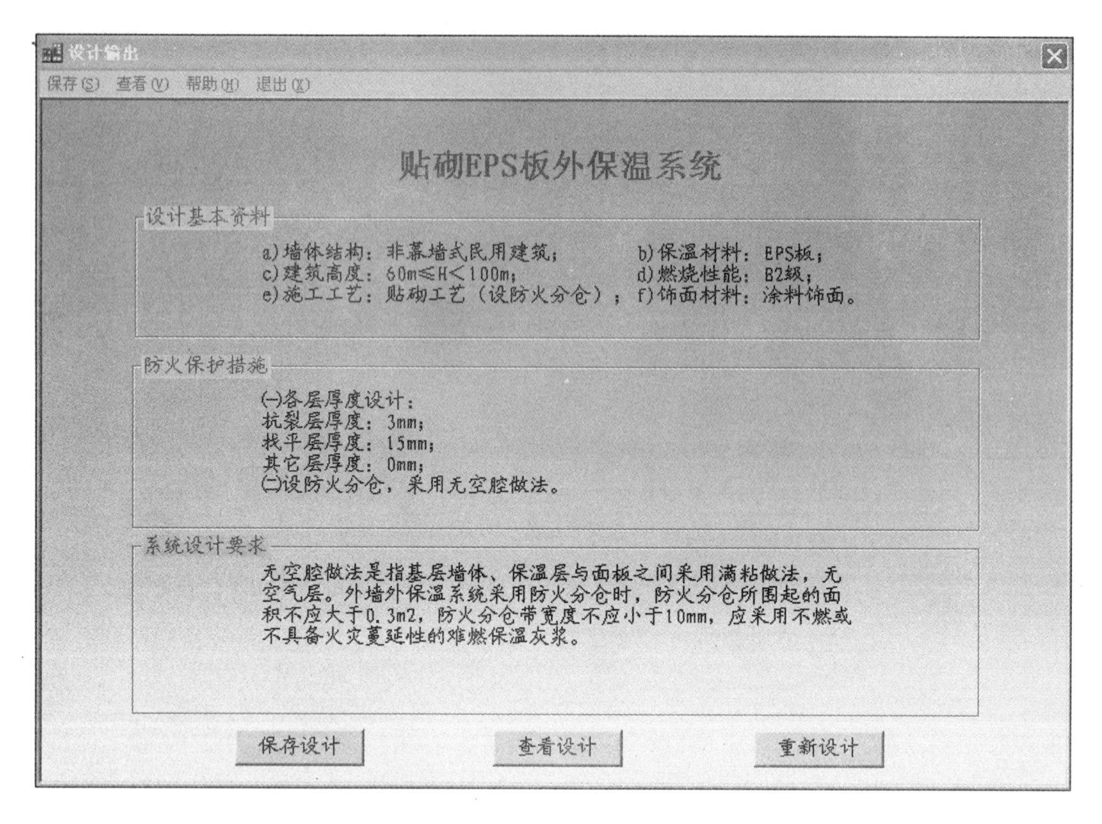
设计输出
保存(S) 查看(V) 帮助(H) 退出(X)
贴砌EPS板外保温系统
设计基本资料
a)墙体结构：非幕墙式民用建筑；
b)保温材料：EPS板；
c)建筑高度：60m≤H＜100m；
d)燃烧性能：B2级；
e)施工工艺：贴砌工艺（设防火分仓）；
f)饰面材料：涂料饰面。
防火保护措施
(一)各层厚度设计：
抗裂层厚度：3mm；
找平层厚度：15mm；
其它层厚度：0mm；
(二)设防火分仓，采用无空腔做法。
系统设计要求
无空腔做法是指基层墙体、保温层与面板之间采用满粘做法，无空气层。外墙外保温系统采用防火分仓时，防火分仓所围起的面积不应大于0.3m2，防火分仓带宽度不应小于10mm，应采用不燃或不具备火灾蔓延性的难燃保温灰浆。
保存设计
查看设计
重新设计

图 5-5-7　设计输出界面

6 风荷载对外墙外保温系统的影响

外墙外保温系统是附着在基层上的非承重构造，因此，对外保温系统与基层墙体之间的连接安全性必须加以重视。外保温系统与基层之间的连接方式主要有两种：一是采用胶粘剂直接把外墙外保温系统粘贴在基面上；二是采用胶粘剂并辅以锚栓把外墙外保温系统粘贴在基面上。由于材料的强度不够高、粘结面积过小、虚粘等原因造成外保温系统脱落的工程案例并不少见，分析其原因主要有以下三点：

（1）外墙外保温系统的自重大于外保温系统组成材料或界面的抗剪强度。

（2）有空腔构造的外墙外保温系统，当产生垂直于墙面的负风压力时，其值大于外保温系统组成材料或界面的抗拉强度。

（3）外墙外保温系统各层材料在温度变化时，它们的热胀冷缩变形不一致；在水分变化下，它们的湿胀干缩变形不一致，从而导致相互约束（或者是变形受基层约束），因此就会产生温度应力和湿胀应力，这些作用力大于外保温系统组成材料或界面的抗剪强度。

由外墙外保温系统脱落造成的工程事故，给人们的生命财产造成了威胁。因此，必须确保外保温系统与基层墙体的可靠连接。

本章计算带空腔构造的外墙外保温系统的风荷载值，并结合目前的外墙外保温相关标准来分析外保温系统的安全性。

6.1 正负风压产生的原因

建筑物的风荷载是指空气流动形成的风遇到建筑物时，在建筑物表面产生的推力由基层向外保温系统或由外保温系统向基层的推力。风荷载与风的性质（风速、风向），与建筑物所在地的地貌及周围环境，与建筑物本身的高度、形状等有关。风荷载作用于建筑物的压力分布是不均匀的，侧风面和背风面受到由基层向外保温系统的推力，为负风压力；迎风面受到由外保温系统向基层的推力，为正风压力。带空腔的外保温系统，在负风压区，空腔内空气压强大于外界空气压强，从而对外保温系统产生由空腔向外保温系统的推力，即负风压力（图 6-1-1）；在正风压区，空腔内空气压强小于外界空气压强，从而对外保温系统产生向由外保温系统向空腔的推力，即正风压力（图 6-1-2）。无空腔的外保温系统，正负风压力一般只对基层墙体有作用效果，对外保温系统没有破坏作用。因此，在外墙外保温系统抗风压设计时只需考虑有空腔的系统即可。

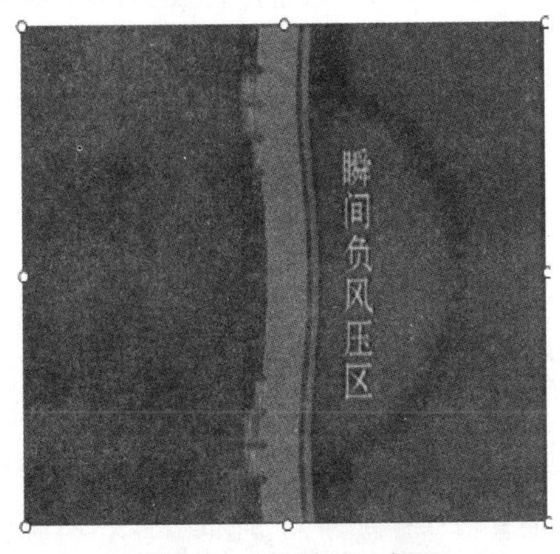

图 6-1-1 负风压示意图

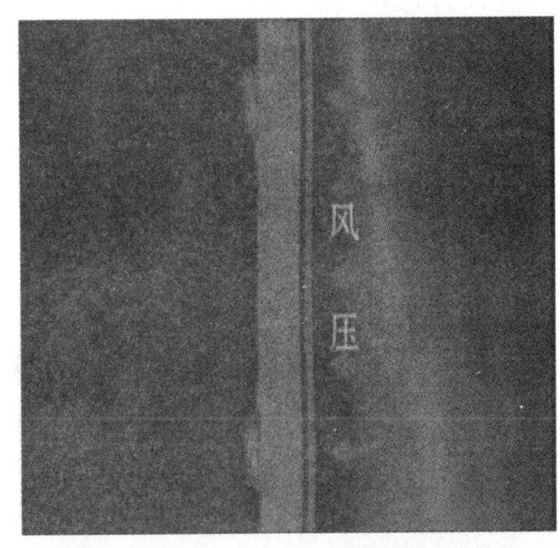

图 6-1-2 正风压示意图

正负风压力只对有空腔构造（以后不特指时，空腔构造就是代表基层与保温板之间有空腔）的外保温系统才会有破坏作用。正风压力作用于外保温系统上会使保温板弯曲变形，挤压保温板与粘结砂浆的粘结点。负风压力对外保温系统有由空腔向外保温系统的推力，当负风压大于粘结砂浆与基层、粘结砂浆与保温板粘结力时，外保温系统会出现脱落。负风压力在瞬间或者一次大风期间（即短时间内）将外保温系统破坏，通常见到的外保温系统被风吹掉的工程案例都是负风压力作用的结果。本章中主要分析的是负风压力对外保温系统的破坏。

一般地说，风荷载作用随着建筑物的高度增加而增加，所以在高层建筑结构中，要特别重视风荷载对外保温系统的影响。那么，究竟什么时候产生正风压力和负风压力呢？前面提到的迎风面、背风面、侧风面在风向与建筑物的夹角不同、建筑物的形状特殊时，往往比较难区分。下面用《建筑结构荷载规范》来加以说明。

外墙外保温系统的风压计算公式根据《建筑结构荷载规范》（GB 50009—2001）围护结构的风压为：

$$w_k = \beta_{gz}\mu_s\mu_z w_0 \tag{6-1-1}$$

式中 β_{gz}——高度 Z 处的阵风系数；

μ_s——局部风压体型系数；

μ_z——风压高度变化系数；

w_0——基本风压。

局部风压体型系数是正数和负数与正负风压相对应。局部风压体型系数的具体取值涉及比较复杂，针对具体情况要准确确定其值需由风洞试验测定，一般情况可以依据《建筑结构荷载规范》（GB 50009—200）1 的表 7.3.1 取值。例如《建筑结构荷载规范》（GB 50009—2001）的表 7.3.1 有如图 6-1-3 所示的介绍。

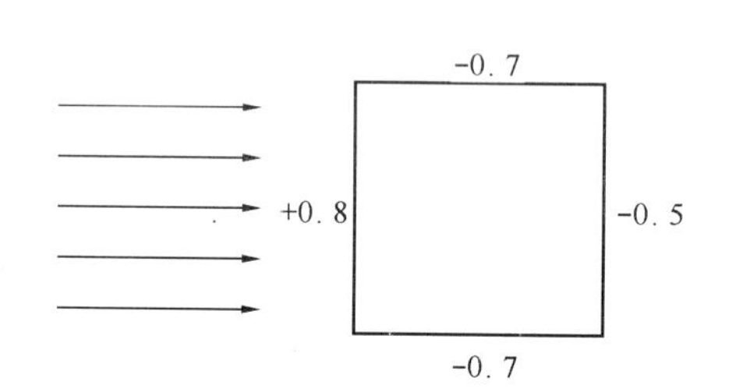

图 6-1-3 正方形封闭式房屋的局部风压体型系数

6.2 与风压有关的因素

风压与哪些因素有关呢？通过式（6-1-1）知道，风压与地理环境、建筑环境、建筑形状等有关。基本风压值内陆地区一般要小于沿海地区，例如：百年一遇的基本风压值，北京为 0.6kN/m²，成都为 0.35kN/m²，海南西沙岛为 2.2kN/m²，台湾宜兰为 2.3kN/m²，宜兰为成都的 6 倍多。风压高度变化系数和阵风系数与建筑所在环境有关，例如：风压高度变化系数（或阵风系数）在海岸、湖岸（地面粗糙度为 A 类）地区高度为 5m 处其值为 1.17（1.69），高度为 100m 处其值为 2.40（1.46）；密集建筑群的城市（地面粗糙度为 C 类）市区高度为 5m 处其值为 0.74（2.30），高度为 100m 处其值为 1.70（1.60），建筑在山上及在谷底还要在风压高度变化系数上乘以一个修正系数。局部风压体型系数在负风压区（风荷载设计值与实际情况是有差异的）取值为：墙面，取－1.0；墙角边，取－1.8；屋面局部部位（周边和屋面坡度大于 10°的屋脊部位），取－2.2；檐口、雨篷、遮阳板等凸出构件，取－2.0，当在群集的高层建筑相距较近时，要考虑风力相互干扰的群体效应，还要在局部风压体型系数上乘以一个相互干扰增大系数。

因此，在我国沿海、湖岸周边等基本风压大的地区和高层建筑（特别是群集的高层建筑相隔很近时）不宜用带空腔的外保温系统。

6.3 带空腔结构的系统介绍及工程案例

膨胀聚苯板薄抹灰系统是现今运用比较广泛的带空腔构造的外墙外保温系统。膨胀聚苯板薄抹灰系统是由膨胀聚苯板（聚苯板，或者 EPS 板）、胶粘剂（有时可用锚栓加固）、抹面胶浆、耐碱网格布及涂料等组成的置于外墙外侧的保温及装饰系统。

《膨胀聚苯板薄抹灰外墙外保温系统》(JG 149—2003)的有表 6-3-1 和表 6-3-2 两种构造。

无锚栓薄抹灰外保温系统基本构造 **表 6-3-1**

基层墙体①	系统的基本构造				构造示意图
	粘结层②	保温层③	薄抹灰增强防护层④	饰面层⑤	
混凝土墙体或各种砌体墙体	胶粘剂	膨胀聚苯板	抹面胶浆复合耐碱网布	涂料	⑤ ④ ③ ② ①

辅有锚栓的薄抹灰外保温系统基本构造 **表 6-3-2**

基层墙体①	系统的基本构造					构造示意图
	粘结层②	保温层③	连接件④	薄抹灰增强防护层⑤	饰面层⑥	
混凝土墙体或各种砌体墙体	胶粘剂	膨胀聚苯板	锚栓	抹面胶浆复合耐碱网布	涂料	⑥ ⑤④ ③ ② ①

实际工程中，这种空腔系统被风吹掉的情况并不少见，破坏位置通常有以下两处：一是粘结层与基层的界面（图 6-3-1）；二是粘结层与 EPS 板界面（图 6-3-2）。

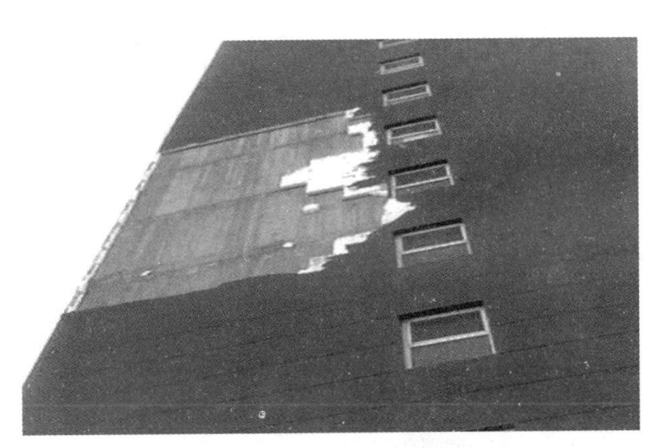

图 6-3-1 负风压破坏工程案例一
（粘结层与基层的界面破坏）

图 6-3-2 负风压破坏工程案例二
（点粘处与 EPS 板的界面破坏）

从图片看，上面的工程案例是由粘结砂浆与基层、粘结砂浆与聚苯板粘结强度不够造成的，明显未满足外保温相关标准和规范。《外墙外保温工程技术规程》（JGJ 144—2004）第 6.1.6 条规定，薄抹灰系统基层与胶粘剂的拉伸粘结强度不应低于 0.3MPa；第 6.1.7 条规定，聚苯板的粘结面积不得小于 40%；《膨胀聚苯板薄抹灰外墙外保温系统》（JG 149—2003）第 5.3 条规定，聚苯板垂直于板面的抗拉强度不小于 0.10MPa 及第 5.2 条规定胶粘剂与膨胀聚苯板的拉伸粘结强度不小于 0.10MPa，而且破坏部位要在膨胀聚苯板内。如果粘结砂浆与基层、粘结砂浆与聚苯板粘结强度不够、粘结面积不够，就可能造成外保温系统被风刮掉。从施工角度分析，主要有以下两个方面的原因：（1）基层附着力不够，与粘结砂浆粘结不牢，粘结砂浆与所用的保温板（例如大多数挤塑板表面比较光滑）先天性粘结不好或者是施工不规范造成的；（2）纯点粘的粘结方式不合理，大多数被风破坏的外保温系统为纯点粘（具体介绍见第 6.4.3 节）。

6.4 负风压计算与空腔系统抗风压安全性

6.4.1 负风压计算及系统抗风压安全系数

负风压究竟有多大呢？假设负风压最大的西沙岛有一个 50m 高的 EPS 板薄抹灰（粘结面积为 40%）外墙外保温系统的建筑，地面粗糙度为 A 类。则 $\beta_{gz}=1.51$，$\mu_s=-1$（阴角、阳角处取 $\mu_s=-1.8$），$\mu_z=2.03$，$w_0=2.2\text{kN/m}^2$（取百年一遇的基本风压值）代入式（6-1-1）得到负风压为：

$$w_{k1}=1.51\times(-1)\times2.03\times2.2\ \text{kN/m}^2=-6.74\text{kN/m}^2\text{（阴角、阳角处为}-12.1\text{kN/m}^2\text{）}$$

在此系统完全满足 JG 149—2003 和 JGJ 144—2004 的情况下，系统单位面积上破坏力（EPS 板破坏力）为：

$$F=0.1\times40\%\text{MPa}=40\text{kN/m}^2$$

外保温系统单位面积上负风压力的大小与空腔内的空气与聚苯板接触面积有关，系统的负风压为：

$$w_{k2}=w_{k1}\times(1-40\%)=4.05\text{kN/m}^2\text{（阴角，阳角处为 }7.28\text{kN/m}^2\text{）}$$

此系统的抗负风压力的安全系数为：

$$s_1=F/w_{k1}=40/4.05=9.9\text{（阴角，阳角处为 }s_2=40/7.28=5.5\text{）。}$$

由此看来，按照标准和规范做的外保温工程，其抗风压安全性是可以保证的。但由于粘结面积不够，粘结方式不合理，系统加锚栓时出现问题等因素，还是有可能导致外保温系统被风吹掉。

当粘结面积为 10.8%时，阴阳角处单位面积上的负风压力（10.8kN/m²）刚好与外保温系统的粘结强度（10.8kN/m²）相等，此时外保温系统就会被风吹掉。在不同的地区外保温系统抗负风压的粘结强度的临界值有所不同，达到这个临界值所需要的粘结面积可以由上面的计算方法获得。

在图 6-3-2 所示（工程案例二），可以看出在负风压的作用下很多部分点粘处聚苯板与胶粘剂从基层脱落，上半部分聚苯板从点粘处脱落。此工程粘结面积超过 10%，此工程所在的位置，要平衡负风压力，粘结面积达到 3%就足够，但最终还是脱落，这是因为采用点粘方式不合理，存在连通空腔造成的（具体见第 6.4.3 节）。

综上所述，当外保温系统局部粘结面积不足，粘结强度不够，小于当地当时的负风压力时，这一部位就会被风吹掉，此时是点框粘方式粘结时，不存在连通空腔，外保温系统小范围内脱落；此时是纯点粘方式粘结时，存在连通空腔，会出现连带作用，造成外保温系统大面积脱落。

6.4.2 粘结面积与安全系数

按照上述的工程，假设建在西沙，粘结面积不到 40%，其他都满足标准要求时，系统的抗风压安全系数的计算结果见表 6-4-1。

不同粘结面积时系统抗风压安全系数 **表 6-4-1**

粘结面积	单位面积上的负风压力（kN）	单位面积上的负风压力（阴、阳角）（kN）	系统单位面积上能承受的破坏力（kN）	系统抗负风压安全系数	系统抗负风压安全系数（阴、阳角）
30%	4.72	8.47	30	6.4	3.5
20%	5.39	9.68	20	3.7	2.1
10%	6.07	10.89	10	1.6	0.9

按照外保温系统抗风压安全系数不小于 5 的设计要求，粘结砂浆与聚苯板的粘结面积不得小于 40%。在基本风压大的地区、多个建筑距离较近的高层建筑，应该提高其粘结面积来满足系统抗风压的安全系数；同时要确保材料的粘结强度和施工质量。

有人认为可以在粘结面积不足的情况下，用机械固定做防护措施（做法见表 6-3-2 的构造示意图用连接件——锚栓加固），这是不合理的，原因有三：(1) 单个锚栓的抗拉承载力只有 0.3kN［《膨胀聚苯板薄抹灰外墙外保温系统》(JG 149—2003) 第 5.6 条］与单位面积的粘结强度 $40kN/m^2$ 相比可以忽略不计；(2) 锚栓直接锚固在保温板上，用锚栓的部位相对于周围地区可能会凹下去，在负风压力作用时相当于作用力都由锚栓附近局部的聚苯板受力，负风压力大于聚苯板强度时聚苯板就会破坏，最终导致系统局部甚至人面积脱落；(3) 锚栓直接锚固在保温板面上，由于打锚栓时用力过大，或者锚栓刚好打在空腔时，聚苯板很可能被破坏，这样加锚栓不仅没有达到加固目的反而对系统有破坏作用。

为了提高外保温系统的防火安全性，越来越多的人开始关注岩棉这种保温材料。目前国内岩棉外保温系统是以粘锚固结合的方式把岩棉板与基层连接，由于空腔的存在和岩棉板自身的强度不高等原因，导致人们对岩棉板外保温系统的抗风压性能产生了疑问。假设岩棉板的外保温系统的粘结面积为 40%，岩棉的抗拉强度为 $50kN/m^2$，岩棉板的外保温系统（粘锚结合）示意如图 6-4-1，那么这样的外保温系统在什么样的地区能达到抗风压安全系数为 5 的要求呢？

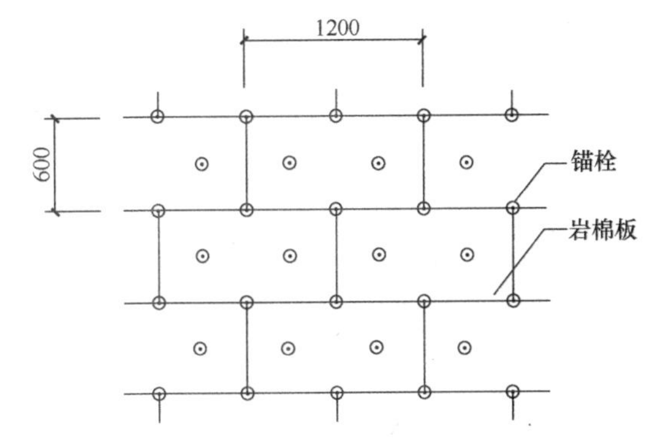

图 6-4-1 岩棉板外保温系统（粘锚结合）示意图

图 6-4-1 中岩棉板的尺寸为长 1.2m，宽 0.6m。岩棉板外用锚盘再铺钢丝网，在钢丝网外锚栓锚固（单个锚栓的抗拉承载力为 0.3kN）。

这个外保温系统单块岩棉板面积上的抗拉强度 E 应该是锚栓锚固力 E_1 加上岩棉板破坏力 $E_2 = 50kN/m^2 \times 40\% \times 0.72m^2 = 14.4kN$。单块岩棉板所占有的锚栓的数目计算方式为：按锚栓锚盘在这块岩棉板的所在的面积计算其个数，对某一块岩棉板来说，四个角上的锚栓圆盘落在这块岩棉板上的面积为整个锚盘的 1/4；岩棉板上下（依照上图所示的方位来说）中间位置的锚栓锚盘落在这块岩棉板上的面积为整个锚盘的 1/2；岩棉板上还有两个锚栓不被其他板占用。则某一单块岩棉板上所占有的锚栓数目为 $n=4\times\frac{1}{4}+2\times\frac{1}{2}+2=4$（个），锚栓锚固力 $E_1=4\times0.3kN=1.2kN$，单块岩棉板上的抗拉强度 $E=(1.2+14.4)\ kN=15.6kN$。其抗负风压安全系数为 5 时，单块岩棉板上的负风压力 $E_3=\frac{E}{5}/(1-40\%)=5.2\ (kN)$。

按照地面粗糙度为 C 类，高 300m 处的风荷载取值为：阵风系数为 $\beta_{gz}=1.44$；风荷载体型系数阴角，阳角处为 $\mu_s=-1.8$；风压高度变化系数 $\mu_z=2.75$，此时该地区基本风压必须小于 $w_1=\frac{E_3}{0.72\times\beta_{gz}\times\mu_s\times\mu_z}\approx1.01\ (kN/m^2)$。

在满足上述情况时，岩棉系统的抗风压安全性是可以保证的。但在基本风压值大于 $1.01kN/m^2$ 地区或遇到更高层建筑时，要验算其抗风压安全系数。在系统抗风压安全系数不满足要求时，可以提高粘结面积、换用抗拉承载力较大的锚栓等方式来满足系统的抗风压安全性。

6.4.3 粘结方式与系统抗风压安全性

目前空腔系统粘保温板有两种方式：（1）点框粘（或者叫做框点粘），单个空腔不闭合但各个空腔不连通；（2）纯点粘。第二种方式施工的工程容易被风吹掉，空腔系统优先选用第一种方式进行施工。下面通过工程案例四（见图 6-4-2）来说明这个问题。

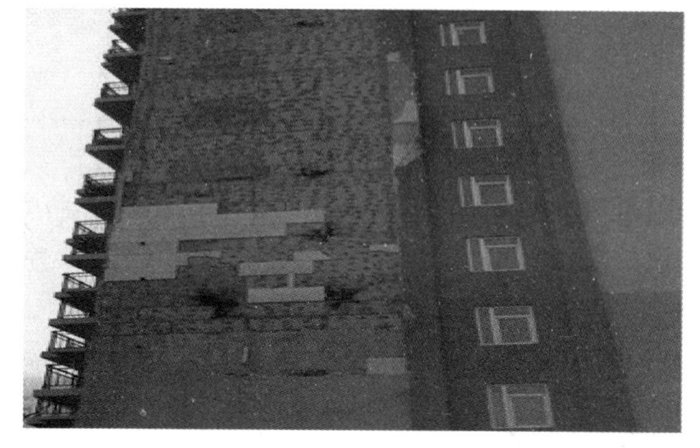

图 6-4-2 工程案例四（点粘 XPS 板面砖饰面系统）

如图 6-4-2 所示，该工程脱落的部分用了点框粘和纯点粘两种方式粘结 XPS 板。此工程从 XPS 板粘结砂浆与 XPS 板界面处（在点框粘处部分是 XPS 板和抹面砂浆界面处）破坏，网格布断裂，从而大面积脱落。

图 6-4-2 所示的外保温系统为点粘（大部分是纯点粘，部分为点框粘）XPS 板面砖饰面工程的系统，其构造为：混凝土墙＋XPS 板粘结砂浆粘贴 XPS 板＋抹面砂浆（复合耐碱网格布）＋面砖粘结砂浆粘贴面砖＋面砖勾缝（表 6-4-2）。

材 料 性 质　　表 6-4-2

结构形式	材料名称/序号	厚度 h (mm)	密度 ρ (kg/m^3)
点粘 XPS 板面砖饰面系统	混凝土墙 1	200	2300
	XPS 板粘结砂浆 2	10	1500
	XPS 板 3	50	30
	抹面砂浆 4	8	1400
	粘结砂浆 5	5	1500
	面砖饰面 6	7	2000

图 6-4-2 所示的工程为北京地区某 50m 高楼，地面粗糙度为 C 类。则阵风系数为 $\beta_{gz}=1.73$，风荷载体型系数 $\mu_s=-1$（阴角、阳角处 $\mu_s=-1.8$），风压高度变化系数 $\mu_z=1.25$，北京百年一遇的基本风压值 $w_0=0.5kN/m^2$，代入式（6-1-1）得到负风压为：

$$w_k=1.73\times(-1.0)\times1.25\times0.5=-1.08(kN/m^2)(\text{阴、阳角为 } w'_k=-1.95kN/m^2)$$

负风压力远小于标准要求的系统抗拉强度 $60kN/m^2$（XPS 板的抗拉强度不小于 0.15MPa）。要使系统抗风压安全系数不小于 5，只要粘结面积大于 7%就足够抵抗风压。从图 6-2-4 来看，系统的粘结面积已经达到 7%，但系统还是被风吹掉了，这又是什么原因呢？

原因有三个：（1）XPS 板本身与粘结砂浆、抹面砂浆的粘结性能差，系统的抗拉强度达不到标准要求值；（2）纯点粘方式时，XPS 板大多数情况下四周没有与基层粘结，在正负风压力的作用下，XPS 板在多个方向上变形幅度比点框粘的 XPS 板要大得多，于是造成粘结砂浆与 XPS 板的粘结处的 XPS 板破坏。一块板的松动变形，加上网格布无法束缚有空腔的外保温系统在垂直于墙面方向的自由度，由此也会带动其他区域的保温板松动，最终导致大面积的粘结砂浆与 XPS 板脱离；（3）纯点粘方式，即系统存在贯通空腔。在粘结砂浆厚度存在偏差，粘结砂浆与 XPS 板的粘结力不足等不利的因素存在下，负风压力把这些粘结砂浆的点粘砂浆各个击破，导致从大面积来看粘结面积不够，造成大面积的粘结砂浆与 XPS 板脱离。

XPS 板与粘结砂浆的脱离，外面还有网格布起着作用，但为什么外保温系统会大面积的掉下来呢？

是网格布无法承受外保温系统的自重和负风压力的共同作用而导致断裂，从而大面积脱落。以下计算图6-4-2（即工程案例四）的系统自重和负风压力与网格布强度之间的关系。

粘结砂浆承受的由于外墙外保温系统自重而产生的单位面积上的剪切力 W_G：

$$W_G = \sum_{i=3}^{6} \rho_i h_i g \tag{6-4-1}$$

式中 i——材料序号；

ρ_i——材料密度，kg/m³；

h_i——材料厚度，m；

g——重力加速度，10m/s²；

W_G——剪切力，N/m²，方向竖直向下。

经计算得到：$W_G = 342\text{N/m}^2$。

从图6-4-2中可以看出，在墙角（阴角或阳角）处的耐碱网格布断裂。取破坏墙面的尺寸大小为：高20m，宽6m，则有［耐碱网格布按照《胶粉聚苯颗粒外墙外保温系统》（JG 158—2004）第5.7条规定普通型耐碱网格布的断裂力不小于1250N/50mm］：

长度为6m（宽度方向）耐碱网格布极限破坏拉力为：$F = 6 \div 0.05 \times 1250 = 150\text{kN}$；

长度为20m（高度方向）耐碱网格布极限破坏拉力为：$F_0 = 20 \div 0.05 \times 1250 = 500\text{kN}$；

120m² 面积上的自重产生的拉力为：$F_1 = 120 \times 0.342 = 41.04\text{kN}$；

120m² 面积上的产生的负风压力为：$F_2 = 120 \times 1.08 = 129.6$（kN）。

由此可以得到 $F/F_1 = 3.65$（倍），$F/F_2 = 1.16$（倍），$F_0/F_1 = 12.18$（倍），$F_0/F_2 = 3.86$（倍）。从计算结果可以看出：在自重和负风压力的作用下竖向的耐碱网格布是不可能被拉断，但图6-4-2却是被风破坏后脱落的工程案例。原因如下：由于墙角（阴角或阳角）处，耐碱网格布不在一个平面上，因此耐碱网格布受到并不是真正意义上的拉力，确切地说，是剪切力。耐碱网格布的能承受的剪切力与其能承受的拉力相比很小。在上述计算条件下，当耐碱网格布能承受的抗剪力小于 $E = F_2/(20/0.05)$(N/50mm)，竖向的耐碱网格布就会断裂，就会出现大面积脱落情况。

因此，在有空腔构造的外墙外保温系统中，应按标准的要求采用框点粘的方式把保温板粘在基层上，形成封闭空腔；不能用纯点粘的方式，形成连通空腔。

6.5 总　　结

满足标准和施工要求的带空腔构造的外保温系统，其抗风压安全性是可以满足的。如不按标准进行施工，材料不把关，质量不控制，就会导致空腔的外保温系统被风吹掉。造成不安全的因素有：

（1）用纯点粘的粘结方式粘结保温板。

（2）对粘结面积不复查和监督，造成粘结面积过小。

（3）对基层不进行检查处理，粘结砂浆强度不够，造成基层和保温板之间粘结不牢。

（4）锚栓直接打在保温板上进行加固时，锚栓可能破坏该块保温板（特别是锚栓打在空腔处，保温板容易开裂）。

7 外墙外保温系统抗震

7.1 外墙外保温系统抗震要求

7.1.1 外墙外保温系统的抗震

外墙外保温系统是附着于外墙表面，主要承受系统自重以及直接作用于系统上的风荷载、地震作用、温度作用等，不分担主体结构承受的荷载、地震作用。但外墙外保温系统应具有一定的变形能力，以适应主体结构的位移，当主体结构在较大地震作用下产生位移时，不至于使外墙外保温系统产生过大的内应力和不能承受的变形。一般来说，外墙外保温系统基本是由保温层、抹面层和饰面层构成，各功能层大部分是柔性材料，能够适应结构产生的位移，当主体结构产生不太大的侧位移时，外墙外保温系统能够通过弹性变形来消纳主体结构位移的影响。但外墙外保温系统是一种复合系统，通过一定的粘结或机械锚固固定在结构墙体上，当地震发生时，外墙外保温系统各功能层之间的连接以及与主体结构的连接部位需要重点关注。外墙外保温系统各功能层之间的连接以及与主体结构的连接要可靠，能够承受系统的自重，避免在风荷载和地震作用下脱落。为了防止主体结构水平位移使外墙外保温系统破坏，连接部位必须具有一定的适应位移的能力。

对外墙外保温系统的抗震分析，应区分抗震设防区和非抗震设防区。对非抗震设防区，只需要考虑风荷载、重力荷载以及温度荷载作用；对抗震设防区，应考虑地震作用。

7.1.2 外墙外保温系统抗震的基本要求

《建筑抗震设计规范》(GB 50011—2001) 规定，对建筑结构而言，其基本的抗震设防目标是：当遭受低于本地区抗震设防烈度的多遇地震影响时，主体结构不受损坏或不需进行修理可继续使用；当遭受相当于本地区抗震设防烈度的地震影响时，结构的损坏经一般性修理仍可继续使用；当遭受高于本地区抗震设防烈度的预估的罕遇地震影响时，不致倒塌或发生危及生命的严重破坏。

外保温系统作为整体系统，附着于建筑结构，其抗震性能与结构抗震密切相关。在“5·12”汶川特大地震中，外墙外保温系统破坏的形式多为两种：

（1）建筑结构抗震性能较差的建筑，墙体的位移变形过大，使墙体上的保温系统出现与结构变形一致的斜裂缝或交叉斜裂缝。

（2）外墙外保温系统由于自重较大，保温系统与基层墙体粘结力较弱，锚栓有效锚固深度不够，外保温系统在水平力和竖向力共同作用下整体脱落。

外保温开裂，会造成一定的经济损失，系统脱落则有可能造成人员伤亡。外保温与建筑外墙密切相关，建筑物震害较轻时，如果外保温开裂严重，就造成了较大的经济损失；建筑物震害较重时，外墙出现倒塌，外保温系统抗震性能再好也是没有意义的。因此，我们提出：当遭受低于本地区抗震设防烈度的多遇地震影响时，外保温系统不受损坏或不需进行修理可继续使用；当遭受相当于本地区抗震设防烈度的地震影响时，允许外保温系统出现小面积开裂，经一般性修理仍可继续使用；当遭受高于本地区抗震设防烈度的预估的罕遇地震影响时，外保温系统不致脱落。

7.2 外墙外保温系统抗震计算

外墙外保温系统属于建筑非结构构件，根据《建筑抗震设计规范》(GB 50011—2001) 的规定，非结构构件的地震作用计算，应符合下列要求：

（1）各构件和部件的地震作用应施加于其重心，水平地震作用应沿任一水平方向。

（2）一般情况下，非结构构件自身重力产生的地震作用可采用等效侧力法计算；对支承于不同楼层或防震缝两侧的非结构构件，除自身重力产生的地震作用外，尚应同时计及地震时支承点之间相对位移产生的作用效应。

（3）建筑附属设备（含支架）的体系自振周期大于0.1s且其重力超过所在楼层重力的1%，或建筑附属设备的重力超过所在楼层重力的10%时，宜进入整体结构模型的抗震设计，也可采用本规范附录M.3的楼面谱方法计算。其中，与楼盖非弹性连接的设备，可直接将设备与楼盖作为一个质点计入整个结构的分析中得到设备所受的地震作用。

需要进行抗震验算的非结构构件大致如下：

（1）7～9度时，基本上为脆性材料制作的幕墙及各类幕墙的连接。

（2）8、9度时，悬挂重物的支座及其连接、出屋面广告牌和类似构件的锚固。

（3）高层建筑上重型商标、标志、信号和出屋面装饰构架等的支承部位。

（4）8、9度时，乙类建筑的文物陈列柜的支座及其连接。

（5）7～9度时，电梯提升设备的锚固件、高层建筑上的电梯构件及其锚固。

（6）7～9度时，建筑附属设备自重超过1.8kN或其体系自振周期大于0.1s的设备支架、基座及其锚固。

一般情况下，计算可采用简化方法，即等效侧力法计算；同时计入支座间相对位移产生的附加内力。对刚性连接于楼盖上的设备，当与楼层并为一个质点参与整个结构的计算分析时，也不必另外用楼面谱方法计算。

7.2.1 外保温系统水平地震作用计算方法

按照《建筑抗震设计规范》（GB 50011—2001）的规定，外墙外保温系统水平地震作用可采用等效侧力法计算。

采用等效侧力法时，水平地震作用标准值宜按下列公式计算：

$$F = \gamma\eta\xi_1\xi_2\alpha_{max}G \tag{7-2-1}$$

式中 F——沿最不利方向施加于非结构构件重心处的水平地震作用标准值；

γ——非结构构件功能系数，由相关标准根据建筑设防类别和使用要求等确定，可取1.4；

η——非结构构件类别系数，由相关标准根据构件材料性能等因素确定，可取0.9；

ξ_1——连接状态系数，对预制建筑构件、悬臂类构件、支承点低于质心的任何设备和柔性体系宜取2.0，其余情况可取1.0；

ξ_2——位置系数，建筑的顶点宜取2.0，底部宜取1.0，沿高度线性分布；

α_{max}——地震影响系数最大值，可按《建筑抗震设计规范》（GB 50011—2001）第5.1.4条关于多遇地震的规定采用；

G——非结构构件的重力，应包括运行时有关的人员、容器和管道中的介质及储物柜中物品的重力。

7.2.2 外保温系统抗震计算实例

以胶粉聚苯颗粒贴砌模塑聚苯板面砖饰面外保温系统为例计算抗震作用，求该系统的拉伸粘结强度（认为此系统薄弱环节为胶粉聚苯颗粒层，因此以胶粉聚苯颗粒的拉伸粘结强度为系统的拉伸粘结强度）与地震作用之间的关系。计算在9度罕遇地震时产生的地震作用力 F 。

胶粉聚苯颗粒贴砌EPS板面砖饰面外保温系统的构造为：混凝土墙＋胶粉聚苯颗粒贴砌EPS板＋胶粉聚苯颗粒＋抗裂砂浆（复合热镀锌电焊网加锚栓）＋面砖粘结砂浆粘贴面砖＋面砖勾缝(表7-2-1)。

材 料 性 质 **表 7-2-1**

结构形式	材料名称/序号	厚度 d (mm)	密度 ρ (kg/m^3)
胶粉聚苯颗粒贴砌模塑聚苯板面砖饰面外保温系统	混凝土墙 1	200	2300
	胶粉聚苯颗粒贴砌浆料 2	15	320
	模塑聚苯板 3	60	20
	胶粉聚苯颗粒贴砌浆料 4	10	320
	抗裂砂浆 5	8	1300
	粘结砂浆 6	5	1500
	面砖饰面 7	7	2000

按照以上构造计算则外保温系统的自重 G 为：

$$G=\sum_{i=2}^{7}\rho_i h_i g \tag{7-2-2}$$

式中 i——材料序号；

ρ_i——材料密度，kg/m^3；

h_i——材料厚度，m；

g——重力加速度，$10m/s^2$；

G——外保温系统的重力，N/m^2，方向竖直向下。

则外保温系统每平方米自重为：$G=411N/m^2$。

按照《建筑抗震设计规范》（GB 50011—2001）规定，取如下参数：

$$\gamma=1.4,\ \eta=0.9,\ \xi_1=2.0,\ \xi_2=2.0,\ \alpha_{max}=1.40$$

以上参数是按照最不利的情况下取的极大值，则水平地震作用力 $F\approx 2900N/m^2$。此外，保温系统完全满足《胶粉聚苯颗粒外墙外保温系统》（JG 158－2004）系统的拉伸粘结强度（因面砖系统的拉伸粘结强度测量时，只切割致抗裂砂浆表面，所有在此处计算时系统的抗拉强度用涂料饰面系统的抗拉强度）$\geqslant 0.1MPa$ 的情况下，系统单位面积上破坏力为 $E=100kN/m^2$。此系统在这样地震作用下安全系数为：

$$s=E/F=\frac{100\times 10^3}{2900}\approx 34$$

由计算结果可以看出，在 9 度区罕遇地震的情况下，系统的抗拉强度要远大于水平地震作用，因此，只要所使用材料各项性能满足规范要求，胶粉聚苯颗粒外保温系统施工质量合格，系统拉伸粘结强度满足规范规定，可以不进行抗震验算。

胶粉聚苯颗粒贴砌保温板的构造，使用胶粉聚苯颗粒贴砌时，相当于保温系统通过一层柔性材料与基层墙体相连。类似于结构抗震的隔振消能措施，胶粉聚苯颗粒层可以吸收墙体传递的地震能量，减小外保温系统的地震作用，增强外保温系统的抗震性能。并且，胶粉聚苯颗粒浆料层可以吸收一定程度的结构变形，满粘的构造措施也可以提供更高的安全系数，降低外保温系统在地震中脱落的可能性。

7.3 外墙外保温系统抗震试验

7.3.1 试验原理

将外墙外保温系统构件安装于振动台上，利用模拟地震振动台输入一定波形的地震波，观测外墙外保温系统构件在模拟地震作用下各部分的地震反应。

7.3.2 试验装置

1. 模拟地震振动台

应具有三向六自由度，并可根据需要输出各种模拟地震波。

（1）安装墙体，用于安装外墙外保温系统，一般要求墙体能够产生预期的总位移角，满足试验要求；

（2）试件各组成部分应为生产厂家自检合格产品。保温系统的安装应符合设计要求；

（3）试件应为足尺试件。

2. 测试仪器

（1）测试仪器的频率响应、量程、分辨率应符合《建筑抗震试验方法规程》（JGJ 101－1996）的要求；

（2）测试仪器应在试验前进行系统标定；

（3）试验数据的记录宜采用电脑数据采集系统采集和记录；

（4）量测的传感器应具有良好的抗机械冲击性能，其重量和体积要小，以便于安装和拆卸，量测用的传感器的连接导线，应采用屏蔽电缆线，量测仪器升温输出阻抗和输出电频应与数据采集系统匹配。

7.3.3 测点布置

在试件基层和外保温系统的主要部位布置加速度传感器，在外保温系统的需要部位增设应变片。

7.3.4 试验步骤

（1）安装试件；

（2）安装加速度、应变片等传感器；

（3）输入（0.07～0.1）g 白噪声，测试试件的自振频率、振型、阻尼比等动力特性；

（4）输入地震波，加速度幅值从 0.07g 开始，按 0.5 烈度的数量递增，详细记录各工况下试件的地震反应；

（5）当加速度幅值达到预计值或试件开始出现破坏时停止试验，详细检查并记录试件各个部位的破坏情况；

（6）拆除试件。

7.3.5 试验数据

试验数据应包括：

（1）不同工况下试件各层测点的最大加速度反应；

（2）不同工况下试件各层测点的最大位移、最大应变。

7.3.6 试验报告

试验报告应包括下列内容：

（1）试件名称、类型、规格尺寸；

（2）生产厂家、委托单位；

（3）试件的立面、平面、剖面和节点详图；

（4）外墙外保温系统的类型，材料性质等；

（5）试验依据的标准和所使用的设备、仪器；

（6）地震波的特性；

（7）各工况下试件的动力特性、加速度反应、位移反应、应变、发生破坏的部位；

（8）实验目的、实验人员等的签名。

7.4 外墙外保温系统抗震试验实例

7.4.1 试验目的

为了验证胶粉聚苯颗粒贴砌模塑聚苯板外墙外保温贴瓷砖系统在受地震作用的破坏状态，研究系统应用于高层建筑的可行性，在混凝土基层上设计两个外墙外保温系统，模拟北京地区设防烈度状态的抗震试验，分析胶粉聚苯颗粒贴砌模塑聚苯板外墙外保温贴瓷砖系统的抗震性能。

瓷砖饰面具有比涂料饰面耐污染能力强、色泽耐久性更好等优点，在国内用瓷砖作为外饰面的建筑比例相当高，在外保温墙面上的应用也有相当大的需求。所以，有必要在国内研究独特的外墙外保温瓷砖粘贴饰面层的技术以及在高层建筑中应用的可行性。因此，通过与中国建筑科学研究院工程抗震研究所、铁道部科学研究院铁建所等单位合作，共同制定了外保温瓷砖外饰面系统的抗震试验方案及试验程序，并于2005年9月10日在石家庄铁道学院工程结构检测中心针对胶粉聚苯颗粒贴砌模塑聚苯板外墙外保温贴瓷砖系统抗震试验。考虑到本系统中瓷砖饰面与主体结构的连接是柔性软连接，主体结构所受扭曲力难以传递到饰面层，因此选做垂直瓷砖饰面层地震波的抗震试验。选用具有广泛代表性的、对外饰面破坏力最大正弦拍波，使外保温瓷砖外饰面系统抗震试验更具有现实意义和代表性。

7.4.2 试验试件

7.4.2.1 构造设计

保温层是胶粉聚苯颗粒贴砌EPS板。在抗裂防护层中，用四角镀锌钢丝网复合抗裂砂浆为抗裂层，并用结构墙体上射钉尾孔上的镀锌钢丝将镀锌钢丝网绑紧，提高面层、保温层与结构层的结合牢度，提高整个构造的安全可靠性。

加固用射钉长42mm，4根/m^2。根据测试，每根射钉破坏拉力为7kN，4根为28kN，绑扎用铅丝的拉断力为2kN，因此每平方米设计4个机械固定点后的总抗拉能力为8kN，大于高层建筑100m高度处8级地震作用力的4～5倍。

7.4.2.2 模型的设计与制作

试验前，与中国建筑科学研究院工程抗震所及铁道部科学研究院铁建所按《建筑抗震设计规范》（GB 50011—2001）进行了试验方案的设计，选用建筑物结构类型为国内目前较多采用的全现浇高层混凝土结构，按要求成型宽度1.3m、高度1.2m、厚度0.16m、带有孔固定钢角的、强度为C30的混凝土试件。试件模型见图7-4-1。

试件构造如图7-4-2所示。A面：试件构成由里向外为C30钢筋混凝土墙体、界面砂浆、15mm厚贴砌浆料、60mm厚EPS板、10mm厚贴砌浆料、8mm厚的抗裂砂浆＋热镀锌电焊网与塑料锚栓固定、5mm厚的面砖粘结砂浆、瓷砖（45mm×95mm）、面砖勾缝料，目的是验证在混凝土墙体上用粘结保温浆料贴砌聚苯板，并用粘结保温浆料找平后贴上瓷砖的抗震情况；B面：试件构成由里向外为C30钢筋混凝土墙体、界面砂浆、15mm厚的贴砌浆料、60mm厚的EPS板、8mm厚的抗裂砂浆＋热镀锌电焊网与塑料锚栓固定、5mm厚的面砖粘结砂浆、瓷砖（45mm×95mm）、面砖勾缝料，目的是验证在混凝土墙体上用粘结保温浆料贴砌聚苯板薄抹灰后贴上瓷砖的抗震情况。

试件固定到振动台上，确定振动台与试件连接可靠后分别进行试验。试件振动台连接见图7-4-3。

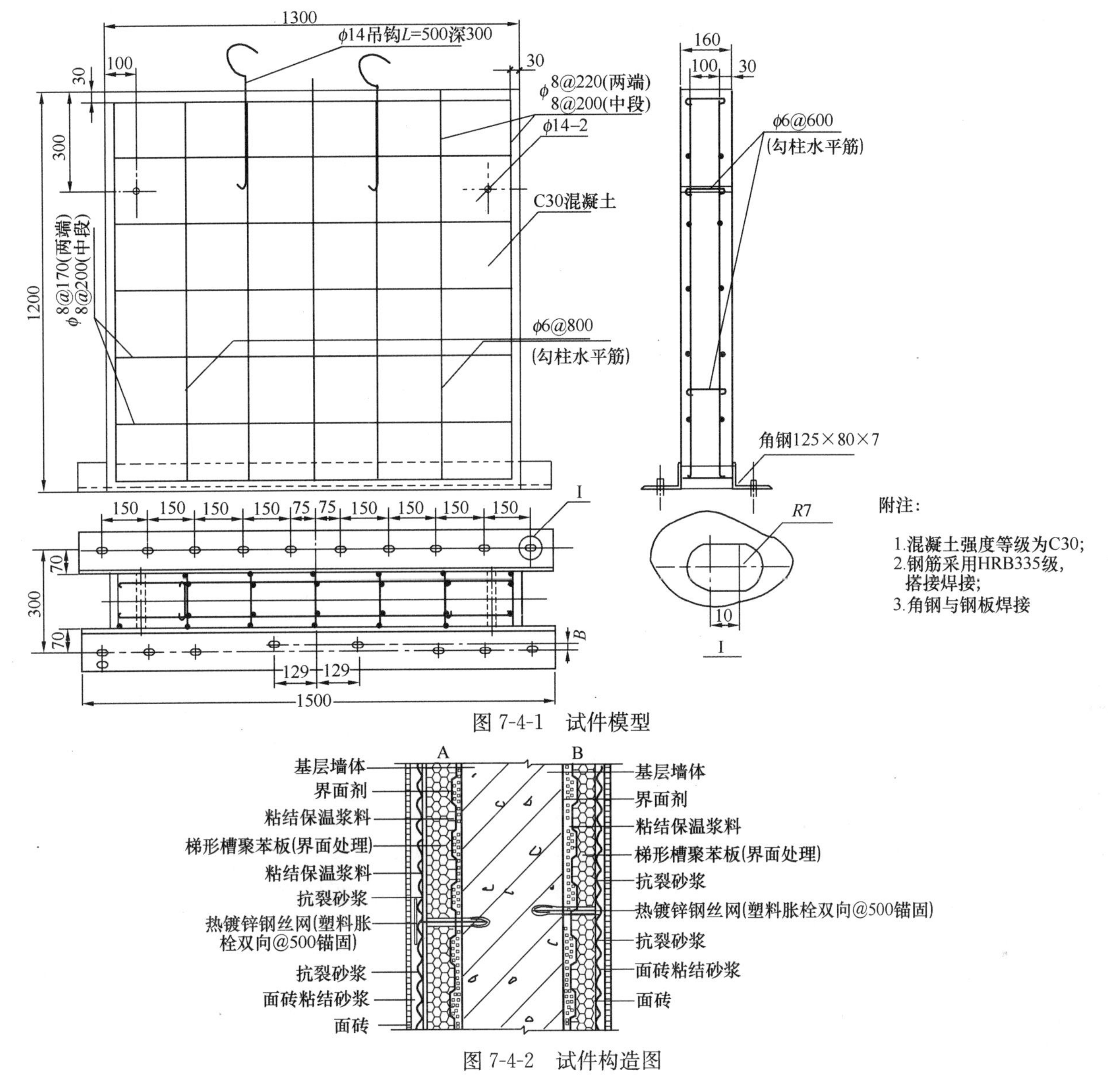

图 7-4-1　试件模型

图 7-4-2　试件构造图

7.4.2.3　加载及测试方案

试验从北京 8 度设防烈度地震加速度 0.2g 开始分级进行，每级增加 0.1g，共 5 级，即 0.2g（1 倍），0.3g（1.5 倍），0.4g（2 倍），0.5g（2.5 倍），0.6g（3 倍）。同时考虑垂直于建筑物表面的水平地震波对非结构承重材料破坏性最大，选择水平正弦拍波（图 7-4-4），每次振动大于 20s 且大于 5 个拍

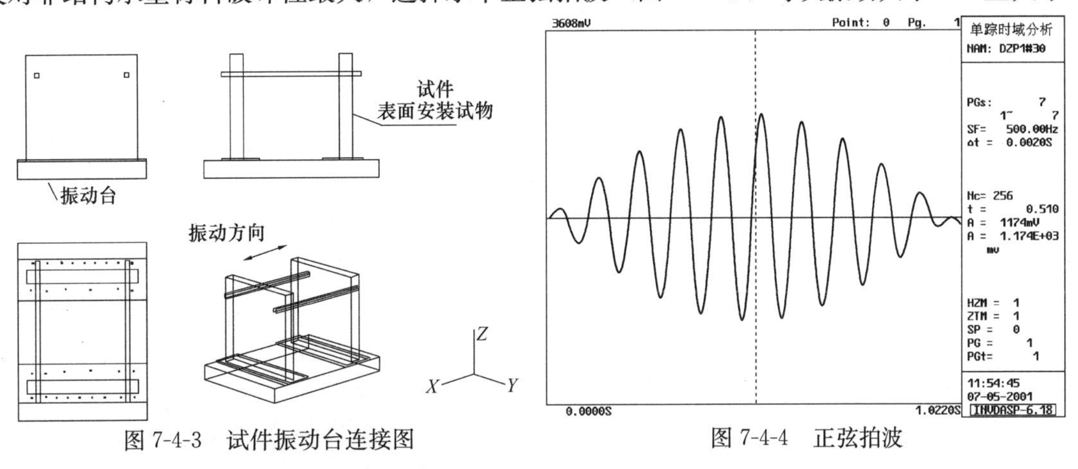

图 7-4-3　试件振动台连接图　　图 7-4-4　正弦拍波

波。本试验考虑不同地区以及建筑物的不同位置地震反应谱不同的情况，参考《建筑抗震设计规范》(GB 50011—2001) 第 5.1.4 条地震影响系数曲线分频段进行。试验频率按 1/3 倍频程分级，即：0.99Hz、1.25Hz、1.58Hz、2.00Hz、2.50Hz、3.13Hz、4.00Hz、5.00Hz、6.30Hz、8.00Hz、10.0Hz、12.5Hz、16.0Hz、20.0Hz、32.0Hz。

7.4.3 试验结果及分析

7.4.3.1 试验结果

试件经过了 10h 两个周期的振动试验。在第一个周期当加速度达到 0.5g 时，钢筋混凝土母体材料有部分脱落及裂缝产生。A、B 面上的保温材料及装饰层材料均无开裂、无损坏、无脱落，粘贴的瓷砖均无脱落松动现象。

对抗震试验后的试件上的瓷砖进行拉拔试验，测得瓷砖胶粘剂的粘结强度为 0.73MPa，完全满足粘贴瓷砖的要求。

7.4.3.2 结果分析

在外保温面层上进行粘贴瓷砖与在坚实的混凝土基层上粘贴瓷砖使用条件是不同的。在外保温面层粘贴瓷砖必须考虑保温材料面层的荷载能力、瓷砖胶粘剂的粘结能力以及在地震作用下的抵抗剧烈运动的柔性变形能力。由于外保温中基层墙体与饰面层瓷砖是通过保温材料进行柔性连接的，因而在受力时基层墙体与饰面层瓷砖不能看成一个整体，它们的受力状态是不同的，所以在选择瓷砖胶粘剂时，也要选用与保温材料相适应的具有一定柔性的瓷砖胶粘剂，从而形成一个柔性渐变的系统。在这次抗震试验中选用的瓷砖胶粘剂粘贴瓷砖后的拉伸粘结强度为 0.40～0.80MPa，压折比小于 3.0，弹性模量小于 6600MPa，具有适当的柔韧性，符合柔性渐变、逐层释放变形量的技术要求。瓷砖胶粘剂的可变形量小于抗裂砂浆而大于瓷砖的变形量，完全能够通过自身的形变消除两种质量、硬度、热工性能完全不同的材料的形变差异，从而进一步确保了每块瓷砖像鱼鳞一样独立地释放地震作用产生的力，不会因为地震作用发生变形而脱落。

胶粉聚苯颗粒浆料与建筑物墙体的粘结能力好，抗震性能优，其柔性构造能够缓解地震作用对面层的冲击力，保温墙瓷砖胶粘剂的弹性设定值比较适宜，可以控制瓷砖在罕遇强度等级地震的振动作用下不开裂、不脱落。而且，选用孔径为 12.7mm×12.7mm 热镀锌钢丝网代替耐碱玻纤网，增强其安全性和抗震能力，致使面层粘贴的瓷砖在罕遇地震作用下也不会脱落。当在保温层上粘贴瓷砖的最大荷载为 60kg/m^2 时，经过抗震试验后没有出现问题。因此，在保温层上可以附加不大于 60kg/m^2 的荷载。

汶川“5·12”特大地震后，相关专家的调查表明：凡按标准要求建造的外保温系统未见异常，抗震表现正常。

8 外保温粘贴面砖的安全性

受我国许多地区气候条件、消费水平、审美习惯的影响，粘贴饰面砖外墙因装饰效果好，抗撞击强度高，比涂料装饰耐沾污能力强，色泽耐久性更好等优点，受到很多房地产开发商和住户的喜爱，国内用面砖作为外饰面的建筑比例越来越高。但是，饰面砖日久空鼓、脱落的问题也时有耳闻，甚至有“瓷砖雨”的称谓，不免使人感到担忧。

为了满足建筑节能设计标准对外墙保温性能的要求，外墙外保温系统（以下简称外保温系统）多以密度、强度、刚度远低于基层墙体材料的有机泡沫塑料为保温层，随着建筑节能形势的发展和建筑节能设计标准要求的提高，保温层的厚度还将有所增加，在外保温系统中采用面砖饰面的安全问题也将变得日益突出。本章从分析外保温面砖饰面系统出现的质量问题出发，介绍了解决外保温系统粘贴面砖问题的思路，以及开展试验研究、制定技术措施和指导工程实践的情况。

8.1 外墙外保温粘贴面砖现状

8.1.1 外保温粘贴面砖的相关规定

在现行的外保温系统的国家行业标准中，对不同系统的饰面做法有不同的规定：

（1）在《膨胀聚苯板薄抹灰外墙外保温系统》《JG 149—2003》中，明确了EPS板薄抹灰系统的饰面为涂料。

（2）在《胶粉聚苯颗粒外墙外保温系统》（JG 158—2004）中，明确了胶粉聚苯颗粒系统的饰面材料为涂料或面砖。面砖饰面与涂料饰面系统构造有明显的区别，通过设置锚栓和增强网对系统和抗裂抹面层进行增强，标准不仅对瓷砖胶、勾缝料提出了性能指标要求，还对面砖的尺寸、单位面积质量等规定了限值，并以强制性条文形式要求当采用面砖饰面时，除应进行系统的耐候性等性能试验外，还应进行模拟“抗震试验验证”。

（3）在《外墙外保温工程技术规程》（JGJ 144—2004）中，明确了EPS板薄抹灰系统与EPS板现浇混凝土系统的饰面层为涂料，而对胶粉聚苯颗粒保温浆料系统、EPS钢丝网架板现浇混凝土系统及机械固定EPS钢丝网架板系统的饰面层，则未明确饰面材料是否包括面砖。

（4）在《现浇混凝土复合膨胀聚苯板外墙外保温技术要求》（JG/T 228—2007）中，明确了现浇混凝土膨胀聚苯板系统的饰面材料为涂料或面砖，EPS板表面用胶粉聚苯颗粒防火浆料找平。系统的其他组成材料应符合《胶粉聚苯颗粒外墙外保温系统》（JG 158—2004）和《外墙外保温用柔性耐水腻子》（JG/T 229—2007）的要求。

（5）在《建筑节能工程施工质量验收规范》（GB 50411—2007）中，规定“外墙外保温工程不宜采用粘结饰面砖做饰面层”。

在国家行业标准《外墙饰面砖工程施工及验收规程》和《建筑工程饰面砖粘结强度检验标准》中，尚未涉及外保温系统粘贴面砖，但其中一些条款是必须遵循的，如：外墙饰工程应进行专项设计；当基体的抗拉强度小于外墙饰面砖粘贴的粘结强度时，必须进行加固处理。加固后应对粘贴样板进行强度检测；外墙饰面砖工程施工前应做出样板，经建设、设计和监理等单位根据有关标准确认后方可施工；在外墙上粘贴的饰面砖，其粘结强度不应小于0.40MPa。

8.1.2 外保温粘贴面砖的质量问题

但与“慎重”、“不宜”相悖的是，在实际外保温工程中大量地使用着面砖饰面，甚至在高层、超高层建筑中随意使用，给工程质量和安全造成隐患。应该指出：有些外保温企业为了适应市场的需要，对外保温粘贴面砖进行了大量地试验研究，采取了有效的技术措施严格执行相关标准的规定，在现场做样板墙，进行拉拔试验，在施工中加强质量控制，使外保温系统粘贴面砖的质量经受了时间的考验。但也有不少外保温工程粘贴的面砖，过不了多久就出现空鼓和脱落的质量问题。分析其原因，主要是设计和施工的盲目性和随意性造成的。大多数是随意在涂料饰面外保温做法上粘贴饰面砖，在施工前既没做样板，也没做拉拔试验；而且大多数是在抗裂砂浆面层与面砖之间发生空鼓、脱落，有的甚至沿面砖缝出现开裂、系统漏水、面砖大面积脱落。

8.1.3 外保温粘贴面砖的研究内容

建筑外墙外保温墙面上粘贴面砖，尤其是高层建筑，其安全性为首要要求。但是，与硬质墙体基层不同，外保温系统由于内置密度小、强度低的保温层，其形成的复合墙体往往呈现软质基底的特性。要在上面粘贴面砖，并满足面砖粘结强度 0.40MPa 的要求，对保温层上面的抗裂砂浆层必须进行加固，使其抗拉强度大于面砖粘结强度。同时，由于热应力、火、水或水蒸气、风压、地震作用等外界作用力直接作用于面砖粘结层的表面，粘贴面砖的外保温系统耐候性和其他相关性能必须满足相关标准的要求。

外保温面砖饰面系统与涂料饰面系统的主要区别在于：

（1）面砖重量和抹面层厚度的增加，造成外保温面砖系统的自重增加；

（2）面砖自身弹性模量大，与抗裂砂浆抹面层变形不一致；

（3）在冻融循环和自然力作用下，容易引起面砖脱落；

（4）温度应变容易造成特殊节点位置产生应力集中。

为了保证外保温系统粘贴面砖工程质量，应从以下几个方面来进行研究：

（1）粘贴面砖系统的安全性；

（2）粘贴面砖系统的增强措施；

（3）粘贴面砖系统和相关材料的性能要求；

（4）粘贴面砖系统的施工要点。

8.2 粘贴面砖系统安全性的研究

外墙外保温系统是由不同功能层组成的附着在基层墙体的非承重构造。因此，外保温系统各层之间的连接以及系统与基层之间的连接必须安全可靠。外保温系统各功能层之间的连接是靠相邻材料的直接粘结来实现的。外保温系统与基层之间的连接方式主要有两种：一是采用胶粘剂直接把外墙外保温系统粘贴在基面上；二是采用胶粘剂并辅以锚栓把外墙外保温系统粘贴在基面上。由于粘贴面砖会增加外保温系统的重量，所以，必须对系统与基层墙体的连接安全性进行计算分析。

8.2.1 自重产生的剪力和拉力计算模型

为了研究分析外墙外保温粘贴面砖系统自重对安全性的影响，以 EPS 薄抹灰粘贴面砖系统为例建立力学模型。

8.2.2 系统构造及材料参数

EPS 板面砖系统基本构造为：混凝土墙＋粘结砂浆粘贴 EPS 板＋抗裂砂浆（复合热镀锌电焊网用

锚栓加固）+瓷砖胶粘贴面砖+面砖勾缝（表 8-2-1）。

材　料　性　质　　　　**表 8-2-1**

结构形式	材　料　名　称	厚度 d (mm)	密度 ρ (kg/m^3)
点粘 EPS 板面砖饰面系统	混凝土墙	200	2300
	EPS 板粘结砂浆	10	1500
	EPS 板	50	20
	抗裂砂浆	8	1300
	粘结砂浆	5	1500
	面砖饰面	7	2000

8.2.3　力学模型

以尺寸 1m×1m 外墙面上的外墙外保温系统作为研究对象，粘结面积为 40%。在建立模型前作以下假设：

（1）因在实际情况中锚栓的位置不能确定，此次分析不考虑锚栓的作用；

（2）把所有 EPS 板粘结砂浆的作用用两个面积为 $A=0.20m^2$ 的粘结砂浆代替，并且其中心位置在聚苯板的 1/4 和 3/4（沿高度方向）处；

（3）只考虑自重的影响；

（4）各层材料平整度好，而且墙体是竖直的。

建立如图 8-2-1 所示的力学示意图。

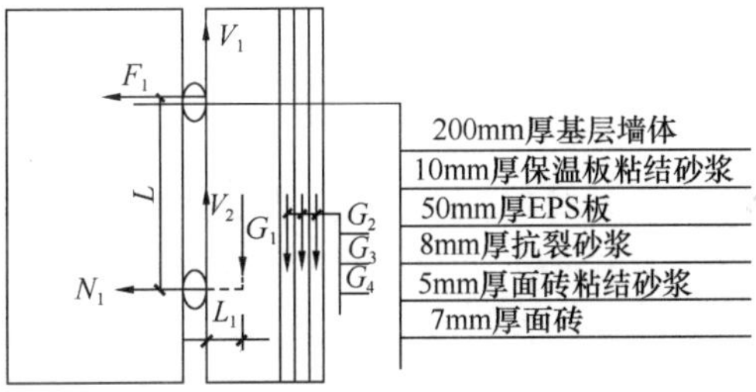

图 8-2-1　外墙外保温系统重力作用下的力学模型

以外墙外保温面砖系统（不包括 EPS 板的粘结砂浆）作为整体进行受力分析，根据物体受力和力矩平衡，由式（8-2-1）和式（8-2-2）组成方程组。

$$V_1+V_2=G_1+G_2+G_3+G_4 \tag{8-2-1}$$

$$F_1\times L=G_1\times L_1+G_2\times L_2+G_3\times L_3+G_4\times L_4 \tag{8-2-2}$$

式中　V_1、V_2——EPS 板粘结砂浆给 EPS 板平行于墙面向上的剪切力，N；

G_1、G_2、G_3、G_4——分别为 EPS 板、抗裂砂浆、瓷砖胶、面砖自重，N；

F_1——EPS 板粘结砂浆靠近顶部的那部分给 EPS 板的拉力，N；

L_1、L_2、L_3、L_4、L——分别为力 G_1、G_2、G_3、G_4、F_1 以 EPS 板粘结砂浆和 EPS 板连接点（靠近底部的那个点）为支点的力臂，其值为（单位 m）：$d_1/2$、$d_1+d_2/2$、$d_1+d_2+d_3/2$、$d_1+d_2+d_3+d_4/2$、$(3/4-1/4)\times 1$。

式（8-2-1）为力平衡等式。等式右边是外墙外保温系统的重力，等式左边是 EPS 板粘结砂浆为平衡系统自重而产生的剪切力。

其中：

$$\begin{cases} G_1=\rho_1(S\times d_1)g \\ G_2=\rho_2(S\times d_2)g \\ G_3=\rho_3(S\times d_3)g \\ G_4=\rho_4(S\times d_4)g \end{cases}$$

其中，S 为研究对象的面积，这里按单位面积 $1m^2$ 计算；ρ_1、ρ_2、ρ_3、ρ_4 和 d_1、d_2、d_3、d_4 分别为 EPS 板、抗裂砂浆、瓷砖胶、面砖的密度和厚度，单位为 kg/m^3 和 m；g 为重力加速度，这里取为 $10m/s^2$。

式（8-2-2）为力距平衡等式。式（8-2-2）存在的原因如下：在自重的作用下外墙保温系统有绕

EPS板和EPS板粘结砂浆靠近底部连接部分转动的趋势（等式的右边部分——如图8-2-1所示为顺时针转动），因此必然产生一个阻止其转动的力矩（等式的左边部分——如图8-2-1所示为逆时针转动）。

8.2.4 计算结果

经计算得到：

$$G_1 = 10\text{N}, G_2 = 104\text{N}, G_3 = 75\text{N}, G_4 = 140\text{N},$$
$$L_1 = 0.025\text{m}, L_2 = 0.054\text{m}, L_3 = 0.0605\text{m}, L_4 = 0.0665\text{m}, L = 0.5\text{m}$$

假设 $V_1 = V_2$ 得到：

$$V_1 = V_2 = 164.5\text{N} \tag{8-2-3}$$

$$F_1 = \frac{G_1 \times L_1 + G_2 \times L_2 + G_3 \times L_3 + G_4 \times L_4}{L} = 39.427\ \text{N} \tag{8-2-4}$$

外墙外保温系统由于自重而对模塑聚苯板粘结砂浆单位面积上产生剪切力和拉力为：

$$w_1 = \frac{V_1}{A} = 0.822\ \text{kPa} \tag{8-2-5}$$

$$w_2 = \frac{F_1}{A} = 0.197\ \text{kPa} \tag{8-2-6}$$

外保温系统中当质量较大的材料离基层越远，则自重产生的拉力会有所增加。

8.2.5 系统抗自重安全系数

以上计算模型及方法同样适用于非空腔构造的外保温系统；适用于求解自重在其他界面处的产生的剪切力和拉力。通过式（8-2-6）w_2 的值与EPS板的拉伸粘结强度 $\sigma_2 = 0.10$（MPa）对比；通过式（8-2-5）w_1 的值与EPS板界面处的压剪粘结强度（取材料的压剪粘结强度与其拉伸粘结强度相等）$\sigma_1 = 0.10$（MPa）对比，可以得到EPS板的压剪粘结强度和拉伸粘结强度要远大于自重产生的剪切力与拉力。从式（8-2-5）和式（8-2-6）可以看出：外保温系统自重产生的剪切力远大于其拉力。

从外保温系统自重产生的作用力来分析系统的安全系数。EPS板的抗剪安全系数 α_1 和抗拉安全系数 α_2（系统的抗剪和抗拉强度用该系统中最薄弱的EPS板的强度表征）为 $\alpha_1 = \frac{\sigma_1}{w_1} = \frac{0.1 \times 1000}{0.822} \approx 122$，$\alpha_2 = \frac{\sigma_2}{w_2} = \frac{0.1 \times 1000}{0.197} \approx 508$。可见，EPS板与粘结砂浆的压剪粘结强度远远大于粘贴面砖系统的自重荷载，在垂直方向有足够的安全性；粘贴面砖系统的自重产生的水平拉力很小，水平方向受力主要还是负风压，与涂料系统相比几乎没有变化，也有足够的安全性。也就是说，因粘贴面砖增加的重量不会影响系统的安全性。当然，考虑到其他因素的综合影响，对面砖的重量和尺寸还是要进行控制，在相关标准中规定：在外保温系统上粘贴的面砖，单位面积质量应不大于 20kg/m^2。

8.3 粘贴面砖系统增强构造的研究

8.3.1 采用增强构造的必要性

为了保证面砖的粘贴质量，我国相关标准规定：面砖与基层的粘结强度不应小于0.40MPa。当基层的抗拉强度小于面砖粘贴的粘结强度时，必须进行加固处理。对于粘贴面砖系统来说，粘结面砖的基层就是覆盖在保温层上面的抗裂抹面层，它的抗拉强度应该满足大于面砖粘结强度（0.40MPa）的要求，因此，必须进行增强。经过试验研究，一是使抗裂砂浆的拉伸粘结强度大于0.5MPa，二是在抗裂抹面层中铺设增强网。由于抗裂抹面层下面是柔软的保温层，应该把从面砖到抗裂抹面层承受的水平拉力直接传递到基层墙体，由基层墙体来承担，因此，又设置了锚栓，把增强网与基层连接起来。这样，就形成了适应外保温系统粘贴面砖的增强构造，以确保其安全性。

下面阐述增强网和锚栓的研究。

8.3.1.1 单层玻纤网格布

目前应用于外保温增强层主要使用的是中碱、耐碱玻璃纤维网布。无碱玻璃碱金属氧化物含量最小，中碱其次，耐碱玻纤中金属氧化物最多，约为14.5%的ZrO_2和6%的TiO_2。普通玻纤多指中碱玻纤，其主要化学成分SiO_2，SiO_2具有很好的耐酸性能，但却不耐碱。国内对玻璃纤维制品进行了大量地和多年研究，确定了氧化锆含量是玻纤抗碱性侵蚀重要手段，ZrO_2含量有一合理设定值，但当锆ZrO_2超过一定值时效果并不明显。另外，氧化锆是一种难熔物质，溶化温度在1600℃以上，锆含量越高，玻璃熔制越困难，技术上要求则更高。

影响玻纤网格布耐久性主要因素包括：

1. 纤维成分

玻璃纤维成分是保证网格布耐久性前提，如前面已提到含有ZrO_2玻璃纤维能有效提高网格布的耐碱性，文献认为玻璃中Na_2O/ZrO_2比值在1.0～1.2之间能获得良好的耐碱性，减少比值，对提高耐碱性的效果并不明显，而增大比值，耐碱性则会急剧降低。

2. 玻纤网格布涂塑量

玻纤网格布的涂塑是保护纤维免受碱性介质的侵蚀保护外衣。涂覆层是以浆料的形式被网布吸附到表面，再经焙烧、脱水、化学反应成膜、卷曲等过程固化定型，涂塑量的多少并不能保证网格布耐碱性好坏，而涂塑胶液首先应具有耐碱性，国内网格布的涂塑大多使用“丙烯酸＋纯丙乳液”、“醋酸乳液＋聚乙烯醇”或者PVC乳液。

3. 玻纤网格布的加工工艺

玻纤纤维具有极高抗拉强度，纤维越细强度越高，经丝一般在10.5～11.5μm，纬丝11.5～12.5μm；但玻璃纤维的剪切性能差，在生产加工过程因设备精度、表面粗糙度等，极易造成纤维表面的磨损伤害。经生产工艺后期的涂塑覆盖，将直接影响玻纤网格布强度的降低。

4. 外部应力

水泥在水化过程因体积收缩产生应力，这种应力对嵌入砂浆中玻纤网造成两种分力：(1) 与纤维平行产生拉伸力；(2) 垂直纤维表面，迫使纤维产生弯曲变形。如果纤维在成形时表面已经有微小裂纹，玻纤在承受内部应力时，在拉、压合力作用下，势必使玻纤原有微小裂纹扩大，最终造成玻纤网的断裂。另外，网格布在潮湿环境比在干燥环境条件下网格布的力学性能下降说明：玻纤在拉制过程因温度变化，表面产生微裂纹，微裂纹的增长速度包括内部应力、外部物质的侵入，特别是水分进入玻纤微小裂纹内部，水分蒸发体积膨胀，进一步加剧裂纹的扩展，使玻纤强度降低，造成网格布强度降低。

5. 玻纤网格布的耐碱性

玻璃纤维碱性碱腐蚀国内已进行了大量的研究，其理论玻纤成分中SiO_2与硅酸盐水泥水化过程析出的$Ca(OH)_2$反应，破坏了纤维的硅氧骨架，使玻璃纤维变细变脆，渐渐失去强度，造成玻纤寿命减少。

目前玻璃纤维网布的耐碱性测试的方法较多，如《玻璃纤维网布耐碱性试验方法氢氧化钠溶液浸泡法》(GB/T 20102—2006)（该国家标准等同采用了美国ASTME98标准)、《增强用玻璃纤维网布 第2部分：聚合物基外墙外保温用玻璃纤维网布》(JC 561.2—2006) 附录B、《外墙外保温工程技术规程》(JGJ 144—2004) 第A.12条、《胶粉聚苯颗粒外墙外保温系统》(JG 158—2004) 第6.7.6条。这些方法中规定的碱性介质不同，表8-3-1所示各种试验碱性环境。

玻纤网格布耐碱性的国内相关标准要求 **表8-3-1**

标准代号	碱性介质	浸泡温度/℃	浸泡时间	标准代号	碱性介质	浸泡温度/℃	浸泡时间
GB/T 20102	5% NaOH溶液	23	28d	JGJ 144第A.12条	混合溶液	80	6h
JC 561.2附录B	5% NaOH溶液	80	6h	JG 158第6.7.6条	水泥净浆	80	4h

根据表 8-3-1 要求进行的玻纤网格布耐碱性对比试验见表 8-3-2。

耐碱网格布在不同碱环境强度 **表 8-3-2**

溶液类型		5% NaOH（80℃，6h）	混合溶液（80℃，6h）	水泥净浆（80℃，4h）	5%NaOH（常温 28d）	混合溶液（常温 28d）	水泥净浆（常温 28d）
原强度（N）	经	1480	1480	1480	1480	1480	1480
	纬	1384	1384	1384	1384	1384	1384
耐碱后强度（N）	经	1015	1070	1413	1133	1115	1432
	纬	900	1043	1281	1065	1112	1211
保留率（%）	经	68.6	72.3	95.5	76.6	75.4	96.2
	纬	65.0	75.4	92.6	77.0	80.4	90.4

试验数据表明，玻纤网格布因碱溶液浓度、温度不同，其耐碱承受能力不同，在高温（5%NaOH）情况下耐碱性下降最大，而在水泥净浆环境下耐碱保留率最高。说明高温状态的 5%NaOH 溶液对玻璃纤维的腐蚀性最大。

6. 单层玻纤网格布增强构造

符合外墙外保温相关标准要求的耐碱玻纤网格布的断裂延伸率为 3%～5%。抹面胶浆（或者抗裂砂浆）的弹性模量为 1000MPa 左右，抗拉强度为 0.4MPa 左右，即抹面胶浆（或者抗裂砂浆）的最大变形量（温度变形以外的变形量）为 0.4MPa/1000MPa=0.04%。即网格布较柔软只能起到分散应力的作用，而无法为抹面胶浆（或者抗裂砂浆）分担承受拉力的重任。制造出断裂延伸率为 0.04%左右的耐碱玻纤网格布是不太可能的，耐碱玻纤网格布做的太硬，也不易运输，容易折断。

涂料饰面为什么可以用网格布呢？涂料比较软（即涂料的弹性模量小），因此涂料饰面上的温度应力较小，其束缚体-抹面胶浆（或者抗裂砂浆）完全可以承受，网格布只要能起到分散应力的作用就行。

面砖的弹性模量较涂料要大得多，因此面砖饰面上的温度应力较大，其束缚体-抹面胶浆（或者抗裂砂浆）会出现难以承受的部位，特别是应力集中的部位（窗角）出现开裂等质量问题。

在高、低温或者温度突变时，耐碱玻纤网格布与抹面胶浆（或者抗裂砂浆）之间会出现较大内应力的作用。

试验数据表明，当采用单层玻纤网格布粘贴面砖时，面砖的拉伸粘结强度与玻纤网格布的单位面积质量以及网格布的网孔尺寸有关：当玻纤网格布的单位面积质量越大时，面砖的拉伸粘结强度越大，但增幅不明显；当玻纤网格布的网孔尺寸变大时，面砖的拉伸粘结强度呈现先增后减的趋势。

8.3.1.2 双层玻纤网格布

根据《膨胀聚苯板薄抹灰外墙外保温系统》（JG 149—2003）标准，EPS 板外墙保温系统分为普通型和加强型两种，双层网格布增强的保温系统为加强型，但在日常施工中不同的厂家其施工方法不同，一般分为 A（抹面砂浆＋双层网格布＋抹面砂浆）和 B（抹面砂浆＋网格布＋抹面砂浆＋网格布＋抹面砂浆）。试验表明，不同的面砖拉伸粘结强度均大于 0.4MPa，但 B 施工方法在保温系统中的面砖拉伸粘结强度低于 A 施工方法。可见，不同的施工方法对面砖拉伸粘结强度有很大的影响。除此之外，玻纤网格布在抹面砂浆中的位置也会对面砖拉伸粘结强度产生很大的影响，因此，双层玻纤网格布应在抹面砂浆层中均匀地分布。

玻璃纤维的热膨胀系数为 $(2.9\times10^{-6}\sim5\times10^{-6})℃^{-1}$，钢丝的热膨胀系数 $(11\times10^{-6}\sim17\times10^{-6})℃^{-1}$（见《复合材料力学》，沈观林、胡更开编著），水泥砂浆的热膨胀系数和钢丝的相差不大（见建筑材料中水泥砂浆的相关部分）。耐碱玻纤网格布在抹面胶浆（或者抗裂砂浆）之中，一般情况下两者温度一致，但耐碱玻纤网格布与抹面胶浆（或者抗裂砂浆）之间的热变形不一致，就会在两者间出现内应力，在温度过高、过低或温度变化过快时内应力就会更大。

双层耐碱玻纤网格布增强构造特点为：保温层完工后，在其表面抹3～5mm厚的抗裂砂浆，同时压入第一道耐碱玻纤网格布，按照同样的方法施工第二道抹面砂浆复合玻纤网格布，总厚度控制在6～10mm，构成双网抗裂防护层，再于其上粘贴面砖。

本构造以耐碱玻纤网格布为增强材料，虽有效地提高了抗裂防护层的抗裂效果，但当外饰面为粘贴面砖时，其对基层强度的增强作用不大，也不能有效分散面砖装饰层荷载对基层的作用。荷载仍然直接作用在强度较低的保温层上。

不仅如此，耐碱玻纤网格布只是增强了平行方向的抗拉强度，对垂直方向的强度无明显改善。拉拔试验显示，破坏面均集中在玻纤网格布表面，而且拉拔强度偏低，这说明了构造的薄弱环节在玻纤网格布处。

8.3.1.3　镀锌钢丝网

镀锌钢丝网按成型工艺可划分为热镀锌钢丝网和冷镀锌钢丝网两种。热镀锌是指钢丝进行浸镀，冷镀锌是指钢丝进行电镀。镀锌钢丝网的钢丝选用优质低碳钢丝，通过精密的自动化机械技术电焊加工制成，网面平整，结构坚固，整体性强，即使镀锌钢丝网的局部裁截或局部承受压力，也不致发生松动现象，耐腐蚀性好，具有一般钢丝不具备的优点。

目前国内市场上可见的在外保温应用中的镀锌钢丝网种类有：热镀锌钢丝网，冷镀锌钢丝网，先焊接后镀锌钢丝网，先镀锌后焊接钢丝网，尺寸型号不一。《胶粉聚苯颗粒外墙外保温系统》(JG 158—2004) 中对热镀锌钢丝网提出的具体要求见表8-3-3。

热镀锌电焊网性能指标　　　　**表8-3-3**

项　目	单　位	指　标	项　目	单　位	指　标
工艺	—	热镀锌电焊网	焊点抗拉力	N	>65
丝径	mm	0.90±0.04	镀锌层重量	g/m²	≥122
网孔大小	mm	12.7×12.7			

1. 镀锌四角网的含钢量

在抗裂防护层中，四角网的作用是显著的，单位体积中四角网的重量不一样，整个抗裂防护层的性能也就不一样。一般情况下，可用含钢量这个指标来衡量。

所谓含钢量就是指抗裂防护层单位体积中四角网重量，单位为kg/m³。从理论上说，含钢量越高，抗裂防护层的强度越能得到增强，承载负荷的能力越高。但在具体操作上，由于受到成本与施工适应性等因素的制约，含钢量并不是越大越好。

对孔径10mm×10mm～20mm×20mm、不同形状、不同含钢量的四角网进行试验，如图8-3-1所示。试验结果表明，在抗裂防护层厚度相同的前提下，含钢量较小时，系统的拉拔强度也小，说明四角网对抗裂防护层的增强作用未达到预期效果；随着含钢量的增加，四角网的增强作用越来越大，拉拔强度也越来越高。当含钢量增加到0.8kg/m²时，拉拔强度达到最高峰值。当含钢量继续升高时，拉拔强度却呈现下降趋势。

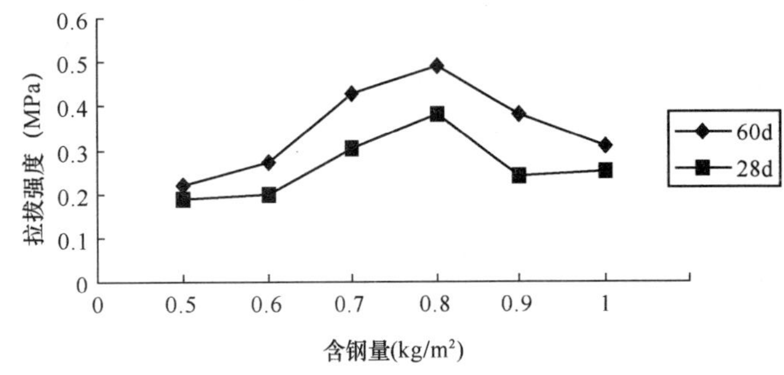

图8-3-1　含钢量对拉拔强度的影响
(孔径10mm×10mm～20mm×20mm)

试验表明，四角网的含钢量应控制在0.8kg/m²，既保证满足保护保温层、增强抗裂防护层的强度的需要，同时具有良好的施工操作性，且工程造价成本适宜。

2. 镀锌四角网的规格确定

分散配筋是抗裂防护层在构造上区别于钢筋混凝土的一个主要特征，也是使抗裂防护层获得优良性能的重要条件。在含钢量相同的情况下，配筋的分散性对抗裂防护层的极限延伸值、抗裂强度、弹性模量、长期荷载下的徐变及其组成材料间的粘结性能均有重要影响，因而确定四角网的规格就显得尤为重要。

四角网在抗裂防护层的作用，不仅表现在受力时对周围水泥抗裂砂浆变形和压力抑制的有利效应，同时表现为在材料组合过程中对抗裂防护层的强化。一般情况下，当含钢量相同时，孔径越小，四角网的丝径就越小，单位面积的四角网的比表面积就越大，从而四角网与水泥抗裂砂浆的接触面积就越大，其握裹力也就越大，四角网对抗裂防护层的增强作用就越显著。但是，同一含钢量的四角网孔径越小，四角网表面的平整度就越差，在铺设四角网时，施工难度就越大。因而，在选择四角网的规格时，应考虑到施工适应性等因素的影响。

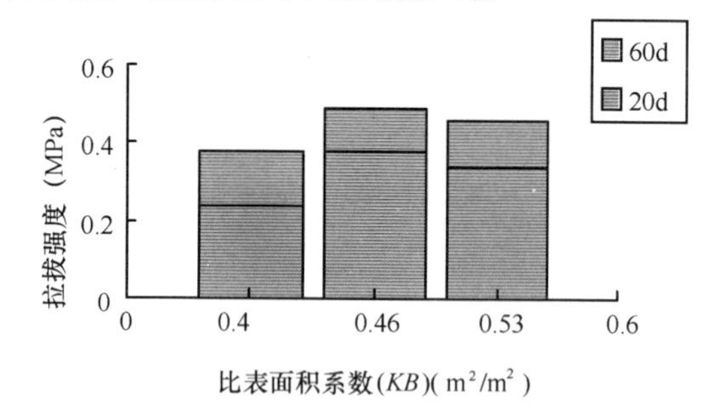

图 8-3-2　四角网比表面积与拉拔强度的关系

通过对四角网比表面积系数 KB 的试验分析表明，如图 8-3-2 所示，当系统将含钢量控制在 0.8kg/m² 时，抗裂防护层厚度控制在 5mm 时，四角网比表面积取值为 0.46m²/m²，此时，四角网对抗裂防护层的增强作用较高，抗裂防护层的拉拔强度较高。

3. 四角网的防腐蚀性

作为抗裂防护层的重要骨架材料，四角网的耐久性不仅关系到抗裂防护层的耐久性，也关系到整个保温系统的耐久性与稳定性。四角网作为钢铁制品，有着金属钢铁一般的通性。由于钢铁的热力学不稳定性，钢铁的氧化腐蚀是必然的趋势，是不可避免的。因而四角网的防腐蚀问题在本系统中也是一个需要研究和解决的重要问题。

在国外，对钢丝网的防腐蚀问题的最典型研究是伊朗的 Ramesht 在英国曼彻斯特理工学院所做的试验。其试验过程是：将预先加载造成微裂缝的镀锌与未镀锌钢丝网水泥试件（水灰比为 0.4 的 1∶2 水泥砂浆），湿养护 28d 后，在 6%NaCl 溶液（60℃）干浸交替（每小时一次），半年后进行腐蚀检测。试验结果表明：

（1）将钢丝网紧扎后布置在试件中部，其保护厚度为 9～12mm，可显著降低腐蚀速度。

（2）预裂缝即使微裂，也会加剧钢丝网腐蚀，受拉试件表面腐蚀破坏较重。

（3）尽管镀锌与未镀锌的钢丝网都有不同程度的腐蚀破坏，但镀锌层显然给钢丝网提供了显著的保护作用。为提高钢丝网水泥结构的耐久性，钢丝网镀锌是十分必要的。

对四角网的选择、布置以及防腐蚀处理与国外专家的研究成果是一致的。

表 8-3-4、表 8-3-5 为不同碱性状态下、不同盐度状态下的不同工艺四角网的腐蚀情况。从表 8-3-4、表 8-3-5 中的数据可以看出，在四角网镀锌中，热镀锌较冷镀锌防腐蚀性能更优。主要原因在于镀锌工艺不同，四角网的镀锌层厚度是不同。一般情况下，热度锌极易达到 200μm 的锌层厚度，而冷镀锌只有 10μm 以下的锌层厚度，冷镀锌层厚度不能满足 pH 值在 13.3 以下时钢丝钝化的需要，对钢丝网的防腐蚀帮助不大；相反，热镀锌钢丝网锌层厚度越厚，防腐蚀能力强，能有效提高钢丝网在水泥砂浆中的防腐蚀能力。

不同碱性状态下、不同工艺的四角网的腐蚀情况　　**表 8-3-4**

工艺 \ pH值	7～9	9～11	11～13	≥13
热镀锌	无锈蚀	无锈蚀	无锈蚀	无锈蚀
冷镀锌	严重锈蚀	轻度锈蚀	轻度锈蚀	严重锈蚀

不同盐度状态下、不同工艺的四角网的腐蚀情况　　表 8-3-5

工艺 \ NaCl值	3%	6%	9%	12%
热镀锌	无锈蚀	无锈蚀	轻度锈蚀	轻度锈蚀
冷镀锌	无锈蚀	轻度锈蚀	轻度锈蚀	严重锈蚀

4. 四角网的抗拉强度

四角网的抗拉强度由焊点强度和钢丝抗拉强度两部分构成。

焊点强度表示了四角网抵抗垂直方向荷载作用力的能力；钢丝抗拉强度表示了平行于抗裂防护层的荷载作用力的能力，是荷载的主要作用方向。

采取规格为丝径 0.9mm、孔径 12.7mm×12.7mm 的四角网进行试验，其焊点强度和钢丝抗拉强度的试验数据见表 8-3-6。

热镀锌四角网焊点、钢丝拉伸力试验数据　　表 8-3-6

项目 \ 符号	1	2	3	4	平均
焊点拉伸力（N）	195	187	192	190	191
钢丝拉伸力 N	325	316	341	305	322

四角网单位面积焊点强度：$F_H=0.191\times81\times81=1253.2$kN

四角网单位面积钢丝拉伸力：$F_W=0.322\times81=26.1$kN

上述数据表明，四角网的力学性能远远满足系统强度的需要。

5. 四角网的配筋位置

四角网的配筋位置是指四角网在抗裂防护层中的布置位置。四角网在抗裂砂浆中的布置位置不同，对抗裂防护层的影响不同，特别是对保温层的隔离保护作用影响很大。

（1）当四角网直接与保温层接触时，或者四角网部分包裹在水泥抗裂砂浆中，部分与保温层接触，就会降低四角网的加强保护作用。当外力作用在抗裂防护层时，破坏极易发生在保温层。

（2）当四角网铺设在水泥抗裂砂浆中间位置时，抗裂防护层能得到有效加强，保温层也能得到有效保护，当受到外力作用时，破坏发生在抗裂防护层并被抗裂防护层所吸收。

（3）当四角网铺设在抗裂防护层表面位置时，这种形式虽然对保温层的保护能力有所提高，但由于四角网上表面水泥抗裂砂浆厚度偏低，对钢丝网的握裹力较弱。当外力作用时易破坏在钢丝网表面，且抗拉强度较低。

图 8-3-3 为不同配筋形式的拉拔试验数据。数据表明：

（1）四角网布置在水泥抗裂砂浆中间位置时，拉拔强度较高；四角网直接与保温层或距离保温层太近时，拉拔强度较低，且做拉拔试验时容易破坏保温层；四角网距离抗裂防护层表面太近时，拉拔强度介于两者之间。

（2）无四角网时，随着抗裂防护层的增厚，拉拔强度从最初的 0.10MPa 增加到 0.22MPa；当抗裂防护层继续增厚时，拉拔强度几乎不再变化，且拉拔试验的破坏面均集中在保温层，对保温层破坏十分严重。

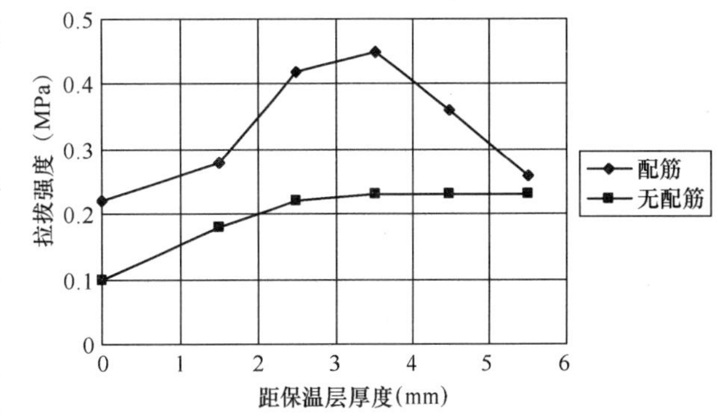

图 8-3-3　不同配筋形式的拉拔试验数据

6. 镀锌四角网增强构造

结构成形特点：保温层完工后，抹抗裂砂浆 2～3 厚 mm，然后铺设四角网，用塑料锚栓将四角网

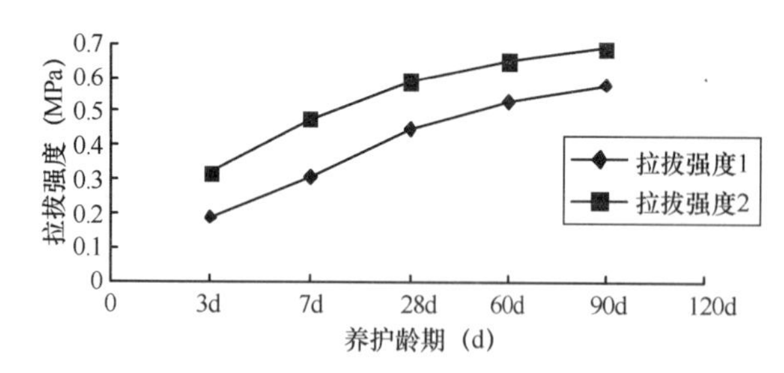

注：拉拔强度 1 曲线为 1：3 水泥砂浆基层；
拉拔强度 2 曲线为钢丝网抗裂砂浆层。

图 8-3-4　镀锌四角网增强结构的拉拔试验数据

与结构直接固定，再在其上抹抗裂砂浆 5～7 厚 mm，使四角网置于抗裂砂浆之中，施工完后在其上粘贴面砖。镀锌四角网增强结构的拉拔试验数据趋势如图 8-3-4 所示。

本结构同样通过四角网保护了保温层，转移了面层负荷作用体，同时由于四角网与水泥抗裂砂浆良好的握裹力，增强了水平方向与垂直方向的抗拉强度，极大改善了面砖粘贴基层的强度。

试验表明，外饰面粘贴面砖时，采取镀锌四角网增强结构优于耐碱玻纤网格布增强结构。两种增强结构拉拔效果比较如图 8-3-5 所示。镀锌四角钢丝网能有效地兼顾抗裂性能与面砖对基层强度的要求之间的统一，使加固系统抗拉强度≥0.4MPa，满足保温系统的稳定性、安全性和耐久性的需要。

图 8-3-5　不同增强结构拉拔效果比较

8.3.1.4　锚固件

1. 膨胀螺栓的锚固机理

通过螺栓的扩张部分被压入钻孔壁内产生的摩擦力以及几何形状的螺栓口与锚固基础和钻孔形状相互配合产生的共同作用来承受载荷。

2. 在基层墙体中的锚入深度

锚固经过钻孔、紧固两步完成。为避免对基体造成破坏，钻孔时，应采用回转钻孔方法，且钻孔深度应大于锚固深度，以保证锚固功能。

3. 锚固过程中对基体的保护

对空心砌体等强度较低的墙体，最好采用回转钻孔方法，以避免钻孔过大，防止空心砌体受到外力冲击过大产生破坏。

4. 锚固件的防腐蚀

膨胀螺栓的螺钉应作防腐蚀处理，可采用镀锌钢材或不锈钢材等材质制成。锚栓应选用抗老化、抗温变、耐寒耐热、高承压、抗拉强度高的尼龙塑料制成。

5. 锚固件的抗拉强度

采取膨胀螺栓锚固时，其抗拉强度与螺栓直径关系密切，当基层墙体为空心砖时，单个螺栓的破坏荷载见表 8-3-7。

不同直径的单个膨胀螺栓的破坏荷载　　表 8-3-7

螺栓直径（mm）	5	6	7	8
破坏荷载（kN）	1.0	1.2	1.7	3.0

当选用直径为 7mm 的螺栓时，可保证单个螺钉载荷 $F_L \geqslant 1.7$kN。本系统膨胀螺栓按每平方米不少于 4 个设计，则膨胀螺栓单位面积可靠的承载能力：$F_L \geqslant 4 \times 1.7 \geqslant 6.8$（kN）。

8.4　粘贴面砖系统相关材料的研究

根据对工程现场面砖饰面的实际观察，以及实验室的研究，面砖脱落主要有三种形式：一是面砖自身脱落，说明瓷砖胶无法满足粘结面砖的要求；二是面砖与瓷砖胶一同脱落，说明瓷砖胶无法满足与抗裂砂浆层的粘结要求；还有一种为面砖勾缝剂被挤压开裂，说明勾缝剂无法消纳面砖饰面的变形。为此，对系统相关材料进行了试验研究。

8.4.1　抗裂砂浆

8.4.1.1　性能指标

外保温粘贴面砖系统，不仅要求水泥抗裂砂浆在满足柔韧性指标的同时，还要突出一定强度的指标。试验表明，当抗裂砂浆压折比≤3.0，抗压强度≥10MPa 时，抗裂防护层既具有良好的抗裂作用，又具有粘贴面砖需要的基层强度指标。表 8-4-1 为水泥抗裂砂浆的性能指标。

水泥抗裂砂浆的性能指标　　表 8-4-1

项　　目		单　　位	指　　标
可操作时间		h	2
拉伸粘结强度	原强度	MPa	≥0.7
	浸水后		≥0.5
	冻融循环后		≥0.5
压折比		—	≤3.0

8.4.1.2　抗裂砂浆的厚度

抗裂防护层是系统的非常重要的一个部分，发挥着“承上启下”的特殊功效，它将密度小、强度低的保温层与面砖装饰层有机地结合起来，将不适宜粘贴面砖的保温层基底过渡到具有一定强度、又具有一定柔韧性的防护层上，同时通过锚栓把力传递给基层墙体。试验数据表明，抗裂砂浆层的厚度对保温层的保护作用影响较大，同时对系统拉拔强度的影响也较大。

图 8-4-1、图 8-4-2 显示了不同抗裂砂浆层厚度与系统拉拔强度的关系。

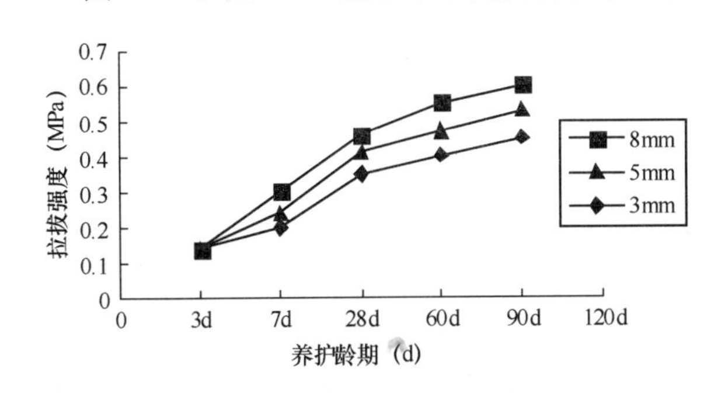

图 8-4-1　抗裂砂浆厚度与拉拔强度的关系

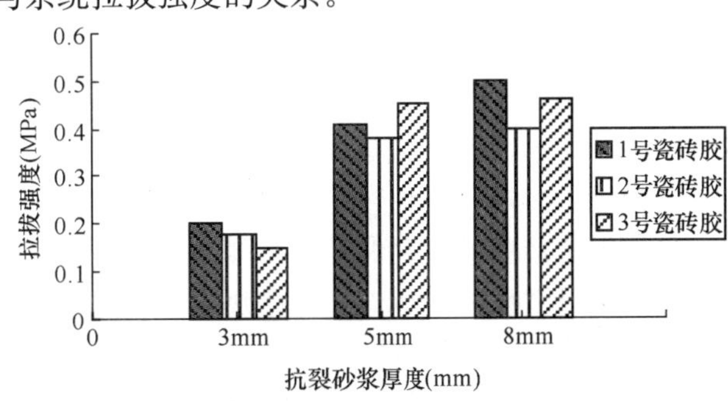

图 8-4-2　抗裂砂浆厚度与拉拔强度的关系（28d）

试验结果表明，当水泥抗裂砂浆厚度 $H<5$mm 时，对保温层的隔离保护作用不能有效发挥，拉拔试验的破坏面集中在保温层上；当 $H\geqslant5$mm 时，特别是当 $H\geqslant8$mm 以上时，拉拔试验破坏面集中在抗裂防护层中，外应力不可能破坏到保温层，保温层被有效地保护起来；28d 后的拉拔试验结果，体系拉拔强度≥0.4MPa，破坏面在抗裂防护层中或粘结层中。

本系统抗裂防护层的厚度应控制在 10mm±2mm 为宜，过低不能起到应有的保护增强作用，过高则增加工程造价，合理性价比厚度为 10mm±2mm。

8.4.2 瓷砖胶

8.4.2.1 性能指标

在外保温系统面层上粘贴面砖与在坚实的混凝土基层上粘贴面砖使用条件是不同的。由于面砖的热膨胀系数与保温层的热膨胀系数有很大的差异，相应地，由温度变化引起的热应力变形差异也很大。因此，在选择外保温面层瓷砖胶时，除要考虑耐候性、耐水性、耐老化性好、常温施工等因素外，还必须考虑两种硬度、密度不同的材料在使用过程中由温度变化而引起的不同形变差异而产生的内应力。选用的胶粘剂应能通过自身的形变消除两种质量、硬度、热工性能完全不同的材料的形变差异，才能确保硬度大、密度高、弹性模量大、可变形性低的面砖，在硬度低、密度小、弹性模量小、可变形性高的保温层材料上不脱落。

经现场实测，当瓷砖胶在使用条件下满足 2‰以上变形率时，才能保证保温系统不开裂，达到消除材料温差而造成的内应力目的。考虑到瓷砖胶不是直接粘贴在保温层上，而是与抗裂防护层进行粘结，瓷砖胶的可变形量应小于抗裂砂浆而大于面砖的温差变形量。最终将瓷砖胶在厚度为 5mm 条件下的可变形性确定在 5‰～1%，小于水泥抗裂砂浆 5% 的可变形性而大于面砖的温差可变形量（1.5×10^{-6}/℃），从而确保了面砖不会因温差形变而造成脱落。

面砖粘结砂浆的主要性能见表 8-4-2。

面砖砂浆的主要性能指标 **表 8-4-2**

项目		单位	性能指标
拉伸粘结强度	原强度	MPa	≥0.5
	浸水后		
	热老化后		
	冻融循环后		
	晾置 20min 后		
压折比		—	≤3.0

8.4.2.2 聚灰比对粘结砂浆柔韧性的影响

柔韧性是面砖粘结材料一个十分重要的指标，影响面砖粘结材料柔韧性的因素很多，但影响最大的因素当属聚灰比。不含聚合物的普通水泥粘结砂浆，强度高、变形量小，其压折比一般在 5～8 范围内。这种粘结砂浆用于外保温粘贴面砖时，在基层受到热应力作用发生形变时，粘结砂浆不能通过相应的变形来抵消这种作用，往往容易发生空鼓或脱落。

外保温瓷砖胶应在确保其粘结强度的前提下，改善其柔韧性指标，以使面砖能够与保温系统整体统一，并消纳外界作用效应，尤其是热应力带来的影响，满足外墙外保温饰面粘贴面砖的需要。图 8-4-3 所示显示了聚灰比对压折比的影响，其中压折比 1 为水中养护；压折比 2 为塑料袋中养护；压折比 3 空气中养护。可以看出，聚灰比对粘结砂浆的压折比影响很大。

（1）聚合物含量小的水泥砂浆，柔韧性小，压折比大。

（2）随着聚合物含量的增大，聚灰比越来越大，当达到 0.1 左右时，压折比降至 3.5 以下。

（3）随着聚灰比的继续增加，直到 0.3 左右，压折比在 3.5～3.0 较小的范围内波动。

（4）当聚灰比超过 0.3 后，压折比低于 3.0，达到柔韧变形量的要求。

另外，图 8-4-3 中还表明，在不同的养护方式条件下，同一聚灰比对压折比的影响不同。

（1）当聚灰比小于 0.1 时，采取通常塑料袋中养护方式，其压折比较高；在水中养护压折比次之，在空气中养护最低。

（2）当聚灰比在 0.1～0.3 的范围内时，三种养护方式对压折比的影响差别不大。

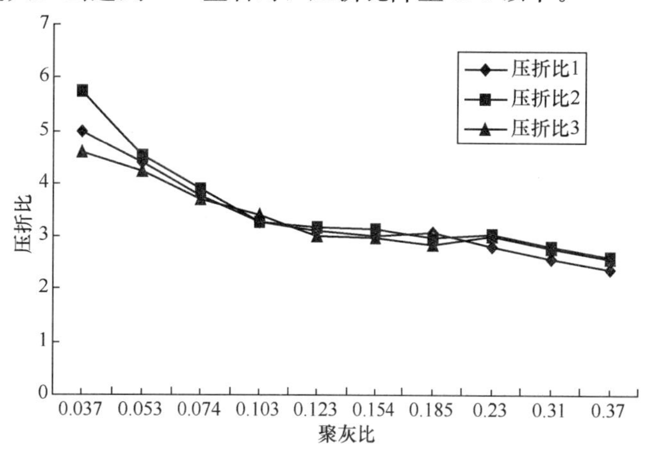

图 8-4-3 聚灰比与压折比的关系

（3）当聚灰比在 0.3 以上时，在塑料袋中养护压折比较高，在空气中养护次之，在水中养护最低。

之所以出现这种结果，其原因在于：聚灰比较小时，水泥的性能在起决定性的作用；聚灰比在 0.1～0.3 的范围内时，水泥与聚合物的作用趋于相对的平衡；聚灰比达到 0.3 以上时，这时虽然粘结砂浆的材料性能仍体现为水泥基材料的特性，但聚合物的作用日见明显，粘结砂浆已清楚地表现出聚合物的柔韧性与粘结性强的一面，符合外墙外保温粘贴面砖的需要。

8.4.2.3 养护条件对粘结性能的影响

一般来说，水泥基材料施工完后，均需采取一定的手段进行养护。图 8-4-4 给出了养护条件对瓷砖粘结砂浆性能的影响，由图中可见，面砖粘贴完后 24h 开始，连续 7d 对饰面进行湿水养护，每天两次，瓷砖胶的粘结强度要比不养护的粘结砂浆高出 20%左右。本系统研制的外墙外保温瓷砖胶通过聚合物进行了改性，不经养护也能满足粘结强度要求，但采取一定的养护手段可获得更好的粘结效果。

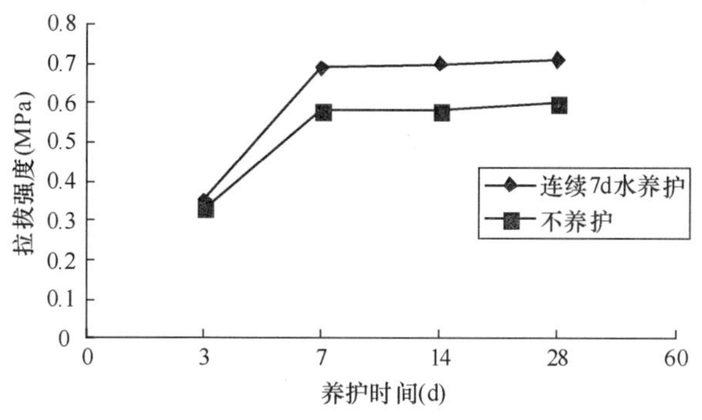

图 8-4-4 养护条件对面砖粘结砂浆性能影响

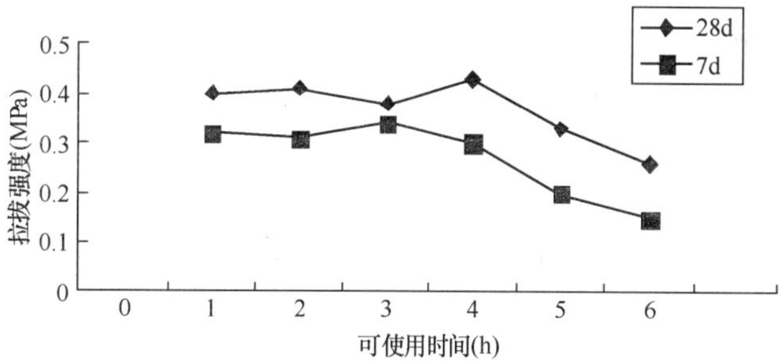

图 8-4-5 可使用时间对瓷砖胶性能的影响

8.4.2.4 可使用时间对粘结性能的影响

图 8-4-5 显示了可使用时间对粘结砂浆粘结性能的影响。

图 8-4-5 表明，随着可使用时间的延长，瓷砖胶的粘结性能呈现一个下降趋势，并且幅度很大。如果瓷砖胶在规定的 4h 内使用完毕，抗拉强度可达 0.4MPa 以上；超过规定使用时间继续使用，其抗拉强度急剧降至 0.2MPa 以下，从而造成面砖粘贴的失败。

8.4.2.5 面砖吸水率对粘结砂浆的粘结性能影响

吸水率大小是外墙面砖的一个十分重要的指标。面砖的吸水率越小，表明面砖的烧结程度越好，其弯曲程度、强度、耐磨性、耐急热急冷性、耐化学腐蚀等性能就越好，反之则差。

外墙面砖按吸水率大小划分为以下几类：

(1) $E \leqslant 0.5\%$；

(2) $0.5\% \leqslant E \leqslant 3\%$；

(3) $3\% \leqslant E \leqslant 6\%$；

(4) $6\% \leqslant E \leqslant 10\%$。

面砖的吸水率对瓷砖胶的粘结性能有很大影响，面砖吸水率不同，粘结砂浆的粘结效果也不同。造成这种现象的主要原因在于粘结机理的不同，通常情况粘结砂浆与面砖的粘结，有两种不同的机理。

(1) 物理机械锚固机理

在这种机理下，粘结砂浆对面砖的粘结力来自粘结砂浆对面砖表面的小孔及凹坑的渗透填充，从而形成一种“爪抓”作用。显然，多孔性材料或表面粗糙的材料，这种作用机理占主导地位，带有燕尾槽的面砖正是基于这种原理。

(2) 化学键作用机理

这种作用机理是粘结砂浆与面砖通过分子间的范德华力或可反应官能团之间的化学键形成粘结效果。

当面砖吸水率小、烧结程度好、空隙率低时，其物理机械锚固机理作用减弱，对于主要依靠物理机械锚固的纯水泥粘结砂浆来说，粘贴面砖的粘结强度是不高的；而对于聚合物改性瓷砖胶而言，由于聚合物分子链上的官能团与面砖表面材料分子之间形成的范德华力或部分官能团之间新的价键组合，就使得这种聚合物砂浆对即使是光洁的瓷砖表面也能形成牢固粘结。

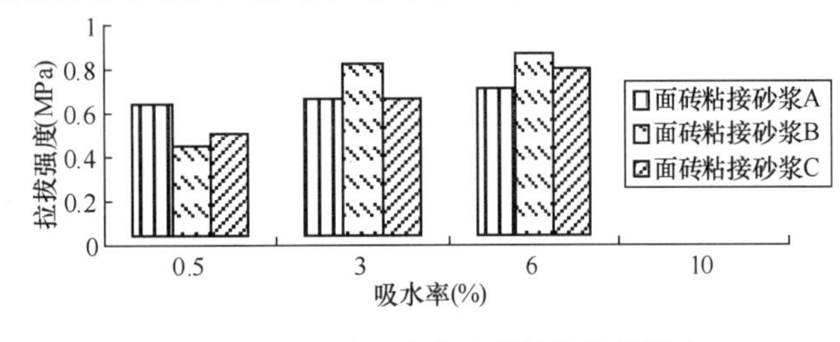

图 8-4-6 面砖吸水率对粘接性能的影响

图 8-4-6 显示了不同聚合物含量的瓷砖胶在不同吸水率外墙面砖表面的粘结性能。由图 8-4-6 可见，对于吸水率 $E \leqslant 0.5\%$ 的面砖，三种不同粘结性能的面砖粘结砂浆的粘结强度较小，聚合物含量高的面砖粘结砂浆 A 对不同吸水率的面砖粘结较均衡，适应性较强。

8.4.3 勾缝砂浆

8.4.3.1 性能指标

面砖勾缝胶粉的性能设定，也要满足柔韧性方面的指标要求，其目的在于有效释放面砖及粘结材料的热应力变形，避免饰面层面砖的脱落。同时勾缝材料亦应具有良好的防水保护性。表 8-4-3 为面砖勾缝胶粉的技术性能指标。

面砖勾缝胶粉的主要性能指标　　表 8-4-3

项目		单位	性能指标
收缩值		mm/m	≤3.0
抗折强度	原强度	MPa	≥2.50
	冻融循环后		≥2.50
透水性 (24h)		mL	≤3.0
压折比		—	≤3.0

8.4.3.2 聚灰比对面砖勾缝胶粉的柔韧性的影响

面砖勾缝材料采用干拌砂浆的形式，以硅酸盐水泥为主要胶凝材料，通过掺加再分散乳液粉末和其他助剂配制而成。其压折比≤3.0，具有良好的施工性、防水性和防泛碱性。

试验研究表明，面砖勾缝胶粉的压折比受再分散乳液粉末的掺量影响较大。图 8-4-7、图 8-4-8 显示了聚灰比与压折比的关系。

图 8-4-7、图 8-4-8 表明，可再分散乳液粉末的掺量对面砖勾缝胶粉的压折比影响比较明显，压折比随着聚灰比的不断增大而快速下降。当聚灰比达到 0.3 左右时，面砖勾缝胶粉的压折比小于 3.0；当聚灰比达到 0.4 以上时，压折比的变化趋于平缓。

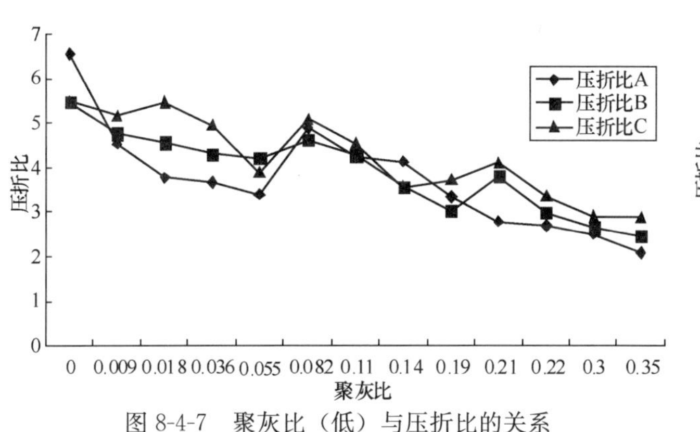

图 8-4-7 聚灰比（低）与压折比的关系

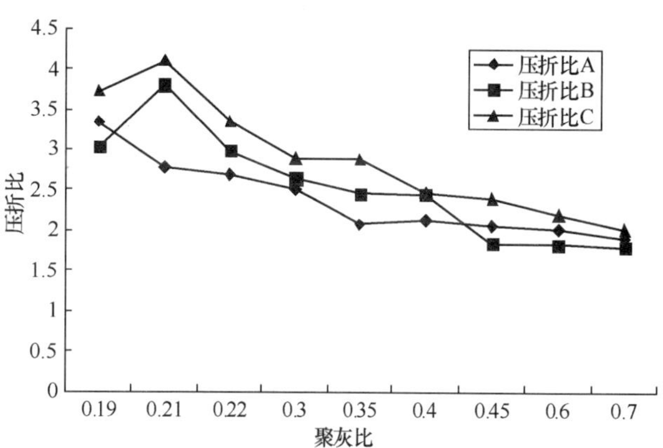

图 8-4-8 聚灰比（高）与压折比的关系

8.4.4 面砖

外保温饰面砖应采用粘贴面带有燕尾槽的产品并不得带有脱模剂。面砖的性能除应符合《陶瓷砖》（GB/T 4100）、《陶瓷马赛克》（JC/T 456）等外墙饰面砖相关标准的要求外，尚应符合表 8-4-4 的要求。

饰面砖性能指标 表 8-4-4

项目		单位	性能指标
尺寸	单块面积	cm^2	≤150
	边长	mm	≤240
	厚度	mm	≤8
单位面积质量		kg/m^2	≤20
吸水率	Ⅰ、Ⅵ、Ⅶ气候区	%	0.5～3
	Ⅱ、Ⅲ、Ⅳ、Ⅴ气候区		0.5～6
抗冻性	Ⅰ、Ⅵ、Ⅶ气候区	—	50 次冻融循环无破坏
	Ⅱ气候区		40 次冻融循环无破坏
	Ⅲ、Ⅳ、Ⅴ气候区		10 次冻融循环无破坏

注：气候区按《建筑气候区划标准》（GB 50178）中一级区划进行划分。

在粘贴面砖时，如遇到应力较为集中的部位，例如窗角处（图 8-4-9），不同施工方式，会出现不同的结果。

图 8-4-9 中窗口左下角为完整面砖进行粘贴，而右下角则采用异型砖进行粘贴，经过耐候试验后，发现采用异型砖的窗角处面砖出现了开裂情况。

图 8-4-9 耐候试验后的外墙外保温面砖系统

8.4.5 外保温粘贴面砖系统性能要求

面砖饰面保温系统在满足一般外保温工程基本要求的同时，还应满足的技术要求见表 8-4-5。

按照建设部发布的《外墙饰面砖工程施工及验

收规程》(JGJ 126—2000）中的要求，需在施工现场对已施工完毕的瓷砖进行拉拔试验，实测值应不低于0.4MPa，这个数值已超出100m高空最大负风压值的100倍。此标准值的确定，一是根据在北京、哈尔滨、珠海、河南等地不同气候条件下对不同工程的实测和试验室的验证，并考虑了各地气候特征、工程现场和试验室两类试件饰面砖脱落的临界值及概率，也考虑了面砖的吸水率、温度变形、风压的正负作用、台风作用、急冷急热、耐候作用的影响而确定的；二是参照了“日本建设大臣官房厅营缮部监修”的两个标准。应该说，只要施工现场的面砖拉拔强度能够达到标准的要求，面砖饰面的连接安全性就能得到保证。

面砖饰面外保温系统性能指标　　表8-4-5

试验项目		性能指标
耐候性	外观	无可渗水裂缝，无粉化、空鼓、剥落现象
	面砖与抗裂层拉伸粘结强度（MPa）	≥0.4
吸水量（g/m^2）		≤1000
水蒸气透过湿流密度［g/（m^2·h)］		≥0.85
耐冻融	外观	无可渗水裂缝，无粉化、空鼓、剥落现象
	面砖与抗裂层拉伸粘结强度（MPa）	≥0.4
不透水性		抗裂层内侧无水渗透

8.5　外保温粘贴面砖系统的施工与工程实例

8.5.1　工艺流程

8.5.1.1　玻纤网格布增强粘贴面砖的工艺流程

保温层施工→抹抹面砂浆→铺贴翻包及增强网格布→抹抹面砂浆→铺压网格布→抹抹面砂浆→铺压网格布→尼龙胀栓锚固→粘贴面砖→勾缝。

8.5.1.2　钢丝网增强粘贴面砖的工艺流程

保温层施工→抹抗裂砂浆→铺贴热镀锌四角网→尼龙胀栓锚固→抹抗裂砂浆→粘贴面砖→勾缝。

8.5.2　施工要点

8.5.2.1　玻纤网增强粘贴面砖抹面层施工要点

玻纤网格布的铺设方法为两道抹面砂浆法。用不锈钢抹子在聚苯板表面均匀涂抹一层面积略大于一块玻纤网格布的抹面砂浆，厚度约为1～2mm。立即将玻纤网格布压入湿的抹面砂浆中，待砂浆稍干至可以碰触时，再用抹子涂抹第二道抹面砂浆，厚度约为2～3mm，直至玻纤网格布全部被覆盖。此时，玻纤网格布均在两道抹面砂浆的中间。抹面砂浆的总厚度应控制在单层玻纤网格布4～6mm，双层玻纤网格布6～8mm。

玻纤网格布的铺设应自上而下沿外墙进行。当遇到门窗洞口时，应在洞口四角处沿45°方向补贴一块标准玻纤网格布，以防开裂。标准玻纤网格布间应相互搭接至少150mm，但加强网格布间须对接，其对接边缘应紧密。翻网处网宽不少于100mm。窗口翻网处及起始第一层起始边处侧面打水泥胶，面网用靠尺归方找平，胶泥压实。翻网处网格布需将胶泥压出。外墙阳、阴角直接搭接200mm。铺设玻纤网格布时，玻纤网格布的弯曲面应朝向墙面，并从中央向四周用抹子抹平，直至玻纤网格布完全埋入抹面胶浆内，目测无任何可分辨的玻纤网格布纹路。如若有裸露的玻纤网格布，应再抹适量的抹面砂浆进行修补，所有玻纤网格布搭接处，均严禁干搭接，玻纤网格布之间抹面砂浆应饱满。

8.5.2.2　钢丝网粘贴面砖抹面层施工要点

保温层验收合格后，在保温层上抹第一遍抗裂砂浆，厚度控制在2～3mm。根据结构尺寸裁剪热镀锌电焊网分段进行铺贴，热镀锌电焊网的长度最长不应超过3m，为使边角施工质量得到保证，施工前预先用钢网展平机、液压剪网机、钢网液压成型机将边角处的热镀锌电焊网折成直角。在裁剪网丝过程中不得将网形成死折，铺贴过程中不应形成网兜，网张开后应顺方向依次平整铺贴，先用14号钢丝制成的U形卡子卡住热镀锌电焊网使其紧贴抗裂砂浆表面，然后用尼龙胀栓将热镀锌电焊网锚固在基层墙体上，双向间隔500mm梅花状分布，有效锚固深度不得小于25mm，局部不平整处用U形卡子压平。热镀锌电焊网之间搭接宽度不应小于50mm，搭接层数不得大于3层，搭接处用U形卡子、钢丝或胀栓固定。窗口内侧面、女儿墙、沉降缝等热镀锌电焊网起始和收头处应用水泥钉加垫片或尼龙胀栓使热镀锌电焊网固定在主体结构上。

热镀锌电焊网铺贴完毕经检查合格后抹第二遍抗裂砂浆，并将热镀锌电焊网包覆于抗裂砂浆之中，抗裂砂浆的总厚度宜控制在10mm±2mm，薄厚均匀。抗裂砂浆面层应达到平整度和垂直度要求。

8.5.2.3　粘贴面砖

饰面砖粘贴施工按照《外墙饰面砖工程施工及验收规程》(JGJ 126) 规定执行，面砖粘结砂浆层厚度宜控制在3～5mm，面砖缝宽度不应小于5mm，面砖宽缝每六层楼宜设一道，宽度为20mm；面砖边长大于100mm时，阴阳角处面砖宜选用异形角砖，阳角处不宜采用边缘加工成45°角的面砖对接。在水平阳角处，顶面排水坡度不应小于3°；应采用顶面面砖压立面面砖，立面最低一排面砖压底平面面砖等做法，并应设置滴水构造。

粘贴面砖时应使用柔性瓷砖粘结砂浆，必须保证面砖的实际粘结面积为100%粘结；施工时可使用锯齿抹灰刀往墙面上涂抹瓷砖胶粘剂，然后把面砖揉按于胶粘剂中并压实，必要时揭下检查背面的料浆面积。在使用纸张砖进行施工作业时，宜先在墙上薄抹粘结砂浆，再在纸张砖上薄抹粘结砂浆，最后把面砖揉按于粘结砂浆中并压实。不宜在纸张砖上薄抹粘结砂浆直接粘贴于墙面上，原因是粘结砂浆厚度达不到要求，粘结面积更难以保证。

8.5.2.4　面砖勾缝

面砖勾缝应选用具有柔性高憎水性的勾缝粉。勾缝时，先勾水平缝再勾竖缝，面砖缝要凹进面砖外表面2～3mm。勾缝完毕时应对大面积外墙面进行检查和清理，保证美观。

8.5.3　工程实例

8.5.3.1　北京滨都苑

北京滨都苑位于朝阳区麦子店北路及农展馆西路道口，西侧为麦子店西路，南侧为农展馆北路，东北侧为绿化带及平房灌渠。建筑物地上20层，建筑高度61m，总建筑面积为19043m^2，分东西向南北向2座塔楼，平面形状为L形，首层为商业用房，2～20层为普通住宅；地下一层为汽车库及设备用房，地上2层为六级人防。外保温为胶粉聚苯颗粒贴砌聚苯板外墙保温面砖饰面做法，面积约10000m^2。

该工程质量符合相关规定要求，竣工后一次性验收合格。

8.5.3.2　北京永泰花园小区

北京永泰花园小区建设单位为天鸿集团，设计单位为天鸿圆方设计院，施工单位为北京城建一公司。

该工程建筑面积 50000m²，结构形式为剪力墙，建筑檐高 21.5m，建筑层数为 6 层，外墙保温面积 20000m²，节能标准为 50%，开工时间 2004 年 8 月，竣工时间 2004 年 11 月。

该工程外墙保温采用胶粉聚苯颗粒贴砌聚苯板外墙保温面砖饰面做法，胶粉聚苯颗粒与聚苯板复合保温层聚苯板厚度为 50mm，胶粉聚苯颗粒内粘结层 20mm 厚，外找平层 10mm 厚。抗裂防护层采用抗裂砂浆复合热镀锌钢丝网并用塑料胀栓锚固，饰面层采用压折比小于 3 的面砖专用粘结砂浆粘贴面砖。整个系统无空腔，抗风荷载、抗开裂、耐候能力强，在保温节能的同时满足粘贴面砖安全性要求。

该工程质量符合相关规定要求，竣工后一次性验收合格。

8.5.3.3 青岛鲁信长春花园

青岛鲁信长春花园是由山东鲁信置业有限公司投资建设，工程地址位于青岛市银川东路 1 号，建筑面积大约 99 万 m²，建筑结构分为混凝土现浇钢丝网架聚苯板和框架剪力墙填充加气混凝土砌块结构，共计 99 栋楼。

8.6 总　　结

虽然外保温系统应优先采用涂料饰面系统，但由于面砖饰面有着诸多不可替代的优点，以及人们审美观念的不同，外保温工程中仍在大量使用面砖作为饰面材料，甚至在超高层建筑也在广泛使用。因此，如何保证外保温粘贴面砖的安全和质量，成为外保温行业必须关注和解决的难题。

通过模拟计算，外保温粘贴面砖增加的自重对系统的影响非常小，系统与基层墙体连接是足够安全的。外保温粘贴面砖系统出现面砖空鼓脱落的界面，一是在抗裂砂浆层表面，二是在面砖与胶粘剂之间，因此必须对抗裂砂浆层进行增强，并且设置锚栓，使抗裂砂浆层与基层墙体相连接，把外力传递给基层，由基层来承担。抗裂砂浆层的增强网以选用热镀锌四角钢丝网为好，可有效地保护保温层，同时由于四角网与水泥抗裂砂浆具有良好的握裹力，增强了水平方向与垂直方向的抗拉强度，大大改善了面砖粘贴基层的强度。

外保温粘贴面砖系统的材料应满足相关标准的要求，还应具有一定的厚度要求、柔韧性、防水性等，以满足各项材料功能的需要。当然，工程施工质量对材料发挥相应功能有着至关重要的影响，应严格按照施工工法进行施工作业。

9 外保温资源综合利用

9.1 概　　述

在建筑节能领域，外墙外保温系统以其热工性能好、保温效果高、综合投资低、可以延长建筑结构寿命等特点，已经成为我国建筑外墙节能保温的主要技术。但是，外保温系统产品主要由有机高分子材料和水泥等组成，生产中需消耗大量的能源和资源，甚至排放大量“三废”，因而在实现建筑节能的同时，又消耗了大量的能源和资源。同时，我国存在大量的废聚苯乙烯塑料、废聚酯塑料、废橡胶轮胎、废纸、粉煤灰、尾矿砂等固体废弃物，占用大量土地，严重污染环境。2010 年 2 月 9 日，环境保护部、国家统计局、农业部联合发布《第一次全国污染源普查公报》，公布了全国固体废弃物排放情况：工业固体废弃物产生总量 38.52 亿 t，综合利用量 18.04 亿 t，处置量 4.41 亿 t，本年储存量 15.99 亿 t，倾倒丢弃量 4914.87 万 t。因此，以固体废弃物作为部分原料开发外墙外保温系统，可以降低生产能耗，符合循环经济节能减排发展的要求，是外墙外保温技术发展的一个重要方向。

固体废弃物在建筑外墙外保温产品系统中的综合利用技术已经得到了广泛而深入的研究，其中，“胶粉聚苯颗粒外墙外保温材料”于 2002 年被北京科委认定为北京市火炬计划项目，并于 2002 年被国家科技部评为国家重点新产品；“再生聚氨酯外墙外保温材料”获国家科技部《2004 年国家重点新产品》证书。为了推进粉煤灰、尾矿砂、废橡胶颗粒和废纸纤维等固体废弃物在外墙外保温系统产品中的应用，国内外墙保温行业开发了大量利用粉煤灰、尾矿砂、废橡胶颗粒和废纸纤维等固体废弃物的外墙外保温系统的配套砂浆产品，并在胶粉聚苯颗粒外墙外保温系统、喷涂硬泡聚氨酯外墙外保温系统、胶粉聚苯颗粒贴砌聚苯板外墙外保温系统、现浇无网聚苯板外墙外保温系统、现浇有网聚苯板外墙外保温系统等 10 种外墙外保温系统中大量应用。其中：每种干拌砂浆产品中粉煤灰和尾矿砂固体废弃物的质量含量都在 30%以上，每种外墙外保温系统中粉煤灰和尾矿砂固体废弃物的质量含量都在 50%以上，取得了良好的经济效益和社会效益。胶粉聚苯颗粒系统及其复合系统在国内已经得到了较为广泛的应用，大量的工程实践证明，固体废弃物在外保温系统中的综合利用技术，不但没有降低外保温系统的质量，而且可以提高外保温系统的抗裂、耐候等性能。

9.2 资源综合利用评价

9.2.1 外墙外保温系统及组成材料固体废弃物含量

传统建材工业发展，主要依靠资源的高消耗来支撑，是典型的资源依赖型行业。根据测算，2007 年全国建材行业共消耗各种矿产资源 46.1 亿 t，其中，墙体材料资源消耗量 24.1 亿 t，占建材行业资源消耗总量的 52.3%，水泥资源消耗量 17.9 亿 t，占建材行业资源消耗总量的 38.8%。仅这两个行业，资源消耗占建材全行业资源消耗的 90%以上。

建材工业资源消耗量大，同时也是工业部门中利用固体废弃物最多的产业。许多工业废弃物都可用作建材生产的替代原料和燃料，发展绿色建材。

《绿色建筑评价标准》（GB/T 50378—2006）提出，在满足使用性能的前提下，鼓励使用利用建筑废弃物再生骨料制作的混凝土砌块、水泥制品和配制再生混凝土；鼓励使用利用工业废弃物、农作物秸秆、建筑垃圾、淤泥为原料制作的水泥、混凝土、墙体材料、保温材料等建筑材料；鼓励使用生活废弃物经处理后制成的建筑材料。为保证废弃物使用达到一定的数量要求，该标准规定了使用以废弃物生产的建筑材料的重量占同类建筑材料的总重量比例不低于30%。例如，建筑中使用石膏砌块作内隔墙材料，其中以工业副产石膏（脱硫石膏、磷石膏等）制作的工业副产石膏砌块的使用重量占到建筑中使用石膏砌块总重量的30%以上，则满足该条款要求。

但是，目前尚无评价绿色建材的标准，为了规范绿色建材生产和使用，推动绿色建筑的发展，国内建材行业还应该继续努力，积极开展相关工作并推动相关标准的制定与施行。

9.2.2 外墙外保温系统及组成材料生产能耗量和废物排放量

建材生产过程中的单位耗能量和废气、废渣排放量，应该作为评价绿色建材的重要因素之一。近年来，建材工业能耗随着产品产量的提高，也逐年增大，建材工业企业能源消耗总量已从2001年近1亿t标准煤增加到2008年的2.09亿t标准煤。建材工业以窑炉生产为主，以煤为主要消耗能源，生产过程中产生的污染物对环境有较大的影响，主要排放的污染物有粉尘和烟尘、二氧化硫、氮氧化物等，特别是粉尘和烟尘的排放量大。2008年排放总量达到461.2万t，分别占全国工业总排放量的36.7%，占全国总排放量的31%。

建材高资源消耗和高污染排放的状况必须改变。因此，提高对可持续发展战略重要性的认识，努力发展绿色建材、生态建材、环保建材，从根本上改变我国建材工业长期以来存在的高投入、高污染、低效益的粗放型生产方式，选择资源节约型、污染最低型、质量效益型、科技先导型的发展方式，把建材工业的发展和保护生态环境、污染治理有机结合起来，是21世纪我国建材工业的战略目标，是历史发展的必然趋势。

9.3 固体废弃物综合利用

9.3.1 固体废弃物在保温材料中的综合利用

按照“十一五”规划，我国在发展建筑节能的同时，应该注意环境保护和资源节约的问题，应该发展不与能源争资源的建筑节能产品和技术。近几年来，随着世界经济的发展，特别是中国、印度等发展中国家经济的快速增长，对石油等战略物资的需求增长很快，从而造成石油供求关系发生变化，引发了石油价格的一路飙升。

我国外墙外保温系统中保温材料主要是聚苯板和聚氨酯等有机保温材料，在生产过程中需要大量消耗石化能源。与石油价格紧密关联的石化制品，如苯乙烯单体，是制备可发性聚苯乙烯颗粒的主要原料，也随着石油价格的增长而快速增长。聚酯多元醇是聚氨酯保温材料重要组成成分之一，主要生产途径是通过化工原料进行合成，也需要消耗大量的石油；在现今能源短缺的情况下，如果大量使用聚苯板和聚氨酯，就等于一方面节能，另一方面耗能。

我国是一个资源能源相对紧张的国家，应该给予保温材料工业环保问题以足够的重视，积极发展与环境相协调的保温材料制品，从原材料准备（开采或运输）、产品生产及使用，以及日后的处理问题，都应要求最大限度地节约资源和减少对环境的危害。大量利用废弃物生产保温材料制品，既节约了自然资源，降低了废弃物对环境的压力，同时在生产过程中也减少了能源消耗。

9.3.1.1 废聚苯乙烯泡沫塑料

聚苯乙烯泡沫塑料（EPS）具有质轻、吸振、低吸潮、易成型及价格低等特点，广泛应用于电器、仪器仪表、工艺品和其他易损贵重物品的防振包装及快餐食品包装。这些包装材料大都是一次性使用，废弃量大，而且由于聚苯乙烯塑料具有化学性质稳定、密度小、体积大、耐老化、抗腐蚀等特点，不能自行降解，从而给环境造成了日益严重的污染，被形象地比喻为“白色污染”，能够将其回收利用，既可变废为宝，而且也解决了“白色污染”问题，具有良好的经济效益和社会效益。目前，废聚苯乙烯泡沫的回收利用主要有以下四种途径。

1. 轻质保温建材

废弃的EPS泡沫塑料先被破碎，然后与混凝土搅拌在一起制成轻质砌砖，用这种EPS轻质混凝土制成的墙体材料被认定为不燃性建材，它具有良好的保温隔声效果，EPS轻质混凝土在房屋建筑和道路修筑中还可作为防冻材料使用。另外，EPS破碎料还可制成轻质砌块、内外墙的保温砂浆和轻质砂浆等。胶黏土和EPS破碎料按一定比例混合，在高温下焙烧，EPS破碎料被烧灼从而制成有空心结构的黏土砖，这种砖具有较高的强度和优良的绝热性能。

2. 填充硬质聚氨酯泡沫塑料

硬质聚氨酯泡沫塑料的生产工艺一般是双组分反应成型，成型之前的组分黏度不高，反应速度比较快，并且有热量释放，故废弃EPS破碎料可满足其填充要求：成本低，来源广；闭孔结构，吸水率低；有一定的耐热性；两者有一定的结合强度，物理性能也较接近。

3. 解聚再生

制造苯乙烯单体，经消泡处理的废弃EPS泡沫塑料粉碎至3～5mm的颗粒，可用于制备苯乙烯单体。

苯乙烯聚合物中较为薄弱的环节恰好是在各个单体连续的键，经高温加热便生成苯乙烯单体，即解聚过程：

$$\left[\underset{\text{C}_6\text{H}_5}{\text{CH}} - \text{CH}_2 \right]_n \longrightarrow n\,\underset{\text{C}_6\text{H}_5}{\text{CH}}=\text{CH}_2$$

目前国内外对此都有成功的技术，但它需要消耗大量的石油，并且这几年随着原材料的大幅度涨价，其综合生产已经超出了普通生产成本。据初步计算，再生1吨EPS消耗的石油量是普通情况下的1.1～1.2倍。

4. 胶粉聚苯颗粒浆料

胶粉聚苯颗粒外墙外保温系统的组成材料，在生产过程中大量利用废聚苯乙烯泡沫等固体废弃物。胶粉聚苯颗粒浆料是由胶粉料和聚苯颗粒轻骨料加水搅拌成浆料，可批抹于基层墙体成型为保温材料，也可与其他保温材料复合，形成复合型的保温系统。该浆料所用的聚苯颗粒轻骨料占保温材料体积的80%以上，完全采用回收的废聚苯乙烯泡沫粉碎而成。仅施工30mm厚就可满足南方地区50%节能标准对墙体传热系数的要求，北方地区则可采用复合型的保温系统，例如胶粉聚苯颗粒贴砌聚苯板外墙外保温系统，该系统的胶粉聚苯颗粒浆料使用总厚度一般在25～40mm。以胶粉聚苯颗粒保温材料的厚度为30mm计算，每施工胶粉聚苯颗粒外墙外保温100万m^2，可消耗废聚苯乙烯泡沫塑料“白色污染”3万m^3。以每年新建建筑总量20亿m^2，墙面面积占建筑面积60%，胶粉聚苯颗粒保温浆料使用占新建建筑总量的10%来计算，全国每年施工胶粉聚苯颗粒外墙外保温1.2亿m^2，可消耗废聚苯乙烯泡沫塑料“白色污染”360万m^3。胶粉聚苯颗粒外墙外保温系统中的界面砂浆、保温胶粉、抗裂砂浆、面砖粘结砂浆、勾缝胶粉等配套砂浆中还可大量利用粉煤灰、尾矿砂、废纸纤维、废橡胶颗粒等固体废弃物，其综合利用率可达50%以上。胶粉聚苯颗粒涂料饰面系统每平方米砂浆耗量为17kg左右，胶粉聚苯颗粒面砖饰面系统每平方米砂浆耗量为30kg左右，按全国每年施工胶粉聚苯颗粒外墙外保温1.2亿m^2，可利用粉煤灰、尾矿砂等固体废弃物100～180万t。

胶粉聚苯颗粒外墙外保温系统的应用，特别是行业标准《胶粉聚苯颗粒外墙外保温系统》（JG 158—2004）的出台，使“白色污染”废聚苯乙烯泡沫塑料成为了市场上紧俏的商品，为我国处理聚苯乙烯泡沫塑料“白色污染”作出了巨大的贡献，并将继续发挥重要的作用。

9.3.1.2 废聚酯塑料瓶

目前市场上大量碳酸饮料、矿泉水、食用油等产品包装瓶几乎都是用聚酯制作的。据统计，我国年生产和消耗聚酯瓶在12亿只以上，折合聚酯废料为6.3万t。世界范围内每年消耗的聚酯量为1300万t，其中用于包装饮料瓶的聚酯量达15万t。废旧聚酯瓶进入环境，不能自发降解，将造成严重的环境污染和资源浪费。因此如何有效地循环利用废旧聚酯瓶是一项非常重要、非常有意义的工作。

再生聚氨酯外墙外保温材料的原料聚酯多元醇可采用废聚酯塑料瓶回收制得。将回收的废旧聚酯瓶等固体废弃物经过化学处理制成聚酯多元醇，作为聚氨酯组合聚醚的组分，再合成聚氨酯保温材料并应用于外墙保温工程中。

再生聚氨酯外墙外保温材料的组合聚醚中废弃聚酯瓶的利用率高达30%（按质量计算）。以北京地区为例，喷涂硬泡聚氨酯保温层厚度达到40～50mm时，每平方米消耗聚氨酯白料（0.6～0.7）kg左右，则每平方可回收利用聚酯瓶约10个500mL/个。采用再生的喷涂硬泡聚氨酯外墙外保温每施工100万m^2，可回收利用聚酯瓶1000万个，折合成体积可消除白色污染约5000m^3。

9.3.1.3 废聚氨酯

聚氨酯因其可发泡性、弹性、耐磨性、耐低温性、耐溶剂性、耐生物老化等优良性能而广泛应用于机电、船舶、航空、车辆、土木建筑、轻工、纺织等部门，其制品种类繁多。聚氨酯工业的迅猛发展使其产量与日俱增，也由此导致了大量废弃物的产生，包括生产中的边角料和使用老化报废的各类聚氨酯材料，因此废旧聚氨酯的回收利用成为迫切需要解决的问题。目前，聚氨酯废弃物的回收利用方法主要分为物理法和化学法。

1. 物理回收法

物理回收法是利用粘结、热压、挤出成型等方法使聚氨酯废弃物回收利用，也包括通过粉碎的方法将聚氨酯废料粉碎成细片或粉末作为填料，主要包括粘结成型法、填料法和热压成型法三种回收途径。

1）粘结成型法

粘结成型法是将废旧聚氨酯泡沫粉碎成细片状，涂撒聚氨酯胶粘剂，混合均匀后，在一定温度和压力下成型，所得到的再生粘结聚氨酯泡沫可用作垫材、支撑物等。该法适用于各类废旧聚氨酯的回收。

2）填料法

通常是将聚氨酯废料粉碎成细片或粉末，作为填料混入新的PU原料中制成成品。该法不但使废旧聚氨酯材料得到回收，而且还可有效地降低制品成本，可用于制备吸能泡沫和隔声泡沫。将废聚氨酯粉末投加到生产原部件的原料中，再次生产相同部件，可在一定范围内不影响到部件的性能。在日本，已将废旧硬质PU泡沫塑料用作灰浆的轻质骨料。

3）热压成型法

某些聚氨酯材料在100～220℃温度范围内具有一定的热软化可塑性能。因此，将聚氨酯泡沫废料粉碎后再在该温度段热压成型，可以完全不使用胶粘剂就能使其相互粘结在一起。热压成型的条件与废旧聚氨酯的种类及再生制品有关。

2. 化学回收法

化学回收法是指聚氨酯材料在化学降解剂的作用下，降解成低相对分子质量物质。聚氨酯的聚合反应是可逆的，控制一定的反应条件，聚合反应可以逆向进行，会被逐步解聚为原反应物或其他的物质，然后再通过蒸馏等设备，可以获得纯净的原料单体多元醇、异氰酸酯、胺等。根据所用降解剂的不同，聚氨酯材料的化学回收方法可分为醇解法、水解法、碱解法、氨解法、胺解法、热解法、加氢裂解法和磷酸酯降解法等，各种方法所产生的分解产物不同，醇解法一般生成多元醇混合物，水解法生成多元醇和多元胺，碱解法生成胺、醇和相应碱的碳酸盐，氨解法生成多元醇、胺、脲，热解法生成气态与液态馏分的混合物，而加氢裂解法主要产物为油和气。

化学回收法发展相对较晚，直到现在仍有新的降解方法不断出现。由于其技术难度较高，短时期内还难以实现大规模工业化。

9.3.2 固体废弃物在砂浆产品中的综合利用

按照“十一五”规划，本着发展不与能源争资源的建筑节能产品和技术路线，在外保温系统砂浆中的综合应用上，业内开展了大量关于粉煤灰、尾矿砂、废纸纤维、废橡胶颗粒等固体废弃物综合利用的试验研究，目前，技术成果已经广泛应用于各种外墙保温砂浆和配套砂浆的生产中。

9.3.2.1 粉煤灰

粉煤灰是一种大宗工业废料，2010 年 9 月 15 日，国际环保组织绿色和平在北京发布《煤炭的真实成本——2010 中国粉煤灰调查报告》指出，随着火电装机容量从 2002 年开始爆炸式增长，中国的粉煤灰排放量在过去 8 年间增加了 2.5 倍，火力发电产生的粉煤灰排放已经成为中国工业固体废弃物的最大单一污染源，但这种对环境和公众健康损害巨大的污染物却长期被忽视。2009 年，中国粉煤灰产量达到了 3.75 亿 t，相当于当年中国城市生活垃圾总量的两倍多，其体积可达到 4.24 亿 m^3，相当于每两分半钟就倒满一个标准游泳池，或每天一个“水立方。”粉煤灰大量堆积不仅占用了土地，而且污染空气和堆积处的地下水源，对环境的危害很大，但是粉煤灰又是一种具有潜在火山灰活性的物质，颗粒很细，能为建材工业所用。目前，我国粉煤灰在建材工业中的应用主要包括：路基填充材料、墙体材料、粉煤灰水泥和混凝土掺合料等。如何提高粉煤灰的利用率及利用水平，实现粉煤灰的高附加值利用，仍是需要研究的重要课题。

粉煤灰是火力发电厂燃煤粉锅炉排出的且，具有火山灰活性的工业废渣。由于煤的燃烧温度、煤的种类、灰分、熔点和冷却条件的不同，造成粉煤灰的微观形态及显微成分的不同，主要有以下几种形态：

（1）球形颗粒：球形颗粒包括漂珠、空心沉珠、复珠、密实沉珠和富铁微珠。这类颗粒形状规则、大小不一，表面致密光滑，是干排粉煤灰的主要颗粒形态，前四种含有较高的活性，富铁微珠活性较差。

（2）不规则多孔玻璃颗粒：这类颗粒主要由玻璃体组成，成海绵状、蜂窝状形状不规则的多孔颗粒。此类颗粒富集了粉煤灰中较多的 SiO_2 和 Al_2O_3，颗粒比表面积大，活性较好，具有一定的吸附能力。

（3）钝角颗粒：主要是粉煤灰中的石英颗粒未熔融或部分熔融的残留颗粒，不具有水化活性。

（4）微细颗粒：这些颗粒非常细小，主要是各种颗粒的碎屑和各种颗粒的粘聚体，有的团聚体絮状结构，其所含成分主要为无定形 SiO_2 和少量石英碎屑。

（5）含碳颗粒：含碳颗粒为规则多孔颗粒，易破碎成多孔。

粉煤灰的化学组成很大程度上取决于原煤的无机物组成和燃烧条件。粉煤灰 70%以上通常都是由氧化硅、氧化铝和氧化铁组成，典型的粉煤灰中还有钙、镁、钛、硫、钾、钠和磷的氧化物。粉煤灰中另一重要的化学组成为未燃碳分，这些未燃碳分对粉煤灰的应用影响非常大。ASTM 根据粉煤灰中 CaO 的含量将粉煤灰分为高钙 C 类粉煤灰和低钙 F 类粉煤灰。

高钙 C 类粉煤灰：褐煤或亚烟煤的粉煤灰，$SiO_2+Al_2O_3+Fe_2O_3 \geqslant 50\%$；

低钙 F 类粉煤灰：无烟煤或烟煤的粉煤灰，$SiO_2+Al_2O_3+Fe_2O_3 \geqslant 70\%$。

粉煤灰的矿物相主要为无定形玻璃体，高钙灰中的玻璃体通常含有较高的阳离子改性剂，聚合度比较低，活性较高；低钙灰中的玻璃体通常含有较低的阳离子改性剂，聚合度比较高，活性较低。高钙灰中存在的主要晶体相为硬石膏、铝酸三钙、黄长石、默硅钙石、方镁石和石灰，硬石膏、铝酸三钙和石灰具有水硬性，因此高钙灰具有自硬性，但是由于过烧石灰的存在，体积安定性不良。低钙灰中存在的主要晶体相为莫来石、石英和磁铁矿，它们化学性质稳定，在水泥-粉煤灰体系不参加化学反应。

粉煤灰在砂浆或混凝土的作用可归结为“形态效应”、“活性效应”、“微集料效应”三个基本效应。

(1) 形态效应：所谓形态效应，泛指各种应用于砂浆或水泥混凝土中的矿物质粉料，由其颗粒的外观、内部结构、表面性质、颗粒级配等物理性质所产生的效应。粉煤灰作为天然火山灰材料的形态效应是正效应大于负效应。正效应包括对水泥混凝土的减水作用、致密作用以及一定的匀质化作用等综合结果。负效应是因粉煤灰在形貌学上的不匀质性，如内含较粗的、多孔的、疏松的、形状不规则的颗粒占优势，丧失了所有物理效应的优越性，且会损害砂浆或混凝土原来的结构和性能的副作用。近年来，大量的应用实践都证实，粉煤灰的形态的正效应占极大的优势，而负效应可以通过一定的手段加以抑制和克服。

(2) 活性效应：粉煤灰的活性效应是指砂浆或水泥混凝土中粉煤灰的活性成分所产生的化学效应。若将粉煤灰用作胶凝组分，则这种效应自然就是最重要的基本效应。活性效应的高低取决于反应的能力、速度及其反应产物的数量、结构和性质等因素。低钙粉煤灰的活性效应主要是火山灰反应的硅酸盐化；高钙粉煤灰的活性还包括水泥和粉煤灰中石灰和石膏等成分激发活性氧化铝较高的玻璃相，生成钙矾石结晶的反应以及后期的钙矾石晶体的变化。粉煤灰水化反应的主要产物当然是在粉煤灰玻璃微珠表层生成的火山灰反应产物。据鉴定证实，该产物是 I 型或 II 型的 CSH 凝胶，它与水泥的水化产物类似。火山灰反应产物与水泥的水化产物交叉连接，对促进强度增长（尤其是抗拉强度的增长）起了重要的作用。粉煤灰玻璃相组分的二次水化反应对水泥水化反应的辅助作用，只有到硬化的后期，才能比较明显显示出来，主要表现为化学活性效应。这说明了粉煤灰火山灰反应具有潜在性质的特点，在砂浆或混凝土反应的初期影响很小，主要在界面发生反应，改善砂浆或混凝土胶凝材料和骨料界面状态，增加其抗拉和抗折强度。

(3) 微集料效应：粉煤灰的微集料效应是指粉煤灰微细颗粒均匀分布于水泥浆体的基体之中，就像微细的集料一样。与水泥凝胶相比，熟料颗粒不但本身的强度高，而且它与凝胶的结合强度也高。在水泥浆体中掺加矿物质粉料，可以取代部分水泥熟料，矿物质粉料也能起到微集料的作用。这样节约了水泥，也就节约了能源。粉煤灰微集料效应之所以优越，主要因为粉煤灰具有不少微集料的优越性能：

1) 玻璃微珠本身强度很高，厚壁空心微珠的抗压强度在 700MPa 以上。

2) 微集料效应明显地增加了硬化浆体的结构强度。对粉煤灰颗粒和水泥净浆间的显微硬度大于水泥凝胶的显微硬度。

3) 粉煤灰微粒在水泥浆体中分散状态良好，有助于新拌砂浆和硬化砂浆均匀性的改善，也有助于砂浆中孔隙和毛细孔的填充和“细化”。

为研究粉煤灰在砂浆中的作用及合理掺量，科研人员通过大量试验，分别从水泥-粉煤灰体系、生石灰-硫酸钠-粉煤灰体系、熟石灰-硫酸钠-粉煤灰体系、水泥-激发剂-粉煤灰体系和水泥-减水剂-粉煤灰体系中对粉煤灰在砂浆中的作用、粉煤灰与激发剂、减水剂的适应性等方面进行了研究，得出以下结论：

(1) 水泥-粉煤灰体系

粉煤灰具有减水作用，可以改善的砂浆的施工性，降低胶砂的压折比，当粉煤灰掺量小于 60%时，粉煤灰可以提高水泥-粉煤灰胶砂的抗折强度。

(2) 生石灰-硫酸钠-粉煤灰体系

砂浆的需水量随粉煤灰掺量的增加而降低，但是降低幅度不大，当粉煤灰掺量由 60%增加到 90%时，水灰比仅降低 10%。

生石灰-硫酸钠-粉煤灰体系胶砂的抗压强度和抗折强度，随养护时间的延长而增加，随粉煤灰掺量的增加变化不明显，生石灰-粉煤灰胶砂的早期抗压强度和抗折强度（养护龄期为 3d）都很低，后期抗压强度和抗折强度（养护龄期为 28d）提高较明显，但是绝对强度都不高，抗压强度仅为水泥胶砂抗压强度的 30%左右，抗折强度也仅为水泥胶砂抗折强度的 50%左右。另外，生石灰使用过程中存在体积安定性不良的现象。

(3) 熟石灰-硫酸钠-粉煤灰体系

熟石灰-硫酸钠-粉煤灰体系的砂浆需水量随粉煤灰掺量的增加而降低，但是降低幅度不大，当粉煤灰掺量由60%增加到90%时，水灰比仅降低5%，需水量比同等粉煤灰掺量的生石灰-硫酸钠-粉煤灰体系砂浆的需水量要高10%左右。熟石灰-硫酸钠-粉煤灰体系胶砂的抗压强度和抗折强度，随养护时间的延长而增加，随粉煤灰掺量的增加变化不明显，熟石灰-粉煤灰胶砂的早期抗压强度和抗折强度（养护龄期为3d）都很低，后期抗压强度和抗折强度（养护龄期为28d）提高较明显，但是绝对强度都不高，抗压强度仅为水泥胶砂抗压强度的25%左右，抗折强度也仅为水泥胶砂抗折强度的50%左右。熟石灰-粉煤灰砂浆的施工性很好，熟石灰在熟石灰-硫酸钠-粉煤灰体系中具有增塑作用。

(4) 水泥-激发剂-粉煤灰体系

水泥-粉煤灰体系添加粉煤灰活性激发剂后需水量都有不同程度的增大，其中添加氯化钙需水量增加最多，掺加量为3%时，水灰比增加15%。

水泥-粉煤灰体系添加粉煤灰活性激发剂后，水泥-粉煤灰胶砂早期（养护3d）抗压强度和抗折强度均有5%～25%的提高，并且提高幅度随着激发剂掺量的增加而增大，说明硫酸钠、氯化钙、三乙醇胺和甲酸钙都能提高水泥-粉煤灰胶砂的早期强度，其中氯化钙的效果最明显；水泥-粉煤灰胶砂后期（养护28d）抗压强度和抗折强度提高不大，并且随着激发剂掺量的增加，掺加氯化钙和甲酸钙的胶砂强度降低，比未加激发剂的胶砂强度有所降低。硫酸钠和三乙醇胺对后期强度没有不良的影响。

(5) 水泥-硫酸盐-高效减水剂-粉煤灰体系

水泥-粉煤灰体系掺加高效减水剂后水灰比都大幅度降低，掺加木质磺酸盐减水剂、三聚氰胺和萘系磺酸盐减水剂水灰比降低分别为8%、18%和16%。水泥-粉煤灰体系掺加木质磺酸盐减水剂后早期强度（养护3d）降低20%左右，后期强度（养护28d）稍有提高；掺加三聚氰胺和萘系磺酸盐减水剂早期强度（养护3d）提高20%左右，后期强度（养护28d）提高25%左右。木质磺酸盐减水剂的引气作用是使其强度增高不多的原因。

(6) 在水泥-粉煤灰-硫酸钠-熟石灰-硅灰胶凝体系

体系中生成钙矾石是体系抗压强度提高的原因，如果要提高体系的抗压强度，可增加体系硫酸钠的掺加量，但是掺加过多的硫酸钠会产生泛碱现象，硅灰可以有效地防止泛碱，因此在增加硫酸钠的同时，要适当的增加硅灰的掺量。粉煤灰玻璃球体与氢氧化钙、氢氧化钠发生界面反应，生成水合硅酸钙和水合铝酸钙界面相替代氢氧化钙界面相是体系抗折强度提高的原因，氢氧化钠提高了体系界面反应的速度。

粉煤灰中的莫来石、石英和磁铁矿等晶体相以及球形玻璃体在水泥水化的条件下均没有发生反应，激发剂的加入加快了球形玻璃体界面反应的速度，改变了水合硅酸钙凝胶与球形玻璃体的界面的状态，使其由薄弱的氢氧化钙转相变为水合硅酸钙相，从而提高了体系的强度，尤其是抗折强度。

9.3.2.2 *尾矿砂*

尾矿砂和尾矿是采矿企业在一定技术经济条件下排出的废弃物，但同时又是潜在的二次资源，当技术、经济条件允许时，可再次进行有效开发。据统计，2000年以前，我国矿山产出的尾矿总量为50.26亿t，其中，铁矿尾矿量为26.14亿t，主要有色金属的尾矿量为21.09亿t，黄金尾矿量为2.72亿t，其他0.31亿t。2000年，我国矿山年排放尾矿达到6亿t，按此推算，到2006年，尾矿的总量80亿t左右。

尾矿占全国固体废料的1/3左右，而尾矿综合利用率仅为8.2%左右，尾矿排入河道、沟谷、低地，污染水土大气，破坏环境，乃至造成灾害。矿山尾矿堆存场所还占用了大量农田、林地，对环境也有一定污染。

尾矿含有大量可以利用的非金属矿物，可以作为建筑材料、玻璃原料进行利用。随着国家加强环境保护土地管理，尾矿占地成为必须解决的迫切问题，只回收有价尾矿仍然处理不了剩下的大量尾矿，只有将尾矿作为建筑材料利用才是最根本的出路。矿山尾矿砂及选厂尾矿可作为铁路、公路道渣、混凝土粗骨料；多种矿山尾矿可作为建筑用砂、免烧尾矿砖、砌块、广场砖、铺路砖及新型墙体材料原料；许多矿山尾矿可以成为良好的水泥材料；高硅尾矿可作玻璃。

我国铁矿尾矿产生量很大，占我国矿山尾矿总量的一半以上。铁矿尾矿砂化学性质稳定，颗粒级配合理，可以作为建筑用砂。

科研人员采用了首钢水厂选矿厂的铁矿尾矿砂，对其进行了系统的研究。首钢水厂选矿厂隶属于首钢集团总公司首钢矿业公司，位于河北省迁安市和迁西县交界处，年处理铁矿石 1100 万 t 左右，铁精矿产量 330 万 t 左右，产生废弃物 800 余万 t，其中有大量的尾矿砂。

试验所用尾矿砂是首钢水厂选矿厂的铁矿尾矿砂，经过烘干、筛分后得到不同级配的尾矿烘干砂，共有 10～20 目、20～40 目、40～70 目、70～110 目四种不同细度。科研人员分别对以上四种细度的尾矿砂按国家标准《建筑用砂》(GB/T 14684—2001) 的规定，进行了尾矿砂的颗粒级配、含泥量和泥块含量、松散堆积密度和压实堆积密度、坚固性、集料碱活性的测试，并将尾矿砂和普通水洗河砂进行了对比研究，包括水泥胶砂强度试验、物相分析和显微结构分析等。

(1) 颗粒级配

按国家标准《建筑用砂》(GB/T 14684—2001) 中第 6.3 条提供的方法，对尾矿砂的颗粒级配进行了测定，测定结果见表 9-3-1。表 9-3-1 表明，不同细度的尾矿砂通过级配可以得到符合国家标准《建筑用砂》(GB/T 14684-2001) 中第 5.1 条规定的颗粒级配要求的产品，适合作为建筑砂浆用砂。

尾矿砂的颗粒级配 **表 9-3-1**

累计筛余 级配区 / 方筛孔	10～20 目	20～40 目	40～70 目	70～110 目
9.50mm	0	0	0	0
4.75mm	0	0	0	0
2.36mm	0	0	0	0
1.18mm	30	0	0	0
600μm	100	25	0	0
300μm	100	100	73	0
150μm	100	100	100	100

(2) 含泥量和泥块含量

按国家标准《建筑用砂》(GB/T 14684—2001) 中第 6.4 条和第 6.6 条提供的方法，对尾矿砂的含泥量和泥块含量进行了测定，测定结果见表 9-3-2。由表 9-3-2 可知，尾矿砂的含泥量和泥块含量都很低，符合国家标准《建筑用砂》(GB/T 14684—2001) 中第 5.2.1 条规定的Ⅰ类指标的要求。

尾矿砂的含泥量和泥块含量 **表 9-3-2**

项　目	指　标			
	10～20 目	20～40 目	40～70 目	70～110 目
含泥量（按质量计）(%)	0.0	0.1	0.2	0.5
泥块含量（按质量计）(%)	0.0	0.0	0.0	0.0

(3) 松散堆积密度和压实堆积密度

按国家标准《建筑用砂》(GB/T 14684—2001) 中第 6.14 章提供的方法对尾矿砂的松散堆积密度和压实堆积密度进行了测定，测定结果见表 9-3-3。表 9-3-3 表明，尾矿砂的松散堆积密度和压实堆积密度符合国家标准《建筑用砂》(GB/T 14684—2001) 中第 5.5 条规定的要求。

尾矿砂的松散堆积密度和压实堆积密度　　表 9-3-3

项　目	指　标			
	10～20 目	20～40 目	40～70 目	70～110 目
松散堆积密度（kg/m^3）	1364	1380	1452	1528
压实堆积密度（kg/m^3）	1568	1588	1668	1720

（4）坚固性

按国家标准《建筑用砂》（GB/T 14684—2001）中第 6.12.1 条提供的方法，对尾矿砂的坚固性进行了测定，测定结果见表 9-3-4。表 9-3-4 表明，尾矿砂符合国家标准《建筑用砂》（GB/T 14684—2001）中第 5.4.1 条规定的Ⅰ类指标的要求。

尾矿砂的坚固性　　表 9-3-4

项　目	指　标			
	10～20 目	20～40 目	40～70 目	70～110 目
质量损失（%）＜	2.5	3.3	3.8	4.2

（5）集料碱活性检验（岩相法）

按国家标准《建筑用砂》（GB/T 14684—2001）中附录 A 中提供的方法，对尾矿砂的碱活性集料进行了检验。采用偏光显微镜对尾矿砂的物相进行了分析，尾矿砂的矿物相主要为石英，没有发现碱活性骨料物相，偏光显微镜照片见图 9-3-1 和图 9-3-2。

图 9-3-1　尾矿砂正交偏光显微照片

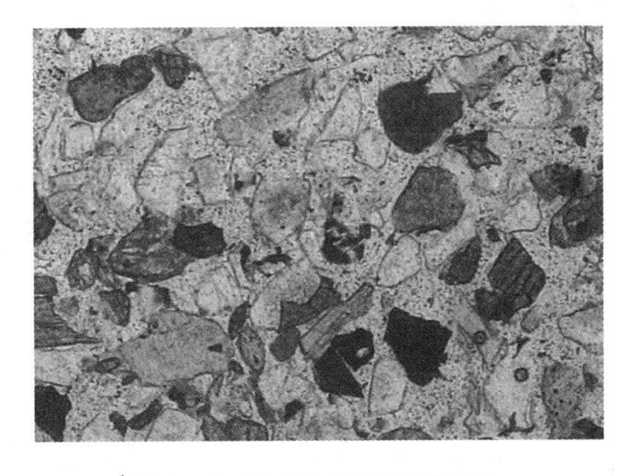

图 9-3-2　尾矿砂单偏光显微照片

（6）水泥-胶砂强度

按国家标准《水泥胶砂强度检验方法（ISO 法）》（GB/T 17671—1999）的方法，对尾矿砂和水洗河砂进行了对比试验，水泥胶砂强度的试验结果见表 9-3-5。由表 9-3-5 可知，尾矿砂的抗压强度比水洗河砂高 3MPa 左右，抗折强度高 0.5MPa 左右。

尾矿砂的水泥胶砂强度　　表 9-3-5

项　目	抗压强度（MPa）				抗折强度（MPa）			
	3d	7d	14d	28d	3d	7d	14d	28d
水洗河砂	30.5	44.5	56.0	62.0	5.0	6.6	7.8	8.2
尾矿砂 1	35.5	49.5	61.0	66.0	6.0	7.2	8.3	8.8
尾矿砂 2	34.0	48.5	60.0	65.0	5.8	7.0	8.2	8.7
尾矿砂 3	34.5	50.0	59.5	64.5	5.7	6.9	8.2	8.5

图 9-3-3　河砂正交偏光照片

（7）尾矿砂与水洗河砂显微结构

采用偏光显微镜分别对尾矿砂和水洗河砂进行了分析，尾矿砂形态为不规则多棱角，物相主要为石英；水洗河砂形态为规则椭圆形，物相主要为石英和长石，其中含有微晶石英，是碱活性集料。偏光显微镜照片见图 9-3-1 和图 9-3-3。

综上所述，科研人员所选取的尾矿砂，较水洗河砂具有供应量稳定、化学成分稳定、含泥量低、有害成分含量少等优点，是优良的干拌砂浆骨料。但尾矿砂会因产地、矿床等多种因素而有所差异，在进行综合利用前必须进行系统的试验，尽量避免其应用于砂浆产品时产生不利的影响。

9.3.2.3　废纸纤维

废纸纤维是由废纸经粉碎制得，具有吸水性，可以替代砂浆中的价格昂贵的木质纤维，起到保水、抗裂和改善砂浆施工性的作用。

保温胶粉中掺加木质纤维可以改善施工性，降低导热系数，但是掺加量过多会影响抗压强度。科研人员对木质纤维和废纸的纤维进行了对比研究，分别选取掺加量为 0.1%、0.3%和 0.5%，测定了保温浆料的施工性，保温材料的导热系数和抗压强度，试验结果见表 9-3-6。由表 9-3-6 的试验结果可知，优选废纸纤维的掺量为 0.3%。

9.3.2.4　废橡胶颗粒

废橡胶颗粒是由废旧橡胶轮胎粉碎制得，废旧轮胎难以降解，容易燃烧，大量堆积占用大量的土地，形成安全隐患，造成了严重的环境污染。据统计，全世界旧轮胎已积存 30 亿条，并以每年 10 亿条的数字增长。我国是世界轮胎生产大国和消费大国，2004 年中国轮胎产量达 2.39 亿条，居世界第二位，废旧轮胎的产生量约 1.2 亿条也居世界第二位，并以每年 12%的速度增长。如何有效利用废旧轮胎已经成为一个世界性的难题。

不同纤维掺量保温胶粉试验结果　　**表 9-3-6**

项　目	掺　量	施工性	湿表观密度 (kg/m^3)	干表观密度 (kg/m^3)	抗压强度 (kPa)	导热系数 [W/(m·K)]
木质纤维	0.1%	好	400	215	240	0.058
	0.3%	好	390	208	220	0.056
	0.5%	好	375	185	195	0.051
废纸纤维	0.1%	好	405	217	240	0.058
	0.3%	好	396	210	226	0.057
	0.5%	好	385	195	203	0.054

干拌抗裂砂浆用于外墙外保温面砖饰面系统的抗裂防护层，要求施工性好，粘结强度高，耐水性好，收缩率小，厚抹不裂。科研人员以水泥-粉煤灰体系胶凝材料，尾矿砂骨料，优选可再分散乳胶粉、纤维素醚、憎水剂、流变助剂得到干拌抗裂砂浆的优化配方，其中为了解决其要求的厚抹不裂指标，试验中采用了废橡胶颗粒替代了部分尾矿砂，增加砂浆的柔韧性，提高其抗裂性。

研究表明，废橡胶颗粒代替砂石骨料应用于水泥基材料后，水泥基材料的强度下降，工作性，变形性能，抗裂性，抗冻性能得到改善，同时还具有防滑、消声、隔热等一系列优异的性能。科研人员用废橡胶颗粒等质量替代部分尾矿砂进行了试验，试验结果见表 9-3-7。由表 9-3-7 可知，随着废橡胶颗粒掺量的增加，干拌抗裂砂浆的压折比降低，砂浆柔韧性提高，但是同时砂浆的粘结强度也降低，最后优选废橡胶颗粒的掺量为5%。产品的性能指标要求和优化配方产品试验测试指标见表9-3-8。

不同废橡胶颗粒掺量干拌抗裂砂浆试验结果 **表9-3-7**

废橡胶颗粒掺量（%）	粘结强度（MPa）	抗压强度（MPa）	抗折强度（MPa）	压折比
1	0.98	20.8	6.3	3.30
3	0.84	18.6	5.9	3.15
5	0.81	15.4	5.6	2.75
7	0.74	12.3	4.3	2.86

干拌抗裂砂浆产品性能指标 **表9-3-8**

项目		单位	指标	测试结果
可操作时间		h	≥1.5	2.25
与水泥砂浆粘结强度	原强度	MPa	≥0.7	1.20
	浸水后	MPa	≥0.5	1.35
压折比		—	≤3.0	2.8

9.3.2.5 砂浆产品中固体废弃物含量

本节对18种外墙外保温系统的配套砂浆产品中固体废弃物的含量进行了归纳总结，具体结果见表9-3-9和表9-3-10。由表9-3-9和表9-3-10可以看出，外墙外保温系统砂浆产品中粉煤灰的综合利用率在30%以上，尾矿砂的综合利用率在40%～65%之间，固体废弃物的综合率大部分在60%左右，最高达到了80.25%。

外墙外保温系统干拌砂浆产品中固体废弃物的含量 **表9-3-9**

产品名称	固体废弃物含量（%）			
	粉煤灰	尾矿砂	其他	合计
保温胶粉	34	0	0.35	34.35
屋顶保温胶粉	40	0	0.30	40.3
粘结保温胶粉	39	0	0.50	39.5
抗裂砂浆Ⅰ	23	57	0.25	80.25
抗裂砂浆Ⅲ	15	42.5	5	62.5
面砖粘结砂浆	16	47	0.25	63.25
面砖勾缝胶粉	25	57	0	81
建筑基层界面砂浆	39	27	0.40	66.4
聚苯板粘结砂浆	30.5	38.5	0.30	69.3

外墙外保温系统剂类产品中固体废弃物的含量 **表9-3-10**

产品名称	固体废弃物含量（%）			
	粉煤灰	尾矿砂	其他	合计
界面剂	32	0	0	32
柔性耐水腻子	40	0	0	40
模塑聚苯板界面剂	33	0	0	33
挤塑聚苯板界面剂	31	0	0	31
聚氨酯界面剂	0	34	0	34
抗裂砂浆Ⅰ（双组分）（水泥砂浆抗裂剂）	17	55	0	72
抗裂砂浆Ⅲ（双组分）（水泥砂浆抗裂剂）	12.5	55	0	67.5

9.3.3 外保温系统固体废弃物综合利用

外墙外保温事业在国内发展的数十年内，相继开发出了大量利用固体废弃物的外墙外保温系统，如胶粉聚苯颗粒外墙外保温系统（涂料饰面）、胶粉聚苯颗粒外墙外保温系统（面砖饰面）、喷涂硬泡聚氨酯外墙外保温系统（涂料饰面）、喷涂硬泡聚氨酯外墙外保温系统（面砖饰面）、胶粉聚苯颗粒贴砌聚苯板外墙外保温系统（涂料饰面）、胶粉聚苯颗粒贴砌聚苯板外墙外保温系统（面砖饰面）、现浇无网聚苯板外墙外保温系统（涂料饰面）、现浇无网聚苯板外墙外保温系统（面砖饰面）、现浇有网聚苯板外墙外保温系统（涂料饰面）和现浇有网聚苯板外墙外保温系统（面砖饰面）等。经过多年的发展，大掺量固体废弃物技术在外墙外保温系统内的应用也趋于成熟，固体废弃物在外墙外保温系统中的含量见表9-3-11，由表9-3-11可知，这10种外墙外保温系统中粉煤灰、尾矿砂和废聚苯颗粒的综合利用率在50%以上。

外墙外保温系统中固体废弃物的含量　　表9-3-11

系统名称	固体废弃物的含量（%）			
	粉煤灰	尾矿砂	废聚苯颗粒	合计
胶粉聚苯颗粒外墙外保温系统（涂料饰面）	30.48	19.47	3.68	53.63
胶粉聚苯颗粒外墙外保温系统（面砖饰面）	21.49	32.45	2.01	55.95
喷涂硬泡聚氨酯外墙外保温系统（涂料饰面）	22.72	25.05	5.91	53.68
喷涂硬泡聚氨酯外墙外保温系统（面砖饰面）	16.36	37.17	0.47	56.34
胶粉聚苯颗粒贴砌聚苯板外墙外保温系统（涂料饰面）	30.03	20.15	1.90	52.09
胶粉聚苯颗粒贴砌聚苯板外墙外保温系统（面砖饰面）	21.08	33.06	1.03	55.16
现浇无网聚苯板外墙外保温系统（涂料饰面）	27.03	25.40	1.07	53.50
现浇无网聚苯板外墙外保温系统（面砖饰面）	18.07	37.80	0.49	56.36
现浇有网聚苯板外墙外保温系统（涂料饰面）	25.66	24.11	1.02	50.79
现浇有网聚苯板外墙外保温系统（面砖饰面）	17.65	36.91	0.47	55.03

9.3.4 综合评价

根据国家发展循环经济，建设节约型社会的要求，业内对粉煤灰、尾矿砂、废橡胶颗粒和废纸纤维进行了系统地研究，开发出了大量利用固体废弃物的外墙外保温系统产品，不仅有效解决了我国建筑节能外墙外保温行业快速发展带来的原材料紧缺的问题，而且处理了大量的固体废弃物，净化了环境，实现了废弃物的变废为宝，高效综合利用。

外墙外保温系统产品由于可大量采用粉煤灰和尾矿砂等固体废弃物，降低了成本，并可采用粉煤灰活性激发剂复掺技术，充分发挥粉煤灰的活性，使砂浆产品的性能提高，因此在外墙外保温市场中具有广阔的市场和发展前景。外墙外保温系统产品大量利用固体废弃物的技术，符合国家提出的发展利废建材、发展循环经济的要求，对我国外墙外保温领域实现资源的综合利用提供了有力的技术支持。

9.4 保温材料生产能耗和环境污染分析

目前在建筑中应用的保温工艺主要有三种：外墙外保温和外墙内保温和外墙夹芯保温。近几年，外墙外保温的墙体保温形式占据了市场的主导地位，其中的保温材料制品也是多种多样，目前应用较为广泛的主要有EPS板、XPS板、聚氨酯、酚醛保温板、岩棉、无机保温砂浆和胶粉聚苯颗粒浆料等。

我国是一个能源短缺的国家，大力开展节能减排工作是我国目前的工作重点之一，而建筑节能环节中的外墙外保温，承担了的节能任务比重较大，但保温材料一方面有利于节能的实现，另一方面，在保温材料的生产过程中，也消耗了大量的能源、资源，不利于我国整体节能减排工作的开展，以下就几种较为常用的保温材料进行分析比较。

9.4.1 模塑聚苯板

采用可发性聚苯乙烯（EPS）颗粒为原料，经过预发泡、熟化和发泡模塑成型即可制得聚苯乙烯泡沫塑料板，具有质轻，极好的隔热性、吸水性小、耐低温等优点，主要用于建筑墙体、屋面保温、复合保温板材的保温层；车辆、船舶制冷设备和冷藏库的隔热材料以及装潢、雕刻各种模型等方面。

将可发性聚苯乙烯颗粒制造成泡沫制品，一般需经粒子预发泡、熟化、成型、产品熟化、热养护、切割等几道工序，生产过程所产生的废气、废水等污染较少，但在后期裁板过程中会产生一定量的边角料，约占总量的10%～20%，此类废料可以直接粉碎回收利用。

当前，制约EPS保温技术发展的一个重要问题是材料的可燃性。聚苯乙烯燃烧会产生苯、甲苯、乙苯、对二甲苯、邻二甲苯、间二甲苯和苯乙烯等分解物，表9-4-1分析聚苯乙烯在不同温度条件下的加热分解产物的种类和浓度，由表9-4-1可见，聚苯乙烯在80℃的加热条件下即可产生分解，生成苯和甲苯等有害气体；140℃时即产生熔融现象；160℃以上分解速度加快，颜色发生变化，由无色透明→浅黄色→橙色→褐色→黑色。140℃时即可热解产生剧毒的大分子有机物苯乙烯，此后一直到260℃，苯乙烯的产量越来越大，但总的热解产物的种类不再发生变化。不同热解产物产生的速度不同：小分子有机物产生快，浓度高；大分子有机物产生慢，浓度低；温度越高，热解产生的大分子有机物种类越多，浓度也越大。

不同温度下聚苯乙烯（PS）加热分解产物的种类与浓度（mg/m³） **表9-4-1**

加热分解产物	温 度（℃）									
	80	100	120	140	160	180	200	220	240	260
苯	0.11	0.16	0.21	0.24	1.22	2.98	4.12	6.78	9.10	12.60
甲苯	0.08	0.14	0.20	0.22	0.73	1.24	2.28	3.42	6.82	9.22
乙苯	未检出	未检出	未检出	0.18	0.38	0.66	1.06	1.31	2.56	5.81
对二甲苯	未检出	0.88	1.27	2.62	5.62	8.23	10.12	12.74	14.11	17.16
间二甲苯	未检出	未检出	未检出	未检出	0.14	0.38	0.74	0.98	1.56	3.42
邻二甲苯	未检出	未检出	0.34	0.88	1.38	3.18	4.88	6.38	8.24	10.62
苯乙烯	未检出	未检出	未检出	0.10	0.23	0.42	0.64	1.13	2.06	4.22

EPS板材的成型过程中，由于使用水蒸气发泡，没有发泡剂对环境的污染，其所造成的最大问题是使用后的回收，如果不能解决好，将会造成大量的白色污染。目前保温市场上流行的胶粉聚苯颗粒保温浆料技术，可以大量消纳废旧聚苯板，很好地解决了白色污染问题。

根据天津市地方标准DB 12/046.84—2008中的聚苯乙烯发泡制品单位产量综合能耗计算方法及限额，聚苯乙烯发泡制品单位产量综合能耗限额指标：聚苯乙烯发泡制品单位产量综合能耗应不大于3200kg(标准煤)/t。

可发性聚苯乙烯颗粒是由苯乙烯悬浮聚合，再加入液体发泡剂而制得的树脂。可发性聚苯乙烯颗粒对于环境的影响，主要在于苯乙烯的生产和液体发泡剂（戊烷），而液体发泡剂戊烷的ODP为0，对环境影响甚小。目前，世界上生产苯乙烯的路线有三条：一是乙苯气相催化脱氢工艺，以乙苯为原料，借助氧化铁-铬或氧化锌催化剂，采用多床绝热或管式等温反应器，在蒸汽存在下脱氢为苯乙烯；二是用丙烯、乙苯过氧化制备环氧丙烷时的副产物；三是从蒸汽裂解热解汽油中用抽提蒸馏回收。世界上90%的苯乙烯制备来自第一条路线，典型的乙苯脱氢工艺有巴杰尔法和罗姆斯法。在苯乙烯生产过程中，主要环境影响因素是存在苯、甲苯、乙苯、苯乙烯、氢氧化钾、甲醇等多种有毒化学物质。例如，某化工厂进行新建苯乙烯装置工程，设计年产苯乙烯50万t。采用传统工艺乙苯催化脱氢生产苯乙烯，即乙烯和过量的苯在烷基化催化剂作用下经烷基化反应生成中间产品乙苯和极少量的多乙苯，并根据巴杰尔的经典苯乙烯技术，乙苯在铁系氧化物等催化剂作用下，在约600℃气相状态下脱氢生成苯乙烯，在苯乙烯的生产过程中存在苯、甲苯、乙苯、苯乙烯、氢氧化钾、甲醇等多种有毒化学物质，苯乙烯工艺使用大量的苯作为原料，如苯输送管道等发生事故，可造成苯大量泄漏，在事故状态下，一旦发生泄漏存在接触大量苯蒸气的可能，极易造成人员苯急性中毒，甚至死亡。

由苯乙烯悬浮法制备可发性聚苯乙烯珠粒，对于环境的影响比较微小，主要是防止苯乙烯的泄漏和废水的排放问题，由于生产中一般采用高压蒸馏方法将未反应的苯乙烯从废水中蒸馏分离，实际上排放的废水一般都能达到标准要求，污染性较小。

9.4.2 挤塑聚苯板

聚苯乙烯挤塑（XPS）板是以聚苯乙烯树脂为原料，经由特殊工艺连续挤出发泡成型的硬质板材，其内部为独立的密闭式气泡结构，是一种具有高抗压、不吸水、防潮、不透气、轻质、耐腐蚀、使用寿命长、导热系数低等优异性能的环保型保温材料。广泛应用于墙体保温，平面混凝土屋顶及钢结构屋顶的保温，低温储藏、地面、泊车平台、机场跑道、高速公路等领域的防潮保温、控制地面膨胀。

生产XPS保温板的主要原材料聚苯乙烯树脂的平均分子量范围在17～50万之间，辅料包括添加剂、发泡剂等。

表9-4-2是国内外几家聚苯乙烯树脂生产公司生产指标数据，几家公司生产聚苯乙烯的工艺技术存在着各自的不足，例如，公司A的聚苯乙烯生产，主要原料苯乙烯的物耗定额比其他技术均低，但电耗较高。而从污染物的排放量来看，主要表现在废水中CODcr浓度，公司A所排废水含CODcr平均为2561.4mg/L，其中尚有一半废水为清净下水。如果按清污分流要求分出清净下水，则排出的废水CODcr浓度必高达4000～5000mg/L，而送至ABS厂进行废水处理时会对污水处理厂的进水水质带来冲击负荷，影响该厂出水达标。

国内外几家聚苯乙烯生产公司生产指标数据　　表9-4-2

序　号	指标项目	单位	公司A	公司B	公司C	公司D
1	生产规模	104t/a	12	10	10	10
2	产品中苯乙烯残留量	ppm	＜700	＜300	＜500	＜500
3	工艺技术	-	本体聚合	本体聚合	本体聚合	本体聚合
4	原材料消耗					
	苯乙烯	kg/t	906.25	915	965.5	934.0
	聚丁二烯橡胶	kg/	80.8	71.5	70.0	43.56
	溶剂和化学品	kg/t	22.95	31.2	21.2	34.75
	总原料单耗	Kg/	1010	1017.7	1056.7	1012.31
5	水　　耗					
	新水	m^3/h	9.13	40	—	5
	循环水	m^3/t	—	67	58.5	37.5
6	电耗	kW·h/t	200	102	130	105.87
7	能耗（燃料）	kcal/t	5.5×10^4	6.88×10^4	16.27×10^4	9.56×10^4
8	废水排放量	m^3/h	9.05	23.35	—	19
9	废水中CODcr平均浓度	mg/L	228.8	—	—	336.8

由于蒙特利尔议定书的生效，目前绝大多数欧美厂商已经完成了XPS板生产中氟利昂类发泡剂的替代，其采用的发泡剂不含卤化碳，使用与空气置换速度较快的烃类发泡剂。这样既避免了对臭氧层的破坏，又保证在反应的初始阶段就大部分完成了与空气的置换，使施工后材料的导热系数的变化很小，

除此之外，还新开发了利用二氧化碳作发泡剂的生产技术，表 9-4-3 是某厂采用二氧化碳发泡的材料用量表。

在发泡剂的使用方面，我国 XPS 泡沫行业广泛使用 HCFC-22 和 HCFC-142b 作为发泡剂，这两种发泡剂属于消耗臭氧层物质（ODS），同时也是很强的温室气体。因此，尽管 XPS 在中国可以被认为是一个循环经济产业，但在环保方面依然面临很大压力，如何停止使用对于环境不利的发泡剂，选择和使用切实有效的替换技术是全行业面临的一个主要问题。目前，绝大多数的国内 XPS 生产企业已经充分认识到 HCFC-22 和 HCFC-142b 是对大气臭氧层有破坏的温室气体，未来必将被禁止使用。基于此点考虑，大部分 XPS 生产企业普遍关注 HCFCs 的替代技术，但是对于国家政策、采用何种替代技术、该技术是否成熟可行、成本是否合理、是否需要改造或者重新购置生产设备、新替代技术对于板材性能的影响、能否达到现行国标的要求、采用新技术后板材的市场等诸多问题普遍存在疑虑和困惑。

某年产量 6 万 m^3 XPS 板材生产线原辅材料用量一览表 **表 9-4-3**

XPS 生产线聚	苯乙烯	1200t
	二氧化碳	20t
	阻燃剂	70t

XPS 板材生产过程分为混合上料、熔融混合、挤出成型、冷却切割等过程。在 XPS 板的生产过程中，对于环境的污染主要在熔融塑化阶段，由于该段温度达到 200℃以上，在此温度下，易造成聚苯乙烯的热分解，尤其是剧毒性的苯乙烯含量的增加（见表 9-4-1）。部分发泡剂在此温度下也汽化散发到大气中，造成环境污染。

从本质上讲，XPS 板材原材料主要是聚苯乙烯，与 EPS 板材的原料是完全一致的，该材料燃烧的所带来的危害基本上等同于 EPS 的燃烧。但另一方面，由于 XPS 板采用熔融塑化挤出工艺，材料回收利用难度增大，不同于 EPS 板材的回收。目前还没有一种合适的方式回收废弃的 XPS 板材。

9.4.3 聚氨酯

聚氨酯硬质泡沫塑料是一种由多异氰酸酯（OCN-R-NCO）和多元醇（HO-R1-OH）反应并具有多个氨基甲酸酯（R-NH-C—OR1）链段的有机高分子材料，50mm 厚的聚氨酯硬质泡沫塑料的保温效果相当于 80mm 厚的 EPS、90mm 厚的矿棉。随着能源成本的大幅增加以及人们对环保要求越来越严，硬泡聚氨酯作为优异的保温材料在建筑节能保温上的应用越来越广泛。

硬泡聚氨酯的主要原料是多苯基甲烷多异氰酸酯和组合聚醚，俗称黑料和白料。多苯基甲烷多异氰酸酯（黑料）平均官能度在 2.7 左右，黏度约在 100～300mPa · s 之间，主要采用光气法制备，存在大量的易燃、易爆和高毒类物质，其生产工艺过程复杂，控制点多；为严格控制异氰酸酯生产过程中污染物的排放，国家制定了异氰酸酯行业准入标准，具体要求见表 9-4-4。

MDI 生产单位产品原料和动力消耗标准 **表 9-4-4**

序号	原料及动力名称	规格（折百）	单位	单耗
1	苯胺	100%计	t/tMDI	≤0.75
2	甲醛	100%计	t/tMDI	≤0.15
3	CO	100%计	NM3	≤195
4	液氯	100%计	t/tMDI	≤0.58
5	NaOH（含分解中和）	100%计	t/tMDI	≤0.165
6	电	380V	kW · h/tMDI	≤450
7	蒸汽	4.0MPa	t/tMDI	≤1.1
		1.0MPa	t/tMDI	≤1.2

目前，聚氨酯应用于外墙保温建筑保温材料主要有现场喷涂聚氨酯、现场浇注聚氨酯、预制聚氨酯保温板和空心砖填充聚氨酯等几种形式，不同施工对环境影响对比见表 9-4-5。

不同施工工艺带来的环境影响　　表 9-4-5

序号	施工工艺	不同施工造成的环境影响
1	现场喷涂聚氨酯	料液飞溅，影响施工现场周边环境；损耗大，发泡剂挥发大；对人身体伤害较大
2	聚氨酯保温板	损耗较小，边角料可回收利用；施工车间异氰酸酯浓度高，对人体伤害大；车间裁剪粉尘大
3	现场浇注聚氨酯	原料损耗小，对环境污染较小
4	空心砖填充聚氨酯	原料损耗小，对环境污染较小

聚氨酯行业最大的环保问题主要来自发泡剂，尤其是喷涂聚氨酯行业的发泡剂替代问题，表 9-4-6 是应用于聚氨酯行业的几代发泡剂。自从 1992 年 11 月蒙特利尔议定书缔约方大会在哥本哈根召开，会议对《关于消耗臭氧层物质的蒙特利尔议定书》进行修正，形成了哥本哈根修正案，该修正案将含氢氯氟烃正式纳入了受控物质名单。2003 年 4 月 22 日，我国在该修正案上签字，成为缔约国。2007 年 9 月，《蒙特利尔议定书》第十九次缔约方大会通过了加速淘汰含氢氯氟烃物质（HCFCs）的决议，要求第五条款国家在 2013 年将 HCFCs 的生产和消费冻结在基线水平（2009 年和 2010 年平均值），2015 年削减基线水平的 10%，2020 年削减基线水平的 35%，2025 年削减基线水平的 67.5%，2030 年除少量维修使用外，停止生产和使用 HCFCs。

聚氨酯不同发泡剂的基本参数对比　　表 9-4-6

名称	分子量	沸点（℃）	闪点（℃）	气相热导率 25℃ [mW/(m·K)]	ODP	GWP
F-11	137.4	23.7	无	8.23	1	4600
141b	116.9	31.7	无	10.1	0.11	630
365mfc	148	40.0	−27	10.6	0	890
245fa	134	15.3	无	12.2	0	950
环戊烷	70	49.5	−37	12.0	0	11
正戊烷	72	36	−56.2	15	0	11
异戊烷	72	27.8	−57	15	0	11
H_2O/CO_2	44	−78.4	无	16.6	0	1

随着全球气候的变化无常和加速变暖，环保问题已经成为重要事宜，尽管规定 2030 年全面停止 HCFC 的生产和消费，但随着全球经济的发展，141b 发泡剂的替代已经显得很迫切。

同时，聚氨酯在燃烧过程中会产生许多有害气体和烟，其燃烧时产生的主要气体见表 9-4-7。

聚氨酯燃烧时产生的主要气体　　表 9-4-7

聚氨酯类型	产生的主要气体
软泡	HCN、乙腈、丙烯腈、CO、CO_2、苯、甲苯、苄腈
聚酯型硬泡	HCN、甲醛、甲醇、CO、CO_2、CH_4、C_2H_4、C_2H_2
聚醚型硬泡	HCN、乙腈、丙烯腈、CO、CO_2、吡啶、苄腈

9.4.4 酚醛保温板

酚醛保温板系以酚醛树脂（PF）和阻燃剂、抑烟剂、固化剂、发泡剂及其他助剂等多种物质，经科学配方制成的闭孔型硬质泡沫塑料板材，适于建筑、化工、石油、电力、制冷、船舶、航空等诸多领域制作保温、隔热、吸声材料之用。

酚醛保温板的生产过程，环境问题的主要矛盾体现在废水的排放上。如图9-4-1所示，通用级酚醛树脂排放的废水主要是聚合阶段分离的澄清液和真空脱水干燥时产生的冷凝水及冲泵水，废水中酚类和醛类物质主要来自于未反应的原料，此外，酚、醛反应中常常存在醇类物质，其浓度约为1%，譬如，甲醇的来源有：(1) 甲醛原料中的甲醇残留；(2) 甲醛储存过程中产生的甲醇；(3) 作为稳定剂加入的甲醇。据统计，生产1t热塑性酚醛树脂需排出废水（含工艺废水和冲泵水）900～1500kg，生产1吨热固性酚醛树脂需排出废水1200～1800kg，生产工艺和操作条件不同，产生的废水组成及浓度也不一样。酚醛树脂废水中的主要污染物是酚、醛和醇等物质，在未回收树脂之前，废水中酚类物质为16～440g/L，醛类物质为20～60g/L，醇类物质为25～272g/L。

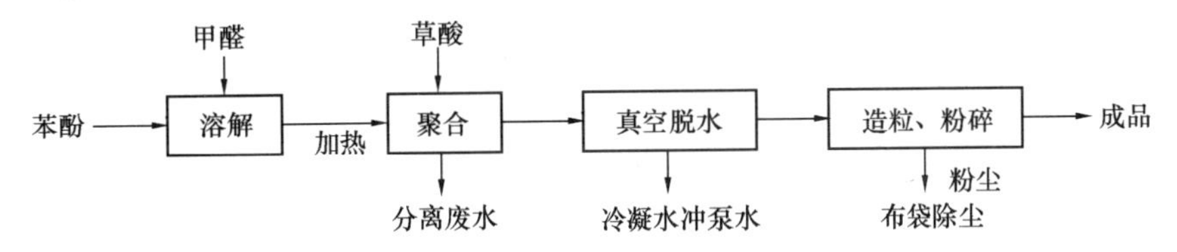

图9-4-1　酚醛树脂工艺流程及废水排放环节图

目前国外酚醛树脂生产废水处理技术主要有酚醛缩聚-回收法、酚醛缩聚-焚烧法、生物氧化法、化学氧化法、活性炭吸附法等，或者是生物氧化、化学氧化、活性炭吸附等数种方法结合起来的组合处理方法。而国内多采用延时缩合-生化法方法，下面主要对延时缩合-生化法作简单介绍。

延时缩合-生化法是目前国内酚醛树脂企业广为采用的一种废水处理方法，该方法由两次缩合、中和、厌氧、好氧等单项技术组合而成，其中缩合技术即是国外的酚醛缩聚技术，延时缩合为两次酚醛缩聚。目前我国酚醛树脂年生产量已达30万t，产生的废水约为52万m^3，废水的平均苯酚浓度约为300g/L、平均甲醛浓度约为50g/L，则经延时缩合处理后，可回收低分子酚醛树脂12500t，减排苯酚15万t，减排甲醛2.5万t，减排COD约35万t。

国内绝大多数酚醛树脂生产企业均建立了废水处理设施，其中80%以上的大、中型酚醛树脂企业采用了延时缩合工艺，对废水中的酚、醛进行缩聚，回收低分子量的酚醛树脂；50%以上的大、中型酚醛树脂企业采用了延时缩合-生化处理工艺，对废水进行综合处理。小型酚醛树脂企业由于废水水量较小，常常采用委托处理的方式，将高浓度含酚废水送污水处理厂或危险废物处理中心处理，也有部分小型酚醛树脂企业采用延时缩合或延时缩合-生化处理工艺对高浓度含酚废水进行处理。国内通用级酚醛树脂水污染物调研情况详见表9-4-8。

国内通用级酚醛树脂水污染物调研情况一览表　　**表9-4-8**

废水名称	水量（m^3/t产品）	COD（mg/L）	苯酚（mg/L）	甲醛（mg/L）	pH
工艺废水	0.65～0.95	300000～380000	250000～320000	25000～55000	1.5～1.8
冲泵废水	0.60～0.90	380～3400	120～200	15～35	5.5～5.9

9.4.5　无机保温砂浆

无机保温砂浆是一种用于建筑物内外墙粉刷的新型保温节能砂浆材料，以无机类的轻质保温颗粒作为轻骨料，由胶凝材料、抗裂添加剂及其他填充料等组成的干粉砂浆。该保温砂浆保温性能主要来自于其中的无机轻骨料，一般为膨胀珍珠岩或玻化微珠。

珍珠岩是一种天然酸性玻璃质火山熔岩非金属矿产，包括珍珠岩、松脂岩和黑曜岩，三者只是结晶水含量不同。在1000～1300℃高温条件下其体积迅速膨胀4～30倍，形成膨胀珍珠岩。一般要求膨胀倍数7～10倍（黑曜岩>3倍，可用），二氧化硅70%左右。

玻化微珠，是一种酸性玻璃质熔岩矿物质（松脂岩矿砂），经过特种技术处理和生产工艺加工形成内部多孔、表面玻化封闭，呈球状体细径颗粒，是一种具有高性能的新型无机轻质绝热材料，主要化学

成分是 SiO_2、Al_2O_3、CaO，导热系数为 0.028～0.048W/（m·K），漂浮率大于 95%，成球玻化率大于 95%，吸水率小于 50%，熔融温度为 1200℃。

玻化微珠和膨胀珍珠岩都是以珍珠岩为原材料，但生产玻化微珠的锅炉要比生产膨胀珍珠岩锅炉温度要求高，玻化微珠一般要 1400℃以上。

我国珍珠岩行业的产品，自 1966 年生产以来，在东北地区发展较快，约占全国总产量的一半以上，随着我国墙体材料改革，建筑节能标准不断提高，无机保温砂浆产品主要应用于以隔热为主的南方地区。

无机保温砂浆由胶凝材料、抗裂添加剂及其他填充料等组成。生产过程中的能源消耗除了一部分来自轻骨料的生产过程，还有一部分来自于水泥的生产过程，对环境影响主要表现在 CO_2 的排放以及生产过程的粉尘污染。

对我国 177 条新型干法水泥生产线统计，平均熟料烧成热耗为 828kCal/kg；吨熟料电耗平均为 69.34kW·h；吨水泥综合电耗平均为 98.31kW·h，见表 9-4-9。

水泥综合能耗和 CO_2 排放量 **表 9-4-9**

产品名称	综合电耗（kW·h）	CO_2 排放量（t）
熟料综合能耗	69.34	0.89～1.22（约 1.00）
水泥综合能耗	98.31	约 0.12
合计	167.65	1.12

注：水泥生产过程中每生产 1t 水泥平均消耗 100kW·h 电能，若把由煤燃烧产生电能排放的 CO_2 计算到水泥生产上，生产 1t 水泥因电能消耗排放的 CO_2 约为 0.12t。

胶结料与玻化微珠质量体积比一般从 1kg：4.5L 至 1kg：8.0L 之间，配比不当会导致无机保温砂浆性能达不到相关标准的技术要求，为达到较高的性价比，国内无机保温砂浆以 1kg 胶结料：6L 无机轻骨料居多，水泥综合能耗和 CO_2 排放量见表 9-4-10。

无机保温砂浆生产综合能耗和固体废弃物综合利用 **表 9-4-10**

产品名称	$1000m^2$ 耗量	水泥	无机轻骨料	固体废弃物含量
				粉煤灰
无机保温胶粉	13t	5.50t	5.00t	2.50t
能耗	—	922.10kW·h	1465.00kW·h	—
CO_2 排放	—	6.16t	1.76t	—

注：1. 无机轻骨料生产过程中每生产 1t 无机轻骨料，电炉能耗约 293kW·h，若把由煤燃烧产生电能排放的 CO_2 计算到无机轻骨料生产上，生产 1t 无机轻骨料因电能消耗排放的 CO_2 约为 0.352t。
2. 保温层厚度为 50mm。

9.4.6 胶粉聚苯颗粒保温浆料

胶粉聚苯颗粒保温浆料由保温胶粉料与聚苯颗粒组成，两种材料分袋包装（聚苯颗粒体积不小于 80%），使用时按比例加水拌制而成。胶粉聚苯颗粒保温浆料的胶凝材料采用氢氧化钙、粉煤灰以及不定型的二氧化硅（其重量占 1/3 以上）等材料取代大量的水泥，在碱性激发剂的作用下，粉煤灰中的 SiO_2 与 $Ca(OH)_2$ 化合生成 CSH 胶体，在硫酸盐激发剂的作用下，粉煤灰中的 SiO_2 与 $Ca(OH)_2$ 化合生成 CAH 胶体，在石膏存在时进而形成稳定的钙矾石。C-H-S 胶凝体系在粉煤灰颗粒表面形成，并把体系内的各种微粒粘结在一块，而钙矾石填充孔洞，使水泥石中孔洞越来越致密，并逐渐产生微膨胀作用，改善水泥的性能。这种不以水泥和石膏为主的胶凝材料，一是综合利用了粉煤灰等工业固体废弃物，二是减少了水泥用量，降低了生产能耗。

综合来看，胶粉聚苯颗粒保温浆料中的能耗主要来源于胶结料中的部分水泥，国内胶粉聚苯颗粒保温浆料的胶结料与轻骨料比例一般为1kg：6.5L至1kg：8L，综合能耗和CO_2排放量见表9-4-11。

胶粉聚苯颗粒保温浆料生产综合能耗和固体废弃物综合利用 表9-4-11

产品名称	1000m^{2}耗量	水泥	固体废弃物含量（kg）	
			粉煤灰	废聚苯颗粒
保温胶粉	7.5t	4.35t	2.55t	0.60t
能耗	—	729.28kW·h	—	—
CO_2排放量	—	4.87t	—	—

注：保温层厚度为50mm。

9.4.7 岩棉

岩棉保温板是以玄武岩及其他天然矿石等为主要原料，岩棉保温板经高温熔融成纤，加入适量胶粘剂，固化加工而制成的。

岩棉保温板以导热系数低、燃烧性能级别高等优势，可应用于新建、扩建、改建的居住建筑和公共建筑外墙的节能保温工程，包括外墙外保温、非透明幕墙保温和EPS外保温系统的防火隔离带。

表9-4-12和表9-4-13为《岩棉能耗等级定额》（JC 522—1993）中岩棉能耗等级定额，及格级的岩棉生产能耗，标准煤耗要小于560kg/t，综合电耗要小于400kW·h/t，可用于外墙的岩棉保温板，要有一定的抗拉强度，密度一般大于160kg/m^3。按及格级的岩棉生产，每1m^{3}的岩棉的能耗为标准煤89.6kg，综合电耗64kW·h。

可比岩棉标准煤耗等级定额 表9-4-12

国家特级	国家一级	国家二级	及格级
300kg/t	380kg/t	450kg/t	560kg/t

可比岩棉综合电耗等级定额 表9-4-13

国家特级	国家一级	国家二级	及格级
310kWh/t	330kWh/t	350kWh/t	400kWh/t

9.4.8 综合评价

我国南方地区使用的外保温系统主要为无机保温砂浆和胶粉聚苯颗粒保温浆料外墙外保温系统。若保温层厚度按照30mm计算，每1000m^{2}的消耗量表9-4-14。

1000m^{2}无机保温砂浆和胶粉聚苯颗粒保温浆料能耗和CO_2排放量对比 表9-4-14

保温材料种类	能耗（kW·h）	CO_2排放量·t）
无机保温砂浆	1432.26	4.75
胶粉聚苯颗粒浆料	437.57	2.92

注：保温层厚度为30mm。

热工性能要求较高的北方采暖地区，无机保温砂浆和胶粉聚苯颗粒保温浆料单独使用难以满足建筑节能设计标准的要求，则可使用复合保温系统。按照1000m^{2}的外墙保温施工面积计算，几种保温材料的、能耗和燃烧释放有害气体的综合评价见表9-4-15。

保温材料综合评价表　　表 9-4-15

保温材料种类		保温层厚度（mm）	生产能耗（kW·h）	煤耗（t）	石油耗量（t）	燃烧释放有毒气体
EPS	95	304	—	0.38	—	苯、甲苯、乙苯、对二甲苯、间二甲苯、邻二甲苯、苯乙烯
XPS	70	1750	—	0.67		
聚氨酯（喷涂）		60	20	—	0.84	HCN、乙腈、丙烯腈、CO、吡啶、苄腈
酚醛保温板		85	144	—	1.28	苯酚及其衍生物、二噁英
岩棉		115	644	828	—	—
胶粉聚苯颗粒复合 EPS 板	EPS	85	272	—	0.34	苯、甲苯、乙苯、对二甲苯、间二甲苯、邻二甲苯、苯乙烯
	胶粉聚苯颗粒浆料	25	365	—	—	—

注：1. 外墙外保温的保温层厚度以北京节能 65%工程为例计算；北京（寒冷 B 区）地区的外墙 K（[W/(m^2·K)]）限值为 0.45、0.60 或者 0.70，执行标准《严寒和寒冷地区居住建筑节能设计标准》(JGJ 26—2010)。以 K 限值 0.45[W/(m^2·K)]为例，$K=1/(0.04+R+0.11)$；

2. 容重选定为：EPS：20kg/m^3；XPS：32kg/m^3；聚氨酯：40kg/m^3；酚醛保温板：60kg/m^3；岩棉 160kg/m^3。其中岩棉采用《岩棉能耗等级定额》（JC 522—1993）中岩棉能耗等级定额中国家二级的等级定额。

有机保温材料的生产需要消耗大量石化制品，而无机保温砂浆和岩棉的生产过程，一是消耗了大量的能源，二是产生了大量的 CO_2 等气体，在节能的同时耗费了大量的能源，一定程度上阻碍了节能减排工作的进行。

胶粉聚苯颗粒浆料采用回收的废旧聚苯乙烯泡沫和大量粉煤灰等固体废弃物作为其原料，一方面，综合利用了大量固体废弃物，净化环境，变废为宝；另一方面，减少了建筑的能源消耗量，符合国家节能减排的发展方向。

9.5　资源综合利用发展前景

固体废弃物种类繁多，产生量大，污染具有间接性和长期性。固体废弃物的直接污染程度远不及废水和废气，但固体废弃物污染具有很强的间接性，可以通过各种途径转化为其他污染物造成二次污染和重复污染；固体废弃物目前普遍采取无害化处理，按照国家标准在处置场分类储存和处置，但是固体废弃物的长期堆放会对环境造成长期的污染，只有将其综合利用才能根除最终污染。

建材工业是工业部门中利用固体废弃物最多的产业，许多废弃物都可用作建材生产的替代原料和燃料。实现建材工业的可持续发展，就要逐步改变传统建筑材料的生产方式，调整建材工业产业结构，依靠先进技术，充分合理利用资源，节约能源，在生产过程中减少对环境的污染，加大固体废弃物的利用。而绿色建材是采用清洁生产技术，不用或少用矿物资源和能源，大量使用工业或城市固体废弃物生产的无毒害、无污染、无放射性，达到使用周期后可利用，有利于环境保护和人体健康的建筑材料。只有发展绿色建材，才能实现建材工业在节能、节约资源、环境保护及综合利用的可持续发展目标，因此，外墙保温行业实现节能减排，最终必将归结于发展绿色建材，降低建材生产能源消耗量，在实现建筑节能的同时，最大限度地进行资源综合利用，提高资源利用效率，发展循环经济，建设资源节约型、环境友好型社会。

10 结 论

10.0.1 中国外墙外保温经验十分丰富

我国从20世纪80年代学习国外的粘贴模塑聚苯板薄抹灰外保温系统开始，经过不断地自主开拓创新和引进吸收，已经发展出多个外保温系统，其材料、构造、工艺各有差别，目前至少出现了五大类几十种做法，其中已有较大应用量的系统有：粘贴保温板薄抹灰系统，轻骨料保温浆料系统，现浇混凝土内置保温板系统，现场喷涂或浇注保温材料系统，保温装饰板系统等，这些外保温技术各有其特色与应用范围。随着节能要求的逐步提高，外保温已经成为我国节能墙体保温的主要形式，技术最为成熟，应用最为广泛，特别以采暖地区最为普及，每年新增的应用面积以亿平方米计，在世界上首屈一指。外保温产业也基本上能够满足当前和近期发展的需要。实践证明，大多数外墙外保温工程是很成功的，许多早期建造的外保温工程至今仍然保持完好，为国家的建筑节能事业作出了重大贡献。但是，也有部分工程出了各种各样的质量问题，其中包括：忽视局部热桥保温，保温层与墙体结构连接安全性差，外部水分容易向墙内渗入，内部水蒸气向外渗透受阻，增强网耐久性差，保温材料和构造抗裂性能不良，系统开裂、空鼓、甚至脱落，特别是贴面砖的脱落问题更为严重，而且发生过多起保温材料在施工现场被点燃，或者上墙后着火燃烧等事故，引起了各方面的关切。

应该说，经过多年的实践，中国外墙外保温工程正反两方面的经验都是十分丰富的。

10.0.2 外墙外保温是一种最合理的外墙保温构造方式

保温外墙体由多个功能层构成，包括承重受力的基层墙体和粘结在墙体上的保温层，表面还有保护层、装饰层等。保温外墙包括有外保温、内保温、夹芯保温与自保温几种类型，各有其自身的特色。其中保温层位于室外侧的外墙外保温技术，其优势在国内外得到最为广泛的应用。

外墙外保温是由于建筑节能和热舒适的需要发展起来的，又因为节能要求还在进一步提高，外墙外保温越来越受到重视。由于保温层设在墙体结构层外侧，外墙外保温层优越的隔热、隔冷效能使结构层内温度变化及其梯度均小得多，温度相当稳定，从而在结构层内产生的温度应力及其变化大为减小。也就是说，外保温层有效地保护着主体结构，能够延长结构的寿命。结构寿命是建筑寿命的根本，结构寿命的延长，其经济效益和社会效益之大，实在难以估计。而且外墙外保温做法使得结构热桥部位的热损失大减，并能避免冬季热桥内表面温度过低造成的局部结露、霉变。又由于用重质材料筑成的墙体结构层热容量大，在外保温层的包覆下，墙体结构层蓄存的热量很大，有较强的自动蓄热-散热功能，使建筑外围护结构能够适应外界气候环境的变化动态地调节，使室温稳定，生活舒适度提高，带来居民身体健康和生活条件的改善，从而充分利用建筑本体进行节能。在对既有建筑进行节能改造期间，加做外保温时对住户带来的干扰会少得多。外墙外保温具有诸多的优势，是一种最合理的外墙保温构造方式。

10.0.3 外墙外保温工程必须能耐受多种自然因素的考验

外墙外保温层本身暴露在建筑最外层大气中，不免要受到多种自然因素的长期侵蚀影响。自然条件是在不断变化着的，有季节轮回、昼夜交替，还有晴阴、冷热、风雨、冻融等诸多气候变化，有时还会十分严酷，这些自然因素会日日夜夜综合地、反复地作用于外保温层，保温层内部的温度、湿度、应力状态也必然随之不断发生变化。天长日久，日积月累，待其应力达到某个临界点时，会导致外保护层和保温层产生破损，这种损伤是不可逆的。初始的裂缝又会由于不断涨缩冻融而逐渐扩展，以致造成大范围的破坏。此外，还有可能产生难以预料的突发因素，如在我国广大地区就可能发生地震，地震对于外保温系统和外贴面砖会产生破坏；在施工过程中及建筑使用时还有可能发生火灾，火势会蔓延，可将保温层烧毁。因此，必须在建造时就有针对性地从多方面采取有效的应对防护措施，使外墙外保温工程耐受住自然界的各种考验和挑战，使外保温系统的寿命延长。所采取的措施，必须是综合的，而不是单一的；必须是经济的，而不是不计代价的；必须是耐久的，而不是短命的。如果保温层日后损坏，就不得不拆除重做，对于高层建筑，其代价更大。在建造外保温工程的过程中，采用先进可靠的技术，按照标准严格采取措施，以举手之劳，即可换来好几十年的安宁与节约。孰轻孰重，一清二楚。

10.0.4　外保温墙体内的湿传递必须得到控制

自然界中的水分进入外墙体内，对墙体会产生多方面的影响。雨水或水蒸气的侵入将侵蚀建筑材料，降低墙体保温效能，增加建筑能耗。冬季水分结冰，由于冰比水的体积增加约 9%，会产生冻胀应力，对墙体造成破坏，特别是发生在面砖系统内时，冻融破坏造成的后果更加严重。水还会引发系统各层间粘结力的衰减，使系统耐候性能降低，加速保温材料的老化，进而影响建筑的耐久性能。如果保温层位置设置不当，系统构造不合理，水汽扩散受阻，会导致保温层吸湿受潮，降低保温效果，使墙体冬季结露，严重时会使外墙内表面出现黑斑、发霉，甚至淌水等现象。这些霉菌长期在潮湿环境下形成的污染物，通过气流扩散，会损害室内空气质量；水汽流的侵入，还会降低居住的热舒适性。由此可见，控制墙体内部的水分是十分必要的。

由于水在保温层内的存在为多种形式破坏因素的产生提供了必要条件，这就需要在保温层的聚合物抗裂砂浆表面，设置一道具有呼吸功能的高分子弹性底涂防水保护层，以阻止液态水进入，并允许气态水排出，在保证保温系统水蒸气渗透系数适当的前提下，大幅度降低系统及保温材料的吸水量，减少水对外保温系统的影响，避免在寒冷地区冻胀力对外保温系统的破坏，也避免长期在潮湿条件下提供碱环境对聚合物砂浆粘结力的破坏，使建筑结构处于相对稳定的状态，从而提高外墙外保温系统的安全可靠性和表观质量的长期稳定性。

10.0.5　采用柔韧性过渡层可以分散热应力起到抗裂作用

为了确保各种外保温系统的使用寿命，在正常应用前必须通过大型耐候性试验的检验。耐候性试验时，模拟冬夏严酷气候条件的反复作用，对大尺寸的构件进行加速气候老化。剧烈的温度变化会引起外保温系统各层材料变形不均导致系统内部应力变化，当应力超出限值就会引起该部位开裂破坏，从而降低外保温系统的寿命。大型耐候性试验结果与实际工程的相关性良好。不少外保温系统经不起耐候试验的考验，遭到淘汰，证明其耐候性差，不能在工程中使用。有些做法也可以通过耐候性试验发现问题，采取措施使该项技术得到改进。

例如，为解决挤塑聚苯板保温存在的诸多问题，通过试验证明，用胶粉聚苯颗粒满粘复合挤塑聚苯板，以 10mm 板缝贴砌，相当于为每块挤塑聚苯板设置了六面满粘浆料增固构造，增强系统整体粘结力，约束板体变形，又提高了水蒸气渗透能力，同时分散消纳了挤塑聚苯板胀缩时产生的应力，减小开裂的可能性；在挤塑聚苯板中开孔可提高系统的透气性，改善整体粘结力。又如，通过试验证明，为了改善喷涂聚氨酯的耐候性，在喷涂聚氨酯施工完成后，静置一段时间，使聚氨酯充分变形，体积趋于稳定后，复合一层胶粉聚苯颗粒浆料，可以起到找平与防裂的双重作用。

胶粉聚苯颗粒保温材料是有机和无机材料的复合体，其线膨胀系数和弹性模量在聚苯板和抗裂砂浆之间。采用胶粉聚苯颗粒作为过渡层，即增加了一道柔韧性过渡层，起到分散热应力的作用，使整个系统柔性渐变，有利于逐层释放变形量，减小相邻材料之间的变形速度差，大幅度提高系统的耐候性能，从而解决挤塑聚苯板和聚氨酯系统开裂的通病。

10.0.6　施工现场防火与保温系统整体构造防火是外保温防火安全的关键

目前，我国有许多新建建筑，包括高层甚至超高层建筑，其保温材料约有 80%为聚苯乙烯泡沫和聚氨酯硬泡等有机可燃材料，曾发生过多次施工火灾事故，为电焊火花或用火不慎所致。因此，施工现场必须严格用火管理，有机材料保温施工现场应该严禁使用电焊及明火。

研究表明，国内外广泛应用的聚苯板薄抹灰系统的防火性能相对较差，特别是不按技术标准施工的点粘聚苯板做法（粘贴面积通常不大于40%）的工程，系统内部存在连通的空气层，火灾发生时会很快形成“引火风道”，使火灾迅速蔓延。燃烧时的高发烟性又使能见度大为降低，给人员逃生和消防救援带来困难。而且这种系统在高温热源作用的体积稳定性也非常差，尤其当系统表面为瓷砖饰面时，发生火灾后系统遭到破坏时的情况将更加危险，带来更大的安全隐患，而且越到高层这个问题就越加突出。

防火安全是外墙外保温技术应用的重要条件和基本要求。现阶段对于建筑外墙外保温防火安全性能的评价，应以防火试验的结果为依据，而大尺寸模型火试验方法更接近于真实火灾的条件，与实际火灾状况相关性较好。大量防火试验结果证明，通过合理的构造设计，完全可以做到有机材料高效保温与系统防火安全两者兼顾。只要外保温系统构造方式合理，其整体对火反应性能良好，就可以做到建筑外保温系统的防火安全性能满足要求。此处所指的构造包括：粘结或固定方式（有无空腔）、防火隔断（分仓或隔离带）的构造、防火保护面层及面层的厚度等。具备无空腔粘结、防火分仓、防火保护面层厚度足够的构造措施的系统，防火性能优越，在试验过程中无任何火焰传播性；防火隔离带构造具有阻止火焰蔓延的能力，防火性能较差的聚苯板薄抹灰系统通过设置防火隔离带，可以有效阻止火焰蔓延，提高适用的建筑高度。

对保温材料燃烧性能的要求，是达到现有相关标准所要求的技术指标，这是确保外保温施工和使用的防火安全的必要条件。但材料的燃烧性能并不等同于外保温系统的防火性能；试验中 B_1 级的挤塑聚苯板薄抹灰系统仍具有传播火焰的趋势，而使用材料燃烧等级为 B_2 的聚苯板并采取合理的防火构造措施，其系统的整体防火性能却表现良好。

10.0.7 负风压可能导致带空腔的外保温系统脱落

外墙外保温系统是附着在墙体基层上的非承重结构，外保温系统与基层之间采用胶粘剂或再辅以锚栓固定在基面上。采用纯点粘时，系统存在整体贯通的空腔，当垂直于墙面上的负风压力大于外保温系统组成材料或界面的抗拉强度时，外保温系统就会被掀掉，此种事故，屡有发生。

按照技术标准施工的带封闭空腔构造的外保温系统，其抗风压安全性要求是能够满足的。如果施工措施不当，工人缺乏责任心，或者监管不力。例如，用纯点粘的方式粘结保温板、保温板粘结面积过小、粘结材料强度不足、缺少必要的界面层等，就会导致在该处产生的负风压力破坏外保温系统。而外保温系统无空腔或小空腔构造做法具有抗风压能力强、体系整体性好、应力传递稳定、安全性好等优势。为了避免此种问题的发生，必须严格按照标准施工，或者采用无空腔系统。

10.0.8 外保温粘贴面砖必须采取妥善的安全措施

由于面砖饰面有装饰效果好、抗撞击强度高、耐沾污能力强、色泽耐久性好等优点，贴面砖装饰外墙受到很多房地产开发商和住户的喜爱，新建建筑用面砖作为外饰面的比例很高。但是，日后饰面砖空鼓、脱落的问题时有发生，安全隐患突出。因此，外保温不宜采用面砖的意见相当普遍。但实际情况是，外保温工程中仍然大量使用面砖饰面，甚至在高层、超高层建筑中也用得很多。如何保证面砖饰面工程安全与质量，已成为摆在我们面前的一道难题。

为了满足建筑节能设计标准对外墙保温性能的要求，外墙外保温系统一般以密度、强度、刚度、防火性能远低于基层墙体材料的软质有机泡沫塑料为保温层。由于节能减排形势发展的需要和建筑节能设计标准要求的提高，保温层的厚度正在逐步增加。同时，由于面砖置于外保温系统的外层，冷热、水或水蒸气、火、风压、地震作用等自然因素直接作用于其表面，使系统内部的应力相应发生很大变化，这就需要采取相应的安全加固措施，使建筑物和保温系统本身保持必要的安全性，防止出现饰面砖起鼓、脱落等质量事故。由于外保温系统中采用面砖饰面的安全问题已经日益突出，我们认为，外保温系统还是应该尽量避免使用瓷砖饰面，以确保安全；而实在需要使用面砖饰面时，必须采取一系列妥善的安全措施，决不可有任何疏忽大意。

外饰面粘贴瓷质面砖时，应采用增强网加强抗裂防护层，将密度小、强度低的保温层与面砖装饰层连接起来，使不适宜粘贴面砖的保温层基面过渡到具有一定强度、又具有一定柔韧性的防护层上。外保温瓷砖胶的可变形量应小于抗裂砂浆而大于面砖的温差变形量，在确保其粘结强度的同时，改善柔韧性，以使面砖能够与保温系统牢固结合，并消纳外界作用效应，尤其是热应作用与地震作用的影响。还要用柔性的勾缝材料，允许面砖有足够的温度自由变形。外保温饰面砖应采用粘贴面带有燕尾槽的产品，并不得附着脱模剂。

10.0.9 采用柔韧性连接构造缓解地震作用对外保温面层的冲击

外墙外保温系统应具有一定的变形能力，以适应主体结构的位移，对于抗震设防区的建筑，当主体结构在较大地震作用下产生位移时，不致产生过大的应力和不能承受的变形。一般说来，外墙外保温系统各功能层多属柔性材料，当主体结构产生不太大的侧位移时，外墙外保温系统能够通过弹性变形来消纳主体结构位移的影响。但外墙外保温系统是一种复合系统，通过一定的粘结或机械锚固固定在结构墙体上，当地震发生时，外墙外保温系统各功能层之间的连接以及与主体结构的连接要能可靠地传递地震作用，能够承受系统的自重。为了避免主体结构产生的位移使外墙外保温系统破坏，中间连接部位必须具有一定的适应位移的能力。

在外保温面层粘贴瓷砖时，必须考虑保温材料面层的荷载能力、瓷砖胶粘剂的粘结能力以及在地震作用下的抵抗剧烈运动的柔韧性变形能力。外保温基层墙体与饰面层瓷砖是通过保温材料柔性连接的，在受力时基层墙体与饰面层瓷砖不能看成一个整体，其受力状态各有不同，所以要选用与保温材料相适应的具有适当柔韧性的瓷砖胶粘剂，从而形成一个柔性渐变、逐层释放变形量的系统。瓷砖胶粘剂的可变形量小于抗裂砂浆而大于瓷砖的变形量，可通过自身的形变消除两种质量、硬度、热工性能不同的材料的形变差异，使每块瓷砖像鱼鳞一样独立地释放地震作用力，不致由于地震作用发生变形而脱落。

10.0.10 以固体废弃物为原料是发展保温技术的一个重要方向

目前我国墙体保温技术的大规模应用，需要消耗大量聚苯板和聚氨酯等有机保温材料以及矿物资源，生产这些材料也需要消耗大量能源。发展不与能源争资源的建筑节能产品和技术，是节能减排的一项重要任务。以工业固体废弃物为原料的外墙外保温系统，既节约了自然资源，降低了废弃物对环境的污染，在生产过程中又减少了能源消耗，是节能技术发展的一个重要方向。

聚苯乙烯泡沫塑料包装废弃物甚多，其化学性质稳定、密度小、体积大、耐老化、抗腐蚀，不能自行降解；粉煤灰和尾矿存量极大，大量堆积，占用土地，污染空气和地下水源；废旧轮胎难降解，易燃烧。这些工业废弃物造成了严重的环境污染和安全隐患。但是，聚苯泡沫颗粒具有优良的保温性能，粉煤灰具有潜在火山灰活性，废纸纤维能够起到保水、抗裂和改善砂浆施工性的作用，废橡胶颗粒可改善水泥基材变形、抗裂与抗冻性能，都具有开发利用的可能性。

经过多年系统地研究，大掺量固体废弃物技术在外墙外保温系统内的应用已趋于成熟。在胶粉聚苯颗粒浆料系统中，适量采用回收的废聚苯乙烯泡沫颗粒和粉煤灰、尾矿砂以及废橡胶颗粒、废纸纤维等为原料，充分发挥不同材料内在的特殊性能，可分别用于保温、粘结、找平、界面、勾缝、抗裂、腻子、贴砌等不同方面。固体废弃物在多种外墙外保温体系中的综合利用率已达50%以上。这样，既高效地综合利用了大量固体废弃物，净化环境，变废为宝，又有效地解决了我国建筑节能外墙外保温行业快速发展带来的原材料紧缺的问题，降低了材料成本，减少了建造能耗，符合国家发展循环经济、建设节约型社会和节能减排战略的要求。

1 Overview

1.1 The current situation of the outer wall external thermal insulation development both home and abroad

From the perspective of the energy consumption structure of the society, energy utilization from the three fields of industry, transportation and construction generally takes up the great majority of the whole. The proportion of energy utilization in buildings has reached around one third of the whole energy consumption in the world, while the ratio of energy utilization in buildings in China has reached around one fourth of the total energy consumption of the whole country, and it will grow gradually with the improvement in people's living standard. Among the total energy consumption in buildings, energy consumption of the envelope structure of buildings takes up a relatively large proportion, and the area of outer walls accounts for a large part of the envelope structure. Therefore, the technical treatment of thermal insulation of outer walls has a great impact on reducing the energy consumption in buildings as well as improving the indoor comfort. At such historic moment, the external thermal insulation technology of outer walls arises.

On the basis of the dependency on the outer walls of buildings, there are four forms of thermal insulation of outer walls at present, i. e. external thermal insulation of outer walls, internal thermal insulation of outer walls, sandwich thermal insulation and self insulation. Throughout the development history of the wall insulation both home and abroad, external thermal insulation of outer walls is the optimal way of energy conservation in outer walls no matter seen from the theoretical analysis or from the engineering practice. The external thermal insulation technology of outer walls has the longest history of research, the most technological achievements as well as the most extensive application.

The future development cannot be separated from the summarizing and analyzing of the past experience. As a result, the knowledge of the development history of external thermal insulation in China and abroad can enable us to look back on the past and look into the future so as to master the general orientation of the development of the external thermal insulation industry as well as advance the development of the building energy conservation cause in an efficient way.

1.1.1 Technology development and application of external insulation of outer walls overseas

The external thermal insulation technology of outer walls originated in such European countries as Germany in the 1940s. In the 1950s, polystyrene foam insulation board was patented in Europe and external thermal insulation composite projects based on expanded polystyrene board was constructed. Such external thermal insulation systems became popular in Europe in the 1960s and the first weathering test was carried out. The building energy conservation was valued by various countries in the world and the external thermal insulation was extensively applied and advanced at the beginning of the 1970s after the energy crisis. So far, it has undergone a period of over 60 years' development. However in the last 40 years, the research, application and development of the external thermal insulation technology has picked up speed and the technology has been moving towards maturity and perfection gradually.

The technology of external thermal insulation of outer walls was initially applied to fill the cracks in the outer walls of buildings after the war. It was found after the practical use that when such plastic foam boards were plastered to the wall surface of buildings, the composite walls could not only shield the cracks in the outer walls effectively, but also possess good heat insulation performance. Meanwhile, it was the most reasonable compound mode of wall structure to add light thermal insulation system to the outside of heavy walls. The external thermal insulation not only solves the problem of heat insulation, but also reduces the wall thickness too much for the structural requirements, thus reducing the civil engineering costs. Besides, it enables the composite walls to satisfy the requirements of the structure as well as possess the best performance with regards to sound insulation, moisture resistance and thermal comfort.

At present, the external thermal insulation system of outer walls extensively adopted in European countries is mainly the composite system based on thermal insulation board, and there are two kinds of thermal insulation materials, that is, flame-retarded expanded polyphenyl board and non-inflammable rock wool board, usually taking the painting as the exterior finishing coat. Take Germany as an example, the proportion of the application of the external thermal insulation composite system based on expanded polystyrene board is up to 82% while that of the external thermal insulation composite system based on rock wool is 15%.

In the 1970s, the USA introduced the external thermal insulation technology from Europe, and improved and developed it based on the native specific climatic conditions and the characteristics of the building system. Due to the improvement in the requirement of the building energy conservation, the application of the external thermal insulation and decoration system of outer walls has been continuously widened. By the end of 1990s, the average annual growth rate of the application had reached 20% to 25%. So far, this technology has been widely applied in the hot regions in the south as well as in the cold regions in the north of America, and yielded remarkable effects. Apart from the external thermal insulation composite systems based on expanded polystyrene board, the system with light steel or wood structure filled with thermal insulation materials is in the majority, which has a relatively high requirement for the fireproof performance of the thermal insulation materials.

During the application for many years, the Europe and America have carried out large quantities of basic experimental studies on the external thermal insulation system of outer walls, such as the durability, fireproof safety and variation in the moisture content of the external thermal insulation composite system, condensation trouble when applied in cold regions, response of different types of systems to different impact load and the relevance of the performance test results in the laboratory with the practical performance in the engineering application, etc.

On the basis of large quantities of experimental studies, Europe and America have carried out strict legislation on the external thermal insulation of outer walls, including the compulsory authentication standards of the external thermal insulation system of outer walls as well as the technical standards of the relevant component materials of the system. Since there are sound standards and strict legislation in these countries, generally 25 years' service life can be guaranteed in respect to the durability of the external thermal insulation system of outer walls. In fact, the application of such system has practically had a history of much longer than 25 years in the above regions, and the earliest project had a history of even longer than 50 years. In 2000, EOTA (European Organization for Technical Approvals) issued the standard entitled *Guideline for European Technical Approval of External Thermal Insulation Composite Systems with Rendering* (ETAG 004), which served as a technological summary and specification of the successful practice of the external thermal insulation of outer walls in Europe for dozens of years.

1.1.2 Technology development and application of external insulation of outer walls at home

1.1.2.1 Brief history of external thermal insulation in China

The promulgating and implementing of the *Energy Conservation Design Standard for Civil Buildings (for Heating and Residential Buildings)* (JGJ 26—86) in 1986 symbolizes the rising and beginning of the energy conservation in buildings in China. Before then, the research institutions, designing units, construction units and building materials manufacturing units had carried out technical studies on the external wall thermal insulation of vairous forms and conducted experimental research on the external thermal insulation technology in China. From the later period of the 1980s to the beginning of the 1990s, the vairous internal thermal insulation technologies of outer walls represented by polystyrene and gympsum composite insulation board became the major form of external wall thermal insulation as a result of its easy production and construction, low construction costs and its capability to meet the requirement of saving energy by 30% at that time. Moreover, such products as expanded perlite and composite silicate mortar also had certain market shares. However, they have been gradulaly driven out of market because the quality of production and construction was hard to control and many problems hence arose in engineering.

Since the 1990s, especially after the promulgating of the building energy conservation standard of saving energy by 50% in our country, we have doubled our efforts on the research and application of external thermal insulation of outer walls and independently developed the external wall thermal insulation technology of various kinds. The typical technologies include external thermal insulation composite system based on expanded polystyrene board, system based on ZL mineral binder and expanded polystyrene granule mortar for thermal insulation, external thermal insulation system with expanded polystyrene board with mesh or without mesh for in situ concrete and external thermal insulation system based on expanded polystyrene board steel mesh anchored at the back, etc. At the first national working conference on building energy conservation in 1996, the work experience of the previous stage was summarized, the orientation of our efforts was put forward and the popularizing of external thermal insulation of outer walls was made the emphasis of the future work. On Jan. 1st, 1998, the *Law of Energy Saving of the People's Republic of China* was promulgated and put into effect, which made it explicit that "Energy conservation is a long-term strategic principle of the national economic development."

At the beginning of the 21st century, our country developed some other external thermal insulation technologies independently according to the requirement of the national conditions, including external thermal insulation system based on spraying rigid polyurethane foam, external thermal insulation system based on expanded polystyrene board made of mineral binder and expanded polystyrene granule and external thermal insulation system made of rock wool. Various kinds of external thermal insulation technologies are extensively used in the projects. Therefore, the External Thermal Insulation Council has been established within the industry and relevant organizations have complied and published such monographs as the *External Thermal Insulation Technology of Outer Walls*, the *External Wall Thermal Insulation Technology and Hundred Questions on the External Thermal Insulation Technology of Outer Walls*, which elaborated on the external thermal insulation technology of outer walls by combining theory with practice. Besides, they have drawn up such standards as *External Thermal Insulation Composite Systems Based on Expanded Polystyrene Board* (JG 149—2003), *External Thermal Insulating Render-*

ing Systems Made of Mortar with Mineral Binder and Using Expanded Polystyrene Granule as Aggregate (JG 158—2004), *Engineering Technical Specification of External Insulation for Outer Walls* (JG 144—2004) and *Technical Requirements of External Thermal Insulation with Expanded Polystyrene Panel for in Situ Concrete* (JG/T 228—2007), etc., which have all pushed forward the technical and industrial development of the external thermal insulation of outer walls greatly.

With the entering into this century, the industry began to carry out the basic experimental studies on the fireproof technology and the weathering test of external thermal insulation, which yielded technological achievements correspondingly. In recent years, such books as *Construction Method of External Thermal Insulation of Outer Walls and Explorations into the Wall Thermal Insulation Technology* have come out, which advanced the external thermal insulation technology and made new explorations by combining our national conditions while integrating with Europe and America in an all-round way in the field of technology.

On April 1st, 2008, the new edition of the *Law of Energy Saving* was published and put into effect, which stipulated that "Energy conservation is the basic state policy of our country. And the state will implement the energy development strategy of promoting conservation and exploitation simultaneously while giving top priority to conservation." The new edition of the *Law of Energy Saving* has further defined the subject of energy conservation law enforcement and strengthened the legal responsibilities of energy conservation.

In 2009, the Chinese government made a promise at the World Climate Change Conference in Copenhagen, Denmark, that the carbon dioxide emission per unit GDP in 2020 in China will reduce by 40% to 45% compared with that in 2005. As a large responsible country, China will be always faced with the important task of solving the problem of coordinating the energy conservation and pollutant discharge reduction with the sustainable economic growth from the very moment of making the promise.

Since the initial compulsory implementation of building energy conservation in 1997 in our country, saving energy by 30% previously has been transformed to mandatory energy saving by 50% in over 170 cities. In 2004, Beijing and Tianjin took the lead in implementing the standard of saving energy by 65%. Nowadays, more cities begin to execute the standard of saving energy by 65%. Moreover, the new energy conservation design standard for residential buildings will be promulgated and put into effect in Beijing in 2011, and the energy conservation rate will be up to the level of advanced countries. As a result, the development history of external thermal insulation in China is a process of continuous development with the increasing requirements for energy conservation and pollutant discharge reduction at different periods of our country.

1.1.2.2 Introduction to the building energy conservation standard at home

1 Building energy conservation design standard

Our country began to carry out the work of energy conservation in buildings and formulated a series of standards as early as in the 1980s. *Thermotechnical Design Specifications for Civil Buildings* (JGJ 24—86) and *Energy Conservation Design Standard for Civil Buildings (for Heating and Residential Buildings)* (JGJ 26—86) were promulgated and put into effect in 1986. *Heating and Ventilation and Air-Conditioning Design Specifications* (GBJ 19—87) was published and implemented in 1987, while *Thermotechnical Design Specifications for Civil Buildings* (GB 50176—93) was promulgated and executed in 1993. The issuing and implementing of these standards has an important effect on saving energy, improving the environment as well as increasing the economic and social benefits.

In 1995, *Energy Conservation Design Standard for Civil Buildings (for Heating and Residential Buildings)* (JGJ26—86) was revised and *Energy Conservation Design Standard for Civil Buildings (for Heating and Residential Buildings)* (JGJ 26—95) was instead issued and put into effect, with the energy saving rate rising to around 50%. In 2010, this standard was revised again in our country and *Energy Conservation Design Standard of Residential Buildings in Severe Cold and Cold Regions* (JGJ 26—2010) was promulgated, which raised the building energy conservation in the northern regions of our country to a new level. In 2001, *Energy Conservation Design Standard of Residential Buildings in Regions with Hot Summer and Cold Winter* (JGJ 134—2001) was issued (and revised in 2010) in China. In 2003, *Energy Conservation Design Standard of Residential Buildings in Regions with Hot Summer and Warm Winter* (JGJ 75—2003) was promulgated and implemented in our country, which developed the building energy conservation cause from the North of the South and required an around 50% energy saving rate in the southern regions. In 2005, *Energy Conservation Design Standard of Public Buildings* (GB 50189—2005) was issued and implemented, requiring that the total energy consumption from heating, ventilation, air-conditioning and lighting should reduce by 50% compared with that when no energy conservation measure was taken while guaranteeing the same indoor environmental parameters. Some provinces and cities have laid down their local standards in order to better implement these standards.

2 Building energy conservation engineering construction standard

For the sake of facilitating the effective implementation of the building energy conservation design standard, some structure atlases have been compiled and issued correspondingly in our country, mainly including *External Thermal Insulation Building Construction I* (02J121-1), *External Thermal Insulation Building Construction II* (99J121-2), *External Thermal Insulation Building Construction III* (06J121-3), *Internal Thermal Insulation Building Construction of Outer Walls* (03J122), *Building Energy Conservation Construction of Walls* (06J123), *Energy Conservation Retrofit of Existing Buildings I* (06J908-7), *External Thermal Insulation Building Construction* (10J121), *Energy Conservation Retrofit of Public Buildings (in Severe Cold and Cold Regions)* (06J908-1), *Energy Conservation Retrofit of Public Buildings (in Regions with Hot Summer and Cold Winter and Regions with Hot Summer and Warm Winter)* (06J908-2), and *Roofing Energy Conservation Building Construction* (06J204), etc. Various provinces, cities and regions have complied their own building energy conservation structure atlases, such as *External Thermal Insulation of Outer Walls* (08BJ2-9) and *Energy Conservation Structure of Public Buildings* (88J2-10) of Beijing. Besides, the inspection standard and construction quality acceptance standard have been published correspondingly in our country, such as *Energy Conservation Inspection Standard of Heating and Residential Buildings* (JGJ 132—2001), which was revised as *Energy Conservation Testing Standard for Residential Building* (JGJ/T 132—2009) in 2009; *and Construction Quality Acceptance Specification of Building Energy Conservation Projects* (GB 50411—2007), which is currently under a new round of revising and editing to emphasize the acceptance check on the fireproof performance. And some provinces and cities have also worked out their local standards for the construction quality acceptance of energy conservation in buildings, such as *Code for the Energy Conservation and Thermal Insulation Engineering Construction Quality Acceptance of Residential Buildings* (DBJ 01—97—2005) as well as Code for the Energy Conservation Construction Quality Acceptance of Public Buildings(DB11 510—2007)in Beijing.

Before the year 2003, there were some quality problems in the external thermal insulation projects, for example, the protective layer cracked and the ceramic tiles fell off due to the empty drum; rainwater permeated into the internal surface of outer walls through the cracks; and some external thermal insulation system was even blown off by strong wind in particular projects. In order to normalize the technical requirements of the external thermal insulation of outer walls, guarantee the construction quality and make it technically advanced, safe and reliable as well as economically reasonable, *Technical Specification of the External Thermal Insulation of Outer Walls* (JG 144—2004) has been formulated. It has been edited chiefly by the Technological Development Promotion Center of the Ministry of Construction with the joint efforts of many research institutions and enterprises within the industry. The purpose of formulating this specification lies in firstly, guiding the research and application of the external thermal insulation technology in our country by learning from the successful experience of developed countries and secondly, controlling the external thermal insulation project quality and promoting the sound development of the external thermal insulation industry. Five external thermal insulation systems are included in this specification, namely external thermal insulation composite system based on expanded polystyrene, external thermal insulation composite system based on mineral binder and expanded polystyrene granule material for thermal insulation, external thermal insulation system based on expanded polystyrene panel in cast-in-place concrete form, external thermal insulation system based on expanded polystyrene board with steel mesh in cast-in-place concrete form, and external thermal insulation system based on mechanically fastened expanded polystyrene board with steel mesh. The specification not only stipulates the basic requirements of the external thermal insulation projects, but also lays down the performance requirement of the external thermal insulation system and its component materials, the corresponding test methods, key points in design and construction, as well as the structure, technical requirement and construction acceptance of the above external thermal insulation systems. As one of the most important engineering construction standards in the external thermal insulation industry, it provides guidance and is operable for normalizing various kinds of external thermal insulation systems and developing new external thermal insulation systems. Besides, it will protect and facilitate the development of the external thermal insulation industry.

As a result of the relative late start of the external thermal insulation technology development in our country, the external thermal insulation system is under the process of continuous development and improvement and there are also some problems in the external thermal insulation projects. For example, as the efficient thermal insulating materials applied in large quantities belong to combustible materials at present, the fireproof performance is poor in some external thermal insulation systems and they are a big fire danger. Together with the current lax fire control on construction, several fire accidents have taken place in the external thermal insulation construction. Meanwhile, since the development of some new external thermal insulation technologies has become mature and have been applied in large quantities in the projects, they are qualified to be written into the standard. In contrast, the external thermal insulation systems not adapted to the requirements of the current projects should be removed from the standard. Therefore, the revising work of *Technical Specification of External Thermal Insulation Projects of Outer Walls* (JG 144—2004) was launched in 2006, which enters the stage of consultation at present. The revised standard incorporates 7 kinds of external thermal insulation systems: external thermal insulation system based on plastered thermal insulation board, external thermal insulation system based on insulating mortar made of mineral binder and using expanded polystyrene granule as aggregate, external thermal insulation system with expanded polystyrene board for in situ concrete, external thermal insulation system based on expanded polystyrene board with steel mesh in cast-in-place concrete form, external thermal insulation system based on expanded polystyrene board made of mineral binder and expanded polystyrene granule mortar, external thermal insulation system with in-situ spraying of rigid polyurethane foam and external thermal insulation system based on thermal insulating decorative board, etc. The revised contents regarding technology in this standard mainly include the performance requirement of the external thermal insulation system and its major component materials, the design and construction of the external thermal insulation projects of outer walls, the structure and technical requirement of the external thermal insulation system, project acceptance, field inspection items and test methods. Besides, the contents of fire protection design of the external thermal insulation projects of outer walls and strengthening the fire prevention management in the construction of the external thermal insulation projects have been added to the standard.

3 Standard of energy-saving products in buildings

With the continuous development of the external thermal insulation industry, many product standards of the external thermal insulation system have been formulated, mainly including *External Thermal Insulation Composite Systems Based on Expanded Polystyrene Board* (JG 149—2003), *External Thermal Insulating Rendering System Made of Mortar with Mineral Binder and Using Expanded Polystyrene Granule as Aggregate*(JG 158—2004)and *Technical Requirements of External Thermal Insulation with Expanded Polystyrene Panel for in Situ Concrete*(JG/T 228—2007), etc. There are also some supporting product standards of external thermal insulation system such as *External Thermal Insulation Waterproof Flexible Putty*(JG/T 229—2007), *Expanded Polystyrene Board Adhesives for Thermal Insulation of Walls*(JC/T 992—2006) as well as *Expanded Polystyrene Board Base Coat for External ThermalInsulation*(JC/T 993—2006), etc. The three important product standards of external thermal insulation system will be introduced one by one as follows:

1)*External Thermal Insulation Composite Systems Based on Expanded Polystyrene Board*(JG 149—2003)

Promulgated in 2003, this is the first industrial standard of the products of external thermal insulation system in China. Products in this standard refer to external thermal insulation composite systems based on expanded polystyrene board introduced from overseas. Under the condition of the relative lack of basic research data in our country, the standards in Europe and America have been referred to under which the application of such technology was mature. *Guideline for European Technical Approval of External Thermal Insulation Composite Systems with Rendering* (EOTA ETAG 004)has been largely adopted in a nonequivalent way. The formulation of this standard in those days had pushed forward the development of the external thermal insulation technology in our country and normalized the engineering application of such system to a great extent. Besides, the application area of such system had grown year after year.

In the process of research and engineering application, large amount of test data has been accumulated with regard to the external thermal insulation system based on expanded polystyrene board. Meanwhile, it has been found that revisions need to be made to the original standard after the large quantities of its application to the projects. Therefore, in order to fully reflect the relevant achievements in scientific research and application, further promote the technical progress of the external thermal insulation system based on expanded polystyrene board, improve and guarantee the production level and technical quality of the industry as well as push forward its development in a better and quicker way, the related units have made revisions to this standard and been prepared to enhance it as a national standard of *External Thermal Insulation Composite Systems Based on Expanded Polystyrene*, which has been proposed for approval so far.

2) *External Thermal Insulating Rendering System Made of Mortar with Mineral Binder and Using Expanded Polystyrene Granule as Aggregate* (JG 158—2004)

Issued in 2004, this standard is the second industrial standard of the products of external thermal insulation systems domestically. The products in this standard refer to the external thermal insulation systems made of mortar with mineral binder and using expanded polystyrene granule as aggregate developed with its own proprietary intellectual property rights on the basis of our national conditions. Similarly under the conditions of insufficient basic research, the system products have adopted *Rendering—Rendering Systems for Thermal Insulation Purposes Made of Mortar Consisting of Mineral Binders and Expanded Polystyrene (EPS) as Aggregate* (*DIN* 18550 *Part Three*) and *Guideline for European Technical Approval of External Thermal Insulation Composite Systems with Rendering* (EOTA ETAG 004) in a nonequivalent way, and some technical performance index of the component materials has been adjusted and added on the basis of the actual engineering situation in our country.

It has been over six years since the implementation of this standard and sound effects have been achieved in the application. Such solid wastes as coal ashes and old polyphenyl have been fully dissolved or absorbed, the advantages of comprehensive utilization of resources have been given play to and the development of the external thermal insulation technology has been promoted in our country. Besides, it has played an important role in carrying out the design standard of saving energy by 50% in buildings in our country.

After several years' application and practice, the external thermal insulation technology based on mortar with mineral binder and using expanded polystyrene granule as aggregate has made new development. Not only the fireproofing technology and the product technical performance have been improved, but also the practice in structure has been innovated. The composite thermal insulation technology based on expanded polystyrene board covered by mineral binder and expanded polystyrene granule mortar on six or five sides has been developed, thus widening the scope of application of mineral binder and expanded polystyrene granule material as well as the expanded polystyrene board, which could meet the requirement of higher energy conservation design standard. Moreover, there are some contents of the original standard that need revising and perfecting, and some test methods should coordinate with those in the latest relevant standard. As a result, the related organizations have made revisions to this standard, and the revising work has entered the stage of consultation so far.

3) *Technical Requirements of External Thermal Insulation with Expanded Polystyrene Panel for in Situ Concrete* (JG/T 228—2007)

Issued in 2007, this standard is the third domestic industrial standard of products of the external thermal insulation systems. In this standard, the external thermal insulation system products based on expanded polystyrene board in cast-in-place concrete from are developed independently by our country, the material performance and structure practice of which has reached the internationally advanced level. The external thermal insulation systems based on expanded polystyrene board in cast-in-place concrete from fasten the thermal insulation layer through the method of one-time casting of the polystyrene board with the concrete walls, so that the thermal insulation layer bonds closely with the walls. This system consists of two kinds of external thermal insulation systems: external thermal insulation systems based on expanded polystyrene board with vertical groove in cast-in-place concrete from and external thermal insulation systems based on expanded polystyrene board with steel mesh in cast-in-place concrete form. This system product adds a layer of special function between the thermal insulation layer of expanded polystyrene board and the anti-crack protecting coat, that is the fireproofing and ventilate intermediate layer which is made of mineral binder and expanded polystyrene granule material, thus improving the fireproofing and ventilate performance and weather resistance of the thermal insulation systems and facilitating the transition of the heat conductivity coefficient of the materials as well as the correcting of the construction errors. The promulgating and implementing of this standard effectively normalizes the external thermal insulation technology based on expanded polystyrene board in cast-in-place concrete form and improves the fireproofing safety of the system.

1.1.3 Development trend of external thermal insulation in China—external thermal insulation is a developing science

External thermal insulation is a developing science under the process of continuous development and improvement. When looking back into the history, it has gone through the following periods: the development of mainstream thermal insulation technologies from internal thermal insulation to external thermal insulation, the development from low building energy conservation standard to high building energy conservation standard, the development from single external thermal insulation system to multi-type external thermal insulation system conforming to the national conditions, and the development from insufficient attention to great attention and rational resolution of the fire proofing problem of external thermal insulation, etc.

So what will the development trend be of external thermal insulation domestically in the future? We predict that the external thermal insulation technology development and engineering application will be oriented to the six directions in our country in the future: (1) the R&D and application of external thermal insulation system with high fireproof performance and excellent comprehensive performance; (2) the diversified R&D and application of integrated system of external thermal insulation and finish and finish coat; (3) the research and application of perfecting the detailed nodal treatment and improving the durability of the external thermal insulation system; (4) the research and application of the appropriate technology of energy conservation retrofit of existing buildings; (5) the external thermal insulation projects in the construction of new economy village characterized by being simple, feasible and balanced comprehensive performance will become a new growth point; and (6) how to make full use of solid waste in external thermal insulation system so that it will not compete for energy sources with fossil energy will become an important issue.

1.2 Progress of the fundamental theoretical research on external thermal insulation of outer walls in China

1.2.1 Main points of the fundamental theory of external thermal insulation of outer walls

Main points in the fundamental theoretical research of external thermal insulation of outer walls include:

1)The external thermal insulation of outer walls should be able to adapt to the normal deformation of substrate without forming cracks or empty drum.

2)The external thermal insulation should be able to endure the long-term and repeated effects of the dead load, wind load and outdoor climate without forming harmful deformation or destruction.

3)The external thermal insulation of outer walls should be connected with the substrate in a reliable way in order to avoid falling off in earthquakes.

4)The external thermal insulation of outer walls should have the capability of preventing flame propagation.

5)The external thermal insulation of outer walls should have the function of preventing water permeability.

6)The external thermal insulation composite walls should have good thermal insulation, heat insulation and humidity resistant performance.

7)The various components of the external thermal insulation of outer walls should have the physical-chemical stability.

8)The external thermal insulation of outer walls should be durable and with a long service life.

It could be seen from these main points that external thermal insulation is a science on the influence of five destructive forces of nature on the building walls. And these five destructive forces of nature include thermal stress, fire, water, wind pressure and seismic force.

Thermal stress: The different thermal insulation practices have obvious influence on the temperature variation during the four seasons in the structural layer. Variation in temperature in the building structural layer when adopting the external thermal insulation method is small, while such variation is big when adopting the internal thermal insulation method, sandwich thermal insulation method as well as the combination of internal thermal insulation and external thermal insulation, thus causing relatively strong temperature stress which is an important reason for the cracks in the building structural layer. The damage of temperature stress due to the irrational location of the thermal insulation layer to the building structure is one of the subjects that need attention as well as require more manual labor and material resources so as to conduct systematic research in the thermal insulation projects of walls at present. Moreover, in the external thermal insulation of outer walls, cracks in the surface coat and falling off of face bricks of the wall surface caused by temperature stress as a result of the irrational performance design of the materials of various structural layers of the thermal insulation layer is one of the problems requiring urgent solution in the thermal insulation projects of outer walls at present.

Fire: Currently, in the thermal insulation systems of outer walls, the proportion of utilizing efficient organic thermal insulation materials reaches as high as 80%, which leads to the poor fireproofing safety of the external thermal insulation systems and the occasional outbreak of fire in the construction of external thermal insulation. With the increasing in the building energy conservation standard and the building height, the problem of fire prevention will become more prominent. Therefore, the fireproofing safety of external thermal insulation systems is an important technical requirement of the fair use of external thermal insulation projects. How to properly look on and reasonably resolve the fireproofing problem of external thermal insulation, in which ways to carry out the fireproofing technical research of external thermal insulation as well as whether to grade the fire prevention of external thermal insulation will be elaborated on in this book.

Water: Water exists in the physical environment in three forms, and the three-phase transformation of water, the movement and migration of water in various forms between the inside and outside of the external thermal insulation systems as well as the phase variation within the systems will exert a great impact on the durability and functionality of external thermal insulation systems. How to enable the external thermal insulation systems to be waterproof and ventilate as well as moisture condensation resistant is an important content in the basic theoretical research of the external thermal insulation systems.

Wind pressure: It is not rarely seen that the external thermal insulation systems have been blown off by strong winds in practical engineering. In particular, the safety of the systems with face bricks as the finish after the damage of wind pressure is a technical matter that needs to be emphasized and solved.

Seismic force: Seismic force generally aims at the external thermal insulation systems with face bricks as the finish. The external thermal insulation systems of outer walls are non-load bearing structure that sticks to outer walls, thus not sharing the load or seismic action borne by the major structure. However, it needs to be studied on what deformability the external thermal insulation systems of outer walls should have so as to adapt to the displacement of the major structure. As a result, when displacement occurs to the major structure under great seismic load, it will not exert too much internal stress or unbearable deformation on the external thermal insulation systems of outer walls.

In addition, with regard to some key issues of concern within the industry, they will be referred to in this book. For example, is the face brick system sufficiently safe, how to make a system with face bricks as the finish and what are the technical requirements for materials? How should the solid wastes be applied in the external thermal insulation systems so as to give considerations to both energy conservation and environmental protection? And how many energy sources have been consumed and how much pollution has been caused in the production of external thermal insulation materials?

1.2.2 Progress of the basic theoretical research in China

So far, the research on the external thermal insulation technologies of outer walls has begun to develop both in scope and in depth in our country. To be specific, it has developed from the lack of basic research data to the accumulation of large amount of relative information; from the introducing of advanced foreign technologies directly to the launching of the research and development on the basis of our national conditions; and from the independent research and development of the external thermal insulation systems of outer walls appropriate for our national conditions to the gradual improvement of the technical system. Some gaps in the basic research have been continuously filled up, such as the technical research on the influence of thermal stress caused by different thermal insulation structures on the external thermal insulation systems, experimental studies on the fireproofing safety of various types of external thermal insulation systems of outer walls, the weathering test research of external thermal insulation systems and the research on the safety of external thermal insulation systems of outer walls with face bricks as the finish, etc.

However, although there is solid foundation for the work, the basic experimental studies of external thermal insulation is still at the stage of exploitation at present. Much work still needs to be done. Either the previous research findings should be enriched or be verified and corrected. In a word, the research on basic tests should be carried on with persistence if the external thermal insulation technologies would develop by leaps and bounds and the external thermal insulation projects would guarantee excellent durability. The government should make investment in this respect and support the relevant research topics. Enterprises should also make investment accordingly for the sustainable development of the industry as well as themselves. Meanwhile, energetic efforts should be made to combine the basic theoretical research with the engineering practical experience, push forward the development of external thermal insulation technologies, and make contributions to providing the society with external thermal insulation products suitable for the service life of buildings, reducing the social costs and saving the limited energy sources for the society.

10 Conclusions

10.0.1 China is well experienced in the external thermal insulation of outer walls

Starting from learning the external thermal insulation composite system based on expanded polystyrene board from overseas in the 1980s, after constant exploration and innovation, and introduction as well as absorption, many external thermal insulation systems have been developed, of which the materials, structure and craftsmanship vary from one to the other. Currently, there are at least five categories altogether scores of practices, among which the systems with relatively wide application include the composite system based on thermal insulation board, lightweight aggregate insulating mortar system, system based on thermal insulation board in cast-in-place concrete form, system with in situ spraying and pouring of thermal insulation materials and the system based on insulation decorative board, etc. All of these external thermal insulation technologies have their own characteristics and scope of application. With the gradual improvement in the energy conservation requirements, external thermal insulation has become a major form of energy-saving thermal insulation of walls, boasting of the most mature technology and the most extensive application. It is particularly popular in regions with heating provision, where the newly increased area of application is measured by hundred million square meters, ranking the first throughout the world. The external thermal insulation industry can basically meet the requirement of the development at present and in the near future. It has been proved by practice that most external thermal insulation projects of outer walls are successful. Many external thermal insulation projects built earlier on are still maintained in good condition and have made great contributions to the building energy conservation cause of our country. However, various quality issues have arisen in some projects, such as the neglect of the blocking-up of thermal bridges in some parts, the poor safety in the binding of the thermal insulation layer with the wall structure, the liability of external moisture to permeate into the walls, the blockage of outward permeation of interior water vapor, the poor durability of the reinforcing mesh, the poor crack resistance of thermal insulation materials and structure and cracks, empty drum even falling off of the thermal insulation layer. In particular, the falling off of face bricks is more serious. Besides, several accidents of the ignition of thermal insulation materials at the construction site or catching fire after being placed on walls have taken place, which aroused the deep concerns all around.

It should be mentioned that China has rich positive and negative experience in the external thermal insulation projects of outer walls after many years' practice.

10.0.2 External thermal insulation of outer walls is the most reasonable thermal insulation structural mode of thermal insulation of outer walls

The thermal insulating outer walls consist of many functional layers, including load-bearing substrates, the thermal insulation layer plastered to the walls as well as the protective layer and decorative layer on the surface. Thermal insulation of outer walls is classified into external thermal insulation, internal thermal insulation, sandwich thermal insulation and self thermal insulation, each with its own characteristics. Among them, the external thermal insulation technology of outer walls with the thermal insulation layer on the outside has been most extensively applied both home and abroad due to its many advantages.

The external thermal insulation of outer walls has been developed as a result of the requirements for energy conservation in buildings and the thermal comfort. Besides, since there is greater requirement for energy conservation, the external thermal insulation of outer walls has been attached more importance to. Since the thermal insulation layer is located at the outside of the structural layer of walls, the excellent heat insulation and cold insulation performance of the thermal insulation layer of outer walls enables both the temperature variation and its gradient to be much smaller within the structural layer, the temperature is quite stable so that the temperature stress and its variation is reduced greatly within the structural layer. In other words, the external thermal insulation layer protects the major structure effectively and is capable of prolonging the service life of the structure. Service life of the structure is the foundation for the service life of buildings. It is indeed difficult to evaluate the great economic and social benefits led by the prolonging of the service life of the structure. Moreover, the practice of external thermal insulation of outer walls greatly reduces the thermal losses at the thermal bridge of the structure, and can prevent the partial moisture condensation and molding from the excessively low surface temperature in the thermal bridges in winter. Besides, due to the big thermal capacity of the structural layer of walls made of heavy materials, there is a great amount of heat stored up in the structural layer of walls covered by the external thermal insulation layer. And it has very good performance of automatic heat storage and heat dissipation, thus enabling the external envelope structure of buildings to make dynamic regulations with the change in the climatic environment outside so as to stabilize the room temperature, enhance the life comfort, improve the fitness and living conditions of the residents and conduct energy conservation by making full use of the building itself. Carrying out external thermal insulation during the energy conservation retrofit of existing buildings will cause much less disturbance to the residents. It can be thus seen that the external thermal insulation of outer walls is the most reasonable structural mode of thermal insulation of outer walls with its many advantages.

10.0.3 The external thermal insulation projects of outer walls must be able to stand the test of various natural factors

Exposed to the outermost atmosphere of buildings, the external thermal insulation layer of outer walls is bound to suffer from the prolonged erosion of many natural factors. Natural conditions are in a process of constant changing. There are changing seasons and alternating day and night. Moreover, there are many other climatic changes such as from being sunny to cloudy, from cold to hot, wind and rain as well as freezing and thawing, which would be rather harsh sometimes. These natural factors will exert a comprehensive effect on the external thermal insulation layer repeatedly and the temperature, humidity, stress state within the thermal insulation layer will inevitably under constant change with them. After a considerable long period of time when the stress reaches a certain critical point, breakage would emerge on the external protective layer and thermal insulation layer, and such breakage is irreversible. The original cracks will spread gradually with continuous swelling and shrinking and freezing and thawing, thus causing large-scale damages. In addition, there would possibly be abrupt factors which are difficult to expect, for example earthquake may take place in the vast regions of our country, which would cause damage to the external thermal insulation system and the external facing bricks. Fires may break out in the process of construction and in the use of buildings, fire will spread, thus burning up the thermal insulation layer. Therefore, effective specific protective measures must be taken in various ways in the process of construction so as to enable the external thermal insulation projects of outer walls to stand the various tests and challenges from nature as well as prolong the service life of the external thermal insulation systems. The measures taken must be comprehensive rather than single, must be economic rather than at any cost, must be durable rather than short-lived. As it is known, if the thermal insulation layer breaks sometime in the future, it must be pulled down and recreated. It can be thus imagined how much cost would result from it especially for high-rise buildings. In contrast, simply by adopting advanced and reliable technology and taking strict measures according to the standard in the construction of the external thermal insulation projects, can decades of peace and economization be achieved. It is thus perfectly clear what kind of practice is appropriate.

10.0.4 The moisture transmission within the external thermal insulation walls must be controlled

When moisture from nature permeates into the outer walls, it will yield influences in many respects on the walls. The entering of rain water or water vapor will erode the buildings materials, reduce the thermal insulation efficiency of walls and increase the energy consumption of buildings. When water freezes in winter, it will generate frost heaving stress and cause damage to the walls as a result that the volume of ice grows by 9% compared with that of water. Especially when it takes place within the facing brick systems, freeze thawing will cause more serious damages. Besides, water can reduce the adhesion stress between various layers of the system, reduce the weather ability of the system, speed up the aging of thermal insulation materials, hence influencing the durability of buildings. If the thermal insulation layer is not properly located and the system structure is unreasonable, the diffusion of water vapor will be blocked, which would cause the thermal insulation layer to be affected with damp from moisture absorption, reduce the thermal insulation effects, lead to the moisture condensation of walls in winter and result in the black spots, molding even dripping water on the internal surface of outer walls in serious cases. The pollutant formed by these mould in the humid environment for a long time will harm the indoor air quality through flow divergence. The intrusion of moisture flow will also reduce the living thermal comfort. It can be thus seen that it is of great necessity to control the moisture within the walls.

Since the presence of water within the thermal insulation layer is prerequisite for the emerging of destructive factors of various forms, it requires to place a waterproof protective layer of elastic ground coating with respiratory functions on the surface of the anti-crack mortar of the thermal insulation layer, so as to prevent the entering of liquid water and allow the discharge of gaseous water, thus reducing the water vapor absorption of the system and thermal insulation materials substantially, lessening the influence of water on the external thermal insulation system, avoiding the damage of frost heaving pressure to the external thermal insulation systems in cold regions as well as the damage of the alkali environment under the long-term humid conditions to the adhesion stress of polymer mortar, enabling the constructional structure to keep in a stable state and improving the safe reliability of the external thermal insulation system of outer walls as well as the long-term stability of the apparent mass under the premise of guaranteeing the appropriate vapor permeation coefficient of the thermal insulation system.

10.0.5 A flexible transition layer can be adopted to disperse the thermal stress and exert the anti-crack effects

The various external thermal insulation systems must go through large-scale weathering tests before normal application in order to ensure their service life. When conducting the weathering tests, accelerated weathering aging is carried out on large sized structural elements by simulating the repeated actions under the harsh climatic conditions in winter and summer. The drastic temperature variation will cause the uneven deformation of the materials of various layers of the external thermal insulation system, thus leading to the variation of stresses within the system. When the stresses go beyond the limit, cracking damage will emerge in the particular part, hence shortening the service life of the external thermal insulation system. The results of large-scale weathering tests have a sound correlation with the practical projects. Many external thermal insulation systems cannot stand the weathering tests and are sifted out, which proves it has poor weather ability and cannot be applied in the projects. Besides, weathering tests can detect problems in some practices and improve such technologies by taking proper measures.

For example, in order to solve the many problems in the thermal insulation with rigid extruded polystyrene board, it has been proved through experiment that to bond the composite rigid extruded polystyrene board fully with mineral binder and expanded polystyrene granule with the length of slab joint of 10mm means to add reinforcing structure bonded fully with mortar at six sides for each rigid extruded polystyrene board, which strengthens the whole adhesion stress of the system, restrains the deformation of board, increases the vapor permeation power, disperses and absorbs the stresses of the swelling and shrinking of rigid extruded polystyrene board as well as reduces the possibility of cracking. To open pores in the rigid extruded polystyrene board will enhance the air permeability of the system and improve the integral adhesion stress. For another instance, it has been proved after experiment that in order to improve the weather ability of spraying polyurethane, after the construction of spraying polyurethane, it is left untouched for a period of time to enable the polyurethane to deform fully, when the volume tends to be stable, a layer of mineral binder and expanded polystyrene granule mortar is added to it which plays the dual roles of leveling and crack control.

Mineral binder and expanded polystyrene granule material for thermal insulation is a complex of organic and inorganic materials, the coefficient of linear expansion and modulus of elasticity of which lie between those of expanded polystyrene board and anti-crack mortar. To adopt the mineral binder and expanded polystyrene granule as the transition layer is to add a flexible transition layer which plays the role of dispersing the thermal stress, enables the flexibility of the whole system to change gradually, helps the deformation release layer after layer, reduces the deformation velocity difference between neighboring materials and improve the weather ability of the system by a large margin, hence solving the common problem of cracking of rigid extruded polystyrene foam board and polyurethane systems.

10.0.6 Fire protection at the construction site and of the integral construction of the thermal insulation system is the key to fire safety of the external thermal insulation

At present, around 80% of the thermal insulating materials of many new building including high-rise even supertall buildings are such organic combustible materials as expanded polystyrene foam and rigid polyurethane foam in our country, and several fire accidents have broken out in the construction caused by electric welding sparks or careless fire use. Therefore, there must be stringent fire use management at the construction site and electric welding and naked fire should be strictly prohibited at the construction site of thermal insulation of organic materials.

Researches have shown that the fireproof performance is poor of the external thermal insulation composite systems based on expanded polystyrene board widely applied both home and abroad, especially for the projects which fail to abide by the technical standard and practice the bonding of expanded polystyrene board at particular points (with the area of bonding generally no more than 40% of the whole), there is connected air layer within the systems, and when fire breaks out, a fire duct will be formed soon, leading to the rapid spreading of fire. The high smokiness when it is burning will greatly reduce the visibility and cause troubles to both the escape of trapped people and the rescue of firefighters. Moreover, such systems have very poor volume stability under the effects of high temperature heat source, especially when the surface of the systems is made of ceramic tiles, it will be more dangerous after the fire breaks out and the systems are damaged, and more potential safety hazards will be caused. Such problem will become more outstanding with the rising of the buildings.

Fire safety is an important condition and basic requirement for the application of the external thermal insulation technology of outer walls. The evaluation on the fire safety performance of external thermal insulation of outer walls at the present stage should be based on the results of fire protecting tests. The fire test methods of large-sized models are more close to the conditions of a real fire, thus having a good relevance with the actual fire conditions. It has been proved after large quantities of fireproofing test results that it is totally possible to give consideration to both efficient thermal insulation of organic materials and the fire safety of the systems through reasonable structural design. The fire safety of the external thermal insulation systems of buildings can meet the requirement only if the external thermal insulation systems are of reasonable structure and the whole systems have good reactivity to fire. The structure here refers to the mode of bonding or faxing (whether with cavity or not), the construction of fire partition (compartment or isolation belt) and the thickness of fire protecting coat or finish coat, etc. Systems with such constructional measures as bonding with no cavity, fire compartment and sufficient thick fire protecting coat have excellent fireproof performance and there is no possibility of flame propagation in the course of the tests. Since the construction of fire isolation belt is capable of preventing the spreading of flames, the external thermal insulation composite systems based on expanded polystyrene board with a poor fireproof performance could effectively prevent the flame propagation and increase the applicable building height by setting up fire isolation belts.

The requirement for the combustibility of thermal insulating materials is that they should meet the technical index prescribed by the current related standards, which is a prerequisite for guaranteeing the fireproof safety in the construction and use of external thermal insulation. However, the combustibility of materials is not equivalent to the fireproof performance of the external thermal insulation systems. In the experiments, the external thermal insulation composite systems based on extrude polystyrene board at the combustion level of B_1 still tend to spread flames, while the whole fireproof performance of the systems is good when adopting expanded polystyrene board at the combustion level of B_2 and taking rational measures of fire prevention structure.

10.0.7 Negative wind pressure may lead to the shedding of the external thermal insulation systems with cavity

The external thermal insulation systems of outer walls are non bearing structure attached to the substrate of walls, and the external thermal insulation systems are fixed through adhesives or further anchored to the substrate. When the pure bonding at particular points is adopted, there is a cavity through the whole systems, and when the negative wind pressure perpendicular to the wall surface is larger than the tensile strength of the component materials or the interface of the external thermal insulation systems, such systems will be lifted off. Such accidents are not rarely seen.

For external thermal insulation systems with closed cavity structure the construction of which has been up to the technical standards, they could meet the requirement for the safety of wind load resistance. However, if improper measures are taken in construction, workers lack sense of responsibility, or there is insufficient supervision and control, for example, the method of pure bonding at particular points to bond the thermal insulation board, the excessively small bonding area of thermal insulation board, insufficient strength of binding materials and the lack of necessary interface layer would result in the damage to the external thermal insulation systems through the negative wind load generated at the particular point. In contrast, the external thermal insulation systems with no cavity or small cavity structure have such advantages as strong wind load resistance, good integrity of the systems, stable stress transfer and sound safety, etc. Therefore, in order to avoid such problems, the construction must be conducted in strict accordance with the standards or by adopting the systems with no cavity structure.

10.0.8 Proper safety precautions must be taken in bonding the facing bricks to the external thermal insulation systems

As a result that facing bricks have such advantages as good decorative effects, great impact resistance, strong contamination resistance and good durability of colors, the practice of decorating outer walls with facing bricks has been very popular with many real estate developers and residents, and the proportion of new buildings is high which use facing bricks as the finish. However, the problems of empty drum and falling off of facing bricks will happen occasionally in the future and there are outstanding hidden safety hazards. Therefore, there is general opinion that facing bricks are not suitable for external thermal insulation. Nevertheless, the actual situation is that facing bricks are still used in large quantities as the finish in external thermal insulation projects, even in high-rise and supertall buildings. How to guarantee the safety and quality of the surface finishes with facing bricks has become a difficult problem in front of us.

In order to meet the requirement for the thermal insulation performance of outer walls by the building energy conservation design standard, the external thermal insulation systems usually use soft organic foam plastic of which the density, intensity, rigidity and fireproof performance are far below those of the materials of substrate as the thermal insulation layer. The thermal insulation layer is gradually thickening due to the requirement for the development of energy conservation and pollutant discharge reduction as well as the improvement in the building energy conservation design standard. Meanwhile, since the facing bricks are put on the exterior of the external thermal insulation systems, such natural factors as cold or heat, water or water vapor, fire, wind load and earthquake act directly on the surface and cause great variation in the stresses within the systems accordingly, which requires the relevant safety and reinforcement measures to enable the buildings and thermal insulation systems themselves to maintain necessary safety and prevent the quality accidents such as the bulking and falling off of facing bricks. As a result that the safety issue has become increasingly prominent in using facing bricks as the finish in external thermal insulation systems, it is our opinion that ceramic tiles should be avoided as the finish in external thermal insulation system to the greatest extent so as to ensure the safety. However, when facing bricks are in actual need, a series of proper safety precautions must be taken and there should by no means be any neglect or carelessness.

When bonding ceramic facing bricks to the finish, reinforcing mesh should be applied to strengthen the anti-crack protecting coat, thus joining the thermal insulation layer of small density and low strength with the decorative layer of facing bricks, enabling the base surface of the thermal insulation layer not suitable for binding facing bricks to transit to the protecting layer with certain strength and flexibility. The distortion of tile glue for external thermal insulation should be smaller than the temperature difference deformation of the anti-crack mortar while larger than that of the facing bricks, so that the flexibility can be improved while ensuring the bonding strength, the facing bricks can be closely bonded with the thermal insulation systems and the effects of outside actions especially the influence of thermal stress and seismic force can be dissolved or adsorbed. Besides, flexible jointing materials should be used to allow the facing bricks to have enough free deformation of temperature. The facing bricks of external thermal insulation should adopt products with swallow-tailed groove at the bonding surface and no release agent should be attached to it.

10.0.9 Flexible connecting structure is adopted to relieve the impact of the seismic force on the external thermal insulation surface

The external thermal insulation systems of outer walls should have a certain deformability to adapt to the displacement of the major structure. For buildings in seismic fortification regions, when the major structure shifts under great seismic load, it will not generate excessively big stresses or unbearable deformation. Generally speaking, the various functional layers of external thermal insulation systems of outer walls are mostly made of flexible materials, when not big side displacement occurs to the major structure, the external thermal insulation systems of outer walls could dissolve the influence of displacement of major structure through elastic deformation. However, as the external thermal insulation system of outer walls is a compound system and it is fixed to the structural walls through bonding or mechanical anchors, when earthquake take places, the connecting between various functional layers of the external thermal insulation systems of outer walls as well as with the major structure should be able to transfer the seismic load and endure the dead load of the systems unfailingly. In order to avoid the damage to the external thermal insulation systems of outer walls by the displacement of the major structure, the intermediate connecting part must be able to properly adapt to the displacement.

When bonding ceramic tiles to the external thermal insulation surface, the load ability of the surface of thermal insulation materials, the bonding strength of the ceramic tile adhesives as well as the flexibility and deformability in resistance to violent motions under the seismic forces must be taken into consideration. As a result that the external thermal insulation substrates are connected flexibly with the finish ceramic tiles through thermal insulation materials, the substrates and the finish ceramic tiles cannot be regarded as a whole under stress and they have different stress state. Therefore, the ceramic tile adhesives with proper flexibility suitable for the thermal insulation materials should be chosen in order to form a system of which the flexibility is changing gradually and the deformation is released layer after layer. Since the deformability of ceramic tile adhesives is smaller than that of the anti-crack mortar and larger than that of ceramic tiles, they can eliminate the deformation difference between the two materials with different quality, rigidity and thermodynamic engineering performance through the deformation of themselves, so that each ceramic tile can release the acting force of earthquakes independently as fish scales and they will not fall off because of deformation under the effects of earthquakes.

10.0.10 Using solid waste as raw materials is an important orientation of developing the thermal insulation technology

The current large-scale application of the thermal insulation technology of walls in our country requires the large amount of consumption of such organic thermal insulation materials as expanded polystyrene board and polyurethane as well as the mineral resources, the production of which also needs the large consumption of energy sources. To develop the building energy conservation products and technology which do not compete for resources with energy sources is an important task of energy conservation and pollutant discharge reduction. The external thermal insulation systems of outer walls with the industrial solid wastes as raw materials will not only save the natural resources and reduce the environmental pollution by wastes, but also reduce the energy consumption in the production process, hence it is an important development orientation of the energy conservation technologies.

There are too many package rubbish of polystyrene foam characterized by stable chemical property, small density, large volume, aging resistance, corrosion resistance and no voluntary degradation. There are extremely large stocks of coal ashes and tailings, the accumulation of which in large quantities occupies the land and pollutes the air and underground water sources. Moreover, the waste tires are difficult to degrade and are flammable. All of these industrial wastes cause serious environmental pollution and hidden safety hazards. However, polystyrene foam has excellent thermal insulation performance, coal ashes have potential activity of volcanic ashes, waste paper fiber is capable of water retention, crack resistance as well as improving the constructability of mortar, and the waste rubber granules are able to improve the deformation, anti-crack and frost resisting performance of cement base materials, so that they could all be developed and utilized.

After systematic researches for many years, the application of the technology of mixing solid wastes in large quantities to the external thermal insulation systems of outer walls has tended to be mature. In the systems made of mortar with mineral binder and using expanded polystyrene granule as aggregate, the recycled waste polystyrene foam granule, coal ashes, tailing ore, waste rubber granules and water paper fiber can be used in appropriate quantities as raw materials in the various respects of thermal insulation, bonding, leveling, interface, jointing, crack resistance, putty and plastering by giving full play to the intrinsic properties of different materials. The comprehensive utilization rate of solid waste has reached over 50% in various kinds of external thermal insulation systems of outer walls. In this way, the large quantities of solid wastes are utilized in an efficient and comprehensive way and the environment is purified, besides, the shortage of raw materials due to the rapid development of the external thermal insulation of outer walls in the building energy conservation industry is solved effectively in our country, the material cost is reduced and the construction energy consumption is decreased, thus conforming to the requirement of the strategy of developing circular economy and constructing a conservation-oriented society as well as energy conservation and pollutant discharge reduction.

参考文献

[1] 蒋志刚，龙剑. 复合外墙内外保温的传热特性研究. 制冷，2006年02期.

[2] 王金良. 复合外墙内外保温的传热分析与应用探讨. 建筑节能与空调，2004年12月.

[3] 建筑部标准定额研究所. 建筑外墙外保温导则. 北京：中国建筑工业出版社，2006.

[4] 俞宏伟. 我国外墙外保温技术的应用安全分析. 住宅科技，2005. 10.

[5] 陈佑棠. 实现三步节能的优良墙体——现浇发泡夹芯保温墙体. 天津建设科，2005. NO. 4.

[6] 李志磊，干钢. 考虑辐射换热的建筑结构温度场的数值模拟. 浙江大学学报，2004，38(7).

[7] 华南理工大学. 建筑物理. 广州：华南理工大学出版社，2002.

[8] G. Weil, Die Beauspruchung der Betonfahrbahnplatten, Strassen und Tie fbau, 17, 963.

[9] 温周平，王丹. 东北地区高层建筑外墙外保温体系的研究. 中国住宅设施，2004年05期.

[10] 王甲春，阎培渝. 外墙外保温系统的应用效果分析. 砖瓦，2004年第7期.

[11] 王宏欣. 节能保温墙体的技术要求与措施. 节能技术，2002(03).

[12] F. S. Barber, Calculation of maximum temperature from weather reports, H. R. B. bull, 168(1957).

[13] 庞丽萍，王浚，张艳红. 复合保温墙体传热研究. 低温建筑技术，2003(04).

[14] 王甲春，阎培渝，朱艳芳. 外墙外保温复合墙体热工计算与分析. 建筑技术，2004，35(10).

[15] 杨春河. 砌体结构温度场及温度应力分析. 江苏建筑，2005，(2).

[16] 李红梅，金伟良. 建筑维护结构的温度场数值模拟. 建筑结构学报，2004，25(6).

[17] Yunus Ballim. A numerical model and associated calorimeter for predicting temperature profiles in mass concrete, Cement & Concrete Composites 26 (2004) 695-703.

[18] 彦启森，赵庆珠. 建筑热过程. 北京：中国建筑工业出版社，1986.

[19] 罗哲乐. 专威特外墙外保温饰面系统技术. 化学建材，1998，(6).

[20] 铁木辛柯. 沃诺斯基. 板壳理论. 北京：人民交通出版社，1977.

[21] Westergaard H M. Analysis of stress in concrete pavements due to variations of temperature. 6th Ann Meeting, Hwy. Res. Board, Washington, D. C., 201-215.

[22] 顾同曾. 应大力研发和应用单一保温墙体节能体系. 中国建材，2006(2).

[23] 王武详. 再生EPS超轻屋面保温材料的研制. 山东建材，2003，(04).

[24] 彭家惠，陈明凤. EPS保温砂浆研制及施工工艺. 施工技术，2001，30(8).

[25] 彭志辉，陈明凤. 废弃聚苯乙烯泡沫(EPS)外墙外保温技术砂浆研究. 重庆大学建筑学报，2005，27(5).

[26] Bazant Z P, Panula L. Practical Prediction of Time Dependent Deformation of Concrete. Materials and Structures, Part Ⅰ and Ⅱ: Vol. 11, No. 65, 1978 pp307-328; parts Ⅲ and Ⅳ: Vol. 11, No. 66, 1978, pp415-434; Parts V and Ⅵ: Vol. 12, No. 69, 1979, pp 169-173.

[27] Bazant Z P, Murphy W P. Creep and Shrinkage prediction model for analysis and design of concrete structures-model B3, Materials and Structures, 1995, 28, 357-365.

[28] 王甲春，阎培渝. 外墙外保温复合墙体节能分析. 保温材料与建筑节能，2004(6).

[29] 朱伯芳. 大体积混凝土温度应力与温度控制. 北京：中国电力出版社，1999.

[30] 张瑜. 保温墙面裂缝原因与对策的浅谈. 西部探矿工程，2005(8).

[31] 滕春波，张宇耀. 复合墙体外保温维护层裂缝分析. 黑龙江水利科技，2005(5).

[32] 建设部科技发展促进中心，北京振利高新技术公司. 外墙保温应用技术. 北京：中国建筑工业出版社，2005.

[33] 孙振平，金慧忠，蒋正武，于龙，王培铭. 外墙外保温系统的构造、工艺及特性. 低温建筑技术，2005(6).

[34] Kim, J. K., Estimation of compressive strength by a new apparent activation energy function. Cement and Concrete Research, 2001, 31(2), 217-225.

[35] Gutsch, A. W. Stoffeigenschaften jungen Betons-Versuche und Modelle. Doct. Th., TU Braunschweig, 1998.

[36] 徐梦萱，韩毅．外墙外保温技术的技术与经济性分析．煤气与热力，2005(10)．
[37] IPACS. Structual Behaviour：Numerical Simulation of the Maridal culvert. REPORT BE96-3843/2001：33-8.
[38] Timm,D. H. and Guzina，B. B.，Voller，V. R. Prediction of thermal crack spacing. International Journal of Solids and Structures，2003，40，1251-42.
[39] 张君，祁锟，张明华．早龄期混凝土路面板非线性温度场下温度应力的计算．工程力学，24(11)．
[40] 涂逢祥等．坚持中国特色建筑节能发展道路．北京：中国建筑工业出版社，2010．03．
[41] 黄振利，张盼．固体废弃物在建筑外墙外保温中的利用．建设科技，2007 年 6 期．
[42] 北京振利节能环保科技股份有限公司，住房和城乡建设部科技发展促进中心．墙体保温技术探索．北京：中国建筑工业出版社，2009．3．
[43] 李欣．我国发展绿色建材的主要途径及政策．21 世纪建筑材料，2009，1(06)．
[44] 何少明．建筑节能中对保温材料的常见认识误区．商业价值中国网，2008．
[45] 曹民干，曹晓蓉．聚氨酯硬质泡沫塑料的处理和回收利用．塑料，2005，34(1)．
[46] 林华影，张伟，张琼等．气相色谱—质谱法分析聚苯乙烯加热分解产物．中国卫生检验杂志，2009，19(9)．
[47] 王勇．中国挤塑聚苯乙烯(XPS)泡沫塑料行业现状与发展趋势．中国塑料，2010．24(4)．
[48] 朱吕民，等．聚氨酯泡沫塑料．第 3 版．北京：化学工业出版社，2005．
[49] 马德强，丁建生，宋锦宏．有机异氰酸酯生产技术进展．化工进展，2007，26(5)．
[50] 王超．太阳能热水器行业 HCFC-141b 替代解决方案．第三届聚氨酯发泡剂替代技术研讨会 2010 会议论文集．山东东大聚合物股份有限公司．
[51] 《酚醛树脂工业水污染物排放标准》编制组．酚醛树脂工业水污染物排放标准编制说明，2008．03．
[52] 周杨．中国、印度、日本 NSP 系统能耗指标比较．中国水泥，2007．08．
[53] 刘加平．建筑物理(第四版)．北京：中国建筑工业出版社，2009．
[54] 刘念雄，秦佑国．建筑热环境．北京：中国建筑工业出版社，2005．
[55] 苏向辉．多层多孔结构内热湿耦合迁移特性研究，南京航空航天大学硕士论文，2002．
[56] 季杰．严寒地区建筑墙体湿迁移对能耗影响的研究．哈尔滨建筑大学，1991．
[57] 卡尔塞弗特．建筑防潮．周景得，杨善勤译．中国建筑工业出版社，1982．
[58] 徐小群．建筑围护结构内表面吸放湿对室内湿度及湿负荷的影响．中南大学硕士论文，2007．
[59] 赵立华，董重成，贾春霞．外保温墙体传湿研究．哈尔滨建筑大学学报，2001．
[60] 郑茂余，孔凡红．北方地区节能建筑保温层的设置对墙体水蒸气渗透的影响，建筑节能，2007．
[61] 李朝显．多层复合外围护结构的热湿迁移．中国建筑科学研究院物理所硕士论文，1984．
[62] 朱盈豹．保温材料在建筑墙体节能中的应用．北京：中国建材工业出版社，2003．
[63] 沙圣刚．外墙涂料水蒸气透过率的测试方法及试验分析．瓦克化学投资(中国)有限公司，2007．
[64] 史淑兰．聚合物砂浆性能的微观研究．国民化学投资(中国)有限公司，2005．
[65] 刘振河，徐向飞，郑宝华．围护墙体墙面裂缝脱落原因．辽宁省建设科学研究院，2011．
[66] 孙顺杰．建筑表面用有机硅防水剂的制备及性能研究．汕头经济特区龙湖科技有限公司北京技术中心，2007．

跋

由于建筑节能的需要，外墙外保温技术20世纪后期从发达国家传入，在中国已有20多年研究和发展的历史，现在聚苯乙烯、聚氨酯、保温浆料等高效保温材料已经得到了十分广泛的应用，外墙外保温技术进步十分迅速，呈现出百花齐放的良好势头。

我国外保温技术发展到今天，离不开方方面面为之奋斗的专家学者志士能人，他们在大量调查、试验、研究和工程实践的基础上，认真总结分析我国外墙外保温技术的基本经验，吸取教训，争取找出一些规律性来，使中国的外墙外保温技术从理论和实践相结合中得到发展和提高，使中国优质的外墙外保温工程让世界刮目相看。

本书的作者们正有志于此，大家深入研究五种自然因素对保温墙体的作用，重视外保温墙体的安全和寿命。书中用有限差分法建立温度场和热应力的数学模型进行数值模拟，对外保温、内保温、夹芯保温、自保温等保温形式的墙体进行对比；分析墙体内的湿迁移现象、产生的危害和应对措施；分析了大量大型耐候性试验、抗震试验和大尺寸模型火试验的结果，还针对不同构造的防火性能、负风压对空腔结构的破坏作用，以及防止外贴面砖的脱落措施作了专门研究，对各地墙体外保温层脱落事故进行实例分析，得出了一系列科学结论，并且尝试了外保温防火等级的划分，提出了外保温系统整体构造防火的理念，编制了防火设计软件；还研究出多种工业废弃物在保温墙体中广泛应用的途径。作者们付出了自己的心血和精力，艰难而执着地探索前行。是不是可以说，这种人应该是中国外墙外保温技术的脊梁。有了众多的骨干做脊梁，大家齐心协力，中国外墙外保温技术的进一步发展就大有希望。

外墙外保温技术融汇了许多学科的研究成果，包含了众多专家丰硕的建树。由于我国建筑规模宏大，随着节能减排事业的继续深入，外保温技术的研究和发展任重道远，必将前途无量。本书的作者们作为外保温事业的积极参与者，尽管在理论和实践方面都作了不懈努力，尽可能总结长时间多方面的试验研究成果，探索控制多种自然因素对保温外墙作用的途径，期望能为建筑节能技术的发展竭尽绵薄之力，但限于各种条件，书中内容仅涉及部分外保温系统，难免为一家之言，有挂一漏万之虞，可能还会有一些错讹之处，希望得到同行们的批评指正和积极补充。我国外墙外保温技术发展迅速，已涌现出穿行于多个学科之间众多的专家，开发出多种先进技术，把这些成果总结并发表出来，将使我国外保温技术园地呈现出百花争艳的盛世美景。

今日世界，处于即将发生以节能减排为特征的新的科技革命和产业革命的前夕，时不我待，我们必须警醒，必须奋起，决不能再与这场革命失之交臂。我国建筑节能人才济济，外墙外保温技术成果累累，应抓紧节能技术创新，研究前沿技术，改善产业结构，发展外保温产业群，涌现出一大批领军人物和企业，把外保温产业建设成为一个新兴的战略性产业，力求在外墙外保温技术领域早日走到世界建筑节能技术的最前列，占领一批未来发展的战略制高点，大幅度提高众多建筑的用能效率，把外墙外保温工程普遍建成为长寿工程，把我国建成为外墙外保温技术和产业的强国，使国家建筑节能事业持续健康发展。

涂逢祥

2011.3.5

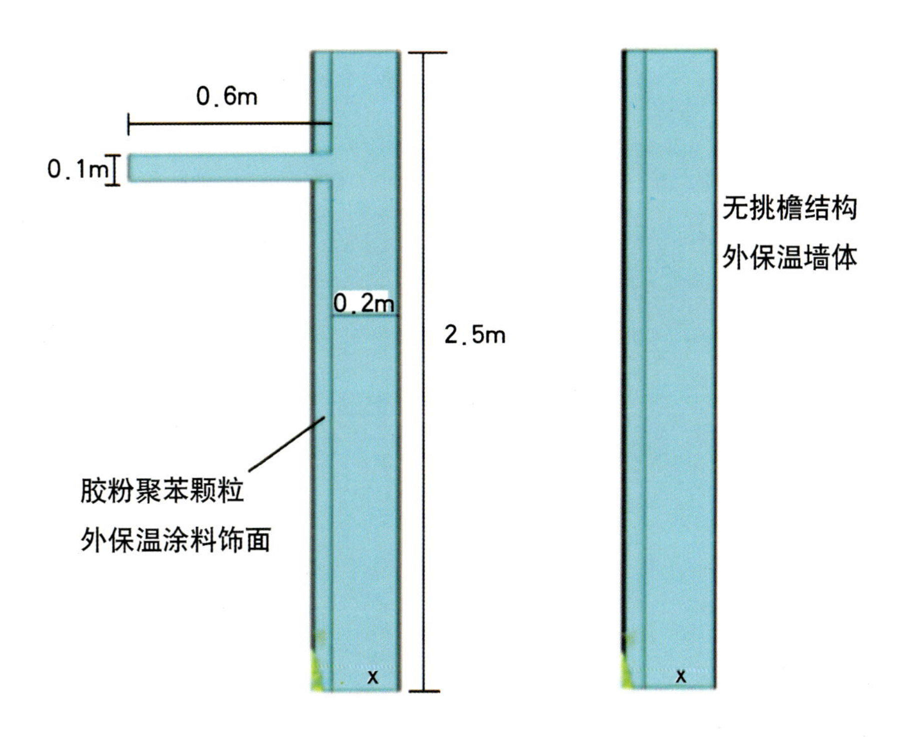

彩图 1（图 2–3–2） 出挑结构（雨篷）和墙体的基本尺寸

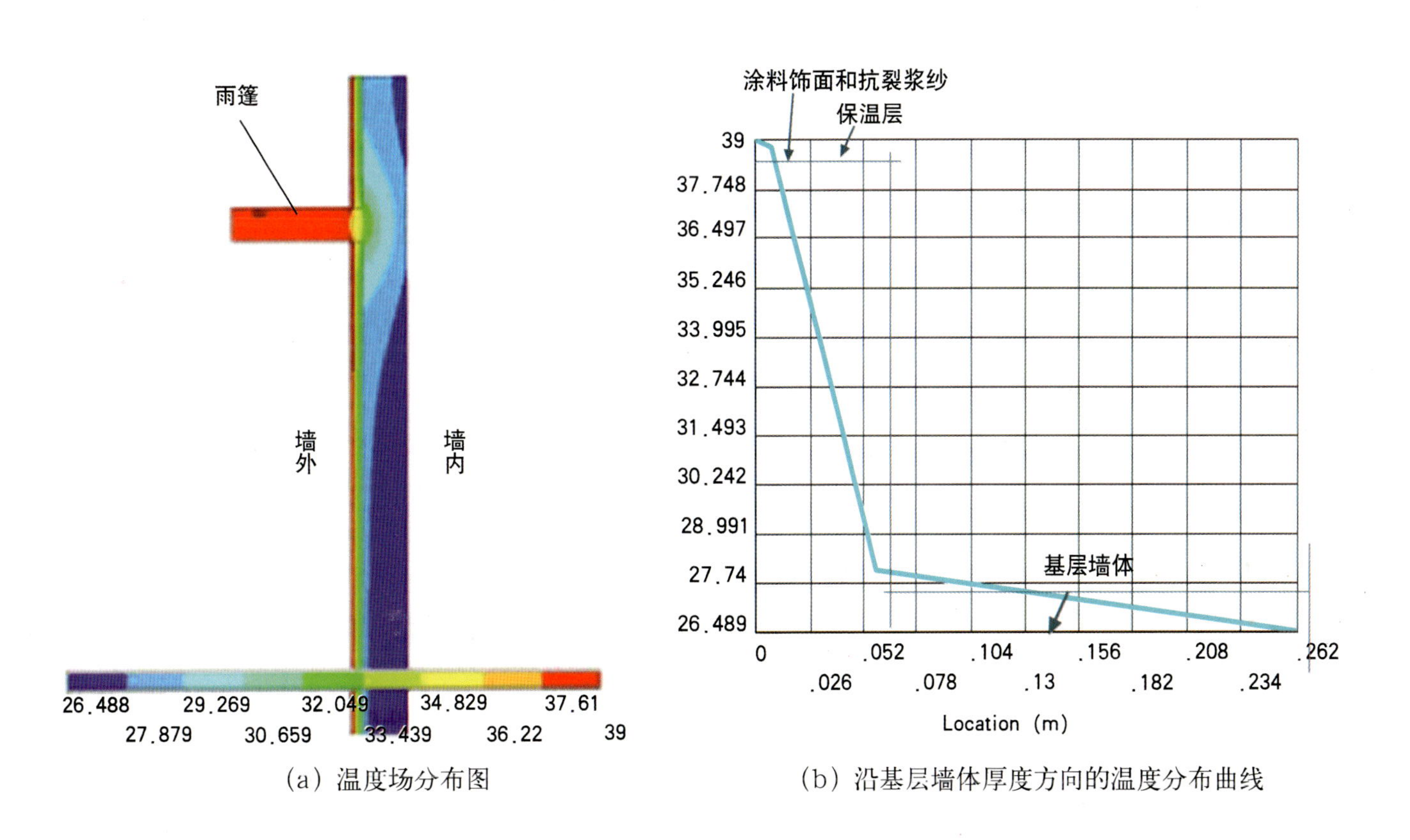

（a）温度场分布图

（b）沿基层墙体厚度方向的温度分布曲线

彩图 2（图 2–3–4） 夏天（外界温度 39 度）温度场模拟结果

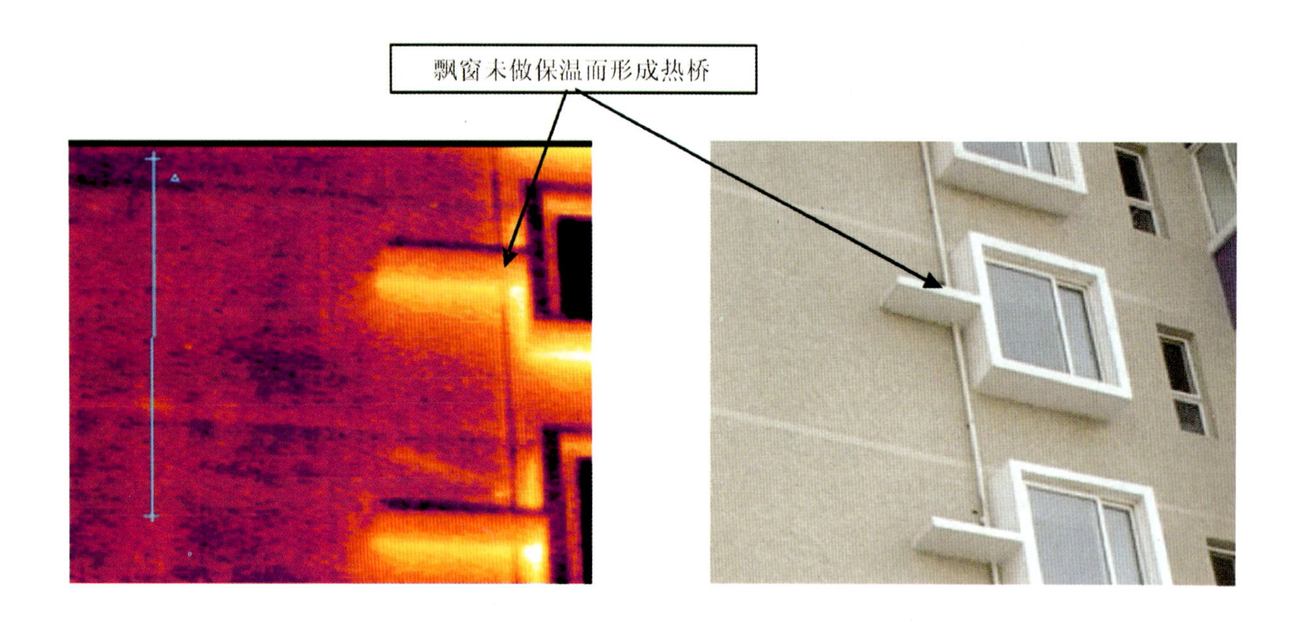

彩图3(图2–3–5)　红外线测试挑出部位的热桥

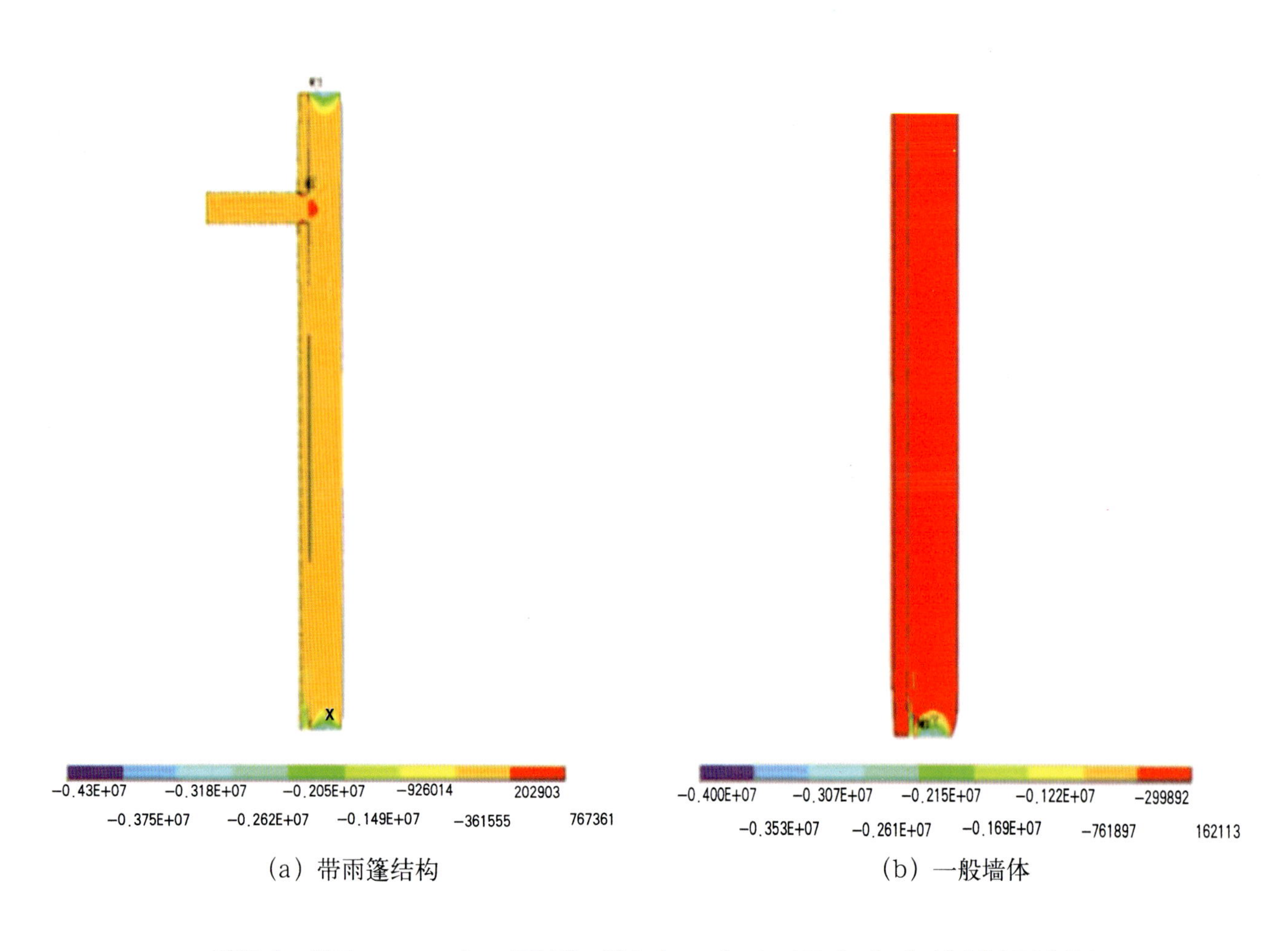

(a) 带雨篷结构　　(b) 一般墙体

彩图4(图2–3–6)　夏季（温度39℃）温度应力的模拟结果

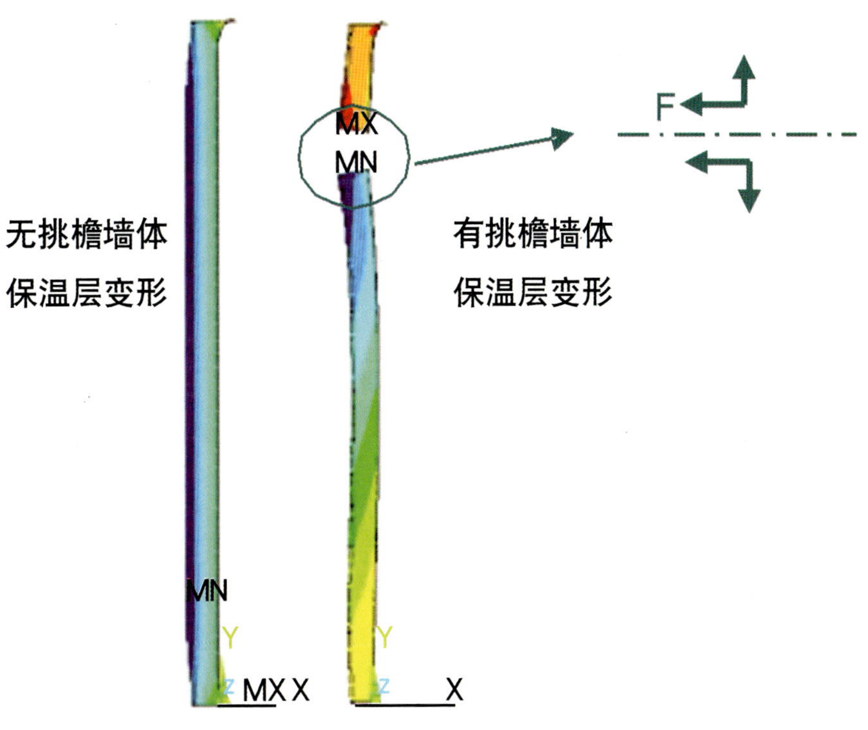

（a）夏季温度（39℃）保温层变形图

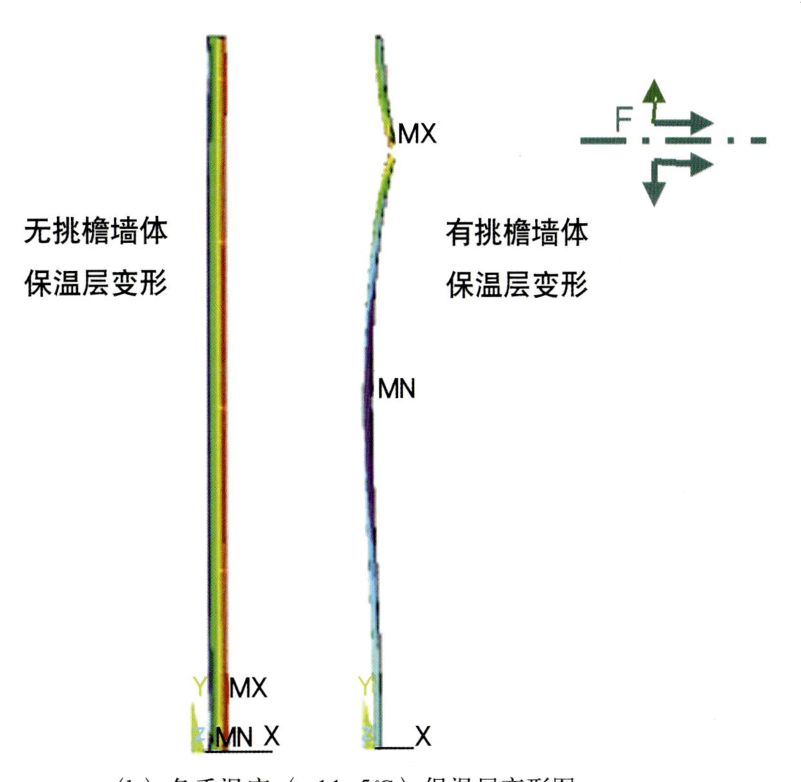

（b）冬季温度（-11.5℃）保温层变形图

彩图5(图2-3-7)　冬、夏季保温层模拟变形图

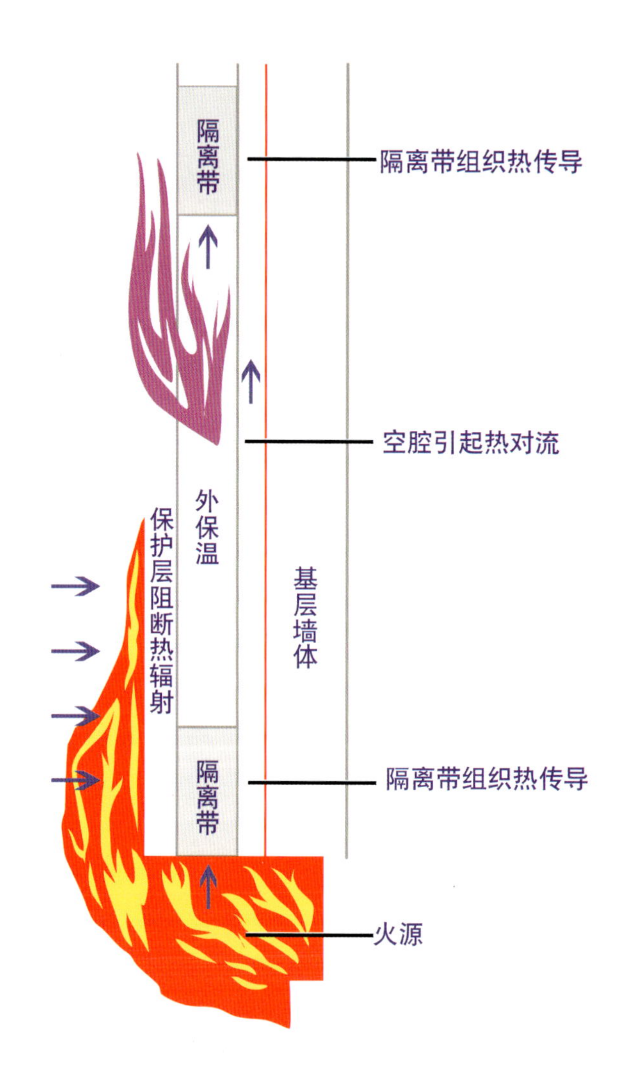

彩图6(图5-1-4)　三种构造措施对热的阻隔作用示意图

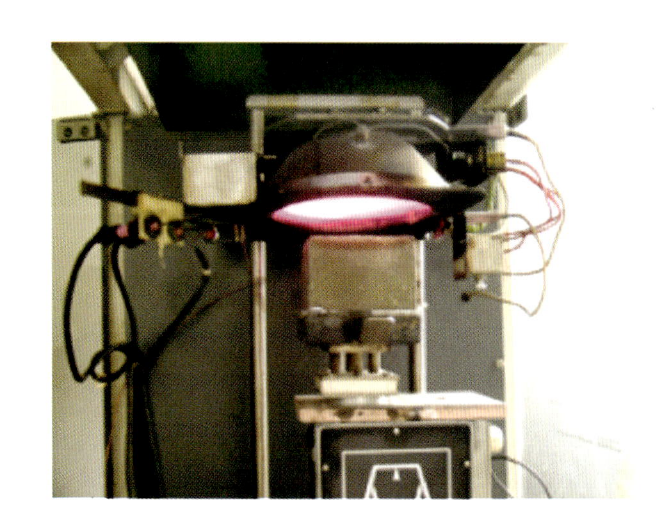

彩图7(图5-2-4)　胶粉聚苯颗粒复合型外墙
外保温系统火反应后的试块情况(A)

彩图 7(图 5-2-4)　胶粉聚苯颗粒复合型外墙
外保温系统火反应后的试块情况(B)

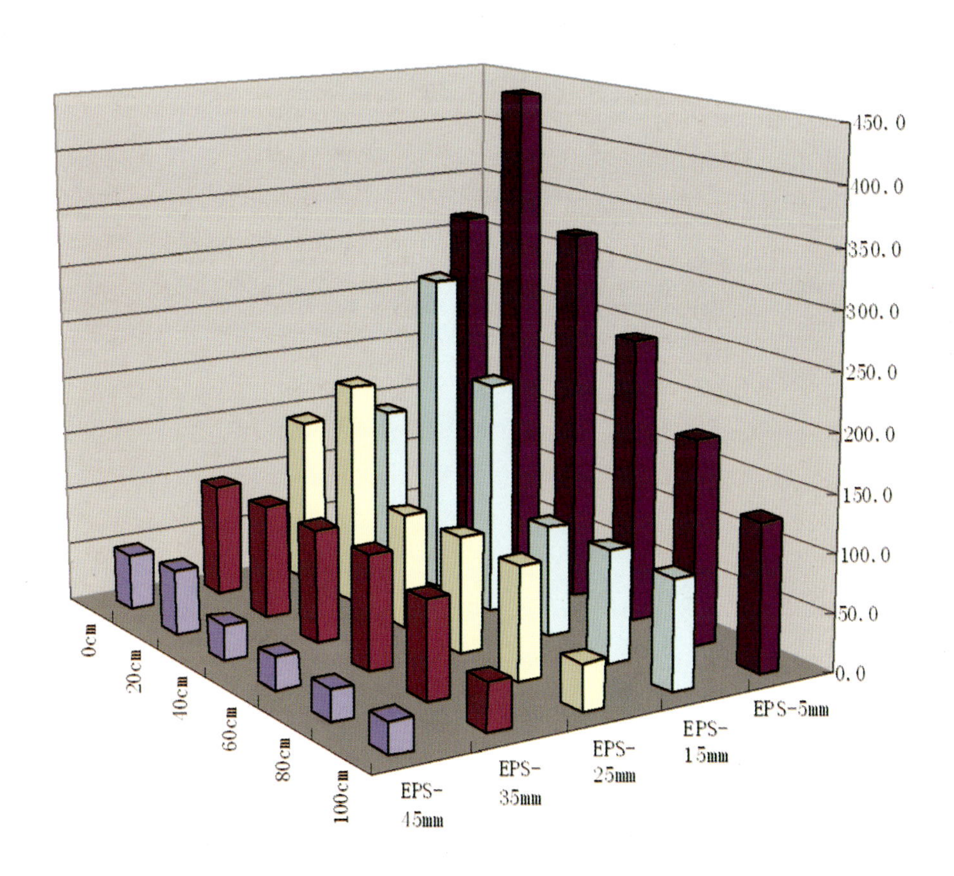

彩图 8(图 5-2-7)　EPS 平板试件最大温度比对图

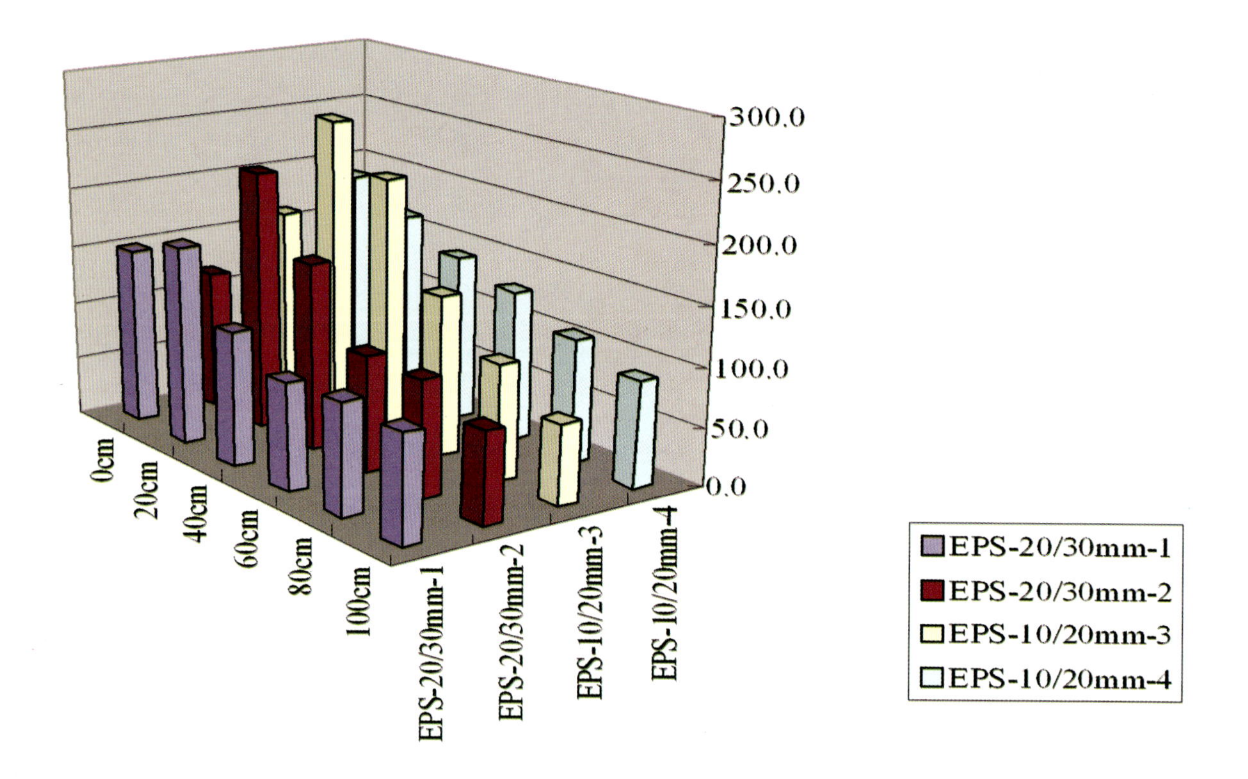

彩图 9(图 5-2-8)　EPS 槽型试件最大温度比对图

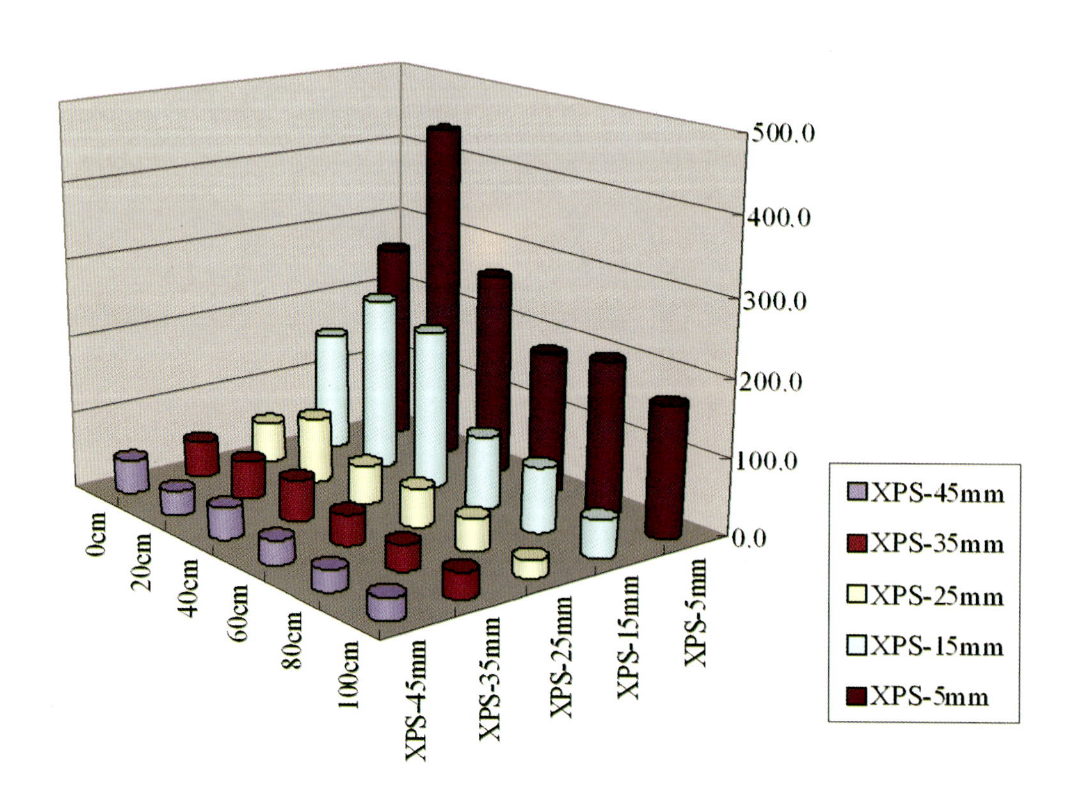

彩图 10(图 5-2-9)　XPS 平板试件最大温度比对图

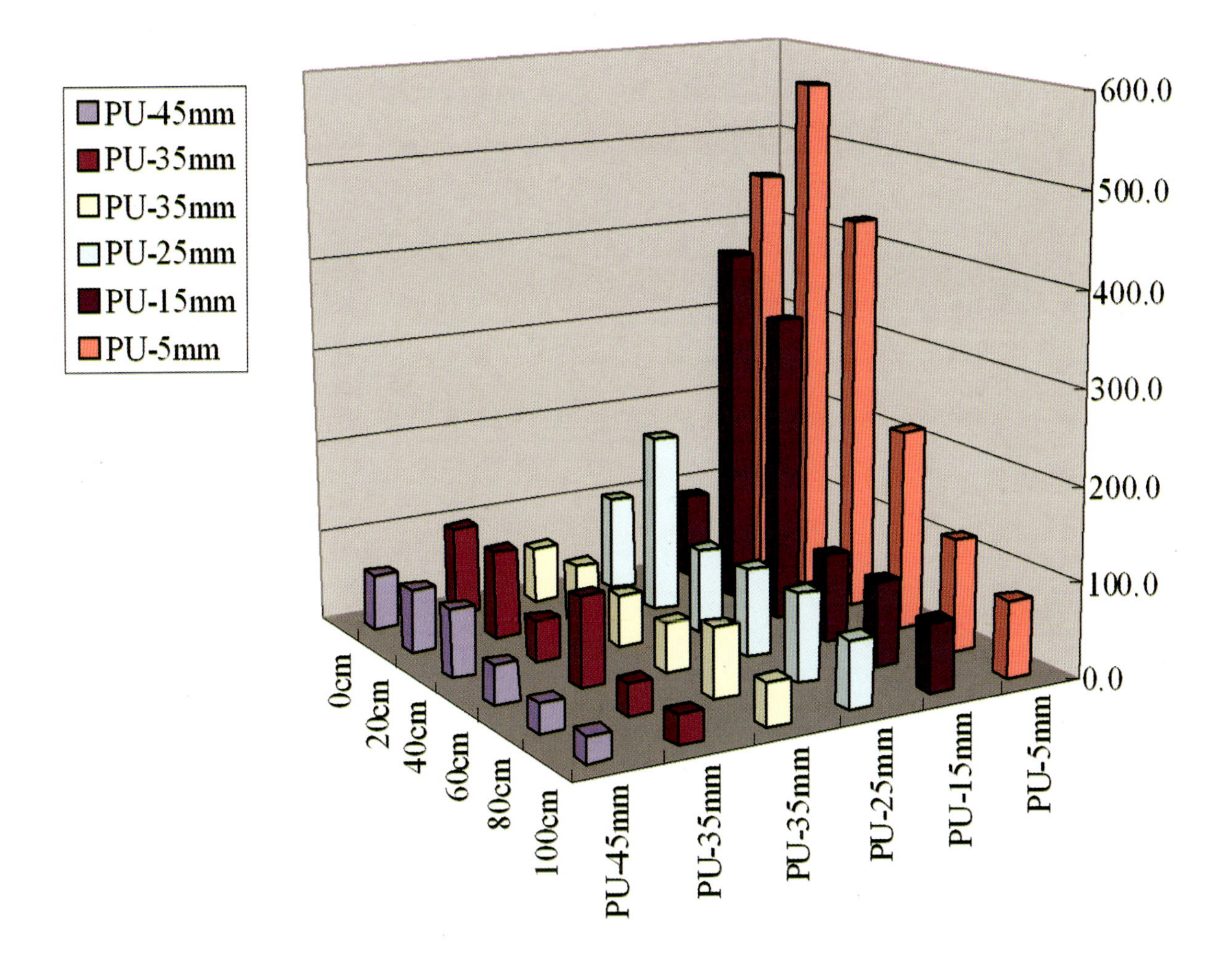

彩图 11(图 5-2-10)　PU 平板试件最大温度比对图

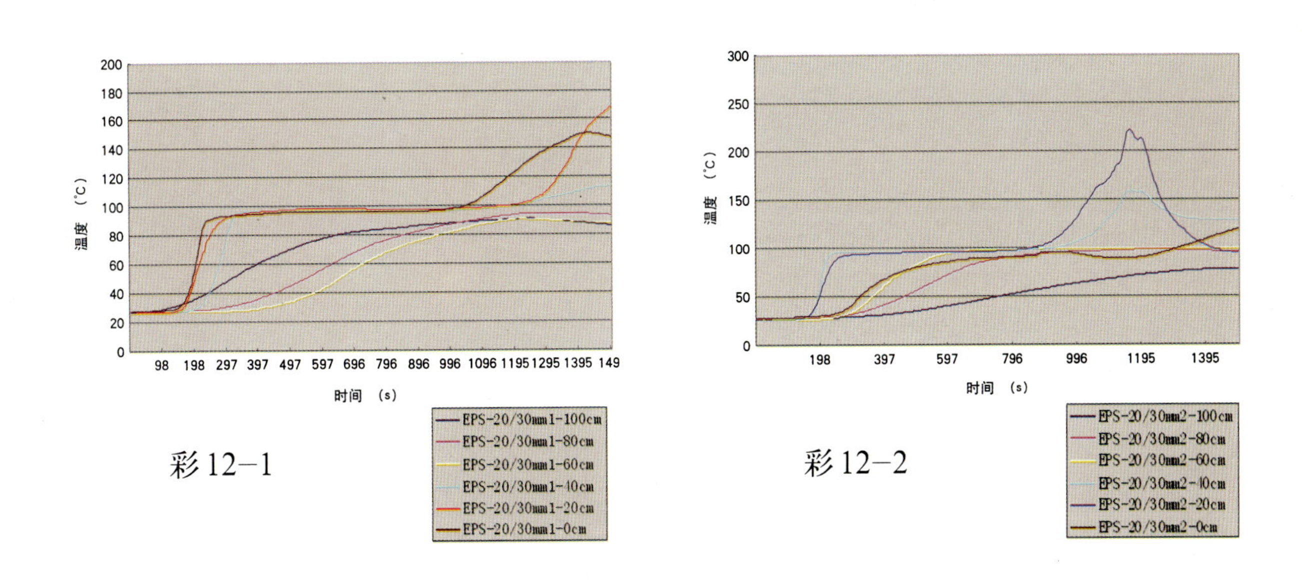

彩图 12(图 5-2-11)　不同试件各温度测点曲线图(A)

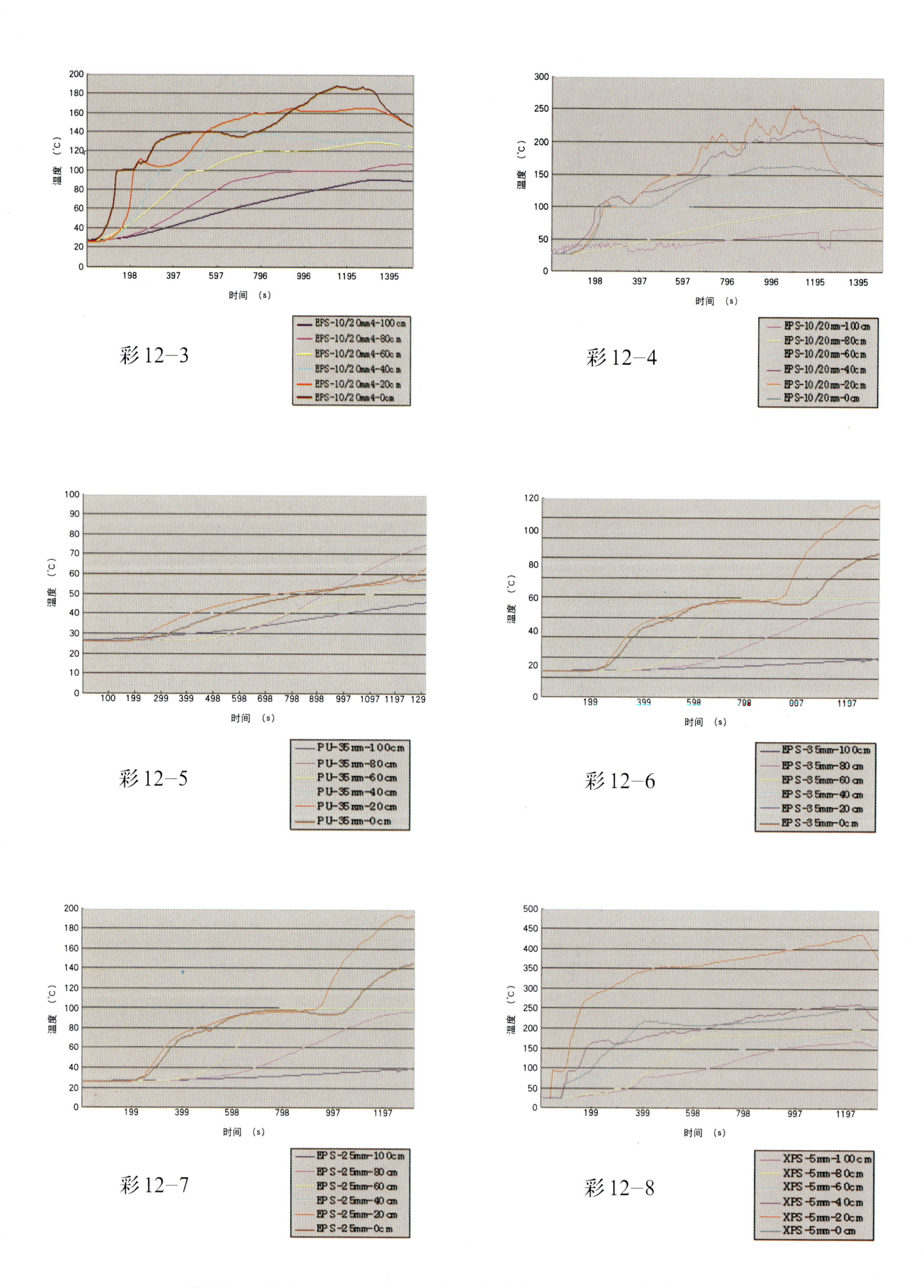

彩图12(图5-2-11)　不同试件各温度测点曲线图(B)

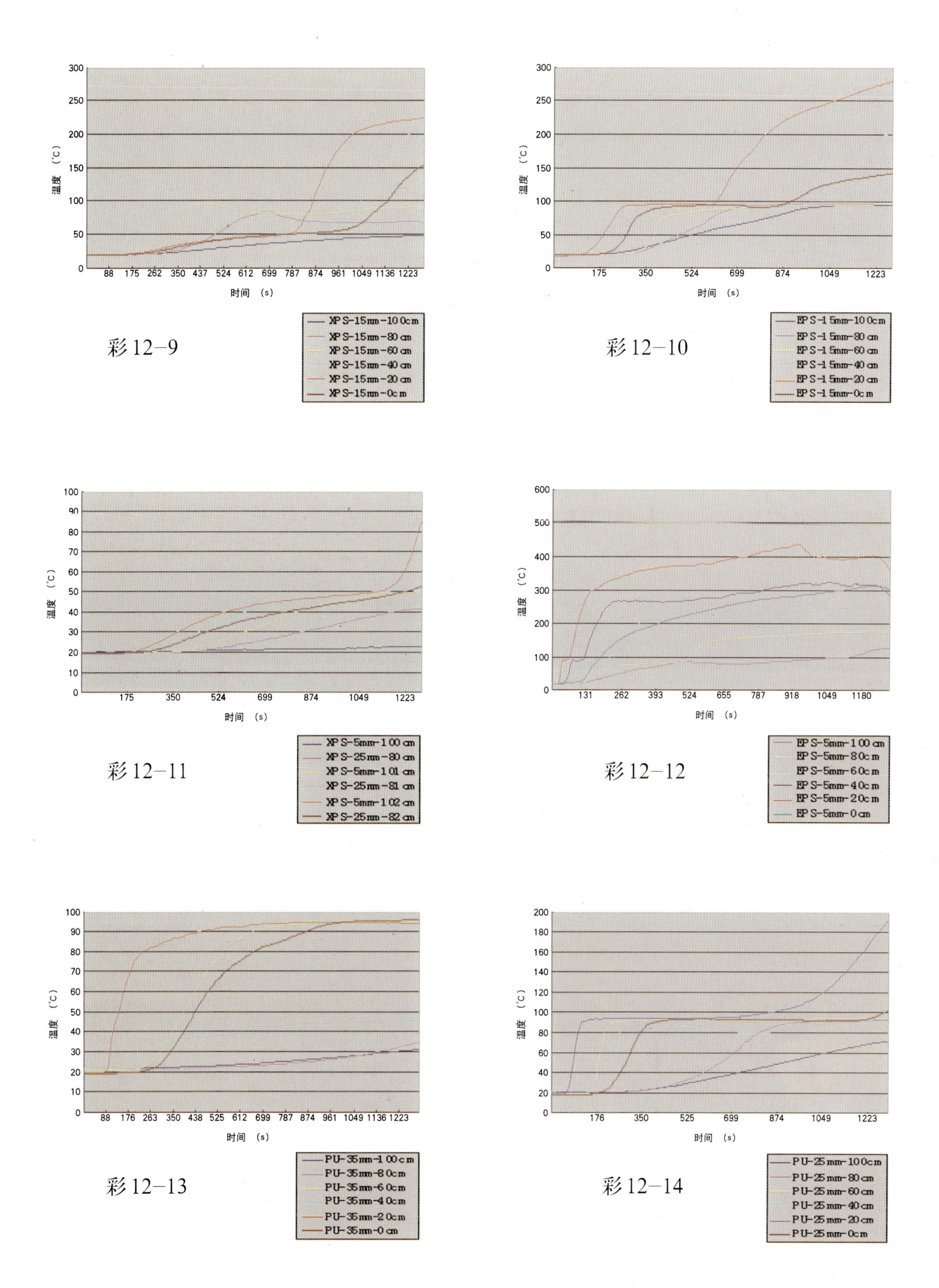

彩图 12(图 5-2-11)　不同试件各温度测点曲线图(C)

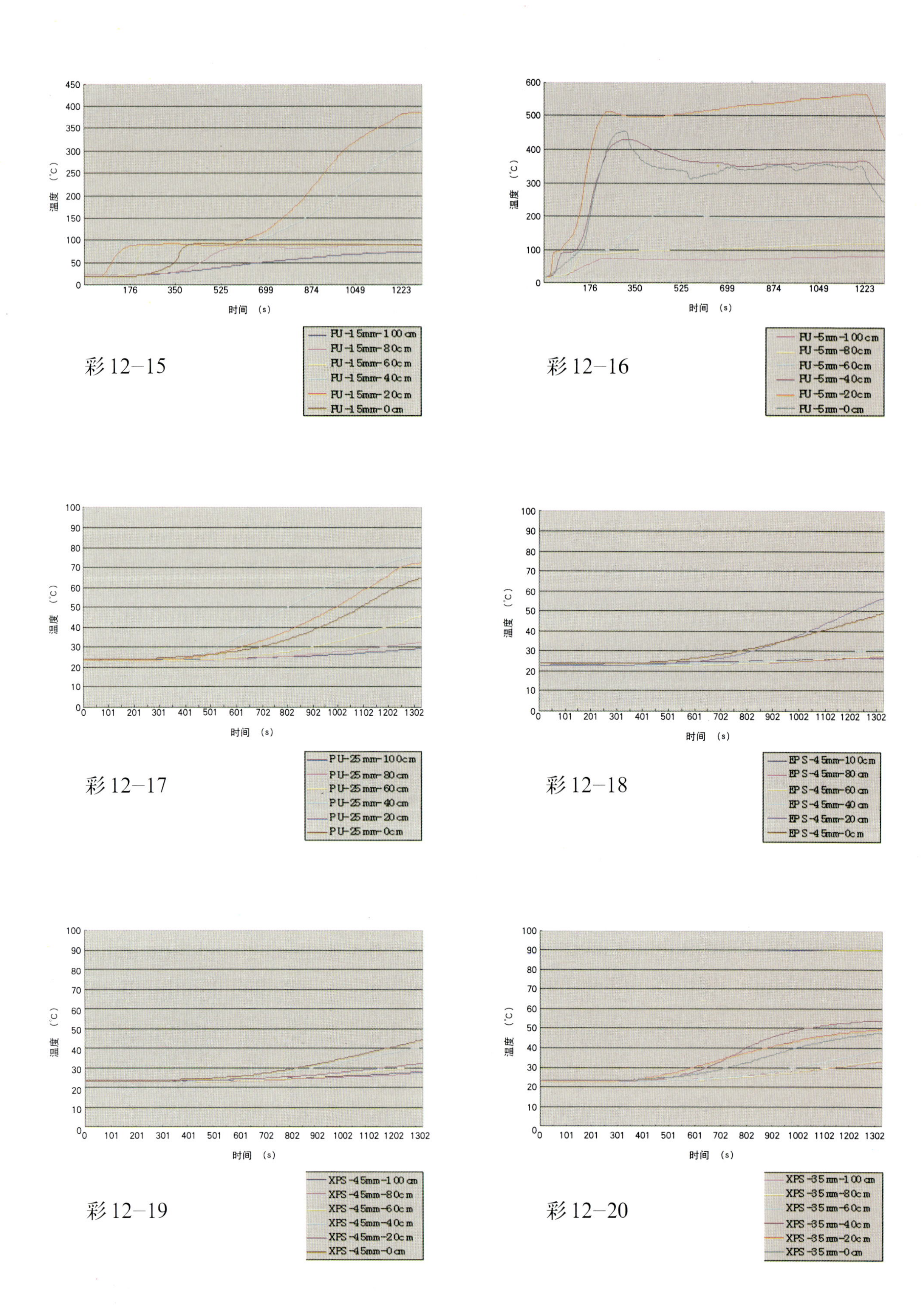

彩图12(图5-2-11)　不同试件各温度测点曲线图(D)

(a)从左至右分别为 XPS-35，XPS-45，EPS-45，PU-45

(b)从左至右分别为 PU-35，PU-5，PU-15，PU-25

彩图 13(图 5-2-12)　各试件剖析图(A)

(c)从左至右分别为EPS-5，XPS-25，XPS-15，EPS-15

(c)从左至右分别为EPS-5，XPS-25，XPS-15，EPS-15

(d)从左至右分别为XPS-5，EPS-35，EPS-25

彩图13(图5-2-12)　各试件剖析图(B)

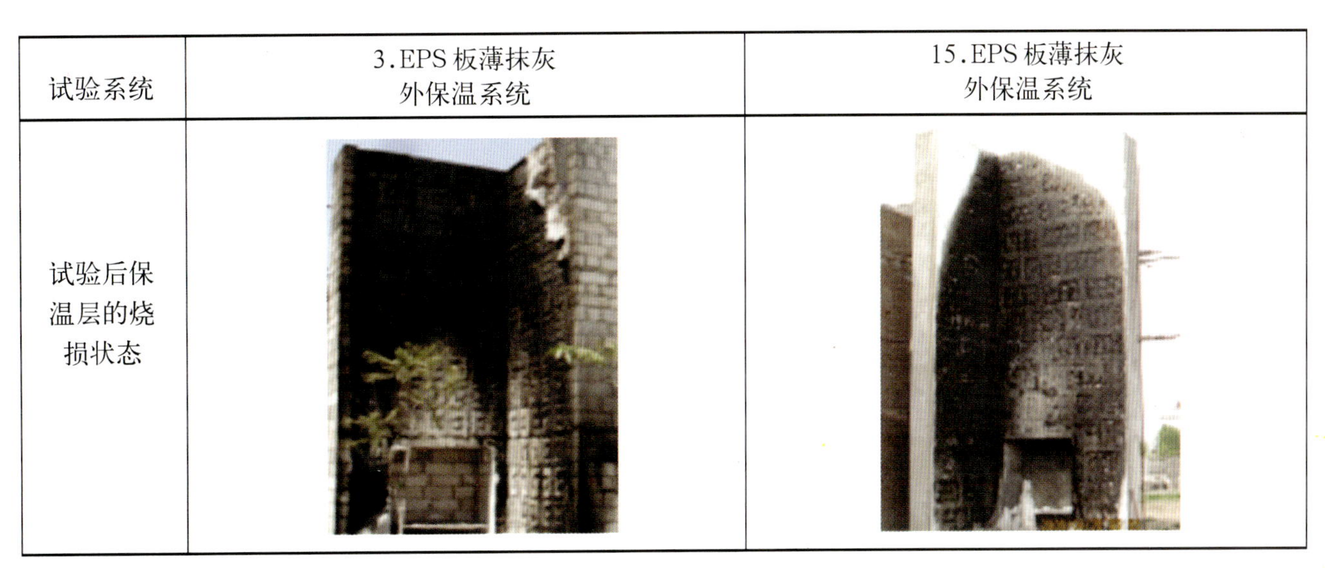

试验系统	3.EPS板薄抹灰外保温系统	15.EPS板薄抹灰外保温系统
试验后保温层的烧损状态		

彩图14(表5-3-2) EPS板薄抹灰外保温系统无防火隔离带的试验小结

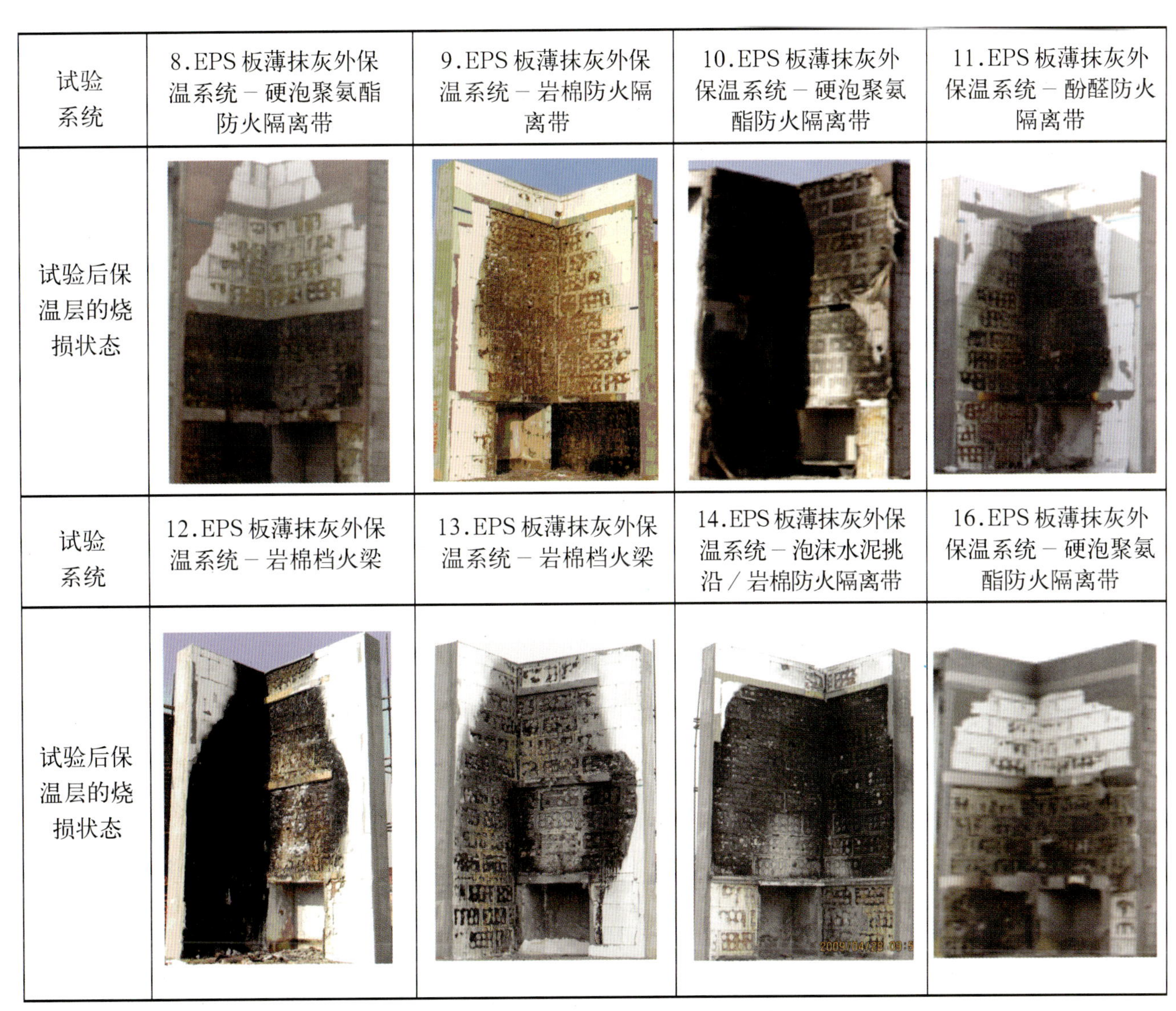

试验系统	8.EPS板薄抹灰外保温系统－硬泡聚氨酯防火隔离带	9.EPS板薄抹灰外保温系统－岩棉防火隔离带	10.EPS板薄抹灰外保温系统－硬泡聚氨酯防火隔离带	11.EPS板薄抹灰外保温系统－酚醛防火隔离带
试验后保温层的烧损状态				
试验系统	12.EPS板薄抹灰外保温系统－岩棉档火梁	13.EPS板薄抹灰外保温系统－岩棉档火梁	14.EPS板薄抹灰外保温系统－泡沫水泥挑沿／岩棉防火隔离带	16.EPS板薄抹灰外保温系统－硬泡聚氨酯防火隔离带
试验后保温层的烧损状态				

彩图15(表5-3-3) EPS板薄抹灰外保温系统有防火分隔的试验小结（A）

试验系统	22.胶粉聚苯颗粒贴砌EPS板薄抹灰外保温系统	22.胶粉聚苯颗粒贴砌EPS板薄抹灰外保温系统	31.EPS板薄抹灰外保温系统－岩棉防火隔离带
试验后保温层的烧损状态			

彩图15(表5-3-3)　EPS板薄抹灰外保温系统有防火分隔的试验小结（B）

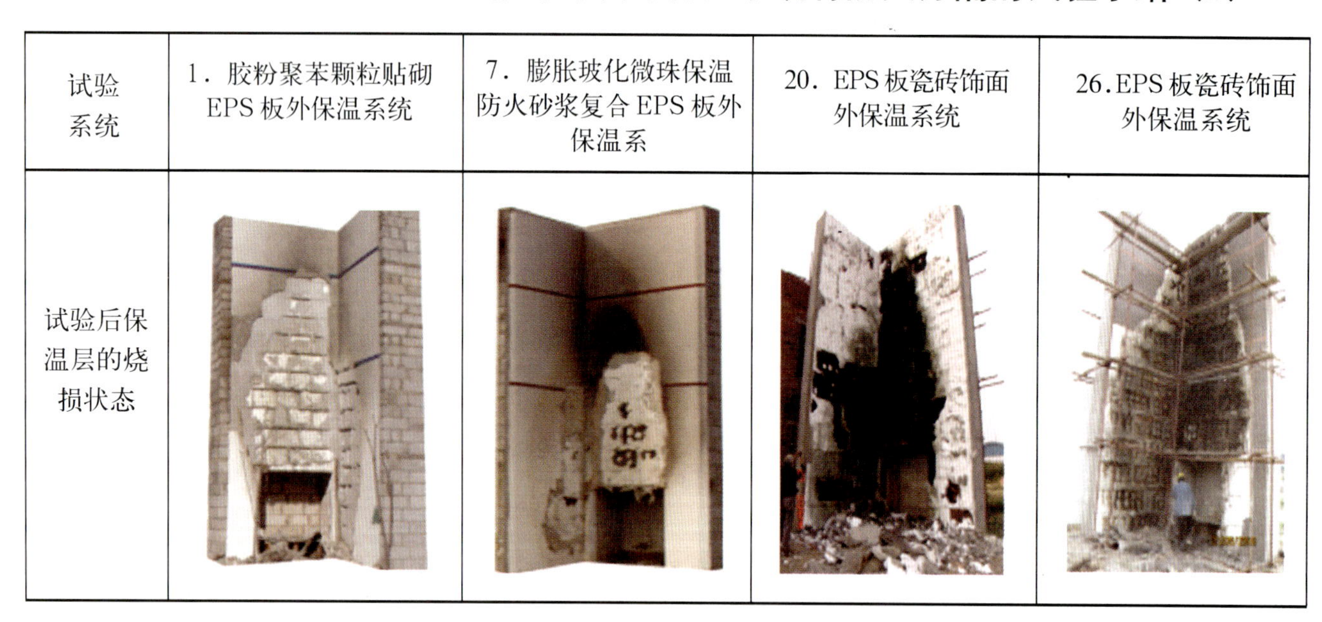

试验系统	1. 胶粉聚苯颗粒贴砌EPS板外保温系统	7. 膨胀玻化微珠保温防火砂浆复合EPS板外保温系	20. EPS板瓷砖饰面外保温系统	26.EPS板瓷砖饰面外保温系统
试验后保温层的烧损状态				

彩图16(表5-3-4)　EPS板厚保护层系统的试验小结

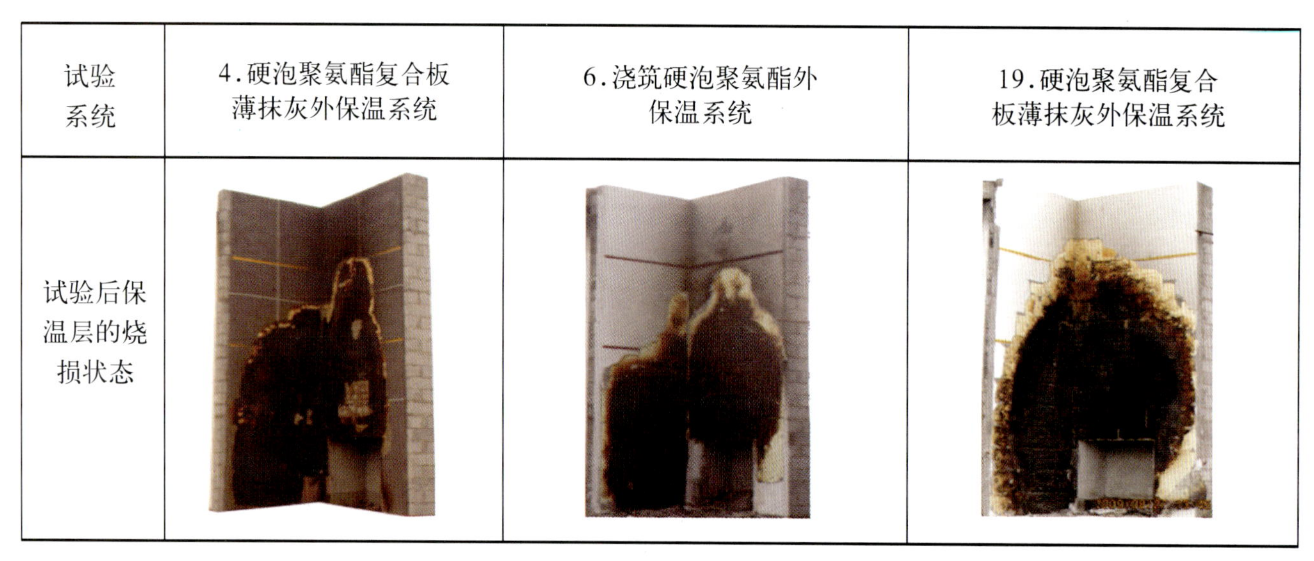

试验系统	4.硬泡聚氨酯复合板薄抹灰外保温系统	6.浇筑硬泡聚氨酯外保温系统	19.硬泡聚氨酯复合板薄抹灰外保温系统
试验后保温层的烧损状态			

彩图17(表5-3-5)　硬泡聚氨酯薄抹灰系统的试验小结

试验系统	5.喷涂硬泡聚氨酯抹灰外保温系统	17.高强耐火植物纤维复合保温板现场浇筑发泡聚氨酯外保温系统	21.喷涂硬泡聚氨酯－幕墙保温系统	28.喷涂硬泡聚氨酯厚抹灰外保温系统	32.硬泡聚氨酯保温板－厚抹灰外保温系统
试验后保温层的烧损状态	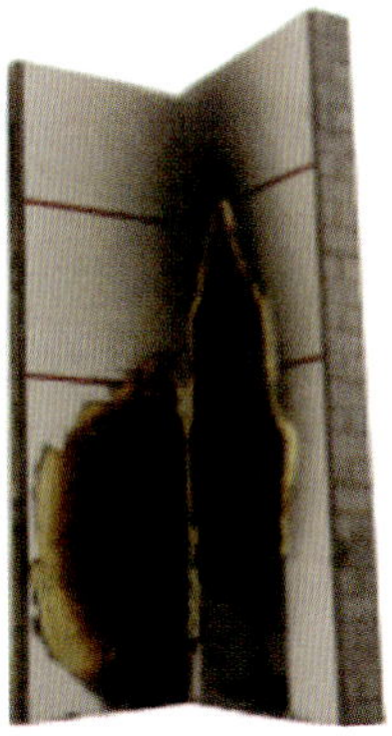				

彩图 18(表 5–3–6)　硬泡聚氨酯厚保护层系统的试验小结

试验系统	27.酚醛薄抹灰－铝单板幕墙保温系统	29.酚醛厚抹灰（分仓构造）－铝单板幕墙保温系统
试验后保温层的烧损状态		

彩图 19(表 5–3–7)　酚醛－铝单板幕墙系统的试验小结

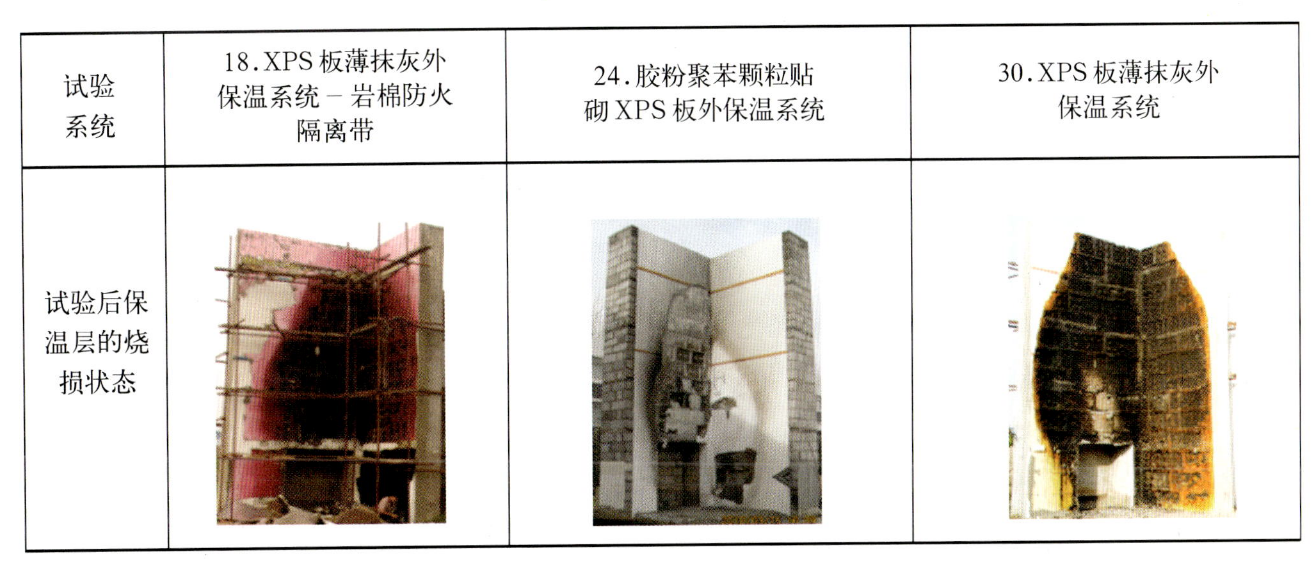

试验系统	18.XPS 板薄抹灰外保温系统－岩棉防火隔离带	24.胶粉聚苯颗粒贴砌 XPS 板外保温系统	30.XPS 板薄抹灰外保温系统
试验后保温层的烧损状态			

彩图 20(表 5–3–8)　XPS 板外保温系统的试验小结

a.试验 27 的烧损状态

b.试验 29 的烧损状态

彩图 21(图 5-3-4)　酚醛 - 铝单板幕墙系统燃烧状态的对比

(a)试验过程中

(b)试验结束后

(c)保温层破损状态

1. EPS 板薄抹灰系统(试验墙左侧，无防火构造)；2. 胶粉聚苯颗粒贴砌 EPS 板系统（试验墙右侧）

(a)试验过程中

(b)试验结束后

(c)保温层破损状态

3. 贴砌 EPS 板铝单板幕墙系统（试验墙左侧）；4. 锚固岩棉板铝单板幕墙系统（试验墙右侧）

彩图 22(图 5-3-5)　试验中和试验后系统状态